物联网组网技术及案例分析

薛燕红　编著

U0208828

清华大学出版社
北京

内 容 简 介

本书详细地介绍物联网在各个重点应用领域的组网技术和应用案例。全书共 11 章,前两章讨论物联网的基本概念、体系架构、关键技术及组网的一般性技术。在此基础上,根据国家发布的《物联网"十二五"发展规划》中确定的九大领域开展应用示范工程的要求,在其余的各章分别介绍了物联网在智能工业、智能农业、智能物流、智能交通、智能电网、智能环保、智能安防、智能医疗、智能家居中的应用需求以及相关的组网技术和设计案例。本书层次清晰,内容新颖,知识丰富,图文并茂,可读性强。

本书可作为高等院校物联网专业和信息类、通信类、计算机类、工程类、管理类及经济类等专业的教材使用,也可供从事物联网开发、应用、研究与产业管理的人员参考。

图书在版编目(CIP)数据

物联网组网技术及案例分析/薛燕红编著.—北京:清华大学出版社,2013(2020.8重印)
(21世纪高等学校规划教材·物联网)
ISBN 978-7-302-31341-0

Ⅰ.①物… Ⅱ.①薛… Ⅲ.①互联网络—应用 ②智能技术—应用 Ⅳ.①TP393.4 ②TP18

中国版本图书馆 CIP 数据核字(2013)第 012424 号

责任编辑:魏江江 赵晓宁
封面设计:傅瑞学
责任校对:李建庄
责任印制:丛怀宇

出版发行:清华大学出版社
   网   址:http://www.tup.com.cn,http://www.wqbook.com
   地   址:北京清华大学学研大厦 A 座   邮 编:100084
   社 总 机:010-62770175   邮 购:010-62786544
   投稿与读者服务:010-62776969,c-service@tup.tsinghua.edu.cn
   质量反馈:010-62772015,zhiliang@tup.tsinghua.edu.cn
   课件下载:http://www.tup.com.cn,010-83470236
印 装 者:三河市铭诚印务有限公司
经 销:全国新华书店
开 本:185mm×260mm   印 张:24.25   字 数:602 千字
版 次:2013 年 6 月第 1 版   印 次:2020 年 8 月第 9 次刷印
印 数:11001~12500
定 价:39.50 元

产品编号:046970-01

出版说明

随着我国改革开放的进一步深化,高等教育也得到了快速发展,各地高校紧密结合地方经济建设发展需要,科学运用市场调节机制,加大了使用信息科学等现代科学技术提升、改造传统学科专业的投入力度,通过教育改革合理调整和配置了教育资源,优化了传统学科专业,积极为地方经济建设输送人才,为我国经济社会的快速、健康和可持续发展以及高等教育自身的改革发展做出了巨大贡献。但是,高等教育质量还需要进一步提高以适应经济社会发展的需要,不少高校的专业设置和结构不尽合理,教师队伍整体素质亟待提高,人才培养模式、教学内容和方法需要进一步转变,学生的实践能力和创新精神亟待加强。

教育部一直十分重视高等教育质量工作。2007 年 1 月,教育部下发了《关于实施高等学校本科教学质量与教学改革工程的意见》,计划实施"高等学校本科教学质量与教学改革工程"(简称"质量工程"),通过专业结构调整、课程教材建设、实践教学改革、教学团队建设等多项内容,进一步深化高等学校教学改革,提高人才培养的能力和水平,更好地满足经济社会发展对高素质人才的需要。在贯彻和落实教育部"质量工程"的过程中,各地高校发挥师资力量强、办学经验丰富、教学资源充裕等优势,对其特色专业及特色课程(群)加以规划、整理和总结,更新教学内容、改革课程体系,建设了一大批内容新、体系新、方法新、手段新的特色课程。在此基础上,经教育部相关教学指导委员会专家的指导和建议,清华大学出版社在多个领域精选各高校的特色课程,分别规划出版系列教材,以配合"质量工程"的实施,满足各高校教学质量和教学改革的需要。

为了深入贯彻落实教育部《关于加强高等学校本科教学工作,提高教学质量的若干意见》精神,紧密配合教育部已经启动的"高等学校教学质量与教学改革工程精品课程建设工作",在有关专家、教授的倡议和有关部门的大力支持下,我们组织并成立了"清华大学出版社教材编审委员会"(以下简称"编委会"),旨在配合教育部制定精品课程教材的出版规划,讨论并实施精品课程教材的编写与出版工作。"编委会"成员皆来自全国各类高等学校教学与科研第一线的骨干教师,其中许多教师为各校相关院、系主管教学的院长或系主任。

按照教育部的要求,"编委会"一致认为,精品课程的建设工作从开始就要坚持高标准、严要求,处于一个比较高的起点上。精品课程教材应该能够反映各高校教学改革与课程建设的需要,要有特色风格、有创新性(新体系、新内容、新手段、新思路,教材的内容体系有较高的科学创新、技术创新和理念创新的含量)、先进性(对原有的学科体系有实质性的改革和发展,顺应并符合 21 世纪教学发展的规律,代表并引领课程发展的趋势和方向)、示范性(教材所体现的课程体系具有较广泛的辐射性和示范性)和一定的前瞻性。教材由个人申报或各校推荐(通过所在高校的"编委会"成员推荐),经"编委会"认真评审,最后由清华大学出版社审定出版。

目前,针对计算机类和电子信息类相关专业成立了两个"编委会",即"清华大学出版社计算机教材编审委员会"和"清华大学出版社电子信息教材编审委员会"。推出的特色精品教材包括:

(1) 21 世纪高等学校规划教材·计算机应用——高等学校各类专业,特别是非计算机专业的计算机应用类教材。

(2) 21 世纪高等学校规划教材·计算机科学与技术——高等学校计算机相关专业的教材。

(3) 21 世纪高等学校规划教材·电子信息——高等学校电子信息相关专业的教材。

(4) 21 世纪高等学校规划教材·软件工程——高等学校软件工程相关专业的教材。

(5) 21 世纪高等学校规划教材·信息管理与信息系统。

(6) 21 世纪高等学校规划教材·财经管理与应用。

(7) 21 世纪高等学校规划教材·电子商务。

(8) 21 世纪高等学校规划教材·物联网。

清华大学出版社经过三十多年的努力,在教材尤其是计算机和电子信息类专业教材出版方面树立了权威品牌,为我国的高等教育事业做出了重要贡献。清华版教材形成了技术准确、内容严谨的独特风格,这种风格将延续并反映在特色精品教材的建设中。

清华大学出版社教材编审委员会
联系人:魏江江
E-mail:weijj@tup.tsinghua.edu.cn

前　言

　　物联网(The Internet Of Things,IOT)是互联网的延伸与扩展,是继计算机、互联网和移动通信之后的又一次信息产业的革命。物联网是战略性新兴产业的重要组成部分,已成为当前世界新一轮经济和科技发展的战略制高点之一。加快物联网发展,培育和壮大新一代信息技术产业,对于促进经济发展和社会进步具有重要的现实意义。为抓住机遇,明确方向,突出重点,加快培育和壮大物联网,国家于2011年11月28日正式发布了《物联网"十二五"发展规划》,对加快转变经济发展方式具有重要推动作用。

　　目前,我国物联网在安防、电力、交通、物流、医疗、环保等领域已经得到应用,且应用模式正日趋成熟。在安防领域,视频监控、周界防入侵等应用已取得良好效果;在电力行业,远程抄表、输变电监测等应用正在逐步拓展;在交通领域,路网监测、车辆管理和调度等应用正在发挥积极作用;在物流领域,物品仓储、运输、监测应用广泛推广;在医疗领域,个人健康监护、远程医疗等应用日趋成熟。除此之外,物联网在环境监测、市政设施监控、楼宇节能、食品药品溯源等方面也开展了广泛的应用。

　　在重点领域开展应用示范工程,探索应用模式,积累应用部署和推广的经验和方法,形成一系列成熟的可复制推广的应用模板,为物联网应用在全社会、全行业的规模化推广做准备。经济领域应用示范以行业主管部门或典型大企业为主导,民生领域应用示范以地方政府为主导,联合物联网关键技术、关键产业和重要标准机构共同参与,形成优秀解决方案并进行部署、改进、完善,最终形成示范应用牵引产业发展的良好态势。有关部门确定,在以下九大领域开展应用示范工程。

　　(1) 智能工业:包括生产过程控制、生产环境监测、制造供应链跟踪、产品全生命周期监测,促进安全生产和节能减排等。

　　(2) 智能农业:包括农业资源利用、农业生产精细化管理、生产养殖环境监测、农产品质量安全管理与产品溯源等。

　　(3) 智能物流:包括建设库存监控、配送管理、安全追溯等现代流通应用系统,建设跨区域、行业、部门的物流公共服务平台,实现电子商务与物流配送一体化管理等。

　　(4) 智能交通:包括交通状态感知与交换、交通诱导与智能化管控、车辆定位与调度、车辆远程监测与服务、车路协同控制,建设开放的综合智能交通平台等。

　　(5) 智能电网:包括电力设施监测、智能变电站、配网自动化、智能用电、智能调度、远程抄表,建设安全、稳定、可靠的智能电力网络等。

　　(6) 智能环保:包括污染源监控、水质监测、空气监测、生态监测,建立智能环保信息采集网络和信息平台等。

　　(7) 智能安防:包括社会治安监控、危化品运输监控、食品安全监控,重要桥梁、建筑、轨道交通、水利设施、市政管网等基础设施安全监测、预警和应急联动等。

　　(8) 智能医疗:包括药品流通和医院管理,以人体生理和医学参数采集及分析为切入点面向家庭和社区开展远程医疗服务等。

（9）智能家居：包括家庭网络、家庭安防、家电智能控制、能源智能计量、节能低碳、远程教育等。

物联网的发展和实践是科学技术发展的必然，是人类不断追求自由和美好生活的必然，也是人类自身发展在面临诸多挑战时智慧而积极的行动。物联网将有力带动传统产业转型升级，引领战略性新兴产业的发展，实现经济结构的升级和调整，提高资源利用率和生产力水平，改善人与自然界的关系，引发社会生产和经济发展方式的深度变革，具有巨大的增长潜能，是当前社会发展、经济增长和科技创新的战略制高点。物联网产业具有产业链长、涉及多个产业群的特点，其应用范围几乎覆盖了各行各业。

物联网可以解决人们面临的诸多问题。人类正面临经济衰退、全球竞争、气候变化、人口老龄化等诸多方面的挑战，物联网不会是万能灵药，但我们坚信，物联网将会是解决这些问题方案的一部分甚至是主要部分。当今世界许多重大的问题如金融危机、能源危机和环境恶化等，实际上都能够以更加"智慧"的方式解决。物联网一方面可以提高经济效益，大大节约成本，另一方面可以为全球经济的复苏提供技术动力。

物联网形式多样、技术复杂、涉及面广，所涉及的内容横跨多个学科，本书的成果实际上是凝聚了大量专家、教授和众多智者的心血，笔者只是将他们的思想、观点、技术和方法凭着个人的理解并按照自己的思路整理出来。

在本书的写作过程中，北京邮电大学网络技术研究院博士生薛斯达同学在资料的收集、本书结构的确定、插图的绘制以及内容的校对等方面做了大量的工作，在此表示诚挚的感谢。

本书大量引用了互联网上的最新资讯、报刊中的报道，在此一并向原作者和刊发机构致谢，对于不能一一注明引用来源深表歉意。对于网络上收集到的共享资料没有注明出处或由于时间、疏忽等原因找不到出处的以及作者对有些资料进行了加工、修改而纳入书中的内容，作者郑重声明其著作权属于其原创作者，并在此向他们在网上共享所创作或提供的内容表示致敬和感谢！

由于作者水平所限，书中可能有不妥之处，恳请读者不吝赐教。

薛燕红

2012 年 6 月 29 日

目 录

第 1 章

物联网组网技术

物联网的应用领域非常广泛,从日常的家庭个人应用,到各行各业的自动化应用,从军事、金融、交通到医疗、城市、环境等领域,几乎遍及了人类生产、生活的方方面面。通过物联网,人们可随时随地全方位"感知"物理世界,人们的生活方式将从"感觉"提升到"感知",从"感知"达到"控制"的目的,实现人类生产和生活的便利性、安全性、有效性、节约性和智慧性。

本章从物联网的定义及特征、物联网体系的特点以及物联网、传感网和泛在网的关系出发,讨论了物联网关键技术和物联网标准化,给出物联网组网的一般架构,使读者对物联网的技术体系和各模块之间的关系有一个整体的认识。

1.1 物联网组网一般架构

物联网作为新兴的信息网络技术,目前尚处在起步阶段,目前还没有一个广泛认同的物联网体系结构。但是,物联网体系的雏形已经形成,物联网基本体系具有典型的层级特性。

物联网形式多样,技术复杂,涉及面广,所涉及的内容横跨多个学科。从物联网本质上看,物联网是将各种传感器技术、网络技术、人工智能和自动化技术集成与融合,使人与物、人与人、物与物智慧对话,为我们创造一个智慧的世界。物联网可以"感知任何领域,智能任何行业"。

1.1.1 物联网的定义及特征

1. 物联网的定义

物联网就是"物物相连的互联网"。这里包含了两层含义:

(1) 物联网的核心和基础仍然是互联网,物联网就是互联网的延伸和扩展。

(2) 其用户端延伸和扩展到了任何物品与物品之间、人和物、物和物进行信息交换和通信。

因此,物联网是通过各种信息传感设备,按照约定的协议,把任何物品与互联网连接起来,进行信息交换、信息通信和信息处理,以实现智能化识别、定位、跟踪、监控和管理的一种网络。它是在互联网基础上延伸和扩展的网络。

常用的信息传感设备有射频识别(RFID)装置、红外感应器、全球定位系统(GPS)、激光扫描器、气体感应器等。进行信息通信、交换和处理的网络协议有 LAN,GPRS、Wi-Fi、Bluetooth、ZigBee、UWB 等。

这里的"物"要满足以下条件才能够融入"物联网",才能够具有"感知的神经"和"智慧的大脑"。

(1) 有相应的信息接收器。

(2) 有数据传输通路。

(3) 有一定的存储功能。

(4) 有 CPU。

(5) 有操作系统。

(6) 有专门的应用程序。

(7) 有数据发送器。

(8) 遵循物联网的通信协议。

(9) 在世界网络中有可被识别的唯一编号。

2. 物联网的特征

和传统的互联网相比,物联网有其鲜明的特征。

(1) 全面感知:它是各种感知技术的广泛应用。物联网上部署了数量巨大、类型繁多的传感器,每个传感器都是一个信息源,不同类别的传感器所捕获的信息内容和信息格式不同。传感器获得的数据具有实时性,按一定的频率周期性的采集环境信息,不断更新数据。

(2) 可靠传递:它是一种建立在互联网上的泛在网络。传感器采集的信息通过各种有线和无线网络与互联网融合,并通过互联网将信息实时而准确地传递出去。在物联网上的传感器定时采集的信息需要通过网络传输,由于其数量极其庞大,形成了海量信息,在传输过程中,为了保障数据的正确性及及时性,必须适应各种异构网络和协议。

(3) 智能处理:物联网不仅仅提供了传感器的连接,其本身也具有智能处理的能力,能够对物体实施智能控制。物联网将传感器和智能处理相结合,利用云计算、模式识别等各种智能技术,扩充其应用领域。从传感器获得的海量信息中分析、加工和处理出有意义的数据,以适应不同用户的不同需求,发现新的应用领域和应用模式。

3. 物联网概念的解析

狭义:物联网是连接物品到物品的网络,实现物品的智能化识别和管理。

广义:物联网是一种无处不在的、实现物与物之间、人与物之间的信息互联的网络,从而孕育出各种新颖的应用与服务。

外延:实现物理世界与信息世界的融合,将一切事物数字化、网络化,在物品之间、物品与人之间、人与现实环境之间实现高效信息交互,是信息化在人类社会综合应用达到的更高境界。

技术理解:物联网是指物体的信息通过智能感应装置,经过传输网络,到达指定的信息处理中心,最终实现物与物、人与物之间的自动化信息交互与处理的智能网络。

应用理解:物联网是指把世界上所有的物体都连接到一个网络中,形成"物联网",然后"物联网"又与现有的"互联网"结合,实现人类社会与物理系统的整合,达到更加精细和动态的方式去管理生产和生活。

通俗理解:将 RFID 和 WSN 结合为用户提供生产生活的监控、指挥调度、远程数据采集和测量、远程诊断等方面的服务。

1.1.2　物联网组网的一般架构

物联网的关键在"网"而不在"物",因为"物"只有有了"网"才会在任何地点、任何时间变得有"智慧",只有有了智能处理层中的"智能信息处理平台","物"才会变得"智能"。因此,在物联网的架构中必须突出物联接入层和智能处理层。从关键技术的角度来看,一个完整的物联网系统一般来说包含 5 个层面的功能:信息感知层、物联接入层、网络传输层、智能处理层和应用接口层。另外,公共技术不属于物联网技术的某个特定层面,而是与物联网技术架构的各层都或多或少存在着关联,它包括标识与解析、安全技术、网络管理和服务质量(QoS)管理等。

物联网各层之间既相对独立又联系紧密。在应用接口层以下,同一层次上的不同技术互为补充,适用于不同环境,构成该层次技术的应对策略。而不同层次提供各种技术的配置和组合,根据应用需求,构成完整的解决方案。

物联网组网通用技术模型见图 1.1。

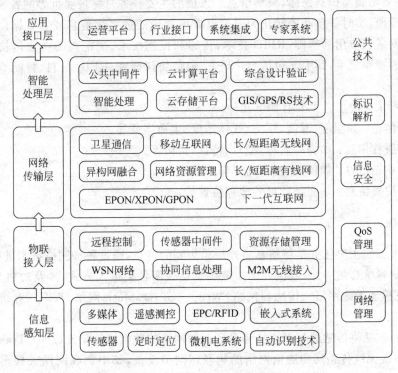

图 1.1　物联网组网通用技术模型

1. 信息感知层

在计算机信息处理系统中,数据的采集是信息系统的基础,这些数据通过数据系统的分析和过滤,最终成为影响我们决策的信息。在物联网的信息感知层,最重要的功能是对"物"的感知和识别。

传感器是构成物联网的基础单元,是物联网的耳目,是物联网获取相关信息的来源。具体来说,传感器是一种能够对当前状态进行识别的元器件,当特定的状态发生变化时,传感器能够立即察觉出来,并且能够向其他的元器件发出相应的信号,用来告知状态的变化。

传感器是一种检测装置,能感知到被测的信息,并能将检测到的信息按一定规律变换成为电信号或其他所需形式的信息输出,以满足信息的传输、处理、存储、显示、记录和控制等要求。它是实现自动检测和自动控制的首要环节。在物联网系统中,对各种参量进行信息采集和简单加工处理的设备,被称为物联网传感器。传感器可以独立存在,也可以与其他设备以一体方式呈现,但无论哪种方式,它都是物联网中的感知和输入部分。在未来的物联网中,传感器及其组成的传感器网络将在数据采集前端发挥重要的作用。

由于传感器仅仅能够感知信号,并无法对物体进行标识。例如,可以让温度传感器感知森林的温度,但并不能标识具体的树木。要实现对特定物体的标识和信息获取,更多地要通过信息识别与认证技术。自动识别技术在物联网时代,扮演的是一个信息载体和载体认识的角色,也就是物联网的感应技术的部分,它的成熟与发展决定着互联网和物联网能否有机融合。

信息感知层的作用相当于人的眼、耳、鼻、喉和皮肤等神经末梢,是物联网获取物体信息的来源,其主要功能是识别物体,采集信息。该层的主要任务是将现实世界的各种物体的信息通过各种手段,实时并自动地转化为虚拟世界可处理的数字化信息或者数据。信息感知层是物联网发展和应用的基础,RFID技术、传感和控制技术、短距离无线通信技术是信息感知层涉及的主要技术,其中又包括芯片研发、通信协议研究、RFID材料、智能节点供电等细分领域。

物联网所采集的信息主要有如下几种。

- 传感信息:如温度、湿度、压力、气体浓度、生命体征等。
- 物品属性信息:如物品名称、型号、特性、价格等。
- 工作状态信息:如仪器、设备的工作参数等。
- 地理位置信息:如物品所处的地理位置等。

2. 物联接入层

物联接入层的主要任务是将信息感知层采集到的信息,通过各种网络技术进行汇总,将大范围内的信息整合到一起,以供处理。该层重点强调各类接入方式,涉及的典型技术如:Ad-hoc(多跳移动无线网络)、传感器网络,Wi-Fi、3G/4G、Mesh网络、Wi-Fi、有线或卫星等方式。

接入单元包括将传感器数据直接传送到通信网络的数据传输单元(Data Transfer unit,DTU)以及连接无线传感网和通信网络的物联网网关设备,其中物联网网关根据使用环境的不同,有行业物联网网关和家庭物联网网关两种,将来还会有用于公共节点的共享式网关。严格来说,物联网网关应该是一种跨信息感知层和网络传输层的设备。

集成了传感器技术、微机电系统技术、无线通信技术和分布式信息处理技术的无线传感器网络(Wireless Sensor Networks,WSN)是因特网从虚拟世界到物理世界的延伸。因特网改变了人与人之间交流、沟通的方式,而无线传感器网络将逻辑上的信息世界与真实物理世界融合在一起,将改变人与自然交互的方式。目前,无线传感器网络的应用已经由军事领域扩展到反恐、防爆、环境监测、医疗保健、家居、商业、工业等其他众多领域,能完成传统系统无法完成的任务。

无线传感器网络经历了节点技术、网络协议设计和智能群体研究等三个阶段,吸引了大量的学者对其展开了各方面的研究,并取得了包括有关节点平台和通信协议技术研究的一些进展,但还没有形成一套完整的理论和技术体系来支撑这一领域的发展,还有众多的科学和技术问题尚待突破,是信息领域具有挑战性的课题。对无线传感器网络的基础理论和应用系统进行研究具有非常重要的学术意义和实际应用价值。

3. 网络传输层

网络传输层的基本功能是利用互联网、移动通信网、传感器网络及其融合技术等,将感知到的信息无障碍、高可靠性、高安全性地进行传输。

为实现"物物相连"的需求,物联网网络传输层将综合使用 IPv6、2G/3G、Wi-Fi 等通信技术,实现有线与无线的结合、宽带与窄带的结合、感知网与通信网的结合。同时,网络传输层中的感知数据管理与处理技术是实现以数据为中心的物联网的核心技术。感知数据管理与处理技术包括物联网数据的存储、查询、分析、挖掘、理解以及基于感知数据决策和行为的技术。

云计算平台作为海量感知数据的存储、分析平台,将是物联网网络传输层的重要组成部分,也是技术支撑层和应用接口层的基础。在产业链中,通信网络运营商将在物联网网络层占据重要的地位。而正在高速发展的云计算平台将是物联网发展的又一助力。

物联网的网络传输层必须把感知到的信息无障碍、可靠而安全地传送到地球的各个地方,使"物品"能够进行远距离、大范围的通信。这需要互联网技术、传感器网络和移动通信技术不断地发展以及不断地创新和融合,以满足物联网对传输速度、质量和安全性的要求。

随着因特网的迅猛发展,传统路由器因其固有的局限,已成为制约发展的瓶颈。异步传递模式 ATM 作为宽带综合业务数字网 B-ISDN 的最终解决方案,已被国际电信联盟 ITU-T 所接受。20 世纪 90 年代中期以来,因特网的骨干网和高速局域网大都采用 ATM 来实现的。IP over ATM 已成为跨电信产业和计算机产业的多年持久的热点。先后有重叠模式的 CIPOA、LANE 和多协议的 MPOA 以及集成模式的 IP 交换机和标记交换机等多项技术出现。

由于物联网的特点,要求传输层更快速、更可靠、更安全地传输数据,因此对互联网、移动通信的数据传输速度和质量等提出了更高的要求。经过十余年的快速发展,移动通信、互联网等技术已比较成熟,基本能够满足物联网数据传输的需要,且这些技术还在继续快速发展、创新和融合。

4. 智能处理层

智能处理层是"智慧"的来源,在高性能计算、普适计算与云计算的支撑下,将网络内海量的信息资源通过计算分析,整合成一个可以互联互通的大型智能网络,为上层服务管理和大规模行业应用建立起一个高效、可靠和可信的技术支撑平台。如通过能力超级强大的中心计算及存储机群和智能信息处理技术,对网络内的海量信息进行实时高速处理,对数据进行智能化挖掘、管理、控制与存储。

在智能处理层,需要完成信息的表达与处理,最终达到语义互操作和信息共享的目的;在技术支撑层的下层,需要对网络资源进行认知,进而达到自适应传输的目的;在智能处理层的上层,需要提供统一的接口与虚拟化支撑,虚拟化包括计算虚拟化和存储虚拟化等。

在智能处理层,一般是以中间件的形式对数据提供存储和处理,为数据中心采用数据挖掘、模式识别和人工智能等技术提供数据分析、局势判断和控制决策等处理功能。总之,要用数据库与海量存储等技术解决信息如何存储、用搜索引擎解决信息如何检索、用数据挖掘和机器学习等技术解决如何使用信息、用数据安全与隐私保护等技术解决信息如何不被滥用的诸多问题。

该层主要任务是开展物联网基础信息运营与管理,是网络基础设施与架构的主体。目前运营层主要由中国电信、中国移动、广电网等基础运营商组成,从而形成中国物联网的主体架构。智能处理层用于支撑跨行业、跨应用、跨系统之间的信息协同、共享、互通的功能。

智能处理层对下层(网络传输层)的网络资源进行认知,进而达到自适应传输的目的。对上层(应用接口层)提供统一的接口与虚拟化支撑,虚拟化包括计算虚拟化和存储虚拟化等内容。而智能处理层本层则要完成信息的表达与处理,最终达到语义互操作和信息共享的目的。

5. 应用接口层

应用接口层根据用户的需求,构建面向各类行业实际应用的管理平台和运行平台,并根据各种应用的特点集成相关的内容服务。为了更好地提供准确的信息服务,必须结合不同行业的专业知识和业务模型,以完成更加精细和准确的智能化信息管理。如对自然灾害、环境污染等进行预测预警时,需要相关生态、环保等多学科领域的专门知识和行业专家的经验。

物联网各层次间既相对独立又紧密联系。为了实现整体系统的优化功能,服务于某一具体应用,各层间资源需要协同分配与共享。以应用需求为导向的系统设计可以是千差万别的,并不一定所有层次的技术都需要采用。即使在同一个层次上,可以选择的技术方案也可以进行按需配置。但是,优化的协同控制与资源共享首先需要一个合理的顶层系统设计,来为应用系统提供必要的整体性能保障。

物联网的行业特性主要体现在其应用领域内,目前绿色农业、工业监控、公共安全、城市管理、远程医疗、智能家居、智能交通和环境监测等各个行业均有物联网应用的尝试,某些行业已经积累了一些成功的案例。

应用接口层是物联网和用户(包括人、组织和其他系统)的接口,与行业需求结合,实现物联网的智能应用。应用层主要完成服务发现和服务呈现的工作。

1.1.3 物联网体系的特点

1. 实时性

由于信息感知层的工作可以实时进行,所以,物联网能够保障所获得的信息具有实时性和真实性,从而在最大限度上保证了决策处理的实时性和有效性。

2. 大范围

由于信息感知层设备相对廉价,物联网系统能够对现实世界中大范围内的信息进行采集分析和处理,从而提供足够的数据和信息以保障决策处理的有效性,随着 Ad-hoc 技术的引入,获得了无线自动组网能力的物联网进一步扩大了其传感范围。

3. 自动化

物联网的设计目标是用自动化的设备代替人工,所有层次的各种设备都可以实现自动化控制。因此,物联网系统一经部署,一般不再需要人工干预,既提高了运作效率、减少出错几率,又能够在很大程度上降低维护成本。

4. 全天候

由于物联网系统部署之后自动化运转,无需人工干预。因此,其布设可以基本不受环境条件、时间和气象变化的限制,实现全天候的运转和工作,从而使整套系统更为稳定而有效。

1.1.4　物联网、传感网和泛在网的关系

物联网信息感知层主要涉及 RFID 和传感器两项技术。RFID 技术的目的是标识物,给每个物品一个"身份证";传感器技术的目的是感知物,包括采集实时数据(如温度、湿度)、执行与控制(打开空调、关上电视)等。

1. 传感器网络与 RFID 的关系

RFID 和传感器具有不同的技术特点,传感器可以监测感应到各种信息,但缺乏对物品的标识能力,而 RFID 技术恰恰具有强大的标识物品能力。尽管 RFID 也经常被描述成一种基于标签的,并用于识别目标的传感器,但 RFID 读写器不能实时感应当前环境的改变,其读写范围受到读写器与标签之间距离的影响。因此提高 RFID 系统的感应能力,扩大 RFID 系统的覆盖能力是亟待解决的问题。而传感器网络较长的有效距离将拓展 RFID 技术的应用范围。传感器、传感器网络和 RFID 技术都是物联网技术的重要组成部分,它们的相互融合和系统集成将极大地推动物联网的应用,其应用前景不可估量。

物联网与其他网络之间的关系见图 1.2。

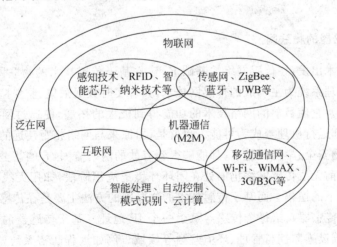

图 1.2　物联网与其他网络之间的关系

2. 基于 RFID 的物联网

从 RFID 技术出发,在 RFID 网络的基础上,建立基于 RFID 的物联网。这种物联网主要由 RFID 标签、读写器、信息处理系统、编码解析与寻址系统、信息服务系统和互联网组成。通过对拥有全球唯一编码的物品的自动识别和信息共享,实现开放环境下,对物品的跟踪、溯源、防伪、定位、监控以及自动化管理等功能。一般地,在生产和流通(供应链)领域,为了实现对物品的跟踪、防伪等功能,需要给每一个物品一个全球唯一的标识。在这种情形下,RFID 技术是主角,基于 RFID 技术的物联网能够满足这种需求。此外,冷链物流、危险品物流等特殊物流,需要对仓库、运输工具/容器的温度等有特殊要求。可将传感器技术融入进来,将传感器采集的信息与仓库、车辆、集装箱的 RFID 信息融合(如在厢式冷藏货车内安装温度传感器,将温度信息、GPS 信息等通过车载终端采用 SMS 方式发送到企业监控中心),构建带传感器的基于 RFID 的物联网。目前,基于 RFID 的物联网的典型解决方案是美国的 EPC。

3. 物联网与传感器网络的关系

传感器网络(Sensor Network)的概念最早由美国军方提出,起源于 1978 年美国国防部高级研究计划局(DARPA)开始资助卡耐基梅隆大学进行分布式传感器网络的研究项目,当时此概念局限于由若干具有无线通信能力的传感器节点自组织构成的网络。

随着近年来互联网技术和多种接入网络以及智能计算技术的飞速发展,2008 年 2 月,ITU-T 发表了《泛在传感器网络(Ubiquitous Sensor Networks)》研究报告。在报告中 ITU-T 指出,传感器网络已经向泛在传感器网络的方向发展,是由智能传感器节点组成的网络,可以以"任何地点、任何时间、任何人、任何物"的形式被部署。该技术可以在广泛的领域中推动新的应用和服务,从安全保卫和环境监控到推动个人生产力和增强国家竞争力。从以上定义可见,传感器网络已被视为物联网的重要组成部分,如果将智能传感器的范围扩展到 RFID 等其他数据采集技术,从技术构成和应用领域来看,泛在传感器网络等同于现在我们提到的物联网。

4. 基于传感器的物联网

从传感器技术出发,在传感网络的基础上,建立基于传感技术的物联网。由传感器、通信网络和信息处理系统为主构成的传感网技术,具有实时数据采集、监督控制和信息共享与存储管理等功能。它使目前的网络技术的功能得到极大的拓展,使通过网络实时监控各种环境、设施及内部运行机理等成为可能。也就是说,原来与网络相距甚远的家电、交通管理、农业生产、建筑物安全、旱涝预警等,都能够得到有效的网络监测,有的甚至能够通过网络进行远程控制。目前无线传感网络仍旧处在闭环环境下应用阶段,如用无线传感器监控金门大桥在强风环境下的摆幅。而基于传感技术的物联网的方法主要是在传感器采用嵌入式技术(嵌入式 Web 传感器),给每个传感器赋予一个 IP 地址。基于传感器的物联网主要应用在远程防盗、基础设施监控与管理、环境监测等领域。例如远程防盗系统,在房屋的门窗上安装红外传感器,如果有不法分子进入,红外传感器监测到,将信息传递给屋中的计算机服务器。服务器根据预设的目的 IP 地址,通过互联网,向目的 IP 地址的机器(计算机、手机)

发送有不法分子闯入的信息。

5. 物联网与泛在网络的关系

泛在网是指无所不在的网络，又称泛在网络。最早提出 U 战略的日韩给出的定义是：无所不在的网络社会将是由智能网络、最先进的计算技术以及其他领先的数字技术基础设施武装而成的技术社会形态。根据这样的构想，U 网络将以"无所不在"、"无所不包"、"无所不能"为基本特征，帮助人类实现 4A 化通信，即在任何时间、任何地点、任何人、任何物都能顺畅地通信。因此，相对于物联网技术的当前可实现性来说，泛在网属于未来信息网络技术发展的理想状态和长期愿景。

将 RFID 技术和传感器技术融合，构建更广义的物联网。而对于物联网、传感网、广电网、互联网、电信网等网络相互融合形成的网络，称为泛在网。

6. 物联网 4 大支柱业务群

物联网 4 大业务群见图 1.3。

(1) RFID：电子标签属于智能卡的一类，物联网概念是 1998 年 MIT Auto-ID 中心主任 Ashton 教授提出来的，RFID 技术在物联网中重要起"使能"(Enable)作用。

(2) 传感网：借助于各种传感器，感知、探测和集成自然界的各种信息，包括温度、湿度、压力、速度等物质现象的网络。

(3) M2M：这个词国外用得较多，侧重于末端设备的互联和集控管理。

(4) 两化融合：工业信息化也是物联网产业主要推动力之一，自动化和控制行业是主力，但目前来自这个行业的声音相对较少。

7. 物联网 4 大支撑网络

物联网 4 大网络群见图 1.4。

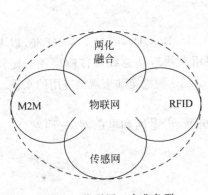

图 1.3　物联网 4 大业务群

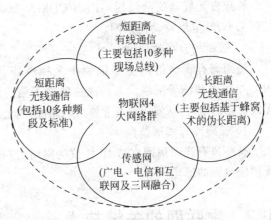

图 1.4　物联网 4 大网络群

因"物"的所有权特性，物联网应用在相当一段时间内都将主要在内网(Intranet)和专网(Extranet)中运行，形成分散的众多"物联网"，但最终会走向互联网(Internet)，形成真正的"物联网"，如 Google PowerMeter。

1) 短距离无线通信网

短距离无线通信网包括 10 多种已存在的短距离无线通信(如 ZigBee、蓝牙、RFID 等)标准网络以及组合形成的无线网状网(Mesh Networks)等。

Mesh 网络即"无线网格网络",是一个无线多跳网络,是由 Ad hoc 网络发展而来,是解决"最后一公里"问题的关键技术之一。在向下一代网络演进的过程中,无线是一个不可或缺的技术。无线 Mesh 可以与其他网络协同通信,是一个动态的可以不断扩展的网络架构,任意的两个设备均可以保持无线互联。

Mesh WLAN 网络要比单跳网络更加稳定,因为在数据通信中,网络性能的发挥并不是仅依靠某个节点。在传统的单跳无线网络中,如果固定的 AP 发生故障,那么该网络中所有的无线设备都不能进行通信。在 Mesh 网络中,如果某个节点的 AP 发生故障,它可以重新再选择一个 AP 进行通信,数据仍然可以高速地到达目的地。从物理角度而言,无线通信意味着通信距离越短,通信的效果会越好。因为随着通信距离的增长,无线信号不但会衰弱而且会相互干扰,从而降低数据通信的效率。而在 Mesh 网络中,是以一条条较短的无线网络连接代替以往长距离的连接,从而保证数据可以以高速率在节点之间快速传递。Mesh 技术可以使 WLAN 的安装部署,网络扩容更加方便。许多厂家都推出了功能丰富的 Mesh 产品,从而使部署大规模运营级无线城域网成为可能。例如,Strix 开发了 DMA 协议(Strix Dynamic Mesh Architecture,动态 Mesh 架构),使无线访问点具有自动配置网络,并使网络效率最优化的特性,提供自我组织,自我修复,更新动态网络连接,确保网络安全等功能。

无线网状网(WMN)技术是面向基于 IP 接入的新型无线移动通信技术,适合于区域环境覆盖和宽带高速无线接入。无线 Mesh 网络基于呈网状分布的众多无线接入点间的相互合作和协同,具有宽带高速和高频谱效率的优势,具有动态自组织、自配置、自维护等突出特点,因此,无线 Mesh 技术和网络的研究开发与实际应用,成为当前无线移动通信的热门课题之一,特别在未来移动通信系统长期演进(LTE)中,无线 Mesh 技术和网络成为瞩目焦点。

2) 长距离无线通信网

长距离无线通信网包括 GPRS/CDMA、3G、4G 等蜂窝(伪长距离通信)网以及真正的长距离 GPS 卫星移动通信网。

3) 短距离有线通信网

短距离有线通信网主要依赖十多种现场总线(如 ModBus、DeviceNet 等)标准,以及 PLC 电力线载波等网络。人们往往忽略了信息感知层用有线现场总线和传输层用长距离无线通信的组合,从实用和商业推广的角度,这个组合早已经达到稳定和大规模应用的水平。

4) 长距离有线通信网

长距离有线通信网支持 IP 协议的网络,包括计算机网、广电网和电信网(三网融合)以及国家电网的通信网等。

1.2　物联网的关键技术

物联网产业是多种产业的聚合,物联网技术也是多种前沿技术的融合。在信息获取、传输、存储、处理直至应用的全过程中,材料、器件、软件、网络、系统等各个方面都有其关键技术,只有勇于探索、有所创新、掌握其核心技术,才能促进物联网的健康发展。

欧盟《物联网研究路线图》将物联网研究划分为 10 个层面：感知，ID 发布机制与识别；物联网宏观架构；通信（OSI 物理与数据链路层）；组网（OSI 网络层）；软件平台、中间件（OSI 网络层以上）；硬件；情报提炼；搜索引擎；能源管理；安全。显然，物联网的关键技术繁多，这些内容略显重点不够突出，必须抓住其更关键的技术。

哪些是物联网关键技术，哪些是物联网的关键应用，哪些关键技术应先突破，哪些关键应用应先发展，目前业界还没有一致的观点。下面，按照物联网组网一般架构的 5 层模型分别叙述其关键技术。

1.2.1 信息感知层关键技术

节点感知技术是实现物联网的基础，包括用于对物质世界进行感知识别的电子标签、新型传感器、智能化传感网节点技术等。该层的主要功能是通过各种类型的传感器对物质属性、环境状态、行为态势等静态和动态的信息进行大规模、分布式的信息获取与状态辨识，针对具体感知任务，常采用协同处理的方式对多种类、多角度、多尺度的信息进行在线计算与控制，并通过接入设备将获取的信息与网络中的其他单元进行资源共享与交互。

1. 电子标签

RFID 技术与互联网、通信等技术相结合，可实现全球范围内物品跟踪与信息共享，是物联网关键技术之一。

RFID 技术发展的方向和研究的重点是：

（1）芯片设计与制造技术的发展趋势是芯片功耗更低，作用距离更远，读写速度与可靠性更高，成本不断降低。

（2）芯片技术将与应用系统整体解决方案紧密结合。

（3）RFID 读写器设计与制造将向多功能、多接口、多制式、并向模块化、小型化、便携式、嵌入式方向发展。同时，多读写器协调与组网技术将成为未来发展方向之一。

（4）海量 RFID 信息处理、传输和安全对 RFID 的系统集成和应用技术提出了新的挑战。RFID 系统集成软件将向嵌入式、智能化、可重组方向发展，通过构建 RFID 公共服务体系，将使 RFID 信息资源的组织、管理和利用更为深入和广泛。

2. 新型传感器

传感技术同计算机技术与通信技术一起被称为信息技术的三大支柱。传感器用来感知物理世界信息采集点的环境参数。传感器可以感知热、力、光、电、声、位移等信号，为物联网系统的处理、传输、分析和反馈提供最原始的数据信息。

随着电子技术的不断进步提高，传统的传感器正逐步实现微型化、智能化、信息化、网络化。同时，也正经历着一个从传统传感器（Dumb Sensor）向智能传感器（Smart Sensor）和嵌入式 Web 传感器（Embedded Web Sensor）不断丰富发展的过程。运用新理论、新技术，采用新工艺、新结构、新材料，研发各类新型传感器，提升传感器功能与性能，降低成本是实现物联网的基础。

3. 智能化传感网节点技术

所谓智能化传感网节点是指一个微型化的嵌入式系统。在极其复杂的动态物理世界中,需要感知和检测的对象很多,譬如温度、压力、湿度、应变、位移等,需要微型化、低功耗的传感网节点来构成传感网的基础层支持平台。未来研究的关键技术如下:

(1) 针对传感网节点设备的低成本、低功耗、小型化、高可靠性等要求,研制低速、中高速传感网节点核心芯片,以及集射频、基带、协议、处理于一体,具备通信、处理、组网和感知能力的低功耗片上系统。

(2) 针对物联网行业应用,研制系列节点产品。这需要采用 MEMS 加工技术,设计符合物联网要求的微型传感器,使之可识别、配接多种敏感元件,并适用于主被动各种检测方法。

(3) 研制具有强抗干扰能力的传感网节点,以适应恶劣工作环境的需求。

(4) 利用传感网节点具有的局域信号处理功能,在传感网节点附近局部完成一定的信号处理,使原来由中央处理器实现的串行处理、集中决策的系统,成为一种并行的分布式信息处理系统。

(5) 微机电系统。微机电系统是物联网的关键技术之一,是集微型传感器、执行器以及信号处理和控制电路、接口电路、通信和电源于一体的微型机电系统。近年来,MEMS 技术飞速发展,MEMS 具有微型化、智能化、多功能、高集成度和适合大批量生产等特点,为传感器节点的智能化、小型化、功率的不断降低等创造了成熟的条件。

4. GPS 技术

全球定位系统(Global Positioning System,GPS)是具有海、陆、空全方位实时三维导航与定位能力的新一代卫星导航与定位系统,是由空间星座、地面控制和用户设备等三部分构成的。GPS 测量技术能够快速、高效、准确地提供点、线、面要素的精确三维坐标以及其他相关信息,具有全天候、高精度、自动化、高效益等显著特点,广泛应用于军事、民用交通导航、大地测量、摄影测量、野外考察探险、土地利用调查、精确农业以及日常生活等不同领域。

GPS 作为移动感知技术,是物联网延伸到移动物体采集移动物体信息的重要技术,更是物流智能化、可视化以及智能交通的重要技术。

1.2.2 物联接入层关键技术

该层的主要功能是通过现有的移动通信网(如 GSM 网络、3G 网络)、无线接入网(如 WiMAX)、无线局域网(Wi-Fi)、卫星网等基础设施,将来自信息感知层的信息传送到互联网中。

根据对物联网所赋予的含义,其工作范围可以分成两部分,一部分是体积小、能量低、存储容量小、运算能力弱的智能小物体的互联,即传感网;另一部分是没有约束机制的智能终端互联,如智能家电、视频监控等。目前,对于智能小物体网络层的通信技术有两项。一项是基于 ZigBee 联盟开发的 ZigBee 协议,实现传感器节点或其他智能物体的互联;另一项技术是 IPSO 联盟倡导的通过 IP 实现传感网节点或其他智能物体的互联。

传感器网络中所包含的关键内容和关键技术主要有数据采集、信号处理、协议、管理、安全、网络接入、设计验证、智能信息处理和信息融合以及支撑和应用等方面。

传感网技术包括如下几个方面。

1. 传感网体系结构及底层协议

物联网的信息来源于传感器和由传感器组成的传感网,为保证传感网络自身的完整性、可用性和效率等性能,需要对传感网的运行状态进行监测。由于传感网中存在大量传感器节点特别是移动的传感器节点,当某一传感网节点发生故障时,网络拓扑结构有可能会发生变化,因此,设计传感网时应考虑传感网的自组织能力、自动配置能力及可扩展能力。

2. 智能交互及协同感知

物联网中的智能交互主要体现在情景感知关键技术上,能够解释感知的物理信号和生物化学信号,对外界不同事件做出决策以及调整自身的监控行为,因此已成为物联网应用系统中不可或缺的一部分。同时,情景感知能让物联网中的一些数据以低能耗方式在本地资源受限的传感器节点上处理,从而让整个网络的能耗和通信带宽最小化。协同感知技术也是物联网的研究热点。一种物理现象一般是由多种因素引起的,同时位于不同时空位置的感知设备观测到的信息具有互补性,因此必须将多个感知节点的数据综合起来,所以协同感知机制非常重要。

3. 节点管理

由于终端感知网络的节点众多,因此必须引入节点管理对多个节点进行操作。其中包括以使终端感知网络寿命最大化为目标的能量管理、以确保覆盖性及连通性为目标的拓扑管理、以保证网络服务质量为目标的 QoS 管理及移动控制,以实现异地管理为目标的远程管理技术以及存储配置参数的数据库管理等。作为物联网应用不可或缺的组成部分,数据库负责存储由 WSN 或 RFID 收集到的感知数据,所用到的数据库管理系统(DBMS)可选择大型分布式数据库管理系统(如 DB2,Oracle,Sybase,SQL Server)。管理系统能够将已存储的数据进行可视化显示、数据管理(包括数据的添加、修改、删除和查询操作)以及进一步分析和处理(生成决策和数据挖掘等)。总之,物联网的节点管理包括能量管理、拓扑管理、QoS 管理、移动控制、网络远程管理以及数据库管理等方面。

4. 传感网安全

由于物联网终端感知网络的私有特性,因此安全也是一个必须面对的问题。物联网中的传感节点通常需要部署在无人值守、不可控制的环境中,除了受到一般无线网络所面临的信息泄露、信息篡改、重放攻击、拒绝服务等多种威胁外,还面临传感节点容易被攻击者获取,通过物理手段获取存储在节点中的所有信息,从而侵入网络、控制网络的威胁。涉及安全的主要有程序内容、运行使用、信息传输等方面。从安全技术角度来看,相关技术包括以确保使用者身份安全为核心的认证技术,确保安全传输的密钥建立及分发机制,以及确保数据自身安全的数据加密、数据安全协议等数据安全技术。因此在物联网安全领域,数据安全协议、密钥建立及分发机制、数据加密算法设计以及认证技术是关键部分。

5. 组网技术

组网技术集合有线和无线方式,实现物体无缝和透明接入,包括传感器网络组网方式、RFID组网方式、DTN组网方式、移动通信或卫星等其他简单组网方式等。

6. 信息处理及信息融合

由于物联网具有明显的"智能性"的要求和特征,而智能信息处理是保障这一特性的共性关键技术,因此智能信息处理的相关关键技术和研究基础对于物联网的发展具有重要的作用。信息融合是智能信息处理的重要阶段和方式,信息融合是一个多级的、多方面的、将来自传感网中多个数据源(或多个传感器)的数据进行处理的过程。它能够获得比单一传感器更高的准确率、更有效和更易理解的推论。同时,它又是一个包含将来自不同节点数据进行联合处理的方法和工具的架构。因此,在信息感知层、物联接入层、网络传输层和应用接口层均需要采用此技术手段。

1.2.3　网络传输层关键技术

该层的主要功能是以IPv6和IPv4为核心建立的互联网平台,将网络内的信息资源整合成一个可以互联互通的大型智能网络,为上层服务管理和大规模行业应用建立起一个高效、可靠、可信的基础设施平台。

1. IPv6 协议栈

为了实现物联网的普适性,终端感知网络需要具有多样性。若将物联网建立在数据分组交换技术基础之上,则将采用数据分组网即IP网作为核心承载网。其中,IPv6作为下一代IP网络协议,具有丰富的地址资源,能够支持动态路由机制,可以满足物联网对网络通信在地址、网络自组织以及扩展性方面的要求。但是,由于IPv6协议栈过于庞大复杂,不能直接应用到传感器设备中,需要对IPv6协议栈和路由机制作相应的精简,才能满足低功耗、低存储容量和低传送速率的要求。目前有多个标准组织进行了相关研究,IPSO联盟于2008年10月,已发布了一款最小的IPv6协议栈 μIPv6。所以,物联网的协议栈中,以MAC协议、组网技术、网络跨层能量优化、自适应优化通信协议、轻量级和高能效协议为重点。

2. 网络接入

物联网以终端感知网络为触角,以运行在大型服务器上的程序为大脑,实现对客观世界的有效感知以及有效控制。其中连接终端感知网络与服务器的桥梁便是各类网络接入技术,包括GSM、3G等蜂窝网络,WLAN、WPAN等专用无线网络,Internet等各种网络。物联网的网络接入是通过网关完成的。

1.2.4　智能处理层关键技术

该层的主要功能是通过具有超级计算能力的中心计算机群,对网络内的海量信息进行实时的管理和控制,并为上层应用提供一个良好的用户接口。

1. 数据融合与智能技术

由于物联网应用是由大量传感网节点构成的,在信息感知的过程中,采用各个节点单独传输数据到汇聚节点的方法是不可行的,需要采用数据融合。所谓数据融合是指将多种数据或信息进行处理,组合出高效、符合用户要求的信息的过程。在传感网应用中,多数情况只关心监测结果,并不需要收到大量原始数据,数据融合是处理该类问题的有效手段。例如,借助数据稀疏性理论在图像处理中的应用,可将其引入传感网数据压缩,以改善数据融合效果。

因为网络中存有大量冗余数据,不仅会浪费通信带宽和能量资源,而且会降低数据的采集效率和及时性。数据融合技术需要人工智能理论的支撑,包括智能信息获取的形式化方法、海量数据处理理论和方法、网络环境下数据系统开发与利用方法,以及机器学习等基础理论;同时,还包括智能信号处理技术,如信息特征识别和数据融合、物理信号处理与识别等。

2. 海量数据智能分析与控制

海量数据智能分析与控制是指依托先进的软件工程技术,对物联网的各种数据进行海量存储与快速处理,并将处理结果实时反馈给网络中的各种“控制”部件。智能技术就是为了有效地达到某种预期目的,对数据进行知识分析所采用的各种方法和手段。当传感网节点具有移动能力时,网络拓扑结构如何保持实时更新;当环境恶劣时,如何保障通信安全;如何进一步降低能耗等。通过在物体中植入智能系统,可以使得物体具备一定的智能性,能够主动或被动地实现与用户的沟通,这也是物联网的关键技术之一。智能分析与控制技术主要包括人工智能理论、先进的人机交互技术、智能控制技术与系统等。物联网的实质性含义是要给物体赋予智能,以实现人与物的交互对话,甚至实现物体与物体之间的交互或对话。为了实现这样的智能性,需要智能化的控制技术与系统。例如,怎样控制智能服务机器人完成既定任务包括运动轨迹控制、准确的定位及目标跟踪等。

3. 云计算

云计算是物联网关键技术之一。云计算最基本的概念是透过网络将庞大的计算处理程序自动分拆成无数个较小的子程序,再交由多部服务器所组成的庞大系统经搜寻、计算分析之后将处理结果回传给用户。通过云计算技术,网络服务提供者可以在数秒之内,形成处理数以千万计甚至亿计的数据,达到与超级计算机同样强大效能的网络服务。

云计算有以下几种方式支撑物联网的应用发展:
(1) 单中心、多终端应用模式。
(2) 多中心、多终端应用模式。
(3) 信息与应用分层处理,海量终端应用模式。

4. 企业资源计划

企业资源计划(Enterprise Resource Planning,ERP)是指建立在信息技术基础上,以系统化的管理思想,为企业决策层及员工提供决策运行手段的管理平台。ERP 技术属于物联网的技术支撑层技术。

5. 软件服务与算法

软件服务与算法实现不同软件的统一与互操作,包括语义互操作性和语义传感 Web、人机交互、自管理技术来克服增加的复杂度和节能、分布式自适应软件、开放性中间件、能量有效的微操作系统、虚拟化软件、数据挖掘等数学模型和算法等。

6. 支撑与应用

物联网以终端感知网络为触角,深入物理世界的每一个角落,获得客观世界的各种测量数据。同时物联网战略最终是为人服务的,它将获得的各种物理量进行综合、分析,并根据自身智能合理优化人类的生产生活活动。物联网的支撑设备包括高性能计算平台、海量存储以及管理系统及数据库等。通过这些设施,能够支撑物联网海量信息的处理、存储、管理等工作。物联网的应用需要智能化信息处理技术的支撑,主要需要针对大量的数据通过深层次的数据挖掘,并结合特定行业的知识和前期科学成果,建立针对各种应用的专家系统、预测模型、内容和人机交互服务。专家系统利用已成熟的某领域专家知识库,从终端获得数据,比对专家知识,从而解决某类特定的专业问题。预测模型和内容服务等基于物联网提供的对物理世界精确、全面的信息,可以对物理世界的规律(如洪水、地震、蓝藻)进行更加深入的认识和掌握,以做出准确的预测预警,以及应急联动管理。人机交互与服务也体现了物联网“为人类服务”的宗旨。人机交互提供了人与物理世界的互动接口。物联网能够为人类提供的各种便利也体现在服务之中。

1.2.5　应用接口层关键技术

应用层主要是集成系统底层的功能,根据行业特点,借助互联网技术手段,开发各类的行业应用接口和解决方案,将物联网的优势与行业的生产经营、信息化管理、组织调度结合起来,形成各类的物联网解决方案,构建智能化的行业应用。例如,交通行业,涉及的就是智能交通技术;电力行业采用的是智能电网技术,物流行业采用的是智慧物流技术等;生态环境与自然灾害监测、智能交通、文物保护与文化传播、远程医疗与健康监护等。

专家系统(Expert System)是一个含有大量的某个领域专家水平的知识与经验能够利用人类专家的知识和经验来处理该领域问题的智能计算机程序系统。

由于物联网自身的特点,使得其与传统的网络管理有所不同。电信网和互联网的网络管理的 5 大功能,在物联网时代已经感到滞后而难以适应。物联网的网络管理是一个新的挑战,迄今为止专门针对物联网网络管理的研究较少。

行业的应用还要更多涉及系统集成技术、资源打包技术等。

1.2.6　物联网共性技术发展趋势

关键共性技术主要集中在无线传感器网络节点与传感器网关系统微型化技术、超高频 RFID、智能无线技术、通信与异构同组网、网规划与部署技术、综合性感知信息处理技术、中间件平台、编码解析、检索与跟踪以及信息分发等。

1. 传感器与传感器网络

传感器是机器感知物质世界的"感觉器官",可以感知热、力、光、电、声、位移等信号,为网络系统的处理、传输、分析和反馈提供最原始的信息。随着科学技术水平的不断发展,传统的传感器正逐步微型化、智能化、信息化、网络化,实现传统传感器向智能传感器和嵌入式Web传感器方向的发展。

目前,面向物联网的传感器网络技术研究包括:

(1) 低耗自组、异构互联、泛在协同的无线传感网络。

(2) 智能化传感器网络节点研究。

(3) 传感器网络组织结构及底层协议研究。

(4) 对传感器网络自身的检测与控制。

(5) 传感器网络的安全问题。

(6) 先进测试技术及网络化测控。

2. 智能技术

智能技术是为了有效地达到某种预期的目的,利用知识所采用的各种方法和手段。通过在物体中植入智能系统,可以使得物体具备一定的智能性,能够主动或被动的实现与用户的沟通,是物联网的关键技术之一。其主要研究内容和方向包括:

(1) 人工智能理论研究。智能信息获取的形式化方法、海量信息处理的理论和方法、网络环境下信息的开发与利用方法等。

(2) 机器学习。先进的人机交互技术与系统声音、图形、图像、文字及语言处理;虚拟现实技术与系统;多媒体技术。

(3) 智能控制技术与系统。物联网就是要给物体赋予智能,可以实现人与物体的沟通和对话,甚至实现物体与物体互相间的沟通和对话。为了实现这样的目标,必须要对智能控制技术与系统实现进行研究。例如,研究如何控制智能服务机器人完成既定任务(运动轨迹控制、准确的定位和跟踪目标等)。

(4) 智能信号处理。信息特征识别和融合技术、地球物理信号处理与识别。

3. 纳米技术

纳米技术,是研究结构尺寸在 $0.1\sim100$nm 范围内材料的性质和应用,主要包括纳米体系物理学、纳米化学、纳米材料学、纳米生物学、纳米电子学、纳米加工学、纳米力学等。这7个相对独立又相互渗透的学科集中体现在纳米材料、纳米器件和纳米尺度的检测与表征三个研究领域。纳米材料的制备和研究是整个纳米科技的基础。其中,纳米物理学和纳米化学是纳米技术的理论基础,而纳米电子学是纳米技术最重要的内容。

使用传感器技术就能探测到物体物理状态,物体中的嵌入式智能能够通过在网络边界转移信息处理能力而增强网络的威力,而纳米技术的优势意味着物联网当中体积越来越小的物体能够进行交互和连接。

4. 信息物理系统

信息物理系统(Cyber Physical Systems,CPS)是一个综合计算、网络和物理环境的多维复杂系统,通过 3C(Computation、Communication、Control)技术的有机融合与深度协作,实现大型工程系统的实时感知、动态控制和信息服务。CPS 实现计算、通信与物理系统的一体化设计,可使系统更加可靠、高效、实时协同,具有重要而广泛的应用前景。

CPS 将在环境感知、嵌入式计算、网络通信和网络控制等领域广泛应用,使物理系统具有计算、通信、精确控制、远程协作和自治功能。它注重计算资源与物理资源的紧密结合与协调,主要用于机器人、智能导航等一些智能系统上。近年来,CPS 不仅已成为国内外学术界和科技界研究开发的重要方向,预计也将成为企业界优先发展的产业领域。开展 CPS 研究与应用对于加快我国培育推进工业化与信息化融合具有重要意义。

CPS 的意义在于将物理设备联网,特别是连接到互联网上,使得物理设备具有计算、通信、精确控制、远程协调和自治等 5 大功能。CPS 本质上是一个具有控制属性的网络,但它又有别于现有的控制系统。CPS 则把通信放在与计算和控制同等地位上,这是因为 CPS 强调的分布式应用系统中物理设备之间的协调是离不开通信的。CPS 对网络内部设备的远程协调能力、自治能力、控制对象的种类和数量,特别是网络规模上远远超过现有的工控网络。美国国家科学基金会(NSF)认为,CPS 将让整个世界互连起来。如同互联网改变了人与人的互动一样,CPS 将会改变人们与物理世界的互动。

5. IPv6 地址技术

物联网的发展与 IPv6 紧密联系,因为每个物联网连接的对象都需要 IP 地址作为识别码,而目前 IPv4 的地址已经不够用。IPv6 拥有巨大的地址空间,它的地址空间完全可以满足节点标识的需要。同时,IPv6 采用了无状态地址分配方案来解决了高效率海量地址分配问题。采用无状态地址分配之后,网络则不再需要保存节点的地址状态,维护地址的更新周期,这大大简化了地址分配的过程。网络可以以很低的资源消耗来达到海量地址分配的目的。从整体来看,IPv6 具有很多适合物联网大规模应用的特性,不仅能够满足物联网的地址需求,同时还能满足物联网对节点移动性、节点冗余、基于流的服务质量保障的需求,很大程度上成为物联网应用的基础网络技术。

1.3　物联网标准化工作

标准化工作对一项技术的发展有着很大的影响。缺乏标准将会使技术的发展处于混乱的状态,而盲目的自由竞争必然会形成资源的浪费,多种技术体制并存且互不兼容,必然给广大用户带来不便。标准制定的时机也很重要,标准制定和采用得过早,有可能会制约技术的发展和进步,标准制定和采用得过晚,可能会限制技术的应用范围。

传统的计算机和通信领域标准体系一般不涉及具体的应用标准,而物联网各标准组织都比较重视应用方面的标准制订,这与传统的计算机和通信领域的标准体系有很大不同,同时也说明了"物联网是由应用主导"观点在国际上已成为共识。

总地来说,国际上物联网标准工作还处于起步阶段。目前各标准组织自成体系,国际体系尚未形成。这是巨大的挑战,更是难得的机遇,中国必须抓住这个时机,积极参与物联网标准化的制定和推动工作,从而引领信息产业界占领制高点,推动中国的物联网走向世界,并在引导世界潮流方面取得更大的成就。

1.3.1　国内外物联网标准机构简介

1. 国外物联网标准机构

目前开展物联网相关标准化研究工作的国际组织有欧洲电信标准研究所(ETSI)、国际电信联盟(ITU)、国际标准化组织/国际电工协会(ISO/IEC)等。从总体上看,目前标准化研究主要处于架构分析和需求分析阶段。

1) ETSI

欧洲电信标准化协会是由欧共体委员会建立的一个非赢利性的电信标准化组织,ETSI是国际上较早系统展开 M2M 相关研究的标准化组织,2009 年初成立了专门的 TC 来负责统筹 M2M 的研究,旨在制定一个水平化的、不针对特定 M2M 应用的端到端解决方案的标准。

2) ITU-T

国际电信联盟远程通信标准化组织(ITU Telecommunication Standardization Sector,ITU-T),是国际电信联盟管理下的专门制定远程通信相关国际标准的组织。ITU-T 主要以物联网下属的泛在传感网(USN)为研究目标。SG13、SG16、SG17 都参与了相关的研究讨论。

3) ISO/IEC

ISO/IEC 数据通信分技术委员会 JTC1 SC6,于 2007 年底成立传感网研究组(SGSN)。我国全国信息及数据标准化技术委员会也非常重视这一领域的国际标准化工作,先后 4 次组织国内的专家参与 SGSN 工作会议。2008 年 6 月,项目组成员中国电子技术标准化研究所和中科院上海微系统所在上海承办了 ISO/IEC JTC1SGSN 成立大会暨第一次工作会议。同时,积极参与了 SGSN 中《传感器网络技术报告》的编写工作,我国提出的传感器网络标准体系和大量技术文献被该技术报告所采纳。在 2009 年 10 月的 JTC1 全会上,JTC1 宣布成立传感器网络工作组(JTC1 WG7),正式开展传感器网络的标准化工作。

2. 国内物联网标准机构

目前,国内主要标准工作组为中国物联网标准联合工作组。联合工作组成立于 2010 年 6 月 8 日,包含全国 11 个部委及下属的若干标准工作组。此联合工作组将紧紧围绕物联网发展需求,统筹规划,整合资源,坚持自主创新与开放兼容相结合的标准战略,加快推进物联网国家标准体系的建设和相关国家标准的制订,同时积极参与相关国际标准的制订,以掌握发展的主动权。

(1) 工信部电子标签工作组。电子标签工作组下设 7 个专题组,分别是总体组、标签与读写器组、频率与通信组、数据格式组、信息安全组、应用组和知识产权组。

(2) 全国信标委传感器网络标准工作组(WGSN)。目前开展 6 项标准制定工作,分别由标准体系与系统架构项目组、协同信息处理项目组、通信与信息交互项目组、标识项目组、安全项目组和接口项目组负责。

（3）信息设备资源共享协同服务（闪联）标准工作组。主要负责制定信息设备智能互联与资源共享协议（IGRS）。

（4）中国通信标准化协会（CCSA）泛在网技术工作委员会 TC10。先后启动了《无线泛在网络体系架构》《无线传感器网络与电信网络相结合的网关设备技术要求》等标准的研究与制定。

（5）中国电信。中国电信开发了 M2M 平台，该平台基于开放式架构设计，可在一定程度上解决标准化问题。

（6）中国移动。中国移动制定了 WMMP（企业）标准，并在网上公开进行 M2M 的终端认证测试工作。

（7）工信部的家庭网络标准工作组。海尔集团任组长。

（8）工业过程测量和控制标准化技术委员会。

（9）全国智能建筑及居住区数字化标准化技术委员会。主要专注于物联网智能家居和电子商务（RFID 射频识别）两大领域。

（10）国家标准化管理委员会 EPC 和物联网工作组。工作组日常工作及推进 EPC 和物联网技术工作，开展技术研究和标准化前期工作包括液化石油气瓶电子标签应用研究和推广试点、机场票务及行李管理应用研究和试点应用、城市宠物管理电子标签应用研究等。

（11）国家发展与改革委员会高技术产业司。按照国务院有关要求，发改委将继续与工信部、科技部等有关部门积极配合，抓紧研究物联网相关工作，引导物联网产业健康发展。

（12）卫生部信息工作领导小组办公室。

（13）住房和城乡结合部信息中心。

（14）交通部科技司。

（15）总后勤部信息部。

联合工作组还包括中国信息产业商会、中国急诊医师协会等 14 个观察员单位。

1.3.2　物联网标准体系框架

物联网覆盖的技术领域非常广泛，涉及总体架构、感知技术、通信网络技术、应用技术等各个方面。物联网标准组织有的从机器对机器（M2M）通信的角度进行研究，有的从泛在网角度进行研究，有的从互联网的角度进行研究，有的专注传感网的技术研究，有的关注移动网络技术研究，有的关注总体架构研究。在标准方面，与物联网相关的标准化组织较多，物联网技术标准体系见图 1.5。目前介入物联网领域主要的国际标准组织有 IEEE、ISO、ETSI、ITU-T、3GPP、3GPP2 等。

1.3.3　物联网总体标准化

（1）国际电信联盟提出了泛在传感网（USN/UN）的概念，通过智能传感器节点实现人与人、人与物、物与物之间按需进行的信息获取、传递、存储、认知、决策、使用等服务。

（2）ITU-T 泛在网通信组（USN-CG）主要从用户和服务而不是技术角度对泛在网进行了探讨，目前尚未发布标准，在 2008 年发布的观察报告中描述了泛在网的概念和特点、体系

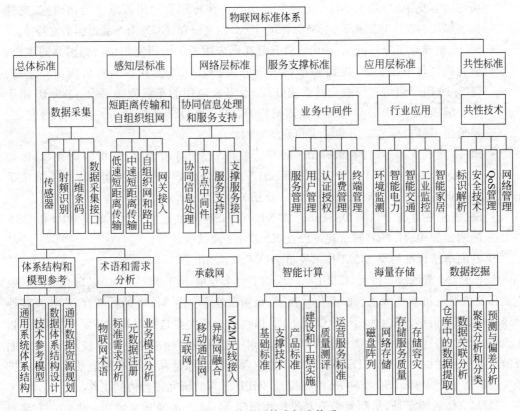

图 1.5 物联网技术标准体系

架构、标准化进展状况、应用模式、服务方案、术语等内容。

（3）ITU 内部泛在网的标准化工作主要与下一代网络全球标准草案（NGN-GSI）合并进行。

1.3.4 泛在网标准化

在国际标准化方面，与泛在网研究相关的标准化组织较多，下面按照技术方向介绍主要的标准组织在泛在网研究方面的情况。

1. 总体框架研究方面

针对泛在网总体框架方面进行系统研究的国际标准组织有代表性的是国际电信联盟 ITU-T 及欧洲电信标准化协会 M2M 技术委员会（ETSI M2M TC）。

1）国际电信联盟 ITU-T

ITU-T 研究内容主要集中在泛在网总体框架、标识及应用三个方面。ITU-T 在泛在网研究方面已经从需求阶段逐渐进入到框架研究阶段，目前研究的框架模型还处在高层层面。ITU-T 在标识研究方面和 ISO 通力合作，主推基于 OID（Object Identifier）解析体系。ITU-T 在泛在网应用方面已经逐步展开了对健康医疗和车载方面的研究。

ITU-T 各个相关研究课题组的研究情况简要介绍如下。

- SG13 主要从 NGN 角度展开泛在网相关研究，标准主导主要是韩国。目前标准化研究内容集中在,基于 NGN 的泛在网络和泛在传感器网络需求及架构研究、支持标签应用的需求和架构研究、身份管理(IDM)相关研究、NGN 对车载通信的支持等。

- SG16 组成立了专门的 Question 展开泛在网应用相关的研究,日本、韩国共同主导。研究内容集中在业务、应用和标识解析方面:Q25/16 泛在感测网络应用和业务、Q27/16 用于通信和智能交通系统(ITS)业务及应用的车载网关平台、Q28/16 用于电子健康(E-health)应用的多媒体架构等,Q21 和 Q22 还展开了一些标识研究,主要给出了针对标签应用的需求和高层架构。

- SG17 组成立了专门的 Question 展开泛在网安全、身份管理、解析的研究,具体如下:Q6/17 泛在通信业务安全方面、Q10/17 身份管理架构和机制、Q12/17 抽象语法标记(ASN.1)和对象标识(OIDs)及相关注册等。

- SG11 组成立有专门的 Question 12“NID 和 USN 测试规范”,主要研究 NID 和 USN 的测试架构、H. IRP 测试规范以及 X. oid-res 测试规范等。

2) 欧洲电信标准协会 M2M 技术委员会(ETSI M2M TC)

由于 M2M 市场前景巨大,ETSI 专门成立了一个专项小组(M2M TC)以研究如何对快速成长的机器对机器技术进行标准化。目前,虽然已经有一些 M2M 的标准存在,涉及各种无线接口、格状网络、路由和标识机制等方面,但这些标准主要是针对某种特定应用场景,相互独立。如何将这些相对分散的技术和标准放到一起并找出标准化的缺口和不足,这方面所做的工作还很少。为此,ETSI M2M TC 的主要研究目标是从端到端的全景角度研究机器对机器通信,并与 ETSI 内 NGN 的研究及 3GPP 已有的研究进行协同工作。

M2M TC 的职责是,从利益相关方收集和制定 M2M 业务及运营需求;建立一个端到端的 M2M 高层体系架构(如果需要会制定详细的体系结构);找出现有标准不能满足需求的地方并制定相应的具体标准;将现有的组件或子系统映射到 M2M 体系结构中;M2M 解决方案间的互操作性(制订测试标准);硬件接口标准化方面的考虑;与其他标准化组织进行交流及合作等。

ETSI M2M TC 目前首先进行的是 M2M 相关定义及两个 M2M 行业应用实例,以此为基础,同步进行业务需求和体系架构标准工作,目前尚未开始涉及具体技术。

2. 网络能力增强方面

M2M 作为泛在网中网络能力增强方面的一个研究热点,受到了众多标准组织的关注。

(1) 3GPP (The 3rd Generation Partnership Project)即第三代合作伙伴计划,是领先的 3G 技术规范机构,是由欧洲的 ETSI、日本的 ARIB 和 TTC、韩国的 TTA 以及美国的 T1 在 1998 年底发起成立的,旨在研究制订并推广基于演进的 GSM 核心网络的 3G 标准,即 WCDMA,TD-SCDMA,EDGE 等。中国无线通信标准组(CWTS)于 1999 年加入 3GPP。

3GPP 的目标是实现由 2G 网络到 3G 网络的平滑过渡,保证未来技术的后向兼容性,支持轻松建网及系统间的漫游和兼容性。其主要职能是制订以 GSM 核心网为基础,UTRA(FDD 为 W-CDMA 技术,TDD 为 TD-CDMA 技术)为无线接口的第三代技术规范。

为了满足新的市场需求,3GPP 规范不断增添新特性来增强自身能力。为了向开发商提供稳定的实施平台并添加新特性,3GPP 使用并行版本体制,3GPP 技术规范的系统版本包括 Release1～Release9。

　　3GPP 针对 M2M 的研究主要从移动网络出发,研究 M2M 应用对网络的影响,包括网络优化技术等。3GPP 对于 M2M 的研究范围为,只讨论移动网的 M2M 通信、定义 M2M 业务,不具体定义特殊的 M2M 应用、无线侧和网络侧的改进、不讨论与(x)SIMs 和/或(x)SIM 管理的新模型相关的内容。

　　(2) 3GPP2(第三代合作伙伴计划 2)成立于 1999 年 1 月,由北美 TIA、日本的 ARIB 和 TTC、韩国的 TTA 四个标准化组织发起,主要是制定以 ANSI-41 核心网为基础、CDMA2000 为无线接口的第三代技术规范。

　　3GPP2 下设 TSG-A、TSG-C、TSG-S、TSG-X 等 4 个技术规范工作组,这些工作组向项目指导委员会(SC)报告本工作组的工作进展情况。SC 负责管理项目的进展情况,并进行一些协调管理工作。TSG-A、TSG-C 和 TSG-S 发布的标准有技术报告和技术规范两种类型,TSG-X 只有技术规范一种类型。

　　(3) IEEE 802.16 和无线 MAN。

　　IEEE 802.16 是为用户站点和核心网络(如公共电话网和 Internet)间提供通信路径而定义的无线服务。无线 MAN 技术也称之为 WiMAX。这种无线宽带访问标准解决了城域网中"最后一英里"问题,因为 DSL、电缆及其他带宽访问方法的解决方案不是行不通,就是成本太高。

　　IEEE 802.16 负责对无线本地环路的无线接口及其相关功能制定标准,由三个小工作组组成,每个小工作组分别负责不同的方面: IEEE 802.16.1 负责制定频率为 10～60GHz 的无线接口标准; IEEE 802.16.2 负责制定宽带无线接入系统共存方面的标准; IEEE 802.16.3 负责制定频率范围在 2～10GHz 之间获得频率使用许可的应用的无线接口标准。可以看到,802.16.1 所负责的频率是非常高的,而它的工作也是在这三个组中走在最前沿的。由于其所定位的带宽很特殊,在将来 802.16.1 最有可能会引起工业界的兴趣。

　　IEEE 802.16 无线服务的作用就是在用户站点同核心网络之间建立起一个通信路径,这个核心网络可以是公用电话网络也可以是因特网。IEEE 802.16 标准所关心的是用户的收发机同基站收发机之间的无线接口。其中的协议专门对在网络中传输大数据块时的无线传输地址问题做了规定,协议标准是按照三层结构体系组织的。

　　三层结构中的最底层是物理层,该层的协议主要是关于频率带宽、调制模式、纠错技术以及发射机同接收机之间的同步、数据传输率和时分复用结构等方面的。对于从用户到基站的通信,标准使用的是按需分配多路寻址-时分多址(DAMA-TDMA)技术。按需分配多路寻址(DAMA)技术是一种根据多个站点之间的容量需要的不同而动态地分配信道容量的技术。时分多址(TDMA)是一种时分技术,将一个信道分成一系列的帧,每个帧都包含很多的小时间单位,称为时隙。时分多路技术可以根据每个站点的需要为其在每个帧中分配一定数量的时隙来组成每个站点的逻辑信道。通过 DAMA-TDMA 技术,每个信道的时隙分配可以动态地改变。

　　在物理层之上是数据链路层,在该层上 IEEE 802.16 规定的主要是为用户提供服务所需的各种功能。这些功能都包括在介质访问控制 MAC 层中,主要负责将数据组成帧格式来传输和对用户如何接入到共享的无线介质中进行控制。MAC 协议对基站或用户在什么时候采用何种方式来初始化信道做了规定。因为 MAC 层之上的一些层如 ATM 需要提供服务质量服务 QoS,所以 MAC 协议必须分配无线信道容量。位于多个 TDMA 帧中的一系列时隙为用户组成一个逻辑上的信道,而 MAC 帧则通过这个逻辑信道来传输。IEEE 802.16.1 规定每个单独信道的数据传输率范围是从 2～155Mb/s。

在 MAC 层之上是一个会聚层,该层根据提供服务的不同提供不同的功能。对于 IEEE 802.16.1 来说,能提供的服务包括数字音频/视频广播、数字电话、异步传输模式 (ATM)、因特网接入、电话网络中无线中继和帧中继。

3. 感知末梢技术方面

传感器网是泛在网的末梢网络的一种,主要用于环境等信息的采集,是泛在网不可或缺的重要组成部分,下面主要介绍两个有代表性的国际标准组织的研究情况,包括国际标准化组织(ISO)、美国电气及电子工程师学会(IEEE)。

1) 国际标准化组织

ISO JTC1 SC6 SGSN(Study Group on Sensor Networks,SGSN)的研究工作目前主要在应用场景、需求和标准化范围。SGSN 给出了 SN 标准化的 4 个接口。

(1) 网络内部节点之间的接口。

SN 节点之间的接口涉及物理层、MAC 层、网络层和网络管理。该接口需要考虑 SN 的网络协议、有线和无线通信协议及其融合、路由协议以及安全问题。SN 的网络和路由协议是在 MAC 层以上,提供传感器节点之间、传感器节点到传感器网关的连接,不同的应用可能需要不同的通信协议。

(2) 与外部网络接口。

该接口就是 SN 网关接口。该接口通过光纤、长距离无线通信方式提供 SN 与外网的通信能力,需要与相关标准组织合作。此外,该接口需要支持中间件,中间件实现多种应用共性功能,例如网络管理、数据过滤、上下文传输等。

(3) 路由器接口。

接口解决模拟、数字和智能传感器硬件即插即用问题,并规范接口数据准确性。

(4) 业务和应用模块。

该接口支持多种类型的传感器、基于不同业务的传感器功能以及应用软件模块。为了支持多种业务和应用,该接口的标准化需要研究这些应用并进行归类,制定一系列业务和基本功能要求。

2) 美国电气及电子工程师学会

传感器网络的特征与低速无线个人局域网(WPAN)有很多相似之处,因此传感器网络大多采用 IEEE 802.15.4 标准作为物理层和媒体存取控制层(MAC 层)。

IEEE 中从事无线个人局域网研究的是 802.15 工作组。该组致力于 WPAN 网络的物理层和媒体存取控制层的标准化工作,目标是为个人操作空间内相互通信的无线通信设备提供通信标准。在 IEEE 802.15 工作组内有 5 个任务组,分别制定适合不同应用的标准,这些标准在传输速率、功耗和支持的服务等方面存在差异。

(1) TG1:制订 IEEE 802.15.1 标准,即蓝牙无线通信。中等速率,近距离,适用于手机,PDA 等设备的短距离通信。

(2) TG2:制订 IEEE 802.15.2 标准,研究 IEEE 802.15.1 标准与 IEEE 802.11 标准的共存。

（3）TG3：制订 IEEE 802.15.3 标准，研究超宽带（UWB）标准。高速率、近距离，适用于个域网中多媒体方面的应用。

（4）TG4：制订 IEEE 802.15.4 标准，研究低速无线个人局域网。该标准把低能量消耗、低速率传输、低成本作为重点目标，旨在为个人或家庭范围内不同设备之间的低速互联提供统一标准。

（5）TG5：制订 IEEE 802.15.5 标准，研究无线个人局域网的无线网状网（MESH）组网，研究提供 MESH 组网的 WPAN 的物理层与 MAC 层的必要的机制。

4. 泛在网国内标准化情况

国内关于泛在网的研究及标准化工作刚刚起步，正在逐步探索研究方式，建立合适的标准体系。2009 年底，中国通信标准化协会（CCSA）在综合考虑泛在网标准影响的情况下，决定在协会成立"泛在网技术工作委员会"，技术工作委员会代号为 TC10。TC10 将从通信行业的角度统一对口、统一协调政府和其他行业的需求，系统规划泛在网络标准体系，满足政府以及其他行业对泛在网络的标准要求，提高通信行业对政府和其他行业泛在网络的支持力度和影响力。可以预见，随着 TC10 的成立，泛在网标准化工作在我国将系统有序的开展，形成一套适合我国国情的标准化体系。

泛在网总体的系统研究在我国刚刚起步，但是泛在网的相关技术在我国早已落地生根。WMMP（Wireless M2M Protocol）协议是中国移动制定 M2M 平台与终端，M2M 平台与应用之间交互的企业标准；中国移动制定 WMMP 协议的目的是规范 M2M 业务的发展，降低终端、平台和应用的开发部署成本。目前，国外的主流厂商还很少支持，WMMP 协议还没能很好地在 M2M 中得到应用。需要通过企业及相关部门的进一步努力来提升我国企业标准在国际上的地位。

我国其他的与泛在网相关的技术标准等也在研究和制定过程中（如传感器网、RFID、物联网等），但如果要让我国主导的标准在国际上形成较大的影响，还需要较长时间，需要相关部门的进一步努力。

1.3.5　数据采集技术标准

1. RFID 的 ISO/IEC 标准

RFID 标准涉及的主要内容如下：

（1）接口和通信技术一致性。接口和通信技术包括空中接口、防碰撞方法、中间件技术、通信协议等，一致性是指数据结构、编码格式及内存分配等。

（2）电池辅助及与传感器的融合。

（3）行业应用。例如，不停车收费系统、身份识别、动物识别、物流、追踪、门禁等，应用往往涉及有关行业的规范。

2. 二维条码

（1）ISO/IEC JTC1/SC31 自动识别和数据采集分委会已经完成了 PDF417、MaQR Code Maxi Code Data Matrix 等二维条码标准的制订，系统一致性方面的标准已经完成了二维条码符号印刷质量的检验(ISO/IEC 15415)、二维条码识读器测试规范(ISO/IEC 15426)等标准。其中 PDF417 应用范围最广,从生产、运货、行销、存货管理等都很适合,故 PDF417 特别适用于流通业。Maxicode 通常用于邮包的自动分类和追踪,Datamatrix 则特别适用于小零件的标识。

(2) GM 码和 CM 码。

深圳矽感科技有限公司以具有自主知识产权且国际领先的二维条码技术为核心,通过不断努力,已形成了从码制标准研发、识读设备生产到解决方案提供的产业体系;建立在矽感核心技术之上的"网格矩阵码(GM 码)"、"紧密矩阵码(CM 码)"被信息产业部颁发为国家电子行业标准(SJ/T 11349—2006,SJ/T 11350—2006),填补了我国自主知识产权二维条码标准的空白。"网格矩阵码(GM 码)"被国际标准组织 AIM global 批准成为二维条码国际标准,是唯一来自中国、拥有自主知识产权的二维条码国际标准。

3. GS1 的 EPC 标准

GS1 是一个组织的英文全称,不是缩写。2002 年 11 月,美国统一代码委员会(UCC)和加拿大电子商务委员会加入欧洲物品编码协会(European Article Numbering Association, EAN),成立了 EAN International,这是一个划时代的里程碑,结束 30 多年的分治、竞争。2005 年 2 月,EAN International 改名为 GS1。

EPC 系统是一个非常先进的、综合性的复杂系统,其最终目标是为每一单品建立全球的、开放的标识标准。它由全球产品电子代码(EPC)的编码体系、射频识别系统及信息网络系统三部分组成。

1) EPCglobal

EPCglobal 的主要职责是在全球范围内对各个行业建立和维护 EPC 网络,保证供应链各环节信息的自动、实时识别采用全球统一标准。通过发展和管理 EPC 网络标准来提高供应链上贸易单元信息的透明度与可视性,以此来提高全球供应链的运作效率。

EPCglobal 是一个中立的、非赢利性标准化组织。EPCglobal 由 EAN 和 UCC 两大标准化组织联合成立,它继承了 EAN、UCC 与产业界近 30 年的成功合作传统。

2) EPCglobal 网络

EPCglobal 网络是实现自动即时识别和供应链信息共享的网络平台。通过 EPCglobal 网络,提高供应链上贸易单元信息的透明度与可视性,以此各机构组织将会更有效运行。通过整合现有信息系统和技术,EPCglobal 网络将提供对全球供应链上贸易单元即时准确自动的识别和跟踪。企业和用户是 EPCglobal 网络的最终受益者,通过 EPCglobal 网络,企业可以更高效弹性地运行,可以更好地实现基于用户驱动的运营管理。

3) EPCglobal 服务

EPCglobal 为期望提高其有效供应链管理的企业提供了下列服务:分配、维护和注册 EPC 管理者代码;对用户进行 EPC 技术和 EPC 网络相关内容的教育和培训;参与 EPC 商业应用案例实施和 EPCglobal 网络标准的制订;参与 EPCglobal 网络、网络组成、研究开发和软件系统等的规范制订和实施;引领 EPC 研究方向;认证和测试;与其他用户共同进行试点和测试。

1.3.6　IEEE 802.15 协议集

1. IEEE 802.15 简介

无线个人网络(WPAN)和无线分布式感知/控制网络(WDSC)中的网络设备可能会由不同的公司进行开发生产,所以一个统一的协议或标准显得尤其重要。

2002 年,IEEE 802.15 工作组成立,专门从事 WPAN 标准化工作。它的任务是开发一套适用于短程无线通信的标准,通常我们称之为无线个人局域网(WPANs)。目前,IEEE 802.15 WPAN 共拥有 4 个工作组:

蓝牙 WPAN 工作组:蓝牙是无线个人局域网的先驱。在初始阶段,IEEE 并没有制定蓝牙相关的标准,所以经过一段快速发展时期后,蓝牙很快就有了产品兼容性的问题。现在,IEEE 决定制定行业标准来开发能够相互兼容的蓝牙芯片、网络和产品。

共存组:为所有工作在 2.4GHz 频带上的无线应用建立一个标准。

高数据率 WPAN 工作组:其 802.15.3 标准适用于高质量要求的多媒体应用领域。

802.15.4 工作组:为了满足低功耗、低成本的无线网络要求,IEEE 标准委员会在 2000年 12 月份正式批准并成立了 802.15.4 工作组,任务就是开发一个低数据率的 WPAN (LR-WPAN)标准。它具有复杂度低、成本极少、功耗很小的特点,能在低成本设备(固定、便携或可移动的)之间进行低数据率的传输。IEEE 802.15.4 满足国际标准组织 (ISO)开放系统互连(OSI)参考模式。它包括物理层、介质访问层、网络层和高层。

2. IEEE 802.15.4

IEEE 802.15.4 主要研究超帧结构、数据传输模型、MAC 层帧结构、数据可靠传输机制、低功耗策略和数据的安全服务等。

IEEE 802.15.4 标准共 27 个信道:2450MHz 16 个,915MHz 10 个,868MHz 1 个;支持 250kbps、40kbps、20kbps 三种速率;支持星状网络结构和点对点的对等网络结构;分配 16 位短地址或 16 位扩展地址;支持时隙保证机制,通过预留保证时隙(GTS)提供无竞争媒体访问,或实现 CSMA/CA 以避免竞争;确认握手保证传输的可靠性;低功耗,可以能量检测;有链路质量指标。

3. ZigBee 标准

ZigBee 标准的特点是短延时、组网灵活、数据的传输可靠、大容量、适于网络的自配置、安全机制等。

ZigBee 协议架构包括 IEEE 802.15.4 和 ZigBee 联盟,IEEE 802.15.4 主要研究物理层协议、媒体访问控制层 MAC;ZigBee 联盟主要研究网络层(NWK)、应用层(APL)和安全服务规范。

4. IETF 6LoWPan 标准(草案)

以前,将 IP 扩展到无线工业网络被看作是不切实际的想法。基于 IEEE 802.15.4 实现 IPv6 通信的 IETF 6LoWPAN 草案标准的发布有望改变这一局面。6LoWPAN 所具有的低功率运行的潜力使它适合应用在从手持机到仪器的设备中,而其对 AES-128 加密的内置支持为强健的认证和安全性打下了基础。

2004 年出台的 IEEE 802.15.4 标准用于开发可以靠电池运行 1~5 年的紧凑型低功率廉价嵌入式设备(如传感器)。IEEE 802.15.4 利用运行在 2.4GHz 频带上的无线电收发器传送信息,使用的频带与 Wi-Fi 相同,但功率大约为后者的 1%。由于这一特点限制了传输距离,因此,多台设备必须一起工作才能在更长的距离上逐跳传送信息和绕过障碍物。

IETF 6LoWPAN 工作组的任务是定义在如何利用 IEEE 802.15.4 链路支持基于 IP 的通信的同时,遵守开放标准以及保证与其他 IP 设备的互操作性,主要内容包括标准的动机与存在的问题、协议报文转换适配层和帧格式、地址管理机制、Mesh 网络下的多跳传输方法及路由、邻居发现协议等。

这样将消除对多种复杂网关(每种网关对应一种本地 802.15.4 协议)以及专用适配器和网关专有安全与管理程序的需要。然而,利用 IP 并不是件容易的事情,IP 的地址和包头很大,传送的数据可能过于庞大而无法容纳在很小的 802.15.4 数据包中。6LoWPAN 工作组面临的技术挑战是发明一种将 IP 包头压缩到只传送必要内容的小数据包中的方法。

6LowPan 协议栈模型见图 1.6。

应用层
传输层
IPv6 层
6LoWPAN 适配层
802.15.4MAC 层
802.15.4 物理层

图 1.6   6LoWPAN 协议栈模型

1.3.7   短距离通信技术和协同信息处理标准 ZigBee

ZigBee 是 IEEE 802.15.4 协议的代名词。这个协议规定的技术是一种短距离、低功耗的无线通信技术。其特点是近距离、低复杂度、自组织、低功耗、低数据速率、低成本。ZigBee 主要适合用于自动控制和远程控制领域,可以嵌入各种设备。简而言之,ZigBee 就是一种便宜、低功耗、近距离的无线组网通信技术。

1. 蓝牙技术的不足

在蓝牙技术的使用过程中,人们发现蓝牙技术尽管有许多优点,但仍存在许多缺陷。对工业、家庭自动化控制和工业遥测遥控领域而言,蓝牙技术显得太复杂、功耗大、距离近、组网规模太小等,而工业自动化,对无线数据通信的需求越来越强烈。对于工业现场,这种无线数据传输必须是高可靠的且能抵抗工业现场的各种电磁干扰。

IEEE 802.15.4 规范是一种经济、高效、低数据速率、工作在 2.4GHz 和 868/928MHz 的无线通信技术,用于个人区域网和对等网络。它是 ZigBee 应用层和网络层协议的基础。

ZigBee 是一种新兴的近距离、低复杂度、低功耗、低数据速率、低成本的无线网络技术,是一种介于无线标记技术和蓝牙之间的技术提案,主要用于近距离无线连接。它依据 802.15.4 标准,在数千个微小的传感器之间相互协调实现通信。这些传感器只需要很少的能量,以接力的方式通过无线电波将数据从一个网络节点传到另一个节点,所以它们的通信效率非常高。

2. ZigBee 无线数据传输网络描述

简单地说,ZigBee 是一种高可靠的无线数传网络,类似于 CDMA 和 GSM 网络。

ZigBee 数传模块类似于移动网络基站。通信距离从标准的 75 米到几百米、几千米，并且支持无限扩展。ZigBee 是一个由可多到 65 000 个无线数传模块组成的一个无线数传网络平台，在整个网络范围内，每一个 ZigBee 网络数传模块之间可以相互通信，每个网络节点间的距离可以从标准的 75 米无限扩展。与移动通信的 CDMA 网或 GSM 网不同的是，ZigBee 网络主要是为工业现场自动化控制数据传输而建立，因而它必须具有简单，使用方便，工作可靠，价格低的特点。移动通信网主要是为语音通信而建立，每个基站价值一般都在百万元人民币以上，而每个 ZigBee "基站"却不到 1000 元人民币。每个 ZigBee 网络节点不仅本身可以作为监控对象。例如，其所连接的传感器直接进行数据采集和监控，还可以自动中转别的网络节点传过来的数据资料。除此之外，每一个 ZigBee 网络节点(FFD)还可在自己信号覆盖的范围内，和多个不承担网络信息中转任务的孤立的子节点(RFD)无线连接。

3. ZigBee 采用的自组织网通信方式

若干个 ZigBee 网络模块终端，只要它们彼此间在网络模块的通信范围内，通过彼此自动寻找，很快就可以形成一个互联互通的 ZigBee 网络。而且，由于终端的移动，彼此间的联络还会发生变化。因而，模块还可以通过重新寻找通信对象，确定彼此间的联络，对原有网络进行刷新。这就是自组织网。

网状网通信实际上就是多通道通信，在实际工业现场，由于各种原因，往往并不能保证每一个无线通道都能够始终畅通，就像城市的街道一样，可能因为车祸、道路维修等，使得某条道路的交通出现暂时中断，此时由于有多个通道，车辆(相当于控制数据)仍然可以通过其他道路到达目的地。这一点对工业现场控制而言则非常重要。

所谓动态路由是指网络中数据传输的路径并不是预先设定的，而是传输数据前，通过对网络当时可利用的所有路径进行搜索，分析它们的位置关系以及远近，然后选择其中的一条路径进行数据传输。在网络管理软件中，路径的选择使用的是"梯度法"，即先选择路径最近的一条通道进行传输，如传不通，再使用另外一条稍远一点的通路进行传输，依此类推，直到数据送达目的地为止。在实际工业现场，预先确定的传输路径随时都可能发生变化，或因各种原因路径被中断了，或过于繁忙不能进行及时传送。动态路由结合网状拓扑结构，就可以很好解决这个问题，从而保证数据的可靠传输。

4. ZigBee 自身的技术优势

(1) 低功耗。在低耗电待机模式下，2 节 5 号干电池可支持 1 个节点工作 6～24 个月，甚至更长。这是 ZigBee 的突出优势，而在相同的情况下蓝牙只能工作数周、Wi-Fi 可工作数小时。

(2) 低成本。通过大幅简化协议(不到蓝牙的 1/10)，降低了对通信控制器的要求，按预测分析，以 8051 的 8 位微控制器测算，全功能的主节点需要 32KB 代码，子功能节点少至 4KB 代码，而且 ZigBee 免协议专利费。每块芯片的价格大约为 2 美元。

(3) 低速率。ZigBee 工作在 20～250kbps 的较低速率，分别提供 250kbps、40kbps 和 20kbps 的原始数据吞吐率，满足低速率传输数据的应用需求。

(4) 近距离。传输范围一般介于 10～100m 之间，在增加 RF 发射功率后，亦可增加到 1～3km。这指的是相邻节点间的距离。如果通过路由和节点间通信的接力，传输距离将可以更远。

（5）短时延。ZigBee 的响应速度较快，一般从睡眠转入工作状态只需 15ms，节点连接进入网络只需 30ms，进一步节省了电能。相比较，蓝牙需要 3～10s、Wi-Fi 需要 3s。

（6）高容量。ZigBee 可采用星状、片状和网状网络结构，由一个主节点管理若干子节点，最多一个主节点可管理 254 个子节点；同时主节点还可由上一层网络节点管理，最多可组成 65 000 个节点的大网。

（7）高安全。ZigBee 提供了三级安全模式，包括无安全设定、使用接入控制清单（ACL）防止非法获取数据以及采用高级加密标准（AES128）的对称密码，以灵活确定其安全属性。

（8）免执照频段。采用直接序列扩频在工业科学医疗（ISM）频段，2.4GHz（全球）、915MHz（美国）和 868MHz（欧洲）。

1.3.8　网络支撑技术领域标准

物联网网络层标准包括互联网相关标准、移动通信网相关标准、机器对机器标准和异构网融合标准。

互联网相关标准和异构网融合标准主要由 IETF、W3C 等组织提出和制定；移动通信网相关标准根据通信传输距离分为无线广域网和无线局域网标准；基于蜂窝的无线广域网的标准由 ITU、3GPP、3GPP2、OMA 等组织负责制定；在 M2M 技术标准方面，3GPP SA1 工作组主要研究机器间通信的网络优化的问题，3GPP SA3 工作组对远程应用管理中的安全问题进行了分析，包括分析安全威胁以及定义安全需求。ETSI 也成立了 TC M2M，旨在制定一个水平化的、不针对特定 M2M 应用的端到端解决方案的标准。

1.3.9　ISA100 的标准化

ISA100（原美国仪器仪表协会，现仪器、系统和自动化协会）雄心勃勃的无线标准大全，包括很多分委会，分别制定各方面的标准。例如，在适应于工程工业的传感器无线网络标准包括过程仪表、开关设备和 RFID 的无线标准。现有近 100 个国家和地区，2.8 万成员。

1.3.10　Wireless HART 的标准化

Wireless HART（可寻址远程传感器高速通道）在物理层上基于 IEEE 802.15.4，对 MAC 层进行修改，以提高跳频的可靠性，完全的 MESH 网络拓扑。标准的目标将是厂内应用，尤其用于监测、诊断和资产管理等方面，适用于由过程工业的各个等级的应用。

1.3.11　IEEE 1888

IEEE 1888 也叫 UGCCNET，这是针对标准器、传感器、控制器等设计的，工作组在 2008 年 6 月启动了正式的工作。可以说是物联网领域首个由中国企业发起和成立的国际标准。

通过利用下一代互联网和传感器技术，特别是 IPv6 和无线传感器技术，在城市中的应用，实现了数字绿色城市，节能减排，从运营的角度进行分布式的控制和管理纬度，降低能耗，实现自主创新，最终增强我国在标准化制订方面的发言权。

UGCCNET 最大的特点是信息交互、协同服务、集中监测和统一的管理。通过统一的远程控制信令和信息采集信令,提供统一的平台,提高设备的兼容性和协议的一致性。

UGCCNET 开放式的体系架构,可以支持基于 IP 的信息互联的共享机制,采用了下一代网络的消息交互信令,在设备之间无缝的连接,进行数据的采集、记录和消息的交互。

IEEE 1888 与物联网。物联网是通过传输网和感知网络,相互衔接与结合,使每个设备节点都拥有身份标识,可能是一个唯一的 IPv6 地址。这样,可以无限扩大设备之间的互联互通,可能扩大设备远程通信的范围和网络监测的范围。这样,最终会形成泛在互连网络,这样的实现有助现有的楼宇基础设施和各种设备之间的互联互通。IEEE 1888 是通过物体的互联和协同的服务的方式,将设备、事件、即时信息发送到综合信息的处理系统,可以将这样的系统理解为云计算中心、云平台。各个大的信息系统,可以形成一个庞大的泛在互联网络,从而对于设备进行实时的监控和智能化的管理。

第2章 物联网组网规划与系统集成

物联网是互联网的延伸与扩展,是继计算机、互联网和移动通信之后的又一次信息产业的革命。目前,物联网已被正式列为国家重点发展的战略性新兴产业之一。

物联网既不是美好的预言,更不是科技的狂想,而是又一场会改变世界的伟大产业革命。可以预见,经过未来十年的发展,社会、企业、政府和城市的运行与管理都离不开物联网。物联网可以"感知任何领域,智能任何行业"。

物联网是在互联网的基础上,利用 RFID、传感器和 WSN 等技术,构建一个覆盖世界上所有人与物的网络信息系统,从而使人类的经济社会与社会生活、生产运行与个人活动都运行在智慧的物联网基础设施之上,地球因此而有了智慧,人类因此更加自由。

本章通过介绍物联网应用、物联网组网设计原则和步骤、物联网组网规划和物联网应用面临的挑战等内容,使读者对物联网的应用和组网有一个粗略的认识。

2.1 物联网应用

物联网可以解决人们面临的诸多问题。人类正面临经济衰退、全球竞争、气候变化、人口老龄化等诸多方面的挑战,当今世界许多重大的问题如金融危机、能源危机和环境恶化等,实际上都能够以更加"智慧"的方式解决。物联网一方面可以提高经济效益、大大节约成本、大大提高人类的生活质量;另一方面可以为全球经济的复苏提供技术动力。

如果说以前的信息化主要指的是人类行为的话,那么物联网时代的信息化则将人和物都包括进去了,地球上的人与人、人与物、物与物的沟通与管理,全部将纳入新的信息化的世界。随着智能手机、无线支付、无线订购这类日常智能应用的日益普及,智能交通、电子化医疗体系、智能化制造业、绿色信息技术等大型系统项目的不断推广,物联网或许在不久的将来就会像现在的因特网这样成为人们日常生活中不可或缺的伙伴。

2.1.1 物联网应用分类

作为产业革命与未来社会发展的新方向,由于对人类生产、生活的巨大变革和影响力,物联网自诞生之日便受到了极大的关注。随着物联网在 2008 年后的迅猛发展,特别是众多试点产品的应用与推广,使得原本神秘的物联网逐渐走入了社会大众的视野。

根据美国独立市场研究机构 FORRESTER 预测,物联网是下一个百万亿级的产业,到 2020 年,全球物和物互联业务与现有的人和人互联业务之比将达到 30:1,到 2035 年前后,中国的物联网终端将达到数千亿个,到 2050 年,物联网将在生活中无处不在。

物联网用途广泛,遍及智能交通、环境保护、政府工作、公共安全、平安家居、智能消防、工业监测、农业管理、老人护理、个人健康等多个领域。在国家大力推动工业化与信息化两化融合的大背景下,物联网将是工业乃至更多行业信息化过程中一个比较现实的突破口。一旦物联网大规模普及,无数的物品需要加装更加小巧智能的传感器,用于动物、植物、机器等物品的传感器与电子标签及配套的接口装置数量将大大超过目前的手机数量。按照目前对物联网的需求,在近年内就需要按亿计的传感器和电子标签。专家预计,2011 年,内嵌芯片、传感器、无线射频的“智能物件”将超过 1 万亿个,物联网将会发展成为一个上万亿元规模的高科技市场,这将大大推进信息技术元件的生产,给市场带来巨大商机。可以预见,未来十年,社会、企业、政府、城市的运行与管理,都离不开物联网。物联网可以“感知任何领域,智能任何行业”。物联网的应用示意图见图 2.1。

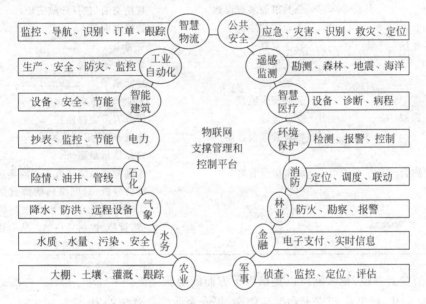

图 2.1　物联网应用示意图

物联网是因特网的应用延伸和拓展,是信息网络上的一种增值应用。感知、传输、应用三个环节构成物联网产业的关键要素,感知(识别)是基础和前提;传输是平台和支撑;应用则是目的,是物联网的标志和体现。物联网发展不仅需要技术,更需要应用,应用是物联网发展的强大推动力。

物联网的应用领域非常广阔,从日常的家庭个人应用,到工业自动化应用,以至军事反恐、城建交通。当物联网与因特网、移动通信网相连时,可随时随地全方位“感知”对象(物理世界),人们的生活方式将从“感觉”跨入“感知”,从“感知”到“控制”。目前,物联网已经在智能交通、智能安防、智能物流、公共安全等领域初步得到实际应用。比较典型的应用包括水电行业无线远程自动抄表系统、数字城市系统、智能交通系统、危险源和家居监控系统、产品质量监管系统等,如表 2.1 所示。

表 2.1 物联网主要应用类型

应 用 分 类	用户/行业	典 型 应 用
数据采集	公共事业基础设施	自动水表、电表抄读
	机械制造	智能停车场
	零售连锁行业	环境监控、治理
	质量监管行业	电梯监控
	石油化工	自动售货机
	气象预测	产品质量监管等
	智能农业	
智能控制	医疗	远程医疗及监控
	机械制造	危险源集中监控
	智能建筑	路灯监控
	公共事业基础设施	智能交通(包括导航定位)
	工业监控	智能电网等
百姓生活	数字家庭	交通卡
	个人保健	新型电子支付
	金融	智能家居
	公共安全监控	工业和楼宇自动化等
定位跟踪	交通运输	警务人员定位监控
	物流管理及控制	物流、车辆定位监控等
		物品信息跟踪
信息融合	城市综合管理	通过专家系统和人工智能等对信息的综合分析,对网络内的海量信息进行实时高速处理,对数据进行智能化挖掘、管理、控制与存储。从而达到统筹兼顾、综合应用的目的

对于消费者来说,物联网可以提供以下方面的功能优势:

(1) 自动化,降低生产成本和提高效率,提升企业综合竞争能力。

(2) 信息实时性,借助通信网络,及时地获取远端的信息。

(3) 提高便利性,如 RFID 电子支付交易业务。

(4) 有利于安全生产,及时发现和消除安全隐患,便于实现安全监控监管。

(5) 提升社会的信息化程度。

总地来说,物联网将在提升信息传送效率、改善民生、提高生产率、降低企业管理成本等方面发挥重要的作用。

2.1.2 物联网与生活

物联网应用与人们的日常生活息息相关。生活消费方面,城市一卡通应用于交通、商业、水电、燃气、加油站、物业管理等各个方面,方便了广大用户;交通方面,ETC 高速收费,无需停车缴费,有利于高速公路交通的畅通;物流方面,将 RFID 标签贴在货物上,代替纸笔记录的方式,提高货物追踪能力,可靠的记录运输日期等;食品方面,通过二维码技术,方便地记录与检查食品的原产地、检疫等信息,有效保证食品安全;金融方面,通过手机号码与联名卡绑定,进行手机支付,体验真正的手机购物;医疗方面,"终身健康账户"一卡通工程的主要目标是建立个人终身健康档案,并且在这个基础上,建立统一而系统的健康档案库,实现医院与社区卫生服务中心的信息资源共享,医保账户、银行账户、健康账户真正实现了"三合一"。

1．安全性

1)自然灾害

2010年8月7日22点左右,甘肃甘南藏族自治州舟曲县特大泥石流冲进县城,并形成堰塞湖,共导致近两千人死亡或失踪。舟曲现有的预警系统(长江上游滑坡泥石流预警系统的一部分)由于多种原因造成预警失灵。

传统滑坡监测主要是在现场布置固定的传感器或仪表后,通过汇总人工定时读取的数据来得到滑坡的安全状况,难以及时甚至无法捕捉到滑坡临近失稳前的最宝贵信息,因此不可能及时准确地对滑坡状况进行预测报警。

2010年底,中国移动公司开发了"滑坡GPS自动化监测预警系统"。GPS监测系统由三部分组成:监测单元、数据传输和控制单元、数据处理分析及管理单元。这三部分形成一个有机的整体,监测单元跟踪GPS卫星并实时采集数据,数据通过通信网络传输至控制中心,控制中心的GPS软件对数据处理并分析,实时形变监测。由于采用无线传输的方式,无线传感器网络可以很方便地进行初期的部署,数据的传输也不会因为地形的改变而中断,因此非常适合用于山体滑坡现场的环境监测。这一系统彻底颠覆了传统滑坡监测,将会极大地保护人民群众的生命财产安全。

2)食品

2010年12月27日,成都市质监局运用物联网技术开发出三聚氰胺检测数据监测平台,实现了对乳制品企业三聚氰胺检测数据的自动采集、自动传输、自动分析和自动报警,大大提高了监管工作的有效性。目前,该系统已经率先在新希望乳业投入使用,实现了三聚氰胺24小时全程监控。

3)人身意外

2011年4月,南大苏富特科技股份有限公司与南京鼓楼区相关部门联合实施的"物联网智慧养老"示范项目,将在部分试点小区和养老机构推开,年内预计将有近千名老人受益。

"物联网智慧养老"实际上就是利用物联网技术,通过各类传感器,使老人的日常生活处于远程监控状态。例如,老人在房屋内摔倒,地面安全传感器会立即通知协议医护人员和老人亲属;老人住所内水龙头24小时没有开过,警报器就会通过电话或短信提醒,看看老人是否走失或出现其他意外;"智能厕所"能够检查老人的尿液、粪便,量血压、体重,让如厕变成医疗检查,所测数据直接传送到"协议"医疗单位的老人电子健康档案,一旦出现数据异常,智能系统会自动提醒老人及时体检,必要时"协议"医护人员会上门进行卫生服务。

"物联网智慧养老"系统还可以在老年人身上佩戴相应感应器,如手腕式血压计、手表式GPS定位仪,随时实地监测老人的身体状况和活动轨迹,"如影随形"地对老年人进行监护。

2．方便性

GPRS室温无线远传系统利用物联网传感网络,可远程监控居民室温,如果室温降低,该平台将自动报警,提醒技术人员进行调温或上门抢修。使用该技术将使锅炉房的运行管理人员能够直接观察到居民室内供暖温度。在居民住宅内安装温度传感器和数据无线发送装置后,居民室温可以随时发送到监测平台。供热主管部门可以像监控路况那样方便地掌握全市各个社区的供暖情况。当检测到居民住宅室温显著下降时,系统能够自动报警,工程人员就能在市民投诉前采取调温或抢修措施。如果室温过高,平台还能自动进行调温,避免能源无谓浪费。

3. 节约性

日本在超市安装 30 000 个室温监控传感器,可以节省电费百分之十以上。IBM 公司正在帮助主动医疗网(ActiveCare Network)监控美国 38 个州的 1.2 万家诊所,为超过 200 万病人提供注射液、疫苗及其他药品的适当运输网络。主动医疗网采用 IBM 公司软件降低治疗费用高达 90%,降低病人、诊所应用费用达 60%。

4. 智慧性

物联网冰箱。当你工作一天回到家,想做一份莲子桂圆汤,走到冰箱前查询冰箱外立面上的显示屏时却发现,冰箱内现有红枣、莲子,却没有桂圆。没关系,这台冰箱已经通过物联网技术与全球相连接,马上访问沃尔玛的网站,那里有很多桂圆可供选购……这就是物联网冰箱带给人们的新生活。物联网冰箱不仅可以储存食物,还可实现冰箱与冰箱里的食品"对话"。冰箱可以获取其储存食物的数量、保质期、食物特征、产地等信息,并及时将信息反馈给消费者。它还能与超市相连,让人足不出户就知道超市货架上的商品信息。能够根据主人取放冰箱内食物的习惯,制订合理的膳食方案。此外,它还是一个独立的娱乐中心,具有网络可视电话功能,能浏览资讯和播放视频等。

2.1.3　物联网与各行各业

1. 物联网与工业

工业是物联网应用的重要领域。具有环境感知能力的各类终端、基于泛在技术的无线传感网络、3G 和 4G 移动通信技术等不断融入工业生产的各个环节。这些新技术可以大幅提高制造效率,改善产品质量,降低产品成本和资源消耗,将传统工业提升到智能工业的新阶段。利用物联网对工业生产过程进行监测和控制,原材料管理、仓储和物流管理等环节实现精密和自动化处理。通过智能感知、精确测量和计算,量化生产过程中的能源消耗和污染物排放。

大港油田开发的"油井生产远程监控分析优化系统",通过网络远程采集油井的功图、压力、温度、电流、功率、扭矩等数据,实现油井生产工况实时诊断、远程实时产液量计量和用电消耗计量及能耗分析。应用扭矩法、电能法、功率曲线法等计算和调节抽油机平衡。基于诊断基础上的油井工作参数优化设计、基于诊断和优化设计结果的专家解决方案、基于油井工况诊断和工艺参数设计结果,远程实时实现对油井的"大闭环"智能控制。

生产远程监控分析优化系统通过网络远程采集注水井的压力、流量等数据,根据注水井配水要求,进行当前流量和配注量的比对,利用 PID 算法自动调节阀门开度。同时将即时流量数据和累计流量数据以及各种压力数据传送到 RTU,利用 CDMAGPRS 网络将数据传回到油田企业内部网计算服务器。工况分析优化服务器将现场监控终端采集的数据进行智能综合分析,实现了超限报警、注水量计算、报表、曲线、图示、工况分析、参数优化设计等。

2. 物联网与农业

智能农业(或称工厂化农业)是指在相对可控的环境条件下,采用工业化生产,实现集约高效可持续发展的现代超前农业生产方式,就是农业先进设施与露地相配套、具有高度的技术规范和高效益的集约化规模经营的生产方式。

实例一:高品质的葡萄酒对土壤的温度、湿度等有极严格的要求,美国加州 Napa 谷土壤及环境监测系统每隔 100～400 米埋个传感节点,利用传感网络对土壤温度、湿度、光照进行实时监控并有效控制滴灌,提高了葡萄酒的品质,提高产能 20%,节约用水 25%。

实例二:在泰州,正在建设的高港区农业生态园将实现智能化农业管理。近日,中国电信泰州分公司和高港区农业生态园签订全业务合作协议,双方将携手共同打造信息化农业生态园,建成全市首家“智能农业”物联网应用项目。泰州分公司将为农业生态园区提供虚拟网、光纤宽带、ITV 和天翼工作手机等基础通信服务以及园区内综合布线、视频监控等 ICT 应用,实现园区内安防监控和网上实景视频展示。通过农业生态园的实时视频监控,实现基于互联网的园区网上信息发布和园区视频展示。泰州分公司还将和高港区农业生态园共同推进物联网在现代农业项目中的应用,打造“智能农业”样板工程。通过传感技术、定位技术和移动互联网等技术的整合,实时采集温度、湿度、光照等环境参数,对农业综合生态信息进行自动监测和远程控制。

3. 物联网与物流

据世界银行的估计,目前我国社会物流成本相当于 GDP 的 18%,而美国 20 世纪就已低于 10%。该比例每降低 1 个百分点,我国每年就可降低物流成本 1000 亿元以上。这从另外一个侧面反映了推进我国物流产业技术升级和产业结构调整的重要性和紧迫性。

智能物流,是基于互联网、物联网技术的深化应用,利用先进的信息采集、信息处理、信息流通、信息管理、智能分析技术,智能化地完成运输、仓储、配送、包装、装卸等多项环节,并能实时反馈流动状态,强化流动监控,使货物能够快速高效地从供应者送达给需求者,从而为供应方提供最大化利润,为需求方提供最快捷服务,大大降低自然资源和社会资源的消耗。

实例一:2011 年 1 月 19 日,阿里巴巴公司正式宣布将与合作伙伴共同投资 1000 亿元以上建设电子商务配套的现代物流体系,其中,先投资 200～300 亿元,逐步在全国建立起一个立体式的仓储网络体系。阿里巴巴公司希望十年以后,在中国任何一个地方,人们只要在网上下订单,最多 8 小时货物就能送到家,形成真正的农村都市化。

实例二:在 2011 年 1 月举行的国家科学技术奖励大会上,由湖南白沙物流有限公司等单位承担的《烟草物流系统信息协同智能处理关键技术及应用》项目荣获 2010 年度国家科学技术进步二等奖。该项目是物联网技术在烟草物流中的典型应用,涉及数据采集传输技术、系统建模技术、智能优化技术和信息集成技术等综合技术,涵盖烟草物流信息共享、配送车辆调度、协同营销和业务流程集成等方面,解决了在行业物流中如何有效地采集、存储和分发物流各个环节之间的基础数据、如何对基于营销和配送等环节多维数据信息进行智能分析处理、如何搭建一个可扩展的烟草物流业务流程集成协作平台等亟待突破的难点问题。该系统具有显著的环境效益、社会效益、经济效益和广阔的应用前景。

4. 物联网与教育

物联网是在互联网的基础上将其用户端延伸和扩展到任何物体与物体之间,进行信息交换和通信。2010 年校园暴力事件频发,安全管理问题催生新一代物联网技术走入校园。学生只要佩戴"电子校牌"进出校门,物联系统会自动读取学生身份信息,实时记录学生进出校情况,并通过短信平台将孩子离校到校的异常情况及时反馈给家长。物联系统还可通过短信平台将学生考勤异常、学习成绩、校务通知等重要信息及时通知家长,实现学校对学生的智能管理,加强学校与家长的及时沟通。

目前,中国电信实施的"金色校园"方案,实现了学生管理电子化、老师排课办公无纸化和学校管理的系统化,使学生、家长、学校三方可以时刻保持沟通,方便家长及时了解学生学习和生活情况,通过一张薄薄的"学籍卡",真正达到了对未成年人日常行为的精细管理,最终达到学生开心,家长放心,学校省心的效果。

5. 物联网与军事和国防

信息技术正推动着一场新的军事变革。信息化战争要求作战系统"看得明、反应快、打得准",谁在信息的获取、传输、处理上占据优势,谁就能掌握战争的主动权。无线传感器网络以其独特的优势,能在多种场合满足军事信息获取的实时性、准确性、全面性等需求。

无线传感器网络可以协助实现有效的战场态势感知,满足作战力量"知己知彼"的要求。可以设想用飞行器将大量微传感器节点散布在战场的广阔地域,这些节点自组成网,将战场信息边收集、边传输、边融合,为各参战单位提供"各取所需"的情报服务。

由于无线传感器网络具有密集型、随机分布的特点,使其非常适合应用于恶劣的战场环境中,使其非常适合应用于恶劣的战场环境中,包括侦察敌情、监控兵力、装备和物资,判断生物化学攻击等多方面用途。友军兵力、装备、弹药调配监视;战区监控;敌方军力的侦察;目标追踪;战争损伤评估;核、生物和化学攻击的探测与侦察等。

无线传感器网络的典型应用模式可分为两类,一类是传感器节点监测环境状态的变化或事件的发生,将发生的事件或变化的状态报告给管理中心;另一类是由管理中心发布命令给某一区域的传感器节点,传感器节点执行命令并返回相应的监测数据。与之对应传感器网络中的通信模式也主要有两种,一是传感器将采集到的数据传输到管理中心,称为多到一通信模式;二是管理中心向区域内的传感器节点发布命令,称为一到多通信模式。前一种通信模式的数据量大;后一种则相对较小。

目前西方国家(主要是美国)在无线传感器网络军事应用方面的主要研究有灵巧传感器网络、目标定位网络嵌入式系统技术、智能微尘(Smart Dust)、无人值守地面传感器群、战场环境侦察与监视系统、传感器组网系统、网状传感器系统(Cooperative Engagement Capability,CEC)、沙地直线(A Line In The Sand)、防生化网络、C4ISRT(Command,Control Communication,Computing,Intelligence,Surveillance,Reconnaissance And Targeting)、先进布放式系统、濒海机载超光谱传感器和远程微光成像系统等。

实例：海湾战争是物联网第一次走上战争前台，美军后勤货物上，RFID 的普及率达 87％，有 7％投放弹药装载了各式传感器，成为灵巧炸弹（Smart Bomb），命中率达 90％，传感器实时数据占美军处理数据量的 85％以上。海湾战争是物联网打败传统通信网、实时数据打败报表数据的典范。

6. 物联网与家居

智能家居产品融合自动化控制系统、计算机网络系统和网络通信技术于一体，将各种家庭设备通过智能家庭网络联网。通过宽带、固话和 3G 等网络，可以实现对家庭设备的远程操控，从而实现家居生活的智慧化和自动化。与普通家居相比，智能家居不仅提供舒适宜人且高品位的家庭生活空间，实现更智能的家庭安防系统，还将家居环境由原来的被动静止结构转变为具有能动智慧的工具，提供全方位的信息交互功能。

2011 年 2 月 26 日，GKB 数码屋智能家居科普体验馆在广州珠江新城高德美居 B 座 208B 盛大开幕。体验馆搭建成了一个完整的智能之家模型，广大市民可以轻松体验到物联网智能家居带来的省电、省时、省事、省心、省力的便利生活，360°掌控家——通过手机、电话、上网、遥控面板管理家中的灯光、窗帘、影音、空调等设施；通过情景模式预设功能，体验"起床"、"离家"、"娱乐"、"回家"等场景。

针对消费者的需求，海尔于 2010 年 7 月推出了"海尔物联之家"U-home 2.0 美好住居解决方案，整合电网、通信网、互联网、广电网，实现人与家、人与家电、家电与环境之间的智慧对话。通过物联网不论走到哪里，都可以随时随地通过手机、上网等方式与家人和家电对话。在家中，不但可以浏览网络上的海量资讯，还可以随时享受来自社区中网的全方位服务。安全防护的考虑，如果家中进入盗贼，安防系统会自动录下视频资料并自动报警。这项安防系统已经嵌入到海尔的物联网空调中。

7. 物联网与城市和社区

1）规划先行，努力打造智慧城市

目前，全国各大中型城市大都相继制订了"智慧城市"发展规划。智慧的城市一般是指充分借助物联网、传感网等新兴技术，实现智能楼宇、智能家居、路网监控、智能医院、城市生命线管理、食品药品管理、票证管理、家庭护理、个人健康与数字生活等。

"智慧城市"是在物联网、云计算等新一代信息技术快速发展的背景下，以信息技术高度集成、信息资源综合应用为主要特征，以智慧技术、智慧产业、智慧管理、智慧服务、智慧生活为重要内容的城市发展的新模式，是全面提升城市运行管理效率、经济发展质量和市民生活水平的重要手段。武汉市正在制订智慧城市总体规划，该规划包括智能办公、智慧商业、食品追溯、智慧小区等。目前，已经面向全球启动了智慧城市总体规划设计思路招标，下一步将开展总体规划的编制工作。今年还将推行"智能交通"，实现车联网全覆盖。"武汉通"基本覆盖居民衣食住行的小额消费，并与身份信息管理互联。智慧医疗试点方面启动电子病历项目，实现医院间电子病历共享。新增光纤到户用户 40 万户。武汉云计算中心项目也将在今年上半年启动建设，年底前建成投入使用。

2）智能社区

智能社区是建筑智能化技术与现代居住小区相结合而衍生出来的。就住宅而言，先后出现了智能住宅、智能小区、智能社区的概念。智能化住宅小区是指通过利用现代通信网络技术、计算机技术、自动控制技术、IC 卡技术，通过有效的传输网络，建立一个由住宅小区综合物业管理中心与安防系统、信息服务系统、物业管理系统以及家居智能化组成的"三位一体"住宅小区服务和管理集成系统，使小区与每个家庭能达到安全、舒适、温馨和便利的生活环境。

2011 年 3 月 17 日，北京首个智能小区试点项目——左安门公寓完成了智能化改造工程。

据悉，北京年内还将在朝阳区和丰台区完成 6000 户家庭的智能化改造工作。左安门智能小区改造完成后，依托电力光纤到户技术，可实现电网与客户双向互动、智能家居控制等智能用电功能。由于实现了电力光纤到户，用户上网、看电视、打固定电话只需一根电力线。有线电视网、通信网、互联网的三网融合在这里变成现实。用户通过电力数据网络平台，可拨打 IP 电话、上网、点播视频节目、观看高清电视，实现"一缆多用"。

3）城市管理

城市的管理能力和水平直接关系到人们的健康、安全和生活质量。

上海世博建筑垃圾运输 RFID 管理系统对经营建筑垃圾业务的渣土运输单位、车辆、建筑工地出土、渣土回填点（卸点）实现申报、受理、审批、发证、监管等步骤实行统一管理。利用 RFID 电子标签技术，结合渣土营运证管理，收费结算管理实现建筑垃圾的全过程监管，减少建筑渣土垃圾偷倒乱倒现象的发生，防止非法建筑垃圾业务车辆进入，保证合法市场的正常运行，为世博会期间创造和谐优美市容环境提供保障。该系统实现了垃圾运输的自动记录、监管以及实时结算等功能，安全而高效。

在城市设立一个城市监控报告中心，将城市划分为多个网格，这样系统能够快速收集每个网格中所有类型的信息，城市监控中心依据事件的紧急程度上报或指派相关职能部门（如火警、公安局、医院）采取适当的行动，这样政府就可实时监督并及时响应城市事件。

新的公共服务系统将不同职能部门（如民政、社保、公安、税务等）中原本孤立的数据和流程整合到一个集成平台，并创建一个统一流程来集中管理系统和数据，为居民提供更加便利和高效的一站式服务。

8. 物联网与能源和环保

物联网技术的研究与推广应用将是我国工业实现节能减排的重要机遇。工业是我国"耗能污染大户"，工业用能占全国能源消费总量的 70%。工业化学需氧量、二氧化硫排放量分别占到全国总排放量的 38% 和 86%。因此，我国推行节能减排，倡导低碳经济，重点在工业。通过以物联网为代表的信息领域革命技术来改造传统工业，是我国低碳工业发展的迫切需求和必由之路。利用物联网技术，人们可以以较低的投资和使用成本实现对工业全流程的"泛在感知"，获取传统由于成本原因无法在线监测的重要工业过程参数，并以此为基础实施优化控制，来达到提高产品质量和节能降耗的目标。

有研究报告显示，世界各国损失的电能高达 40%～70%，因为电网系统不够"智能"。通过物联网技术可以实现"职能电网"。现在的电网送电和用电是分离的，发电厂并不知道用户的用电量是多少，知道的都是过时的信息。这样，就造成了极大的浪费，因为发电多了是不能存起来的。然而通过物联网技术,会使得用户的用电量通过反向的通信使得发电厂实时知晓,以大幅提高效率。

9. 物联网与交通

智能交通是一个基于物联网技术的面向交通运输的服务系统。它的突出特点是以信息的收集、处理、发布、交换、分析、利用为主线,为交通参与者提供多样性的服务。也就是利用物联网等高科技技术使传统的交通模式变得更加安全、节能、高效率和智能化。

IBM 帮助斯德哥尔摩在 18 个路边控制站用激光、摄像和系统技术,对车辆进行探测、识别,并按照不同时段不同费率收费,将交通量降低 20%,将等待时间减少了 25%,将尾气排放降低了 12%。斯德哥尔摩新的智能收费系统使交通量减少了 22%,排放物减少了 12%~40%。

2010 年 12 月 29 日,国家首个"智能交通产业示范基地"在深圳揭牌。未来深圳的交通系统将会率先采用全国最先进的智能技术,市民有望通过手机等各类移动终端随时了解各条道路交通动态,市民乘坐公共交通也将变得便捷有序。主办方演示了包括 e 行网公众出行系统在内的智能交通产业示范基地的部分成果,目前市民已可通过 e 行网了解最新的深圳交通拥堵动态,其信息目前已实现 5 分钟更新一次,未来还将升级至 2 分钟更新一次,并可能推出适用于各类移动终端的应用软件,市民届时可以实现通过手机等终端随时查询本市道路的交通动态,以及实现交通导航。e 行网目前还在进行"城市交通管理与服务信息采集服务"、"深圳市公交无障碍导盲系统研究"、"深圳市综合交通枢纽智能化设施标准"、"交通运输车辆车载终端及相关标准研究"等规划研究。

10. 物联网与医疗

在医疗卫生领域,物联网技术能够帮助医院实现对人的智能化医疗和对物的智能化管理工作,支持医院内部医疗信息、设备信息、药品信息、人员信息、管理信息的数字化采集、处理、存储、传输、共享等,实现物资管理可视化、医疗信息数字化、医疗过程规范化、医疗流程科学化、服务沟通人性化,能够满足医疗健康信息、医疗设备与用品、公共卫生安全的智能化管理与监控等方面的需求。

物联网技术在健康医疗领域的应用包括智能医疗、智慧医疗保健系统、远程医疗、电子健康档案系统、整合的医疗平台等子系统。

2010 年 12 月 29 日,TCL 集团、河北大学和欢网科技携手建成了"远程医疗与健康照护"系统。该系统是世界上第一个三网远程医疗与照护系统,建立在电信网、计算机网和有线电视网三网融合基础上。一方面,把远程医疗与健康照护等实现在三个大网内的几个具体小网的应用上,并集中处理。这里有大家熟知的 Internet 有线网、Wi-Fi 无线网、GPRS 移动网、3G 移动网、蓝牙(BT)、固话网(PSTN)等,还有大家不是很熟悉的随机智慧选径(ODMA)、短距离无线通信技术(ZIGBEE)等技术网络。另一方面,红外网、电力网等新型网络也在其中得到融合应用,使人们在任何网、任何时候都能得到贴心的远程医疗和健康呵护。

物联网在医疗卫生领域的应用示意图,见图 2.2。

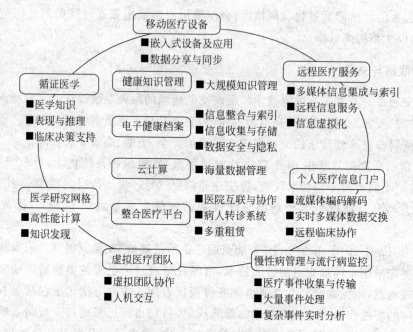

图 2.2　物联网在医疗卫生领域的应用示意图

11. 物联网与气候和环境

智能环保系统通过对实施地表水水质的自动监测,可以实现水质的实时连续监测和远程监控,及时掌握主要流域重点断面水体的水质状况,预警预报重大或流域性水质污染事故,解决跨行政区域的水污染事故纠纷,监督总量控制制度落实情况。

据劳伦斯伯克利国家实验室(Lawrence Berkeley National Laboratory)2004 年的一份报告显示,从 1980—2003 年,由于气候相关灾难造成的全球经济损失总计达 1 万亿美元。同一时期新兴市场上的相关保险业务仅覆盖气候相关灾难总损失的 4%。

无线传感可广泛地应用于生态环境、种群、气象和地理、灾害监测等。智慧的气候系统能在方圆 2 公里范围内进行局部的高精度天气预报,已应用于若干城市地区。

2010 年 9 月 17 日,被列入无锡市十二大物联网示范应用项目——集水环境治理、水资源管理、防汛防旱指挥决策于一体的"感知太湖"项目一期工程基本建成,初步实现了蓝藻湖泛监控预警,蓝藻打捞处置、打捞车船的调度和管理,太湖水文水质的智能感知,极大地提升了太湖蓝藻治理的信息化、科技化水平,已经承担起守望太湖的重任。

感知太湖就是运用物联网技术对太湖水环境进行实时监控。当安装在监测点的传感器感知到蓝藻暴发指数超过 60% 时,感知太湖系统就会自动启动绿色报警,提醒抓紧打捞,与此同时,提醒打捞的信息也会通过网络传送到安装在打捞船上的 GPS 装置上,实现智能管理。目前在太湖中设有十几个球状浮标,浮标上安置了传感芯片和摄像头。一旦浮标下的传感探头探测到湖水中的藻密度等指标超标,系统即启动自动报警,报警等级分为绿色、橙色、红色,分别代表蓝藻暴发指数为 60%、70%、80%,同时,系统调动最近的打捞船前去打捞,打捞完后,系统还会指示船只把蓝藻运送到就近的藻水分离站、分离出的藻泥又被通知送往需要的有机肥厂。"感知太湖"大大节约了以往所需的人力、物力,实现了对蓝藻治理的智能感知、调度和管理。

12. 物联网与金融

金融机构传播危机,但却不能够追踪危机。即使是十年前设计和部署的最先进系统也已不能适应目前的现实。当前美国次债危机的部分原因就在于,银行的现有系统无法处理随着抵押债权证券化、融资和交易而形成的错综复杂的相互联系,管理人员对市场上正在发生的事情失去了洞察力,因为这些事情过于复杂且实时发生。幸运的是,"智慧金融系统"有可能成为现实。

在 2009 第 17 届中国国际金融展上,IBM 公司向媒体发表了对于国内银行业智慧发展的意见,并阐述了构建智慧的银行的思路。IBM 认为,在目前挑战与机遇并重的环境下,唯有创新与变革是推动银行业发展的核心动力。IBM 提出国内银行业应该从 4 大领域着手实现突破,用新思维、新能力和新模式构建"智慧的银行"。4 大重点包括开展业务运营创新与转型、实施整合的风险管理、加强新锐的洞察力与应变能力以及部署动态的 IT 基础架构。把握智慧之道,银行业将能在危机中拓展创新机遇,促进业务增长,赢得竞争对手。

智慧的银行不仅将实现节约以及提高有效性,更能够创造一切可能的机会实现进步和成长。智慧的金融系统是可以被更透彻的感知和度量的,银行可以完全自动地度量和管控任何业务数据,能够更加迅速地做出正确的决策;智慧的金融机构的系统建立在一个数据全面互联互通的基础上,这些被充分全面连接的数据可以使银行变得更加创新、并且通过流程的优化产生一个单一的可靠数据源;智慧的金融机构应能够快速、智能地分析大量的结构化和非结构化数据,以便提高洞察力并做出明智决策。

13. 物联网与电网

因发电与用电量不匹配,电网利用率很低,美国也仅有 55%。每年美国因电网扰动与断电损失 790 亿美元。智能电网使用双向通信、高级传感器和分布式计算机来改善电力交换和使用的效率,提高可靠性。以前因发电量不平稳难以接入电网的风电、太阳能等分布式能源可以用于补助主网发电。智能电网实时监控用户的电力负荷,赋予消费者选择电价和能源类型的权力。

智能电表可以重新定义电力提供商和客户的关系。通过安装内容丰富且读取方便的设备,用户可了解在任何时刻的电力费用,并且用户还可以随时获取一天中任意时刻的用电价格,这样电力提供商就为用户提供了很大的灵活性,用户可以根据了解到的信息改变其用电模式。智能电表不仅可以测量用电量,还是电网上的传感器,可以协助检测波动和停电。它还能储存和关联信息,支持电力提供商完成远程开启或关闭服务,也能远程支持使用后支付或提前支付等付费方式的转换。

2009 年,国家电网公司先后启动了智能用电信息采集系统、智能变电站、配网自动化、智能用电、智能调度、风光储、上海世博会等智能电网示范工程。在发电环节,在常规机组、水库、新能源风电机组等布置传感监测点;在输电环节,在雷电、线路气象环境、线路覆冰、线路在线增容、导地线微风振动、导线温度与弧垂、输电线路风偏、输电线路图像与视频、杆塔倾斜在线监测与预警等方面需要充分利用传感技术;在配电环节,配电设备状态监测、配电网现场作业管理,以及智能巡检也需要充分利用各类传感和识别技术;在用电环节,智能表计及高级量测、智能插座、智能用电交互与智能用电服务、电动汽车及其充电站的管理、绿色数据中心与智能机房、能效监测与管理和电力需求侧管理等也对物联网技术和应用提出了新的需求。

丹麦的 DONG Energy 采取智能电网措施后,可以将停电时间缩短 25%～30%,将故障搜索时间缩短 1/3。

14. 物联网与公共管理和安全

公共管理面对的社会问题相当广泛,如文化、教育、福利、市政、公共卫生、交通、能源、住宅、生活方式等。公共安全是指多数人的生命、健康和公私财产安全,其涵盖范围包括自然灾害,如地震、洪涝等;技术灾害,如交通事故、火灾、爆炸等;社会灾害,如骚乱、恐怖主义袭击等;公共卫生事件,如食品、药品安全和突发疫情等。我国的公共安全形势严峻,每年死亡人数超过 20 万,伤残人数超过 200 万;每年经济损失近 9000 亿元,相当于 GDP 的 3.5%,远高于中等发达国家 1%～2% 左右的水平。

智能感知信息网络系统是在传感、识别、接入网、无线通信网、互联网、计算技术、信息处理和应用软件、智能控制等信息集成基础上的新发展,物联网是安防的重要技术手段。

2009 年 9 月,上海浦东国际机场防入侵系统铺设了 3 万多个传感节点,覆盖了地面、栅栏和低空探测。多种传感手段组成一个协同系统后,可以防止人员的翻越、偷渡、恐怖袭击等攻击性入侵。

第二代身份证最显著的进步不是说在卡表面的照片换为彩色的了,而是在卡内嵌入了更富科技含量的 RFID 芯片。芯片可以存储个人的基本信息,需要时在读写器上一扫,即可显示持有者的基本信息。而且可以做到有效防伪,因为芯片的信息编写格式内容等只有特定厂家提供,伪造起来技术门槛比较高。

2010 年 9 月,中移动已开始将物联网应用规模服务于化工等高危行业。通过多点精确远程监控的物联网方案,上海主要区域的城市管道运输工业气体和医疗气体等高危气体将逐步实现远程监控,以提升城市安全系数,这项技术今后将逐步推向全国。

2.2　物联网组网设计原则和步骤

2.2.1　物联网组网规划

1. 物联网组网规划的任务和工作

物联网组网规划的主要任务是要对以下指标给出尽可能准确的定量或定性分析和估计:
(1) 用户业务的需求。
(2) 网络的规模。
(3) 网络的结构。
(4) 网络管理需求。
(5) 网络增长预测。
(6) 网络安全要求。

（7）与外部网络的互联方式。

网络规划需要进行的主要工作如下：

（1）网络需求分析：包括环境分析、业务需求分析、管理需求分析、安全需求分析。

（2）网络规模与结构分析：包括确定网络规模、拓扑结构分析、与外部网络互联方案。

（3）网络扩展性分析：包括综合布线需求分析、施工方案分析。

（4）网络工程预算分析：包括资金分配分析、工程进度安排等。

2. 物联网组网规划原则

网络建设是一项不可忽视的投资，规划和设计十分重要。网络建设包括局域网建设、广域互联、移动无线等方方面面。网络建设是一项系统工程，无论规模大小，都希望建成后能够提供高效服务，长时间稳定运行，在短期内不会出现技术落后。

物联网的设计应该遵循一定的原则，而设计体系结构是设计物联网必不可少的环节，其原则具体如下：

（1）实用为本、适度先进原则。

（2）多样性原则，物联网体系结构必须根据物联网节点类型的不同，分成多种类型的体系结构。

（3）时空性原则，物联网体系结构必须能够满足物联网的时间、空间和能源方面的需求。

（4）可靠性原则，物联网体系结构必须具备坚固性和可靠性。

（5）开放性和可扩展原则，物联网体系结构必须能够平滑地与互联网连接。

（6）可维护管理原则。

（7）安全保密原则，物联网体系结构必须能够防御大范围内的网络攻击。

3. 物联网环境分析

环境分析是指对企业的信息环境基本情况的了解和掌握。例如，单位业务中信息化的程度，办公自动化应用情况，计算机和网络设备的数量配置和分布、技术人员掌握专业知识和工程经验的状况，以及地理环境（如建筑物的结构、数量和分布）等。通过环境分析可以对建网环境有个初步的认识，便于后续工作的开展。

4. 物联网的规模认定

确定网络的规模主要涉及以下方面的内容：

（1）哪些部门需要联入网络。

（2）哪些资源需要在网络中共享。

（3）有多少网络用户/信息插座。

（4）有多少传感节点和传感节点的覆盖范围。

（5）传感网采用什么接入形式。

（6）采用什么档次的设备。

（7）网络及终端设备的数量等。

5. 业务需求规划

业务需求分析的目标是明确企业的业务类型,应用系统软件种类,确定其所产生的数据类型,以及它们对网络功能指标(如带宽,服务质量 QoS)的要求。业务需求是企业建网中首先要考虑的环节,是进行网络规划与设计的基本依据。那种以设备堆砌来建设网络,缺乏企业业务需求分析的网络规划是盲目的,会为网络建设埋下各种隐患。通过业务需求分析要为以下方面提供决策依据:

(1) 需要实现或改进的企业网络功能有哪些。

(2) 需要相应技术支持的企业应用有哪些。

(3) 是否需要电子邮件服务。

(4) 是否需要 Web 服务器。

(5) 是否需要联入网络。

(6) 需要什么样的数据共享模式。

(7) 需要多大的带宽范围。

(8) 是否需要网络升级或扩展。

(9) 其他。

6. 管理需求规划

网络的管理是企业建网不可或缺的方面,网络是否按照设计目标提供稳定的服务主要依靠有效的网络管理。网络管理包括两个方面:其一是人为制定的管理规定和策略,用于规范人员操作网络的行为;其二是指网络管理员利用网络设备和网管软件提供的功能对网络进行的操作、维护。

网络管理的需求分析要回答以下类似的问题:

(1) 是否需要对网络进行远程管理。

(2) 谁来负责网络管理,其技术水平如何。

(3) 需要哪些管理功能。

(4) 选择哪个供应商的网管软件,是否有详细的评估。

(5) 选择哪个供应商的网络设备,其可管理性如何。

(6) 怎样跟踪和分析处理网管信息。

(7) 如何更新网管策略。

(8) 其他。

7. 安全性需求规划

企业网络安全性分析要明确以下安全性需求:

(1) 企业的敏感性数据及其分布情况。

(2) 网络用户的安全级别。

(3) 可能存在的安全漏洞。

(4) 网络设备的安全功能要求。

(5) 网络系统软件的安全评估。

（6）应用系统的安全要求。

（7）防火墙技术方案。

（8）安全软件系统的评估。

（9）网络遵循的安全规范和达到的安全级别。

（10）其他。

网络安全要达到的目标如下：

（1）网络访问的控制。

（2）信息访问的控制。

（3）信息传输的保护。

（4）攻击的检测和反应。

（5）偶然事故的防备。

（6）事故恢复计划的制定。

（7）物理安全的保护。

（8）灾难防备计划等。

8．物联网扩展性规划

物联网的扩展性有两层含义，一是指新的部门（设备）能够简单地接入现有网络；二是指新的应用能够无缝地在现有网络上运行。可见，在规划网络时，不但要分析网络当前的技术指标，而且还要估计网络未来的增长，以满足新的需求，保证网络的稳定性，保护企业的投资。扩展性分析要明确以下指标：

（1）企业需求的新增长点有哪些。

（2）网络节点和布线的预留比率是多少。

（3）哪些设备便于网络扩展。

（4）带宽的增长估计。

（5）主机设备的性能。

（6）操作系统平台的性能。

（7）网络扩展后对原来网络性能的影响。

（8）其他。

9．与外部网络的互联规划

建网的目的就是要拉近人们交流信息的距离，网络的范围当然越大越好（尽管有时不是这样）。电子商务、家庭办公、远程教育等 Internet 应用的迅猛发展，使得网络互联成为企业建网一个必不可少的方面。与外部网络的互联涉及以下方面的内容：

（1）是接入 Internet 还是与专用网络连接。

（2）接入 Internet 选择哪个 ISP。

（3）用拨号上网还是租用专线。

（4）企业需要和 ISP 提供的带宽是多少。

（5）ISP 提供的业务选择。

（6）上网用户授权和计费。

(7) 其他。

2.2.2　物联网应用设计原则

概括而言,物联网是一种信息网络。借鉴互联网建设的经验和教训,任何网络建设方案的设计都应坚持实用性、先进性、安全性、标准化、开放性、可扩展性、可靠性与可用性等原则。

1. 实用性和先进性原则

在设计物联网系统时,首先应该注重实用性,紧密结合具体应用的实际需求。在选择具体的网络通信技术时,一定要同时考虑当前及未来一段时间内主流应用技术,不要一味地追求新技术和新产品。一方面,新的技术和产品还有一个成熟的过程,立即选用可能会出现各种意想不到的问题;另一方面,最新技术的产品价格肯定非常昂贵,会造成不必要的资金浪费。

组建物联网时,尽可能采用先进的传感网技术以适应更高的多种数据、语音(VoIP)、视频(多媒体)的传输需要,使整个系统在相当一段时期内保持技术上的先进性。

性价比高、实用性强,这是对任何一个网络系统最基本的要求。组建物联网也一样,特别是在组建大型物联网系统时更是如此;否则,虽然网络性能足够了,但如果企业目前或未来相当长一段时间内都不可能有实用价值,就会造成投资的浪费。

2. 安全性原则

根据物联网自身的特点,除了需要解决通信网络的传统网络安全问题之外,还存在一些与已有网络安全不同的特殊安全问题。例如,物联网机器/感知节点的本地安全问题,感知网络的传输与信息安全问题、核心承载网络的传输与信息安全问题,以及物联网业务的安全问题等。物联网安全涉及许多方面,最明显、最重要的就是对外界入侵、攻击的检测与防护。现在的互联网几乎时刻受到外界的安全威胁,稍有不慎就会被病毒、黑客入侵,致使整个网络陷入瘫痪。在一个安全措施完善的网络中,不仅要部署病毒防护系统、防火墙隔离系统,还可能要部署入侵检测、木马查杀和物理隔离系统等。当然,所选用系统的具体等级要根据相应网络规模大小和安全需求而定,并不一定要求每个网络系统都全面部署这些防护系统。

除了病毒、黑客入侵外,网络系统的安全性需求还体现在用户对数据的访问权限上,一定要根据对应的工作需求为不同用户、不同数据域配置相应的访问权限。同时,用户账户的安全也应受到重视,要采取相应的账户防护策略(如密码复杂性策略和账户锁定策略等),保护用户账户,以防被非法用户盗取。

3. 标准化、开放性和可扩展性原则

物联网系统是一个不断发展的应用信息网络系统,所以它必须具有良好的标准化、开放性、互联性与扩展性。

(1) 标准化是指积极参与国际和国内相关标准制订。物联网的组网、传输、信息处理、测试、接口等一系列关键技术标准应遵循国家标准化体系框架积极参考模型,推进接口、架构、协议、安全、标识等物联网领域标准化工作;建立起适应物联网发展的检测认证体系,开展信息安全、电磁兼容、环境适应性等方面监督检验和检测认证工作。

（2）开放性和互联性是指凡是遵循物联网国家标准化体系框架集参考模型的软硬件、智能控制平台软件、系统级软件或中间件等都能够进行功能集成、网络集成，互联互通，实现网络通信、资源共享。

（3）扩展性是指设备软件系统级抽象，核心框架集中间件构造、模块封装应用、应用开发环境设计、应用服务抽象与标准化的上层接口设计、面向系统自身的跨层管理模块化设计、应用描述及服务数据结构规范化、上下层接口标准化设计等要有一定的兼容性，保障物联网应用系统以后扩容、升级的需要，能够根据物联网应用不断深入发展的需要，易于扩展网络覆盖范围、扩大网络容量和提高网络功能，使系统具备支持多种通信媒体、多种物理接口的能力，可实现技术升级、设备更新等。

在进行网络系统设计时，在有标准可执行的情况下，一定要严格按照相应的标准进行设计，而不要我行我素，特别是节点部署、综合布线和网络设备协议支持等方面。只有基于开放式标准，包括各种传感网、局域网、广域网等，再坚持统一规范的原则，才能为其未来的发展奠定基础。

4. 可靠性与可用性原则

可靠性和可用性原则决定了所设计的网络系统是否能满足用户应用和稳定运行的需求。网络的"可用性"体现在网络的可靠性及稳定性方面。网络系统应能长时间稳定运行，而不应经常出现这样或那样的运行故障，否则给用户带来的损失可能是非常巨大的，特别是大型、外贸、电子商务类型的企业。当然这里所说"可用性"还表现在所选择产品要能真正用得上，如所选择的服务器产品只支持 UNIX 系统，而用户系统中根本不打算用 UNIX 系统，则所选择的服务器就用不上。

电源供应在物联网系统的可用性保障方面也居于重要地位，尤其是关键网络设备和关键用户机，需要为它们配置足够功率的不间断电源（UPS），以免数据丢失。例如，服务器、交换机、路由器、防火墙等关键设备要接在有 1 小时以上（通常是 3 小时）的 UPS 电源上，而关键用户机则需要支持 15 分钟以上的 UPS 电源。

为保证各项业务应用，物联网必须具有高可靠性，尽量避免系统的单点故障。要在网络结构、网络设备、服务器设备等各个方面进行高可靠性的设计和建设。在采用硬件备份、冗余等可靠性技术的基础上，还需要采用相关的软件技术提供较强的管理机制、控制手段和事故监控与网络安全保密等技术措施，以提高整个物联网系统的可靠性。

另外，可管理性也是值得关注的。由于物联网系统本身具有一定的复杂性，随着业务的不断发展，物联网管理的任务必定会日益繁重。所以在物联网规划设计中，必须建立一套全面的网络管理解决方案。物联网需要采用智能化、可管理的设备，同时采用先进的网络管理软件，实现先进的分布式管理，最终能够实现监控、检测整个网络的运行情况，并做到合理分配网络资源、动态配置网络负载、迅速确定网络故障等。通过先进的管理策略、管理工具来提高物联网的运行可靠性，简化网络的维护工作，从而为维护和管理提供有力的保障。

2.2.3　物联网规划设计的步骤

物联网规划是在用户需求分析和系统可行性论证的基础上，确定物联网总体方案和体系结构的过程。网络规划直接影响到物联网的性能和分布情况，它是物联网体系建设的一个重要环节。

1. 用户需求调查与分析

物联网是在计算机互联网的基础上,利用射频识别、无线数据通信、计算机等技术,构造一个覆盖世界上万事万物的实物互联网。与其说物联网是一个网络,不如说是一个应用业务集合体,它将千姿百态的各种业务网络组成一个互联网络。因此,在规划设计物联网时,应充分调查分析物联网的应用背景和工作环境,及其对硬件和软件平台系统的功能要求及影响。这是首先要做的,也是在进行系统设计之前需要做的。通常采用自顶向下的分析方法,了解用户所从事的行业,该用户在行业中的地位与其他单位的关系等。在了解了用户建网的目的和目标之后,应进行更细致的需求分析和调研,一般应做好以下几个方面的需求分析工作。

(1) 一般状况调查。在设计具体的物联网系统之前,先要比较确切地了解用户当前和未来5年内的网络规模发展,还要分析用户当前的设备、人员、资金投入、站点分布、地理分布、业务特点、数据流量和流向,以及现有软件、广域互联的通信情况等。从这些信息中可以得出新的网络系统所应基本配置需求。

(2) 性能和功能需求调查。就是向用户(通常是公司总监或者IT经理、项目负责人等)了解用户对新的网络系统所希望实现的功能、接入速度、所需存储容量(包括服务器和感知节点两个方面)、响应时间、扩充要求、安全需求,以及行业特定应用需求等。这些都非常关键,一定要仔细询问,并做好记录。

(3) 应用和安全需求调查。这两个方面在整个用户调查中也非常重要,特别是应用需求,决定了所设计的物联网系统是否满足用户应用需求。安全需求方面的调查,在当今网络威胁日益增强、安全隐患日益增多的今天显得格外重要。一个没有安全保障的网络系统,再好的性能、再完善的功能、再强大的应用系统都没有任何意义。

(4) 成本/效益评估。根据用户的需求和现状分析,对设计的物联网系统所需求投入的人力、财力、物力,以及可能产生的经济、社会效益进行综合评估。这是网络系统集成商向用户提出系统设计报价和让用户接受设计方案的最有效参考依据。

(5) 书写需求分析报告。详细了解用户需求、现状分析和成本/效益评估后,要以书面形式向用户和项目经理人提出分析报告,以此作为下一步设计系统的基础与前提。

2. 网络系统初步设计

在全面、详细地了解了用户需求,并进行了用户现状分析和成本/效益评估后,在用户和项目经理认可的前提下,就可以正式进行物联网系统设计了。首先需要给出一个初步的方案,一般包括以下几个方面:

(1) 确定网络的规模和应用范围。确定物联网覆盖范围(这主要根据终端用户的地理位置分布而定)和定义物联网应用的边界(着重强调的是用户的特点行业和关键应用,如MIS系统、ERP系统、数据库系统、广域网连接、VPN连接等)。

(2) 统一建网模式。根据用户物联网规模和终端用户地理位置分布确定物联网的总体架构。例如,是要集中式还是要分布式,是采用客户/服务器相互作用模式还是对等模式等。

（3）确定初步方案。将物联网系统的初步设计方案用文档记录下来,并向项目经理人和用户提交,审核通过后方可进行下一步运作。

3．物联网系统详细设计

（1）确定网络协议体系结构。根据应用需求,确定用户端系统应该采用的拓扑结构类型,可选择的网络拓扑通常包括星状、树状和混合型等。如果涉及接入广域网系统,则还需确定采用哪一种中继系统,确定整个网络应该采用的协议体系结构。

（2）设计节点规模。确定物联网的主要感知节点设备的档次和应该具备的功能,这主要根据用户网络规模、应用需求和相应设备所在的位置而定。传感网中核心层设备性能要求最高,汇聚层的设备性能次之,边缘层的性能要求最低。在接入广域网时,用户主要考虑带宽、可连接性、互操作性等问题,即选择接入方式,因为中继传输网和核心交换网通常都由NSP 提供,无须用户关心。

（3）确定网络操作系统。在一个物联网系统中,安装在服务器中的操作系统决定了整个系统的主要应用、管理模式,也基本上决定了终端用户所采用的操作系统和应用软件。网络操作系统主要有 Microsoft 公司的 Windows Server 2003 和 Windows Server 2008 系统,它们是目前应用面最广、容易掌握的操作系统,在绝大多数中小型企业中采用。另外还有一些 Linux 系统,如 RedHat Enterprise Linux 4.0、Red Flag DC Server 5.0 等。UNIX 系统品牌也比较多,目前最主要应用的是 Sun 公司的 Solaris 10.0、IBM AIX 5L 等。

（4）网络设备的选型和配置。根据网络系统和计算机系统的方案,选择性价比最好的网络设备,并以适当的连接方式加以有效的组合。

（5）综合布线系统设计。根据用户的感知节点部署和网络规模,设计整个网络系统的综合布线图,在图中要求标注关键感知节点的位置和传输速率、接口等特殊要求。综合布线图要符合国际、国内布线标准,如 EIA/TIA 568A/B\ISO/IEC 11801 等。

（6）确定详细方案。最后确定网络总体及各部分的详细设计方案,并形成正式文档项目经理和用户审核,以便及时发现问题,予以纠正。

4．用户和应用系统设计

前面三个步骤用于设计物联网架构,此后是进行具体的用户和应用系统设计,其中包括具体的用户应用系统设计和 ERP 系统、MIS 管理系统选择等。具体包括以下方面:

（1）应用系统设计。分模块设计出满足用户应用需求的各种应用系统的框架和对未来系统的要求,特别是一些行业的特定应用和关键应用。

（2）计算机系统设计。根据用户业务特点、应用需求和数据流量,对整个系统的服务器、感知节点、用户终端等外设进行配置和设计。

（3）系统软件的选择。为计算机系统选择适当的数据库系统、ERP 系统、MIS 管理系统及开发平台。

（4）机房环境设计。确定用户端系统的服务器所在机房和一般工作站机房环境,包括温度、湿度、通风等要求。

（5）确定系统集成详细方案。将整个系统涉及的各个部分加以集成,并最终形成系统集成的正式文档。

5. 系统测试和试运行

系统设计后还不能马上投入正式的运行,而是要先做一些必要的性能测试和小范围的试运行。性能测试一般需要利用专用测试工具进行,主要测试网络接入性能、响应时间,以及关键应用系统的并发运行等。试运行是对物联网系统的基本性能进行评估;试运行时间一般不少于一个星期。小范围试运行成功后即可全面试运行,全面试运行时间一般不少于一个月。

在试运行过程中出现的问题应及时加以改进,直到用户满意为止,当然这需要结合用户的投资和实际应用需要等因素综合考虑。

2.2.4 物联网分层设计

根据第 1 章中关于物联网组网通用技术模型,按照物联网组网规划与设计的原则和步骤,可以对物联网应用系统进行分层设计。

1. 信息感知层

传感器能感知到被测的信息,并能将检测到的信息按一定规律变换成为电信号或其他所需形式的信息输出,以满足信息的传输、处理、存储、显示、记录和控制等要求,它是实现自动检测和自动控制的首要环节。由于传感器仅仅能够感知信号,并无法对物体进行标识,而要实现对特定物体的标识和信息获取,更多地要通过信息识别与认证技术。自动识别技术在物联网时代,扮演的是一个信息载体和载体认识的角色,它的成熟与发展决定着互联网和物联网能否有机融合。从物联网的定义可以看出,互联网是物联网的基础。要实现万物相连,统一的物品编码是物联网实现的前提,就像互联网中计算机入网需要分配 IP 地址一样。

产品电子编码(Electronic Product Code,EPC)旨在为每一件单品建立全球、开放的标识标准,实现全球范围内对单件产品的跟踪与追溯,从而有效提高供应链管理水平、降低物流成本。EPC 的载体是 RFID 电子标签,并借助互联网来实现信息的传递。EPC 是一个完整的、复杂的、综合的系统。

EPC 网络使用射频技术实现供应链中贸易项信息的真实可见性。它由五个基本要素组成:产品电子代码、识别系统(EPC 标签和识读器)、对象名解析服务(ONS)、物理标记语言(PML),以及 Savant 软件。EPC 本质上是一个编号,此编号用来唯一的确定供应链中某个特定的贸易项。EPC 编号位于由一片硅芯片和一个天线组成的标签中,标签附着在商品上。使用射频技术,标签将数字发送到识读器,然后识读器将数字传到作为对象名解析服务的一台计算机或本地应用系统中。ONS 告诉计算机系统在网络中到哪里查找携带 EPC 的物理对象的信息,如该信息可以是商品的生产日期。物理标记语言(PML)是 EPC 网络中的通用语言,用来定义物理对象的数据。Savant 是一种软件技术,在 EPC 网络中扮演中枢神经的角色并负责信息的管理和流动,确保现有的网络不超负荷运作。

EPC/RFID 技术是以网络为支撑的大系统,一方面利用现有的 Internet 网络资源;另一方面可在世界范围内构建出实物互联网。基于 EPC/RFID 的物联网系统如图 2.3 所示。

在这个由 RFID 电子标签、识别设备、Savant 服务器、Internet、ONS 服务器、EPC 信息服务系统以及众多数据库组成的实物互联网中,识别设备读出的 EPC 码只是一个指针,由

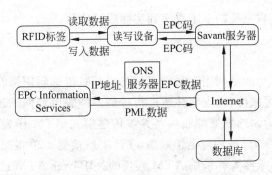

图 2.3　基于 EPC/RFID 的物联网系统

这个指针从 Internet 找到相应的 IP 地址,并获取该地址中存放的相关物品信息,交给 Savant 软件系统处理和管理。由于在每个物品的标签上只有一个 EPC 码,计算机需要知道与该 EPC 匹配的其他信息,这就需要用 ONS 来提供一种自动化的网络数据库服务,Savant 将 EPC 码传给 ONS,ONS 指示 Savant 到一个保存着产品文件的 EPC 信息服务器中查找,Savant 可以对其进行处理,还可以与 EPC 信息服务器和系统数据库交互。

2. 物联接入层

物联接入层的主要任务是将信息感知层采集到的信息,通过各种网络技术进行汇总,将大范围内的信息整合到一起,以供处理。各类接入方式有多跳移动无线网络(Ad-hoc)、传感器网络、Wi-Fi、3G/4G、Mesh 网络、WiMax、有线或卫星等方式。接入单元包括将传感器数据直接传送到通信网络的数据传输单元(Data Transfer unit,DTU)以及连接无线传感网和通信网络的物联网网关设备。

集成了传感器技术、微机电系统(MEMS)技术、无线通信技术和分布式信息处理技术的无线传感器网络(Wireless Sensor Networks,WSN)是因特网从虚拟世界到物理世界的延伸。无线通信网是由一系列无线通信设备、信道和标准组成的有机整体,因此可以在任何地点进行交流。基于 802.15.4 标准的无线通信网的组织结构见图 2.4。

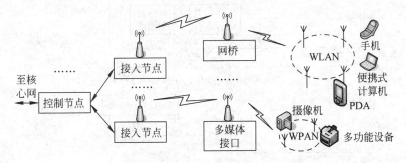

图 2.4　无线通信网的组织结构示意图

无线传感器网络经历了节点技术、网络协议设计和智能群体研究等三个阶段,吸引了大量的学者对其展开了各方面的研究,并取得了包括有关节点平台和通信协议技术研究的一些进展,但还没有形成一套完整的理论和技术体系来支撑这一领域的发展,还有众多的科学和技术问题尚待突破,是信息领域具有挑战性的课题。对无线传感器网络的基础理论和应用系统进行研究具有非常重要的学术意义和实际应用价值。

3. 网络传输层

网络传输层的基本功能是利用互联网、移动通信网、传感器网络及其融合技术等,将感知到的信息无障碍、高可靠性、高安全性地进行传输。随着因特网的迅猛发展,传统路由器因其固有的局限,已成为制约发展的瓶颈。异步传递模式 ATM 作为宽带综合业务数字网 B-ISDN 的最终解决方案,已被国际电信联盟 ITU-T 所接受。20 世纪 90 年代中期以来,因特网的骨干网和高速局域网大都采用 ATM 实现的。IP over ATM 已成为跨电信产业和计算机产业的多年持久的热点。先后有重叠模式的 CIPOA、LANE 和多协议的 MPOA 以及集成模式的 IP 交换机和标记交换机等多项技术出现。

移动互联网的出现带来了移动网和互联网融合发展的新时代,移动网和互联网的融合也会是在应用、网络和终端多层面的融合。为了能满足移动互联网的特点和业务模式需求,在移动互联网技术架构中要具有接入控制、内容适配、业务管控、资源调度、终端适配等功能。构建这样的架构需要从终端技术、承载网络技术、业务网络技术端到端的考虑。图 2.5 给出了满足移动互联网业务模式需求的技术架构。这是一种开放和可控的移动互联网架构,将移动网络的特有能力通过业务接入网关开放给第三方(互联网应用),并结合移动网络的端到端 QoS 控制机制,实现业务接入的控制和资源的合理分配。同时利用了互联网 Web 2.0 的 Mashup 技术,将互联网上已有的应用整合为适合移动终端的应用,便于已有互联网应用的引入。

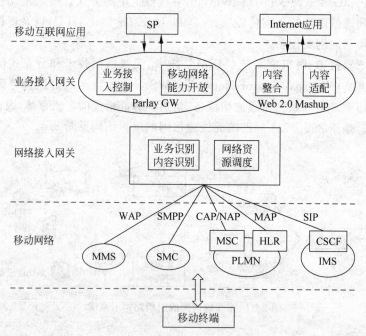

图 2.5　可满足移动互联网业务模式需求的技术架构

将移动网络的特有能力通过标准的接口开放给第三方,便于开发具有移动特色的互联网应用。通过内容的整合、适配,便于已有互联网应用的引入,将互联网上已有的应用整合为移动终端适合的内容。网络接入网关可以识别接入到移动网络中的应用,并可基于应用提供相应的接入策略和资源分配策略。

4．智能处理层

智能处理层主要任务是开展物联网基础信息运营与管理,是网络基础设施与架构的主体。目前运营层主要由中国电信、中国移动、广电网等基础运营商组成,从而形成中国物联网的主体架构。智能处理层用于支撑跨行业、跨应用、跨系统之间的信息协同、共享、互通的功能。智能处理层对下层(网络传输层)的网络资源进行认知,进而达到自适应传输的目的。对上层(应用接口层)提供统一的接口与虚拟化支撑,虚拟化包括计算虚拟化和存储虚拟化等内容。而智能处理层本层则要完成信息的表达与处理,最终达到语义互操作和信息共享的目的。

智能处理层是"智慧"的来源,在高性能计算、普适计算与云计算的支撑下,将网络内海量的信息资源通过计算分析,整合成为一个可以互联互通的大型智能网络,为上层服务管理和大规模行业应用建立起一个高效、可靠和可信的技术支撑平台。例如,通过能力超级强大的中心计算及存储机群和智能信息处理技术,对网络内的海量信息进行实时高速处理,对数据进行智能化挖掘、管理、控制与存储。

云计算和云存储平台作为海量感知数据的存储、分析平台,将是物联网网络传输层的重要组成部分,也是智能处理层和应用接口层的基础。在产业链中,通信网络运营商将在物联网网络层占据重要的地位。而正在高速发展的云计算和云存储平台将是物联网发展的又一助力。

云计算是一种新的计算模式。云计算是一种基于互联网的计算模式,将计算、数据、应用等资源作为服务通过互联网提供给用户。在云计算环境中,用户不需要了解"云"中基础设施的细节,不必具备相应的专业知识,也无须直接进行控制,而只需要关注自己真正需要什么样的资源,以及如何通过网络来得到相应的服务。云计算工作模式的示意见图 2.6。

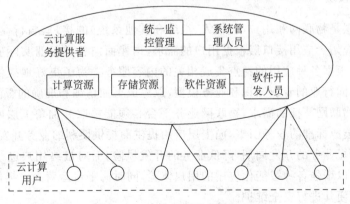

图 2.6　云计算工作模式的示意图

云计算是互联网计算模式的商业实现方式。提供资源的网络被称为"云"。在互联网中,成千上万台计算机和服务器连接到专业网络公司搭建的能进行存储、计算的数据中心形成"云"。"云"可以理解成互联网中的计算机群,这个群可以包括几万台计算机,也可以包括上百万台计算机。"云"中的资源在使用者看来是可以无限扩展的。用户可以使用计算机和各种通信设备,通过有线和无线的方式接入到数据中心,随时获取、实时使用、按需扩展计算和存储资源,按实际使用的资源付费。目前微软、雅虎、亚马逊等公司正在建设这样的"云"。

云计算的优点是安全、方便,共享的资源可以按需扩展。云计算提供了可靠、安全的数据存储中心,用户可以不用再担心数据丢失、病毒入侵。这种使用方式对于用户端的设备要求很低。用户可以使用一台普通的个人计算机,也可以使用一部手机,就能够完成用户需要的访问与计算。

云计算更适合于中小企业和低端用户。由于用户可以根据自己的需要,按需使用云计算中的存储与计算资源,因此云计算模式更适用于中小企业,可以降低中小企业的产品设计、生产管理、电子商务的成本。苹果公司推出的平板计算机 iPad 的关键功能全都聚焦在互联网上,包括浏览网页、收发电子邮件、观赏影片照片、听音乐和玩游戏。当有人质疑iPad 的存储容量太小时,苹果公司的回答是:当一切都可以在云计算中完成时,硬件的存储空间早已不是重点。

云计算体现了软件即服务的理念。软件即服务是 21 世纪开始兴起、基于互联网的软件应用模式,而云计算恰恰体现了"软件即服务"的理念。云计算通过浏览器把程序传给成千上万的用户。从用户的角度来看,将省去在服务器和软件购买授权方面的开支。从供应商的角度来看,这样只需要维持一个程序就可以了,从而降低了运营成本。云计算可以将开发环境作为一种服务向用户提供,使得用户能够开发出更多的互联网应用程序。

在智能处理层,一般是以中间件的形式对数据提供存储和处理,为数据中心采用数据挖掘、模式识别和人工智能等技术提供数据分析、局势判断和控制决策等处理功能。总之,要用数据库与海量存储等技术解决信息如何存储、用搜索引擎解决信息如何检索、用数据挖掘和机器学习等技术解决如何使用信息、用数据安全与隐私保护等技术解决信息如何不被滥用的诸多问题。

5. 应用接口层

应用接口层是物联网和用户(包括人、组织和其他系统)的接口,与行业需求结合,实现物联网的智能应用。应用接口层根据用户的需求,构建面向各类行业实际应用的管理平台和运行平台,并根据各种应用的特点集成相关的内容服务。为了更好地提供准确的信息服务,必须结合不同行业的专业知识和业务模型,以完成更加精细和准确的智能化信息管理。

为了满足物联网特征的需求,物联网业务平台必须能提取并抽象下层网络的能力。将相关的信息封装成标准的业务引擎,向上层应用提供商提供便利的业务开发环境,简化业务的开发难度,缩短业务的开发周期,降低业务的开发风险,而对最终用户进行统一的用户管理和鉴权计费,以增强各种智能化应用的用户体验,同时向平台运营人员提供对用户和业务的统一管理,方便其进行安全维护。

图 2.7 是物联网行业运营平台体系架构。该平台包括三大部分:业务接入和部署提供、业务管理支撑、业务平台门户。其中,业务接入和部署提供部分包括三个功能层,业务引擎层、业务适配层、业务部署层;业务管理支撑部分包括 5 个功能模块,鉴权计费、用户管理、SP/CP(服务提供商、内容提供商)管理、运营统计、网管维护;业务平台门户为维护人员和业务提供商提供标准的平台接口和操作界面。

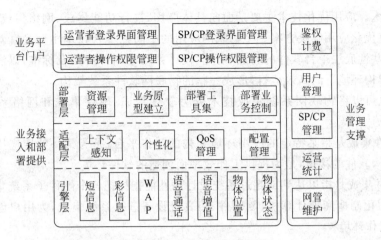

图 2.7 行业运营平台架构图

需要指出的是,物联网各层次间既相对独立又紧密联系。为了实现整体系统的优化功能,服务于某一具体应用,各层间资源需要协同分配与共享。以应用需求为导向的系统设计可以是千差万别的,并不一定所有层次的技术都需要采用。即使在同一个层次上,可以选择的技术方案也可以进行按需配置。但是,优化的协同控制与资源共享首先需要一个合理的顶层系统设计,来为应用系统提供必要的整体性能保障。

2.2.5 物联网系统集成

系统就是"体系、制度、体制、秩序、规律和方法"。集成的含义是"成为整体、组合、综合及一体化",表示将单个元件组装成一体的过程。集成以有机结合、协调工作、提高效率、创造效益为目的,将各个部分组合成具有全新功能、高效和统一的有机整体。

1. 物联网系统集成的目的

物联网系统集成的主要目的就是用硬件设备和软件系统将网络各部分连接起来,不仅实现网络的物理连接,还要求能实现用户的相应应用需求。因此,物联网系统集成不仅涉及技术,也涉及企业管理、工程技术等方面的内容。目前,物联网系统集成技术可划分为两个域:一个是接口域,即路由网关;另一个是物联网的服务域。服务域的作用主要是为路由网关提供一个统一访问物联网的界面,简化两者的集成难度,更重要的是,通过服务界面能有效控制和提高物联网的服务质量,保证两者集成后的可用性。

物联网系统集成的本质就是最优化的综合,统筹设计一个大型的物联网系统。物联网系统集成包括感知节点数据采集系统的软件与硬件、操作系统、数据融合剂处理技术、网络通信技术等的集成,以及不同厂家产品选型、搭配的集成。物联网系统集成所要达到的目标就是整体性能最优,即所有部件和成分合在一起后不但能工作,而且系统是低成本、高效率、性能匀称、可扩充性和可维护性好的系统。

2. 物联网系统集成技术

物联网系统集成技术包括两个方面:一是应用优化技术;二是多物联网应用系统的中

间件平台技术。应用优化技术主要是面向具体应用,进行功能集成、网络集成、软硬件操作界面集成,以优化应用解决方案。多物联网应用的中间件平台技术主要是针对物联网不同应用需求和共性底层平台软件的特点,研究、设计系列中间件产品及标准,以满足物联网在混合组网、异构环境下的高效运行,形成完整的物联网软件系统架构。

通常,也可以将物联网系统集成技术分为软件集成、硬件集成和网络系统集成三种类型。

(1) 软件集成是指某特定的应用环境架构的工作平台,是为某一特定应用环境提供解决问题的架构软件的接口,是为提供工作效率而创造的软件环境。

(2) 硬件集成是指以达到或超过系统设计的性能指标把各个硬件子系统集成起来。例如,办公自动化制造商把计算机、复印件、传真机设备进行系统集成,为用户创造一种高效率、便利的工作环境。

(3) 网络系统集成作为一种新兴的服务方式,是近年来信息系统服务业中发展势头比较迅速的一个行业。它所包含的内容较多,主要是指工程项目的规划和实施;决定网络拓扑结构;向用户提供完善的系统布线解决方案;进行网络综合布线系统的设计、施工和测试,网络设备的安装测试;网络系统的应用、管理;以及应用软件的开发和维护等。物联网系统集成就是在系统“体系、秩序、规律和方法”的指导下,根据用户的需求优选各种产品,整合用户资源,提出系统性组合的解决方案;并按照方案对系统性组合的各个部件或子系统进行综合组织,使之成为一个经济、高效、一体化的物联网系统。

3. 物联网系统集成的主要内容

物联网系统集成需要在信息系统工程方法的指导下,按照网络工程的需要及组织逻辑,采用相关技术和策略,将物联网设备(包括感知节点部件、网络互联设备及服务器)、系统软件(包括操作系统、信息服务系统)系统性地组合成一个有机整体。具体来说,物联网系统集成包括的内容主要是软硬件产品、技术集成和应用服务集成。

1) 物联网软硬件集成

物联网软硬件集成不仅是各种网络软硬件产品的组合,更是一种产品与技术的融合。无论是传感器还是感知节点的元器件,无论是控制器还是自动化软件,本身都需要进行单元的集成;而执行机构、传感单元和控制系统之间的更高层次的集成,则需要先进适用、开放稳定的工业通信段来实现。

(1) 硬件集成:所谓硬件集成就是使用硬件设备将各个子系统连接起来。例如,汇聚节点设备把多个末梢节点感知设备连接起来;使用交换机连接局域网用户计算机;使用路由器连接子网和其他网络等。一个物联网系统会涉及多个制造商生产的网络产品的组合使用。例如,传输信道由传输介质(电缆、光缆、蓝牙、红外即无线电等)组成;感知节点设施、通信平台由交换和路由设备(交换机、路由器等)组成。在这种组合中,系统集成者要考虑的首要问题是不同品牌产品的兼容性或互换性,力求这些产品在集成为一体后,能够产生的合力最大、内耗最小。

(2) 软件集成:这里所说的“软件”,不仅包括操作系统平台,还包括中间件系统、企业资源计划(ERP)系统、通用应用软件和行业应用软件等。软件集成要解决的首要问题是异构软件的相互接口,包括物联网信息平台服务器和操作系统的集成应用。

2) 物联网应用服务集成

从应用角度看,物联网是一种与实际环境交互的网络,能够通过安装在微小感知节点上的各种传感器、标签等从真实环境中获取相关数据,然后通过自组织的无线传感网将数据传送到计算能力更强的通用计算机互联网上进行处理。物联网应用服务集成就是指在物联网基础应用平台上,应用系统开发商或网络系统集成商为用户开发或用户自行开发的通用或专用应用系统。

一个典型的物联网应用的目的是对真实世界的数据的采集,其手段总是通过射频识别技术来实现多跳的无线通信,并使用网络管理手段来保证物联网的稳定性。基于这一特点,物联网应用系统涵盖了三大服务域:满足应用需求的数据服务域,该服务域应对物联网的数据进行融合,进行网内数据处理;提供基础设施的网络通信服务域;保障网络服务质量的网络管理服务域,包括网络拓扑控制、定位服务、任务调度、继承学习等。这些服务域相互之间是松散的,没有必然的联系,可依据一定的方式进行组合、替换,并通过一个高度抽象的服务接口呈现给应用程序。对这些服务单元进行组合、集成,可灵活地构造出适合应用需求的新的服务元,物联网应用服务集成具体包含以下内容:

(1) 数据和信息集成:数据和信息集成建立在硬件集成和软件集成之上,是系统集成的核心,通常要解决的主要问题有合理规划数据信息、减少数据冗余、更有效地实现数据共享和确保数据信息的安全保密。

(2) 人与组织机构集成:组建物联网的主要目的之一是提高经济效益如何使各部门协调一致地工作,做到市场销售、产品生产和管理的高效运转,是系统集成的重要目标。例如,面向特定的企业专门设计开发的企业资源计划系统、项目管理系统,以及基于物联网的电子商务系统等。这也是物联网系统集成的较高境界,如何提高每个人和每个组织机构的工作效率,如何通过系统集成来促进企业管理和提高生产管理效率,是系统集成面临的重大挑战,也是非常值得研究的问题之一。

4. 物联网系统集成步骤

物联网系统集成一般可采用如图 2.8 所示的步骤进行,总体上可分为三个阶段,每个阶段又可分为若干个具体实施步骤。

(1) 系统集成方案设计阶段:包括用户组网需求分析、系统集成方案设计、方案论证三个实施步骤。

(2) 工程实施阶段:包括形成可行的解决方案、系统集成施工、网络性能测试、工程差错纠错处理、系统集成总结等步骤。

(3) 工程验收和维护阶段:包括系统验收、系统维护和服务,以及项目总结等步骤。

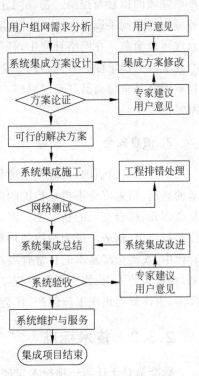

图 2.8　物联网系统集成的一般步骤

2.3　物联网应用面临的挑战

物联网是继计算机、互联网与移动通信网之后的又一次信息产业革命。它对促进互联网发展、带动人类的进步发挥着重要的作用,并将成为未来经济发展的新的增长点。物联网正在改变着我们的地球、我们的城市和我们的生活。

物联网发展潜力无限,但物联网的实现并不仅仅是技术方面的问题,建设物联网过程将涉及国家和各地方的发展规划、管理、协调、合作等方面的问题,还涉及标准和安全保护等方面的问题。未来,物联网亟待解决的问题主要有国家安全问题、标准体系问题、信息安全问题、关键技术问题以及商业模式完善问题等。

2.3.1　安全问题

1. 国家安全

物联网产业是把"双刃剑"。物联网推动经济和社会发展的同时,将对国家安全问题提出挑战。因为物联网将涵盖的领域包括电网、油气管道、供水等民生和国家战略,甚至包括军事领域的信息与控制。物联网让世界上的万事万物都能参与"互联互通",不能再采取物理隔离等强制手段来人为地干预信息的交换,对一个国家或单位而言,也就意味着没有任何家底可以隐藏。在网络社会中,任何人都可以通过一个终端进入网络,网络中的不法分子和网络病毒已严重威胁着网络的安全,黑客恶意攻击政府网站,导致信息泄露,危害国家利益。物联网络是全球商品联动的网络,一旦出现商业信息泄露,将造成巨大的经济损失,危及国家经济安全。

2. 信息安全

信息是有价值的,物联网中所包含的丰富信息也不例外。随着以物联网为代表的新技术的兴起,信息安全不再是传统的病毒感染、网络黑客及资源滥用等,而是迈进了一个更加复杂多元、综合交互的新时期。嵌入了射频识别标签的物品还可能不受控制地被跟踪、被定位和被识读,这势必带来对物品持有者个人隐私的侵犯或企业机密泄漏等问题。在物联网时代中,人类会将基本的日常管理都交给人工智能处理,从而从繁琐的低层次管理中解脱出来,将更多的人力、物力投入到新技术的研发中。那么可以设想,如果哪天物联网受到病毒攻击,也许就会出现工厂停产,社会秩序混乱,甚至于直接威胁人类的生命安全。

2.3.2　技术标准

标准是对于任何一项技术发展到"恰当"阶段的统一规范,如果没有一个统一的标准,就会使整个产业混乱、市场混乱,必将严重制约技术的发展,没有了规模效益,商家和用户的利益也将受到根本的影响。

标准化体系的建立将成为发展物联网产业的首要条件。物联网发展过程中,传感、传输、支撑、应用等各个层面会有大量的技术出现,可能会采用不同的技术方案。如果各行其是,结果将是灾难性的,大量小的专用网,相互无法联网,不能形成规模经济,不能形成整合的商业模式,也不能降低研发成本。因此,尽快统一技术标准,形成一个管理机制,这是物联网当前面临的最重要和最迫切的问题。

2.3.3　商业模式

物联网召唤着新的商业模式。物联网作为一个新生事物,虽然前景广阔、相关产业参与意愿强烈,但其技术研发和应用都尚处于初级阶段,且成本还较高。目前物联网的主要模式还是客户通过自建平台、识读器、识读终端,然后租用运营商的网络进行通信传输,客户建设物联网应用的主要目的还是从自身管理的角度进行信息的收集等,没有创新的物联网商业模式很难调动各方面的积极性。

目前,虽然已出现了一些小范围的应用实践,如国内在上海建设的浦东机场防入侵系统、停车收费系统以及服务于世博会的"车务通"、"e物流"等项目,但是物联网本身还没有形成成熟的商业模式和推广应用体系,商业模式不清晰,未形成共赢的、规模化的产业链。

2.3.4　支撑平台

物联网是一个庞大的系统工程,不仅需要技术,更涉及各个行业、产业,需要多种力量的整合。物联网的价值在于网,而不在于物。因此,建立一个全国性、庞大、综合的业务管理平台,把各种传感信息进行收集,进行分门别类的管理,进行有指向性的传输,是一个大问题。没有这个平台,各自为政的结果一定是效率低、成本高,不能形成规模就很难有效益。

电信运营商最有力量与可能来建设物联网的支撑平台。然而,运营商目前的网络主要针对人与人之间的通信模式进行设计、优化,没有考虑网络在物联网阶段会遇到传感器并发连接多,但连接数据传输量少,传感器数量级增长等机器与机器之间通信的业务需求。物联网终端通信的业务模式,还具有频繁状态切换、频繁位置更新(移动传感器)、在某一个特定的时间集中聚集到同一个基站等特征,这对网络的信令处理和优化机制要求更高,也对网络带宽和带宽优化有更高的要求。

随着物联网的引入和发展,目前的核心网也面临着大量的终端同时激活和发起业务所带来的冲击。当用户面或信令面资源占用过度,出现拥塞的时候,目前的处理机制仍不健全,无法很好地支撑物联网业务应用。

充分考虑物联网的网络接入点广泛分布,业务数据量巨大且要求及时响应的特点,物联网业务运营支撑平台系统应按照"统一标准、统一规划、统一存储、分级按需处理"的原则进行设计和分级部署,而在逻辑层面实现统一的分布存储和协同处理。

2.3.5　关键技术

自主知识产权的核心技术是物联网产业可持续发展的根本驱动力。作为国家战略新兴技术,不掌握关键的核心技术,就不能形成产业核心竞争力,在未来的国际竞争中就会处处受制于人。因此,建立国家级和区域物联网研究中心,掌握具有自主知识产权的核心技术将成为物联网产业发展的重中之重。

物联网涉及的技术挑战很多,下面主要依据中国科学院沈强博士"物联网关键技术介绍"一文做简要介绍。

1. 物联网架构技术

物联网架构技术主要解决信息互通问题。

存储和计算能力的边缘化：物体具有存储、处理能力；局部物体间协同工作。

物体间断性通信连接：物体移动、无线链路动态变化；分布式的缓存和信息融合。

支持物体的移动和环境变化：物体移动带来信息的移动；物体上下文不断变化。

网中网：物体之间自治的、动态的组网；已有多种网络的操作平台、信息结构、文档格式等都存在异构特征。

2. 统一标识技术

统一标识技术是对物体进行统一标识的技术，包括标识的分配、标识的管理、标识加密解密、标识存储、匿名标识技术、标识映射机制、标识结构设计等。

3. 通信技术

通信技术要解决的是海量物体的通信问题。

大量的通信需求包括：物与物通信，物与人通信；从物理世界的感知信息到数字世界的通信；执行器完成物理世界动作的通信；存储感知信息的分布式存储系统的通信；数据挖掘和服务的通信、对实体跟踪和定位的通信。

4. 组网技术

组网技术集合有线和无线方式，实现物体无缝和透明接入，包括传感器网络组网方式、RFID 组网方式、DTN 组网方式、移动通信或者卫星等其他简单组网方式。

5. 软件服务与算法

软件服务与算法用来实现不同软件的统一与互操作，包括语义互操作性和语义传感Web、人机交互、自管理技术来克服增加的复杂度和节能、分布式自适应软件、开放性中间件、能量有效的微操作系统、虚拟化软件、数据挖掘等数学模型和算法等。

6. 硬件

低功耗多处理系统中的自适应硬件和并行处理，包括对配置进行动态修改和设置、处理自适应和自配置设计时的不可预测问题、根据具体应用和上下文的通信需求按需调整基础设施之间的互联情况、纳米技术-小型化、传感技术-嵌入式传感器\执行器、桥接纳米技术和微系统(SoC)解决方案、通信-天线，能量有效 RF 前端技术、自配置，自优化，自愈合电路结构、聚合电子、低功耗微处理器\微控制器，硬件加速器、自旋电子、抗干扰技术等。

7. 物联网能量技术

物联网能量技术是让传感设备从环境中获取能量的技术，这些物体的电池可以自动地进行充电，包括能量收集技术仍然不够、微功率技术的应用、大能量存储设备的小型化问题、能源高效利用、微能源技术、光电池、微燃料电池和微反应堆、微高容量能量存储等技术、静电、压电和电磁能量转化机制、印刷电池、热电系统、微型制冷器和微燃料发电机、基于微机电系统(MEMS)设备的能量获取技术、能量感知协议等。

8. 安全和隐私技术

安全和隐私技术保护个人隐私、商业机密、国际安全,包括阻止非授权实体的识别和跟踪、阻止未授权信息的访问、物体位置、数据所有性等需要考虑、非集中式的认证和信任模型、数据所有权关系、责任和义务、异构设备间的隐私保护技术、离散认证和可信模型、能量高效的加密和数据保护、云计算的安全和信任、隐私策略管理等。

9. 标准

异构设备通过标准接口和数据模型来确保不同系统间的信息交互,包括物联网的异构设备互联(接口标准与数据模型)、已有多个标准(硬件、组网、通信等技术都存在各种各样的标准,物联网设备应该向支持多协议,多频段发展)、信息产生和收集(完整、可信)等。

10. 中间件

硬件是物联网的基础,软件是物联网的灵魂,而中间件(Middleware)就是这个灵魂的核心。中间件是与操作系统、数据库并列作为三足鼎立的基础软件,但在国内中间件产业并未受到足够的重视。

凡是能批量生产,高度可复用的软件都可以算是中间件。中间件有很多种类,如通用中间件,嵌入式中间件,数字电视中间件,RFID 中间件和 M2M 物联网中间件等。中间件无处不在。物联网中间件处于物联网的集成服务器端和感知层、传输层的嵌入式设备中。服务器端中间件称为物联网业务基础中间件,一般都是基于传统的中间件(应用服务器,ESB/MQ 等)构建,加入设备连接和图形化组态展示等模块(如同方公司的 ezM2M 物联网业务中间件)。嵌入式中间件是一些支持不同通信协议的模块和运行环境。中间件的特点是它固化了很多通用功能,但在具体应用中多半需要"二次开发"来实现个性化的行业业务需求,因此所有物联网中间件都要提供快速开发工具。

物联网产业发展的关键在于把现有的智能物件和子系统链接起来,实现应用的大集成(Grand Integration)和"管控营一体化",为实现"高效、节能、安全、环保"的和谐社会服务,要做到这一点,软件(包括嵌入式软件)和中间件将作为核心和灵魂起至关重要的作用。

2.3.6 政策、协调、示范

1. 积极的可行性政策出台

健全物联网产业政策环境,促进产业链健康发展。通过开放的产业投资政策、优惠的税收政策,引导国有、民营、国际的各种资本向物联网产业倾斜,打破行业壁垒,允许跨行业投资,建设基础设施和公共设施,积极推广关键应用。尤其在产业启动阶段,要鼓励产业链的开放,在保障信息安全的前提下,通过适度宽松的准入政策、价格政策等政策手段营造开放的产业环境,为我国物联网的发展打下坚实的基础。

物联网技术是国家战略新兴技术,对国家的战略和可持续发展具有重要意义,出台相关的可行性产业扶持政策是中国物联网产业谋求突破的关键因素之一。特别是在金融、交通、能源等关系国民经济发展的重要行业应用领域,政策导向性对产业发展具有重要影响作用。"政策先行"将是中国物联网产业规模化发展的重要保障。

2．各行业主管部门的积极协调与互动

物联网应用领域十分广泛,许多行业应用具有很大的交叉性,但这些行业分属于不同的政府职能部门,要发展物联网这种以传感技术为基础的信息化应用,在产业化过程中必须加强各行业主管部门的协调与互动,以开放的心态展开通力合作,打破行业、地区、部门之间的壁垒,促进资源共享,加强体制优化改革,才能有效地保障物联网产业的顺利发展。

3．重点应用领域的重大专项实施

建立产业孵化基地,通过试点示范项目推广应用。物联网发展的瓶颈不仅有技术问题,更重要的是市场应用,因此国内市场需求是产业竞争力提升的关键因素。通过物联网产业孵化基地,为中小企业的创新提供资金、技术、人才、信息、管理、市场等方面的一站式服务,培育自主创新能力,加快科技成果的转化。目前,物联网关键应用的主要客户以大型、超大型央企为主,推广难度大,需要政府平台的支持。在相关政府部门的指导下,通过应用试点示范项目,面向重点行业企业推广物联网关键应用,形成产业化突破和规模化增长。推动物联网产业快速发展还必须建立一批重点应用领域的重大专项,推动关键技术研发与应用示范,通过"局部试点、重点示范"的产业发展模式来带动整个产业的持续健康发展。

2.3.7　成本矛盾

在物联网传感技术推广的初期,功能单一,价位高是很难避免的问题。电子标签和读写设备价格较高,很难形成大规模的应用。由于没有大规模的应用,电子标签和读写器的成本问题便始终没有达到人们的预期。如何突破初期的用户在成本方面的壁垒成了打开市场的首要问题。在成本尚未降至能普及的前提下,物联网的发展将受到限制。

2.3.8　行业应用和产业链问题

物联网所需要的自动控制、信息传感、射频识别等上游技术和产业已成熟或基本成熟,而下游的应用也已单体形式存在。物联网的发展需要产业链的共同努力,实现上下游产业的联动,跨专业的联动,从而带动整个产业链,共同推动物联网发展。

和美国相比,我国的物联网产业链还很不完善。虽然目前国内三大运营商和中兴、华为这一类的系统设备商都已是世界级水平,但是其他环节相对欠缺。物联网的产业化必然需要芯片和传感设备制造商、系统方案解决厂商、移动运营商等上下游厂商的通力配合,所以要在我国发展物联网,在体制方面还有很多工作要做,如加强广电、电信、交通等行业主管部门的合作,共同推动信息化、智能化交通系统的建立等。加快电信网、广电网、互联网的三网融合进程。产业链的合作需要兼顾各方的利益,而在各方利益机制及商业模式尚未成型的背景下,物联网普及仍相当漫长。

2.3.9 IP 地址问题

每个物品都需要在物联网中被寻址,就需要一个地址。物联网需要更多的 IP 地址, IPv4 资源即将耗尽,需要 IPv6 来支撑。IPv4 向 IPv6 过渡是一个漫长的过程,因此物联网一旦使用 IPv6 地址,就必然会存在与 IPv4 的兼容性问题。

2.3.10 知识产权

在物联网技术发展产品化的过程中,我国一直缺乏一些关键技术的掌握,所以产品档次上不去,价格下不来。缺乏 RFID 等关键技术的独立自主权是限制中国物联网发展的关键因素之一。

2.3.11 终端问题

物联网终端除具有本身功能外,还应有传感器和网络接入等功能,且不同行业需求各异。如何满足终端产品的多样化需求,对运营商来说是一大挑战。最主要的障碍是缺少一个在统一框架内能把物理资源和网络信息资源实现有机融合的理论基础,主要源自于计算机科学和控制理论领域无论从技术角度还是文化角度都保持着很大程度上的分离。

第3章

智能家居

　　智能家居是以住宅为平台,利用综合布线技术、网络通信技术、智能家居安全防范技术、自动控制技术、音视频技术将家居生活有关的设施集成,构建高效的住宅设施与家庭日程事务的管理系统,提升家居安全性、便利性、舒适性、艺术性,并实现环保节能的居住环境。智能化家居发展将大大推动我国实现家庭信息化进程,智能家居能够为人们提供更加轻松、有序、安全和高效的现代生活方式。

3.1　智能家居概述

　　智能住宅的概念起源于美国,其智能住宅发展迅猛。继美国之后,韩国、日本、新加坡等国家住宅智能化也得到了飞速发展。在我国,智能住宅这一概念推广较晚,但其发展的速度也很快,全国已建立了一些具有一定智能化功能的住宅和住宅小区。越来越多的消费者,尤其是有一定文化层次和经济实力的楼盘买家,已把住宅智能化程度作为自己选择的一个重要参考。

3.1.1　智能家居的发展历史

1. 起源

　　20世纪80年代初,随着大量采用电子技术的家用电器面市,住宅电子化(Home Electronics,HE)出现。80年代中期,将家用电器、通信设备与安保防灾设备各自独立的功能综合为一体后,形成了住宅自动化(Home Automation,HA)。80年代末,由于通信与信息技术的发展,出现了对住宅中各种通信、家电、安保设备通过总线技术进行监视、控制与管理的商用系统,也就是现在智能家居的原型。

2. 第一个智能家居相关标准

　　1979年,美国的斯坦福研究所提出了将家电及电气设备的控制线集成在一起的家庭总线,并成立了相应的研究会进行研究,1983年美国电子工业协会组织专门机构开始制定家庭电气设计标准,并于1988年编制了第一个适用于家庭住宅的电气设计标准,即《家庭自动化系统与通信标准》,也有称为家庭总线系统标准(Home Bus System,HBS)。在其制定的设计规范与标准中,智能住宅的电气设计要求必须满足以下三个条件:

　　(1)具有家庭总线系统。

（2）通过家庭总线系统提供各种服务功能。

（3）能和住宅以外的外部世界相连接。

3. 第一个成熟应用的智能家居产品

X-10 是全球第一个利用电线控制灯饰及电子电器产品（现在通称为电子载波产品），并将其作为智能家居主流产品走向了商业化。Pico Electronics Ltd. 成功地开发出该项技术，并将该技术售予当时著名的 BSR 音响公司。X-10 是以 60Hz（或 50Hz）为载波，再以 120kHz 的脉冲为调变波（Modulating Wave），发展出数位控制的技术，并制订出一套控制规格。X-10 模组于 1978 年由 Sears 引进美国，Radio Shack 则于 1979 年开始贩卖该模组系列产品；BSR 音响公司在 1990 年结束营业，X-10 模组的先前研发人员将该项技术买下来，并在美国成立新公司，公司名称及其产品系列均以 X-10 命名。今日，X-10 在美国不仅是一家公司，亦是家庭自动化控制规格的一种名称。美国许多大公司如 Radio Shack、Stanley、Leviton、Honeywell 均销售 X-10 公司的产品，X-10 公司制造了一系列的家庭自动化产品，如照明开关、遥控器、保全系统、电视机控制界面、计算机控制界面、电话反应器（Telephone Responder）等。许多美国的家庭自动化产品制造商，亦采用 X-10 控制规格来生产其产品，X-10 控制规格遂成为当今美国家庭自动化控制规格的主要领导者。

4. 家庭服务器

家庭服务器（Home Server）是智能家居的大脑，通过网线或电话线与外界连通，通过各种线缆与各个智能家居设备连通，通过各种人机界面与人沟通，并能按照人的指令和软件所设定的程序对家居设备进行控制。

3.1.2　智能家居的定义

智能家居是以住宅为平台，兼备建筑、网络通信、信息家电、设备自动化，集系统、结构、服务、管理为一体的高效、舒适、安全、便利、环保的居住环境。

进入 21 世纪后，智能家居的发展更是多样化，技术实现方式也更加丰富。总体而言，智能家居发展大致经历了 4 代。第一代主要是基于同轴线、两芯线进行家庭组网，实现灯光、窗帘控制和少量安防等功能。第二代主要基于 RS-485 线，部分基于 IP 技术进行组网，实现可视对讲、安防等功能。第三代实现了家庭智能控制的集中化，控制主机产生，业务包括安防、控制、计量等业务。第四代基于全 IP 技术，末端设备基于 ZigBee 等技术，智能家居业务提供采用"云"技术，并可根据用户需求实现定性化、个性化。目前智能家居大多属于第三代产品，而美国已经对第四代智能家居进行了初步的探索，并已有相应产品。

智能家居集成是利用综合布线技术、网络通信技术、安全防范技术、自动控制技术、音视频技术将家居生活有关的设施集成。由于智能家居采用的技术标准与协议的不同，大多数智能家居系统都采用综合布线方式，但少数系统可能并不采用综合布线技术，如电力载波。不论哪一种情况，都一定有对应的网络通信技术完成所需的信号传输任务，因此网络通信技术是智能家居集成中关键的技术之一。安全防范技术是智能家居系统中必不可少的技术，在小区及户内可视对讲、家庭监控、家庭防盗报警、与家庭有关的小区一卡通等领域都有广泛应用。自动控制技术是智能家居系统中必不可少的技术，广泛应用在智能家居控制中心、家居设备自动控制模块中,对于家庭能源的科学管理、家庭设备的日程管理都有十分重要的作用。音视频技术是实现家庭环境舒适性、艺术性的重要技术,体现在音视频集中分配、背景音乐、家庭影院等方面。

3.1.3　智能家居的功能

1. 智能家居的三大功能

根据智能家居的定义,为实现家居系统的家庭自动化、家电信息化、信息网络化和家政设施虚拟化等,智能家居应当具有以下三大功能,见图 3.1。

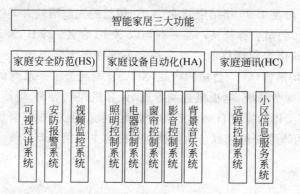

图 3.1　智能家居三大功能示意图

（1）家庭安全防范（HS）:通常包括可视对讲系统、安防报警系统和视频监控系统。

（2）家庭设备自动化（HA）:通常包括照明控制系统、电器控制系统、窗帘控制系统、影音控制系统和背景音乐系统。

（3）家庭通信（HC）:通常包括远程控制系统和小区信息服务系统。

2. 智能家居子系统

智能家居系统包含的主要子系统有家居布线系统、家庭网络系统、智能家居（中央）控制管理系统、家居照明控制系统、家庭安防系统、背景音乐系统、家庭影院与多媒体系统、家庭环境控制系统等 8 大系统。其中,智能家居（中央）控制管理系统、家居照明控制系统、家庭安防系统是必备系统,家居布线系统、家庭网络系统、背景音乐系统、家庭影院与多媒体系统、家庭环境控制系统为可选系统。

在智能家居环境的认定上,只有完整地安装了所有的必备系统,并且至少选装了一种及以上的可选系统的智能家居才能称为智能家居。

3. 智能家居提供的服务和功能

（1）始终在线的网络服务,与互联网随时相连,为在家办公提供了方便条件。

（2）智能安防可以实时监控非法闯入、火灾、煤气泄漏、紧急呼救等突发事件。一旦出现警情,系统会自动向中心发出报警信息,同时启动相关电器进入应急联动状态,从而实现主动防范。

（3）家电的智能控制和远程控制,如对灯光照明进行场景设置和远程控制、电器的自动控制和远程控制等。

（4）交互式智能控制可以通过语音识别技术实现智能家电的声控功能；通过各种主动式传感器(如温度、声音、动作等)实现智能家居的主动性动作响应。

（5）环境自动控制,如家庭中央空调系统。

（6）提供全方位家庭娱乐,如家庭影院系统和家庭中央背景音乐系统。

（7）现代化的厨卫环境,主要指整体厨房和整体卫浴。

（8）家庭信息服务,管理家庭信息及与小区物业管理公司联系。

（9）家庭理财服务,通过网络完成理财和消费服务。

（10）自动维护功能,智能信息家电可以通过服务器直接从制造商的服务网站上自动下载、更新驱动程序和诊断程序,实现智能化的故障自诊断、新功能自动扩展。

4. 智能家居与智能小区的关系

智能家居可以成为智能小区的一部分,也可以独立安装。中国人口众多,城市住宅也多选择密集型的住宅小区方式,因此很多房地产商会站在整个小区智能化的角度来看待家居的智能化,也就出现了一统天下、无所不包的智能小区。欧美国家由于独体别墅的居住模式流行,因此住宅多散布城镇周边,没有一个很集中的规模,当然也就没有类似国内的小区这一级,住宅多与市镇相关系统直接相连。这一点也可解释为什么美国仍盛行 ADSL、Cable Modem 等宽带接入方式,国内光纤以太网发展如此迅猛。因此欧美的智能家居多独立安装,自成体系。国内习惯上已将它当作智能小区的一个子系统考虑,这种做法在前一阶段应该是可行的,而且是实用的,因为以前设计选用的智能家居功能系统多是小区配套的系统。智能家居最终会独立出来成为一个自成体系和系统,作为住宅的主人完全可以自由选择智能家居系统,即使是小区配套来统一安装,也应该可以根据需要自由选择相应产品和功能、可以要求升级、甚至如果对整个设计不感兴趣,完全可以独立安装一套。我们的观点是,智能家居实施其实是一种"智能化装修",智能小区只不过搭建了大环境、完成了粗装修,接下来的智能化"精装修"要靠自己实施。

3.1.4　智能家居技术的发展现状与趋势

随着科学技术和国民经济的提高,特别是计算机技术、通信技术、网络技术的迅猛发展,促使家庭朝着生活现代化、居住环境舒适化、安全化的方向发展。这些高科技已经影响并改变了人们的生活习惯和生活质量,家居智能化也正是在这种形势下应运而生。计算机、嵌入式技术对普通家庭已经产生了一次重要的变革。新的应用背景下,信息界技术的融合及学科的交叉产生的物联网技术,必然对家庭这一社会的基本单位产生又一次的变革。家庭不再是信息孤岛而将成为网络中的节点,信息的获取、传输、共享将变得更为便捷、有序。

20 世纪 80 年代 美国学者托夫勒在《第三次浪潮》中预言:信息社会中,人们的生活中心将从以工业社会为核心回归到以家庭为核心,家庭将重新成为社会的中心,在信息社会中具有重要的地位。以物联网为标志的新的产业革命将人类带入"微观"世界,信息获取的便利使人类感受不到距离的存在,一次新的科技浪潮即将到来。现在,宏观信息高速公路的构架已经完成.只剩下"最后的一公里",这也是信息产生和处理的密集中心,智能家居即是这一中心的具体实现。我们可以把智能家居定义成这样一个系统,它可以获取和应用关于住户以及环境的知识,以此来适应住户并满足舒适和高效的目标。智能家居的设计应以人为本,为家居环境中的主体——人提供服务,这是智能家居永恒的主题。因此,在物联网的全新环境以及对家居系统更高的要求下,研究智能家居具有重要的理论意义和应用前景。

1. 智能家居技术的现状

1) 国际发展现状

目前,国外智能家居标准和产品较多,下面列举几种典型代表。

美国的 X-10 系统是全球第一个利用电力线作为信息传输媒介的灯饰及电子电器的控制产品。X-10 采取集中控制方式实现各种功能。目前已制定出一整套完善的控制标准,在家庭自动化,如安全监控、电器控制等方面得到了广泛应用。X-10 的控制规格已成为当今美国家庭自动化控制规格的主要领导者。国内已有代理商推出了适用中国住宅的、改进的 X-10 系统。

欧洲设备安装总线协议 EIB 是电气布线领域使用范围最广的行业规范和产品标准。EtB 的控制方式为对等控制方式,方便扩容与改装,其元器件均为模块化元件。EIB 在国内应用不多,主要原因是其工程要求较为复杂、严格,且价格较高。在中国市场上 ABB 公司和西门子公司推出了各自的 EIB 楼宇智能控制系统。目前,国内厂家也在探寻通过互联网和信息处理技术对 EIB 的功能进行扩展,以实现短信和电话监控、互联网远程监控等功能。

美国得克萨斯大学的 MavHome 的设计目标是要创造一个以智能 Agent 角色运行的家庭环境。智能 Agent 寻求用户舒适的最大化和运行成本的最小化。为了达到这一目标,智能 Agent 必须能够预测用户的移动模式和设备的使用情况。MavHome 所使用的预测用户下一步行为的预测算法都是在对历史行为数据进行统计分析和学习的基础上,做出进一步的预测。MavHome 的智能框架分为 4 个层次,自上而下依次为决策层、信息层、通信层和物理层。

除了上述典型的智能家居系统外,一些实验室也开展了很多相关工作。例如,美国佛罗里达大学的移动和普适计算实验室的 Georgla TechAware Home、美国麻省理工学院的 MIT InteIligent Room、韩国公州大学设计的 Smart Home Energy Management System (SHEMS)等。

2) 国内智能家居发展现状

我国的智能家居相对于国外起步较晚,一些企业推出了自己的产品,但更多的是从实用的角度出发,其中典型产品列举如下:

海尔的“物联之家”U-Home 使用短距离无线射频技术、多媒体处理技术、家电管理技术,将传统的家电、PC、手机等家用产品升级为网络家电产品,从而形成家庭网络。海尔 U-home 数字家庭系统以家庭网关为控制中心,可以通过电话网、Internet、移动手机网等方式对家庭内部的电器设备进行访问及控制。目前,海尔已推出了网络洗衣机、网络冰箱、网络空调、网络热水器、网络微波炉等一系列信息家电产品。

中讯威易智能家居系统是以信息化为平台,将照明、电动窗帘、安防、监控、背景音乐、可视对讲等系统进行统一管理,室内通过遥控器任意控制,室外可通过手机或电脑进行远程控制。智能灯光及电器控制部分采用电力线载波控制协议。综合控制系统由智能家居网关、智能化遥控器、智能家居综合管理软件、手机客户端软件等组成,实现对房间设备的综合管理。

除了上述智能家居系统外,国内还有很多致力于开发智能家居系统的企业和研究机构,其立足于自身的优势和特点,所研究的系统在结构和功能上大体相似,但实现方法略有不同。例如,海信的数字化家庭信息系统、清华同方的 e-Home 数字家园、科龙集团的现代家居信息服务集散控制系统等。国内的许多科研院所也开展了很多工作,如合肥工业大学对家庭网络内部设备的互联互通和相关的关键技术进行了详细的研究,北京科技大学提出了基于物联网的智能家居组网通信和控制方案,给出了 Web Service 的智能家居整体框架,为智能家居系统提供了很好的范本。

2. 未来发展趋势

智能家居网络的理想目标是不仅可以完成家庭内部各种设备资源的共享、协同工作,还能通过三网融合(即广播电视网,电信网与互联网的融合),实现家庭内部设备与外部网络的信息交互,通过丰富多彩的应用和服务使用户享受到便利、安全、舒适的生活体验。智能家居网络由两部分组成,即家庭自动化网络系统和家庭信息化网络系统,从而实现家居系统的四化:家庭自动化、家电信息化 信息网络化、家政设施虚拟化。

国内外一些公司和企业已经针对这些问题推出了一系列的解决方案,但由于市场利益以及技术标准等问题的存在,这些方案仍停留在控制与互联层次,与真正的智能仍有很大的差距,具有一定的局限性,且忽略了智能家居系统在社会信息高速公路中节点终端的位置,未解决此环境下真正的信息共享。另外,家用电器生产商开发的智能家居仍是以自我为中心,设备对外不具备开放性的接口,协议也是封闭的。这种智能家居网络不但没有真正实现设备之间的互通互联反而设置了更多的障碍。现有的智能家居产品多数是以环境监测为主,辅以一些简单的设备控制。例如,灯光、窗帘等设备,设备类型单一,整体结构较为简单,信息的处理多体现在监控上,没有高层次的数据分析与挖掘,信息的传输和融合方式显得单一,信息交互和表达方式缺少柔性,距离“智能”还有很大的差距。

另外,虽然世界上的诸多标准化组织以及公司已经推出了很多标准化协议,但事实上,还没有哪一种协议和标准在实际的推广中可以单独承担建立整个数字家庭网络的能力,未来我们看到的将是它们的有机结合。针对以上分析到的目前智能家居控制领域存在的不足,结合计算机技术和通信技术的发展方向,智能家居网络不可避免地将成为一个结构复杂的异构网络,这个网络面向不同类型的设备,融合有线方式与无线方式网络功能的行为实现需要兼容的家庭设备,这些设备可以自由地生成和注销以提供网络结构和服务的便利性。未来,智能家居系统存在以下发展趋势。

(1) 标准化的网络接口:包括硬件接口和软件协议,这是识别设备和数据通信的前提。

(2) 跨平台的操作系统:智能家居系统的应用程序可自由运行在 PC 或嵌入式设备上,操作系统平台可以是 Windows、Linux 等。

(3) 可靠的移动互联:有线的连接方式最终转换为无线,使得用户无须考虑布线的问题,只要在无线的覆盖范围内,即可实现信息获取和输送。通过广播电视网、电信网与互联网实现更广泛的互联。

(4) 廉价的设备组建:在设备具有统一的标准接口后,传感器和执行器在市场的推动下会朝着低成本的方向发展,设备更多的是以模块的形式存在。

(5) 安全的自组织:家庭设备以安全的方式实现自组织而不依赖于用户的配置,减轻用户的参与,设备之间传输的数据更多的是动作协调和任务分配的数据,用户直接操作产生的数据只占一小部分。

在物联网时代,智能家居将家庭与社会联系得更为紧密,智能家居作为物联网众多终端形式的一种,负责完成家庭环境下的信息采集,实现智能控制。依赖于物联网技术,家庭网络的信息承载量将达到最大化,因此其性能也将超过以往的家庭集成控制系统。控制模式从以往单一设备的简单控制转变为多设备的智能互联、协同互动。网络结构也有别于以往的系统,由于家庭环境设备功能各异,数据类型不同,必然需要使用不同的网络平台得以实现,物联网的技术集成融合,在此也得以体现。相信在不久的将来,在物联网产业的不断推动下,智能家居将真正走进寻常百姓的家中,人们也将真正享受到智能家居的舒适生活。

3.2　智能家居组网一般模型

3.2.1　智能家居控制功能

1. 遥控功能

不论在家里的哪个房间,用一个遥控器便可控制家中所有的照明、窗帘、空调、音响等电器。例如,看电视时,不用因开关灯和拉窗帘而错过关键的剧情;卫生间的换气扇没关,按一下遥控器就可以了。遥控灯光时可以调亮度,遥控音响时可以调音量,遥控拉帘或卷帘时,可以调行程,遥控百叶帘时可以调角度。

2. 集中控制功能

使用集中控制器,不必专门布线,只要将插头插在 220V 电源插座上,就可控制家里所有的灯光和电器,一般放在床头和客厅。可以在家里不同的房间有多个集中控制器。躺在床上,就可控制卧室的窗帘、灯光、音响及全家的电器。控制灯光时可以调亮度,控制音响时可以调音量,控制拉帘或卷帘时,可以调行程,控制百叶帘时可以调角度。

3. 感应开关

在卫生间、壁橱装感应开关,有人灯开、无人灯灭。

4. 网络开关的网络功能

一个开关可以控制整个网络,整个网络也可以控制任意一个(组)灯或电器。其控制对象可以任意设置和改变,轻松实现全开全关、场景设置、多控开关等复杂的网络操作功能。门厅的 T 型网络开关可设成"全开全关"键(门厅灯的开关),出门时不必每个房间检查一遍,只要按一个键就可以将所有的灯和电器关闭,需要时也可按一个键打开所有的灯;客厅的 T 型网络开关可设成"场景设置"键,按一个键开一组灯,不必逐一打开,也可配合全宅音响、空调、窗帘等进行复杂的场景设置;T 型网络开关也是可变开关,它的控制对象可以随意设置,今天是窗帘的开关,明天可以将它设为音响的开关;同时 T 型网络开关还是多控开关,传统开关最多只能在两处实现对同一对象的控制(双控开关),使用 T 型网络开关,可以在任意多处对同一对象进行控制。控制灯光时可以调亮度,控制音响时可以调音量,控制拉帘或卷帘时,可以调行程,控制百叶帘时可以调角度。

5. 网络开关的本地控制功能

所有的灯和电器都可使用墙上的网络开关进行本地开关控制,既实现了智能化,又考虑到多数人在墙上找开关的习惯。开灯时,灯光由暗渐渐变亮,关灯时,灯光由亮渐渐变暗,避免亮度的突然变化刺激眼睛,给眼睛一个缓冲,保护人眼,还可避免大电流和高温的突变对灯丝的冲击,保护灯泡,延长使用寿命。无论通过遥控还是本地开关均可调光,网络开关能够记忆设定好亮度,下次开灯时自动恢复。

6. 电话远程控制功能

电话应答机将家里和外界连成了网络,在任何地方都可以使用电话远程控制家中的电器产品。例如,开启空调、关闭热水器,甚至在度假时,将家中的灯或窗帘打开和关闭,让外人觉得家中有人。电话应答机本身也是一个八位的集中控制器,放在床头柜上,只要将插头插在 220V 电源插座上,就可以在床上控制家里所有的灯光、电器和窗帘等等,也有调光功能。

7. 网络型空调及红外线控制

网络型空调控制器将空调的控制连到整个网络中来,可以使用电话来远程控制空调,也可以使用无线遥控器在楼下将楼上的空调启动和关闭,集中控制器、定时控制器、网络开关、无线感应开关等也都可以控制空调了。

8. 网络型窗帘控制器

网络型窗帘控制器将窗帘的控制连到整个网络中来,控制拉帘或卷帘时,可以调行程,控制百叶帘时可以调角度。不仅可以使用本地开关来控制窗帘,还可以使用电话来远程控制窗帘,也可以使用无线遥控器在楼下将楼上的窗帘打开和关闭,集中控制器、定时控制器、网络开关、无线感应开关等也都可以控制窗帘了。

9. 可编程定时控制

定时控制器可以对家中的固定事件进行编程。例如,定时开关窗帘,定时开关热水器等,电视、音响、照明、喂宠物等均可预设定时控制。定时控制器本身也是一个 8 位的集中控制器,放在床头柜上,只要将插头插在 220V 电源插座上,就可已在床上控制家里所有的灯光、电器和窗帘等,也有调光功能。同时它还有时间显示和闹钟的功能。

10. 多功能遥控器

六合一多功能遥控器集 6 种遥控功能于一身,首先它是无线遥控器,可以控制家中的照明,窗帘,空调等系统。同时它也是红外遥控器,内置了许多品牌的电视、音响、VCD 等红外控制指令集。可以学习两种红外线遥控器的控制功能。放在客厅的茶几上,看电视或听音响时,一个遥控器就可以非常方便地遥控所有的设备。

11. 无线感应探头

可随意摆放,能控制任意的电器。例如,大门口外,当有人来时,它可以触发自动门铃,也可以将灯开启,甚至可以开音响、热水器等。放在阳台上,可以知道是否有人从阳台非法闯入。

12. 全宅音响系统

全宅音响系统可将传统的音响延伸到家中的每个房间及每一个角落。在阳台浇花时可以欣赏悠扬的音乐,清早盥洗时可以听到电台的新闻,甚至在厨房也可以听到现场转播。系统可接收家中现有的电视、广播、VCD、DVD及音响系统提供的声源。每个房间的音箱可以单独开关和调音量,无须考虑功率匹配。系统支持高保真立体声技术,对音质不作任何处理。利用现有的网络化智能家居控制手段,如遥控器、集中控制器、网络开关等方式对音箱进行开、关、调音量、全开全关、部分开关,也可配合照明系统、空调系统、窗帘等进行复杂的场景设置。

13. 扩展和升级

语音控制子系统、计算机控制子系统、智能安防子系统、智能门禁子系统、智能电器控制子系统均具有扩展和升级功能,为扩展和升级提供了良好的基础。

3.2.2　智能家居组网模型

广州市聚晖电子科技有限公司生产的3G智能安防系统(SS202-GW),涵盖了安防、监控和家电智能控制和远程控制等,3G智能安防系统(SS202-GW)综合运用了当今最前沿的将宽带互联网技术、3G无线通信技术、RFID射频技术等,保证了技术的先进性。3G智能安防系统(SS202-GW)的无线解决方案,给系统安装带来前所未有的灵活性和兼容性。它既适用于未装修的新住宅,也可以搭配 KOTI 系列智能控制器,在不改变用户原有装修电路的前提下,对已装修住宅灯光和窗帘系统进行智能化升级。使用 SS202-GW 的智能家居组网结构示意图见图3.2。

1. 支持的受控电器设备的类型

(1) 灯光(可调光和不可调光)。
(2) 电动窗帘(直流电机和交流电机)。
(3) 红外家电(电视、音响、DVD、投影仪等)。
(4) 非红外家电(饮水机、风扇等)。
(5) 空调。

2. 主要功能

(1) 家居安防。
(2) 视频监控。

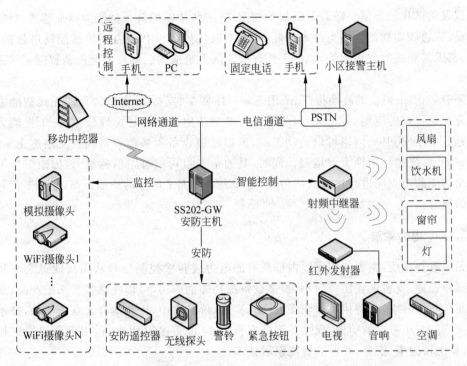

图 3.2　智能家居组网结构示意图

（3）灯光智能控制。

（4）窗帘智能控制。

（5）家庭场景模式。

（6）家庭影院智能控制。

（7）家用电器智能控制。

（8）小区接警中心接警。

（9）远程控制。

3.2.3　智能家居的三种组网方式

1. 集中布线技术

需要重新额外布设弱电控制线来发送控制型号以及接收被控设备的反馈信号，以达到对家电或灯光进行控制的目的。以前主要应用于楼宇智能化控制，因为是以独立、有线的方式进行信号的收发，所以信号最稳定，比较适合于新建楼宇和小区的大范围的控制，现开始部分应用于别墅智能化，但一般布线比较复杂，造价较高，工期较长，而其只适用新装修用户。

2. 无线射频技术

无线射频技术是一种近距离、低复杂度、低功耗、低数据速率、低成本的无线通信技术。以无线射频的方式进行控制信号的传输，实现对家电和灯光的控制。无须重新布线，安装、设置以及调试比较方便。随着射频技术的发展,射频传输的抗干扰能力越来越强,稳定性越来越高,穿透障碍物的性能也越来越好,有逐渐取代传统以有线方式传输控制信号的趋势。同时,其无需布线的先天优势,也使无线智能家居系统成为已装修家庭配备智能家居系统的首选。

随着 ZigBee 协议的逐渐推广,采用 2.4GHz 频率、支持 ZigBee 协议的无线智能家居系统也有一定程度的应用。ZigBee 技术能更好地解决射频传输稳定性较差、抗干扰能力不强的问题。由于 ZigBee 网络可以自动组网,所以控制设备和被控设备间在使用前无须对码,使 ZigBee 系统的易用性大大增强。同时,其通信节点可以有路由的能力,传输信号可以在有路由功能的节点间进行接力式的传输,这样大大增大了信号的传输距离,增强了信号穿透障碍的能力。

3. X10 电力载波

无须重新布线,主要利用家庭内部现有的电力线转输控制信号从而实现对家电和灯光的控制和管理,安装设置比较简单,很多设备都是即插即用,可以随意按需选配产品,而且可以不断智能化升级,功能相对比较强大而且实用,价格适中,比较适合大众化消费,技术非常成熟,已有 25 年左右的历史,现在美国已有将近 1300 万家庭用户,适用于新装修户和已装修户,是比较健康、安全、环保的智能家居技术。

但是,国内 X10 技术由于受限与国内电网的杂波比较多,使控制信号传输的稳定性得不到保证,以致系统的稳定性相对国外来说比较差。

3.3　智能家居组网关键技术

将计算机技术、现代通信技术融入传统的家用电器之中产生了新的信息家电,是具有信息访问、获取、存储、处理、联网的消费类电子产品。信息家电的出现打破了只有通过上网获取信息的局面,预示着后 PC 时代的来临。智能家居的关键技术主要包括家庭组网技术、家庭网络中间件技术、智能家居网络协议、上下文感知和人工心理 5 个方面。

3.3.1　家庭内部网络的组建

1. 家庭组网技术

智能家居内部设备的互联需要通过各种有线、无线的通信技术来实现,实现远程控制也需要各种通信技术的支撑。

有线联网技术通常采用预布的 5 类线、总线或电力线传输控制信号。遥控的功能通过无线或红外接入点,把遥控指令转化为有线控制指令传输给受控家居的智能模块。其中,总线方式采用强弱电分离的机制,系统比较稳定,对负载的适应性很强,但缺点是需要预布控制线、需要的辅助设备比较多、难安装、难调试、难维护,系统出现故障后往往会导致整个系统瘫痪。电力载波方式利用一个或多个直接接入强电的无线接入点,通过交流强电作为载波传输控制信号,缺点是控制信号直接在强电网上传输,信号不稳定且极易受外界干扰,在应用中表现出很大的地区差异性。无线组网方式的特点是灵活,移动性和可扩展性是有线组网方式所无法具备的,能更好地适应各种应用环境的需要,每个家居的智能感应模块都是一个无线接入点,彼此互不干扰。

无线组网方式所需要解决的难题也很多,如频谱资源分配、功率大小、传输的可靠性等。目前应用的各种无线技术包括 Wi-Fi、ZigBee、蓝牙、GSM、3G 等,这些技术相对成熟,前三种技术适用于房间内设备组网,而后两种技术则可用于实现远程接入。

2. 家庭内部组网技术的参考因素

(1) 连接对象的复杂性。在家庭网络内部存在着音响、可视电话等高速率数据设备,冰箱、洗衣机、PDA 等中速率数据设备,同时还存在三表抄送、防火防盗报警等低速率数据设备。

(2) 基于开放的标准。包括技术文档和体系结构的开放性。

(3) 兼容广泛的连接技术。用户的需求。低价、易用、高可靠、灵活且可扩展,良好的兼容性,支持多种应用。

根据上述技术的特点分析不难看出,多种联网技术必将在市场上共存,各种内部联网技术都将找到各自的适应点。对于娱乐应用,如音视频,要求网络能够提供高带宽、实时性、同步传输,速率达到 50Mbps 以上的 USB 2.0 和 IEEE 1394 是最佳选择。对于计算和数据通信应用,如微机、白色家电、语音服务等,传输率要求在几十 kbps 到几十 Mbps,多种技术都可以满足数据传输,但是无线技术可以避免重新布线的烦扰,因此是最佳的选择。对于家居自动化中的低速控制应用,如三表抄送、防盗防火报警器等,带宽的要求在几十 kbps 内,且产品位置分散,不利于重新布线,因此电力线和无线编码技术是最佳的选择。

3. 利用 JiNi 技术和 OSGI 标准

家庭网络是一个动态环境,当有新设备加入家庭网络中,应该能被网络中其他的设备识别,同时它也能发现网络中其他设备。为了实现设备间的即插即用和互联,Sun 公司引入了 JiNi 技术。JiNi 的目的是将成组的设备和软件构件联合成一个单一、动态的分布式系统。JiNi 基于 Java 语言,是一种面向服务(包括硬件资源和软件资源)的中间件技术,运行于 TCP/IP 协议之上,跨平台运行,独立于底层操作系统和通信技术,设备间可相互查询、理解所具备的功能,家庭网络无需人工参与,网络设置可自动完成。由于 JiNi 非常适用于家庭网络环境,目前 SONY、Philips、Inprise 等很多厂商都申请了 JiNi 的许可证,JiNi 的应用呈现一片欣欣向荣的景象。

开放服务网关(Open Service Gateway Initiative,OSGI)由 IBM、HP、Philips、SUN 等电信、计算机、电器巨人发起,主要功能是为连接 Internet 上商业服务和下一代智能电器定义一个开放的标准。OSGI 具有平台独立、应用独立、高安全、多任务、兼容不同局域网协议(如蓝牙、IEEE 1394)和支持多种设备连接技术(UPNP、JiNi)的优点。OSGI 体系主要组成部分包括服务网关、服务提供商、服务集成商、网关操作员,广域网和局域网络及连接设备。

3.3.2 家庭网关的设计问题

智能家居系统的核心是家庭网关(Residential Gateway),在家庭内部提供不同类型、不同结构子网的桥接能力,使这些子网内的信息家电之间可以相互通信。在家庭外部通过

Internet 将各种服务商连接起来以提供实时、双向的宽带接入,同时还提供防火墙的能力,阻止外界对家庭内部设备的非法访问和攻击。

1.家庭网关的实现

可以通过信息家电(网络冰箱、机顶盒)实现,或构建专用家庭网关实现,其中专用家庭网关更具发展前景。

2.家庭网关完成的功能

家庭网关应能实现内部网的互连、信息存储、设备监控、数据计算和外部网的 3W 服务、网络安全功能。

3.家庭网关的软件设计

其中,实时操作系统是整个软件系统的核心,负责进程调度、存储管理、设备管理、实时监控,并提供蓝牙、IEEE 1394 ADSL 等硬件设备的驱动程序。在实时操作系统层之上可以包括 TCP/IP 模块、嵌入式数据库、中文环境模块、图形界面等。API 接口设计包括各种中间件(HAVI、JiNi、UPNP、OSGI 等)软件的设计。为满足用户需要,可设计出各种应用程序,如 DVD 播放器、浏览器、家庭安防、三表抄送等,以实现家庭安防和娱乐的目的。

4.家庭网络中应用代理体技术

网络家电的低成本、高质量和高可靠性是智能家居系统设计成功的重要条件,代理体技术是这一方面的成功应用。可以在家居服务器中运行代理体,以不同的私有互联协议连接到采用不同技术构成的网络,并将整个控制算法分解成针对不同情况的控制代理。每个代理的任务简单明确,当需要一个代理时,才把它传到被控制的设备上,故所需内存空间非常小。

目前关于智能家居系统的研究和设计方案很多,仍有许多问题尚待解决。如没有统一的互操作规范,网络的集成比较复杂,对家庭用户接口的规范缺少研究,但随着相关技术不断进步,它必将向着调度智能化、灵活性和互操作性方向发展。

3.3.3 家庭网络中间件技术

在现有的智能家居系统中,应用程序和下层操作系统、硬件平台的联系非常紧密,甚至集成为一个过程,但是随着技术和业务的不断发展,网关设备的功能还需要进一步扩展,以适应不断涌现的各种新应用。中间件是设备操作系统和底层硬件之间的一个垫层,定义了标准的对上和对下接口,将各种应用的共性部分抽象出来,为用户提供统一的操作界面,屏蔽应用程序和硬件平台的高度异构性。中间件技术使服务提供商可以基于现有设备的硬件平台灵活、高效地开发新的应用,具有很强的可扩展性。目前,国内对智能家居中间件平台的研究还比较有限,只有部分电信运营商在开展家庭网络业务时制定了家庭网关中间件规范,这对于开展智能家居业务远远不够,因此后续还需要对智能家居中间件平台进行进一步的研究,制定相关标准和规范,以促进智能家居各种新应用的开发。

IDC 公司对中间件的定义表明,中间件是一类软件,而非一种软件。中间件不仅仅实现互连,还要实现应用之间的互操作。中间件是基于分布式处理的软件,最突出的特点是其网络通信功能。采用中间件设计信息家电可以完成功能：首先，可以使信息家电具有在家庭网络中宣布自身存在的能力，信息家电可以自动发现网络中存在的设备；其次，信息家电可以相互描述自身所独具的功能，信息家电可以相互之间查询、理解所具有的功能，家庭网络无需人工参与，可以自动完成网络设置，信息家电之间可以进行无缝互操作。

家庭网络的中间件技术主要有 Sun 公司提出的分布式 JiNi 技术，能极大扩展 Java 技术的能力，可与网络相连的任何实体自主联网，可提供便于分布式计算的网络服务；HAVi 组织提出的家庭音频和视频的传输和控制技术规范，将各种娱乐设施连接在一起，抛弃各种器材自身的遥控；以微软公司为首推出的 uPnP 技术，使得可以在不需要事先配置的情况下实现设备发现、接口声明和信息交换等互动操作；还有 VHN、OSGi 和家庭即插即用规范 HomePnP 等。除此之外，还有一些相类似的规范，包括 Home API、Vesa Home Network 等。

3.3.4 远程控制技术

智能家居控制系统从结构上来说可以分为两部分：一是在家庭内部的控制系统，即内部控制系统；二是离家之后在异地环境下的控制系统，也即远程控制系统。

1. 有线远程控制技术

有线远程控制技术，即对目标的控制是基于可见的各种线路传输。目前，有线网络控制一般分为两种：一是 Internet 控制，二是利用电话线网络控制。

2. 无线远程控制技术

一般来说，对家居的无线远程控制，主要有以下几种方式：GPRS 控制、3G 控制、Wi-Fi 控制等。

3.3.5 智能家居网络协议

国内智能家居网络协议主要如下：

1. CCSA

以电信为首的中国通信标准化协会 CCSA，其关键技术主要包括 4 个方面：家庭网络的传输介质、家庭网络的编址、家庭网络设备自动配置和自动发现技术、家庭网关技术。

2. IGRS

联想公司牵头的闪联信息设备资源共享协同服务 IGRS，适用于家用电器、计算机和通信设备等信息设备在家庭范围内通过有线或无线方式实现资源共享与协同服务。IGRS 主要着眼于研究家庭设备的配置和发现技术。PC 扮演着关键角色，研究工作围绕着音、视频设备的组网展开。

3. e 家佳

海尔公司牵头的 e 家佳，旨在将家庭内部数据通信、安防报警、三表远传、电器控制、娱乐交互等多种业务集成，实现数据交互电器的统一管理，其主要功能是集中控制各种家用电器并接入互联网,以共享网络信息资源和享受网络服务。

3.3.6　上下文感知

在普适计算的时代,用户不再与提供服务的计算技术接触,而是在潜意识上与周围的环境进行交互,不必知道服务是来自何处。上下文即描述实体情形的任何信息,这些实体可以是人、地点,甚至是交互相关的对象(包括用户和应用本身)。智能家居是一个复杂的环境,例如,用户移动性、物理环境等的变化。充分使用普适环境中的上下文信息,是提高智能家居的智能化、人性化的有效措施。上下文为系统确定其自身的动作提供了最为有效的信息。上下文信息中含有大量有用的信息,使得系统可以对特定任务进行更为智能化的处理。

3.3.7　人工心理

最早提出让计算机拥有人工情感的是美国的 Minsky 教授,他认为问题不在于智能机器能否拥有任何情感,而在于机器实现智能时怎么能够没有情感。北京科技大学王志良教授于 2000 年提出了人工心理的概念,是我国在情感计算领域的新探索。智能家居中的情感表达系统的工作过程是,首先通过感知设备获取诸如语音、表情、行为等用户和环境的状态,将这些状态作为输入,结合先验知识和情感模型得到需要表达的情感内容,再通过语音、表情等将情感实现。在智能家居系统的高级阶段,作为环境中服务的主体,人的情绪情感应作为系统做出决策的重要依据,从而影响整个决策的制定和执行,也是智能家居智能化和人性化的重要标志。

3.3.8　传感器

传感器在智能家居系统中处于最前端,负责对特定信号和数据进行采集,包括对家庭有毒气体浓度的监测、对温度湿度的监控、对入侵人员的监测等。家庭内部的应用不同,使用的传感器也不同。在视频监控应用中,需要摄像头来进行视频的录制;在家庭安防应用中,需要利用磁感传感器来监控门窗的闭合,需要红外、压感传感器来实现门厅非法闯入的报警,需要热感、烟感传感器来检测室内的火灾或有毒气体泄露情况;在智能家庭保健应用中,需要血压、心跳等生物传感器来感知人的生理指标;在智能家庭应用中,需要热感传感器监控室内温度来调节中央空调的冷热,需要光感传感器探测室内光线来调节照明亮度的强弱,智能冰箱还需要通过 RFID 识别放入物品的种类和保质期限等信息。可以说,智能家居的每个应用都离不开传感器的工作。

目前,我国的传感器产业发展存在一定的瓶颈,传感器产业化水平较低,量产产品种类不全,高端产品为国外厂商垄断,RFID 等高端芯片无法产业化,因此适用于智能家居系统的各类传感器,包括传感器芯片的设计和生产,还需要各方协同努力,加快发展。

3.4　基于物联网的智能家居控制系统方案设计

本方案选用单片机 ARM Cortex-M3、SST89E58RDA 为系统的中央控制器,以实现家居的安全性、便利性、舒适性、艺术性、低碳性为目的,以智能化、人性化、高性价比为原则,将

Wi-Fi 模块、GSM 模块、门禁系统、无线视频传输模块、手持无线语音控制模块、无线数据传输模块、空气质量检测模块、各类传感器模块和其他受控部件等有机结合,构成整个智能家居控制系统。

3.4.1　需求分析

1. 方便的手持设备

本方案中的手持设备可使得人们在任何时刻、任意地点对家中的任意电器进行远程控制,如在外提前将空调打开制冷、热水器烧好热水、电饭煲煮好香喷喷的米饭,打开洗衣机帮你提前洗好衣物,打开豆浆机磨好豆浆、开启微波炉加热食品等等,大大节省了用户的时间。

当用户在住宅内时,可通过手持无线语音控制模块,控制室内家电的开关,此无线设备对于生活无法自理的人尤其适用,使人们尽享高科技带来的简便而时尚的现代生活。

2. 摄像头

室内安装有定点有线摄像头,可以实时了解室内情况,同时用户还可在远程 PC 控制室内小车行驶,车上载有无线视频采集模块,通过互联网将视频反馈至远端 PC,可以全方位了解室内情况,弥补了室内定点有线摄像头的不足,达到实时监控室内情况的目的。

3. 门禁

系统中配置了门禁功能,可对来访者进行 IC 卡识别,若身份未能被识别,摄像头将自动采集来访者照片信息,并通过 GSM 模块将照片以彩信形式发送至指定手机,若监测到火灾时,将启动门禁执行单元,GSM 模块将向用户手机发送火灾报警信息,以便用户进一步采取行动,达到安防的重要目的。

4. 空气质量检测

当系统中的传感器感应到空气质量异常时,如 CO、CH_4、H_2、NH_4 等有害气体浓度超标时,空气质量检测与清新系统中的语音报警器将自动启动,同时臭氧发生器自动开启,换气扇同时工作,达到清新空气的目的。

5. 温度、烟雾检测

对家中装有温度要求较为严格的物品储物柜或是婴儿房时,系统中配置多点温度采集器和多点烟雾检测器,可实时采集与检测室内的温度与烟雾浓度,当室内温度超过预设温度值时,将进行 GSM 短信温度异常报警,也方便用户根据实际的温度情况,以合理调整自身生活状况,同样,检测到烟雾浓度异常时,将进行 GSM 火灾报警。

6. 远程控制

用户除在 PC 端对家电进行操作外,用户还可在手持设备中设置 Wi-Fi 接入点,运行终端软件,同样可以实现在任何时刻、任意地点对家中的任意电器进行远程控制的目的,让用户尽享无线网络带来的便捷生活。

3.4.2　系统架构设计

1. 硬件部分

智能家居控制系统其硬件部分主要由 8 大部分构成：

（1）控制单元。单片机 COTERX-M3 与 SST89E58RDA 是系统中控制部分关键的元件，与控制单元组成控制部分功能。

（2）传感器数据采集系统。利用传感器采集信息，为用户提供准确的数据。

（3）受控部件。通过网络及控制设备，控制家用电器和相应设备。

（4）GSM（SIM300）模块。通过 GSM 完成报警功能。

（5）手持无线语音设备。通过设备在室内操作家电开关。

（6）Wi-Fi 网络。利用手持设备通过 Wi-Fi 网络控制家电开关。

（7）无线数据传输模块。准确稳定地传输数据。

（8）门禁模块。对来访者进行身份识别，并对异常情况报警，达到安防的目的。

2. 软件部分

软件设计部分主要由 4 大部分构成：

（1）数据采集与数据分析部分。即对数据进行实时的采集与处理。

（2）PC 远程控制部分。对家庭中的 PC 传送控制指令。

（3）SIM300 模块部分。读取信息，执行命令。

（4）分析控制部分。根据采集的信息进行分时操作有利于提高系统效率。

本方案以单片机为中心控制单元，通过各个传感器采集室内信息，将数据通过互联网实时反馈到客户终端及手机终端。同时，用户可通过客户终端及手机终端远程操作家居设备，到达实时监控与操作的目的。

智能家居控制系统框图见图 3.3。

本系统以物联网、PC 终端、控制单元（COTERX-M3、SST89E58RDA）、传感器数据采集器件、受控部件（小车、家电）、GSM（SIM300）模块、手持无线语音设备、Wi-Fi 网络、无线数据传输模块、门禁模块构成一个完整的基于物联网的新型智能家居控制系统。

3.4.3　系统硬件电路设计

系统硬件电路包括单片机中央控制器、门禁系统、小车无线视频采集模块、Wi-Fi 模块、GSM 控制与报警模块、手持无线语音终端、温度与烟雾传感模块、空气质量监测与清新模块等。

1. 单片机控制模块

本方案选用 ARM Cortex-M3 和 SST89E58RDA 单片机作为中央控制器。Cortex-M3 主要应用于低成本、小管脚数和低功耗的场合，具有极高的运算能力和极强的中断响应能力，且 Cortex-M3 具有通用的架构、简易的开发流程、丰富的模拟外设和通信接口、丰富的设计资源及低廉的价格等特点。SST89E58RDA 具有大量内存存储数据、低电压供电、体积小、反应快等特点，可灵活应用于各种控制领域和许多高性价比的场合。

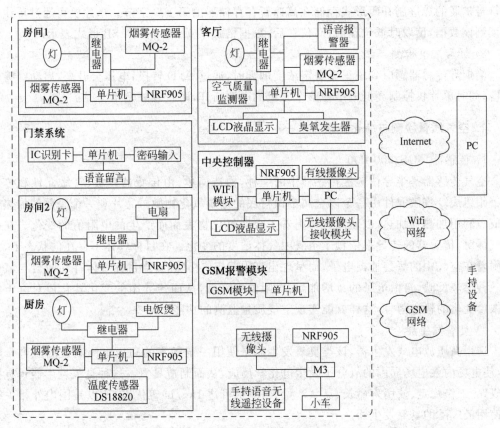

图 3.3 智能家居控制系统框图

2. 门禁系统模块

1) IC 卡数据采集

本系统利用韦根协议对 IC 进行识别的原理,当用户通过认证后,门禁控制系统会发出一个低电平,通过 555 时基电路组成的单稳态触发电路触发后,翻转置位进入暂稳态,在暂稳态时间内驱动继电器控制门锁开门。经过一段延迟后,电路自动返回稳定态,555 时基电路复位,继电器控制门锁关门。

2) 语音录放

ISD4004-8MP 芯片设计是基于所有操作必须由微控制器控制,操作命令可通过串行通信接口(SPI 或 Microwire)送入。芯片采用多电平直接模拟量存储技术,每个采样值直接存储在片内闪烁存储器中,因此能够非常真实、自然地再现语音、音乐、音调和效果声,避免了一般固体录音电路因量化和压缩造成的量化噪声和"金属声"。采样频率可为 4.0kHz、5.3kHz、6.4kHz、8.0kHz,频率越低,录放时间越长,而音质则有所下降,片内信息存于闪烁存储器中,可在断电情况下保存 100 年(典型值),反复录音 10 万次。

3. 温度采集及烟雾浓度检测模块

1) 温度采集

当 DS18B20 接收到温度转换命令后,开始启动转换。转换完成后的温度值就以 16 位带符号扩展的二进制补码形式存储在高速暂存存储器的第1、2字节。单片机可通过单线接口读到该数据,读取时低位在前,高位在后,数据格式以0.062 5℃/LSB形式表示。

2)烟雾浓度检测

当烟雾传感器感应到家里有一定浓度烟雾时,通过A/D转换,电压会升高,启动蜂鸣器报警,同时单片机控制高低电平使整个家里的电源断开,防止意外发生。

4. 空气质量检测与净化模块

1)传感器TGS2600-B00

空气传感器是半导体气敏传感器中的一种,构造简单,由传感器基板、气敏元件和传感器盖帽组成。气敏元件由一个以金属铝做衬底的金属氧化物敏感芯片和一个完整的加热器组成。利用加热器加热,以侦测气体附着于金属氧化物表面而产生的电阻值的变化。在检测气体时,传感器的传导率依赖于空气中气体浓度的变化。在目标气体不存在的状态下,大量附着在空气中的氧会捕捉电子,而呈现出高阻状态;相反的,当目标气体存在时会与氧产生一种燃烧反映,自由电子的量增加,而电阻值则降低,从而传导率的变化转化成对应于气体浓度变化的输出信号,这样就能实现空气质量监测的功能。

2)臭氧发生器

选用高压放电式发生器,该类臭氧发生器是使用一定频率的高压电流制造高压电晕电场,使电场内或电场周围的氧分子发生电化学反应,从而制造臭氧。这种臭氧发生器具有技术成熟、工作稳定、使用寿命长、臭氧产量大(单机可达1kg/h)等优点,所以是国内外相关行业使用最广泛的臭氧发生器。

3)开窗模块

选用42直流步进电机来实现窗户的开启和关闭。选用L298N作为驱动芯片。L298N引脚图见图3.4。因为所用到的是四相六线的直流步进电机,故需要4输入4输出。具体的操作是把输入的4个脚及使能端引到单片机,把输出的4个脚和电机的相应颜色的线相连。根据本电机的时序来编写程序,来精确达到电机正转反转的效果,从而实现了窗户的控制。当空气质量发生变化时,传感器产生的是模拟电压的变化,用模数转化芯片TLC549CD把模拟量转化为数字量,单片机再对其数据进行处理。

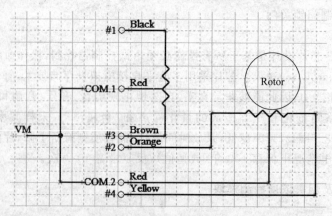

图3.4　L298N引脚图

5. GSM 控制及报警模块

本系统采用 TEXT 模式发送中文短信的发送,实现自动拨号,采用 ATH 指令自动挂机。利用 AT 指令可完成控制 GSM 模块进行 SMS 通信的所有流程,欧洲通信委员会 ETST 发布的 GSM07.05 标准 AT 指令集是目前全球所有 GSM 模块均支持的收发 SMS 的命令集,常见的 AT 指令见表 3.1。

表 3.1 与 SMS 有关的 AT 指令

命 令	功 能
AT+CMGL	列出 SIM 卡中的短信息
AT+CMGR	读短信息
AT+CMGF	选择短信息格式
AT+CMGS	发送短信息
T+CMGD	删除短信息
AT+CNMI	显示新收到的短信息

每个 AT 指令以"AT+"开头,以回车结尾。在 AT 指令中还包括以下控制符:结束符(用<CR>表示),十六进制为 0x0D;发送符(用<Z>表示),十六进制为 0x1A。

6. 手持遥控语音识别模块

LD3320 提供的语音识别技术,是基于"关键词语列表"的 ASR 识别技术。语音识别原理图见图 3.5。语音识别芯片把通过 MIC 输入的声音进行频谱分析,提取语音特征和关键词语列表中的关键词语进行对比匹配,找出得分最高的关键词语作为识别结果输出。

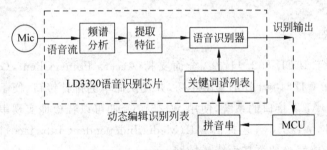

图 3.5 语音识别原理图

语音识别芯片能在两种情况下给出识别结果:第一种是外部送入预定时间的语音数据后(如 5 秒钟的语音数据),芯片对这些语音数据运算分析后,给出识别结果外部送入语音数据流;第二种是语音识别芯片通过端点检测 VAD(Voice Activity Detection)检测出用户停止说话,把用户开始说话到停止说话之间的语音数据进行运算分析后,给出识别结果。

7. 小车控制模块

小车选用的是双全桥步进电机专用驱动芯片(Dual Full-Bridge Driver)L298N。L298N 是一种二相和四相步进电机的专用驱动器,可同时驱动 2 个二相或 1 个四相步进电机,内含 2 个 H-Bridge 的高电压、大电流双全桥式驱动器,接收标准 TTL 逻辑准位信号,可驱动

46V、2A 以下的步进电机，且可以直接透过电源来调节输出电压，此芯片可直接由单片机的 I/O 端口来提供模拟时序信号。

8．无线数据收发模块

1）无线视频传送

采用台电 W8000 无线摄像头，其采用先进无线无驱摄像头方案，具备 Video Class 无驱功能，即插即用，操作简便；在图像画质方面采用最新图像处理技术，图像更逼真；采用专业高像素光学镀膜镜头，专业影像处理技术，视野明亮更广阔，在稳定性与兼容性方面通过 Vista 高级徽标认证，稳定性更高；支持 Windows XP/Sp2 和 win7 操作系统免驱使用。

2）无线数据传输

NRF905 一共有 4 种工作模式，其中有两种活动 RX/TX 模式和两种节电模式。

活动模式：ShockBurst RX、ShockBurst TX。

节电模式：掉电和 SPI 编程、STANDBY 和 SPI 编程。

NRF905 工作模式由 TRX_CE、TX_EN、PWR_UP 的设置设定。工作模式设定如表 3.2 所示。

表 3.2　NRF905 工作模式设定

PWR_UP	TRX_CE	TX_EN	工 作 模 式
0	×	×	掉电和 SPI 编程
1	0	×	Standby 和 SPI 编程
1	1	0	ShockBurst RX
1	1	1	ShockBurst TX

9. Wi-Fi 模块

WIZ610wi 基于 IEEE 802.11b/g，全面支持 Access Point，Client，Gateway，Serial to WLAN 工作模式；WIZ610wi 外形紧凑小巧，并提供简单的排针接口，便于其集成到其他系统中。对于具备 UART 接口的系统，使用 WIZ610wi 便可以轻松地实现串口到无线局域网之间的变换。此外，WIZ610wi 还提供 MII(Media Independent Interface)接口，使原来具有以太网接口的系统能轻松地添加无线局域网。

3.4.4　系统软件设计

软件是系统至关重要的一部分，本系统软件包括中央控制器部分，门禁系统部分，受控单元部分，空气质量检测部分，语音控制部分。本章介绍具体流程。

1．中央控制器软件流程图

中央控制器软件流程见图 3.6。

用户在远程客户机端或手持设备端发送信令，由中央控制器读取并判断信息，通过 NRF905 发送控制信令并接受反馈信息。

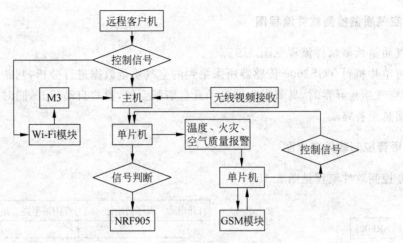

图 3.6 中央控制器软件流程图

2. 门禁系统软件流程图

门禁系统软件流程见图 3.7。用户可通过设置门禁的三种工作模式：IC 卡识别模式；密码识别模式；IC 卡识别模式＋密码识别模式。

3. 受控单元软件流程图

受控单元流程见图 3.8。

通过单片机处理 NRF905 所接受到的控制信令与各个传感器所反馈回的信息，达到控制家电与监控室内情况的目的。

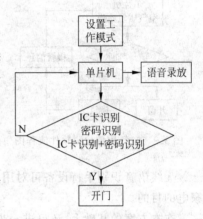

图 3.7 门禁系统软件流程图

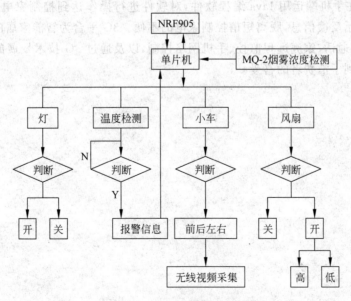

图 3.8 受控单元软件流程图

4. 空气质量检测软件流程图

空气质量检测软件流程见图 3.9。

通过单片机对 TGS2600 传感器所采集到的空气质量数据进行分析,判断空气质量是否异常,当空气质量异常时,臭氧发生器自动开启清新空气,窗户自动打开,同时以广播形式发送报警信息至各终端。

5. 语音控制软件流程图

语音控制软件流程见图 3.10。

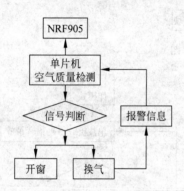

图 3.9　空气质量检测软件流程图

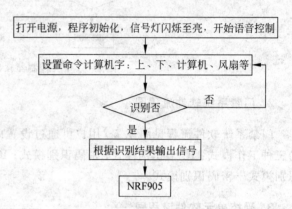

图 3.10　语音控制软件流程图

无线语音识别手持设备可对用户所发出的语音控制信息进行识别,达到随心所欲控制家电的目的。

在本方案的基础上,还可进一步的开发,如借助 3G 网络,在手机终端上以视频形式检测室内情况;在手机端运用 Java 编程软件,对软件进行操作达到控制家电的目的,同时在软件界面中显示反馈信息,脱离短信控制家电的不便。3G 平台为智能家居的应用提供了良好的基础,视频通话、家庭远程监控、手机网络控制,以及通过 3G 技术发展的各种智能家电的控制等都得到了消费者的喜爱。

第4章

智能农业

我国人口占世界总人口的 22%，耕地面积只占世界耕地面积的 7%。随着经济的飞速发展，人民生活水平不断提高，资源短缺、环境恶化却日益突出。因此，如何提高我国农产品的质量和生产效率，如何对大面积土地的规模化耕种实施信息技术指导下科学的精确管理，是一个既前沿又当务之急的课题。而现实情况是，粗放的管理与滥用化肥，其低效益与环境污染令人惊叹。智能农业是一项综合性很强的系统工程，是农业实现低耗、高效、优质、环保的根本途径，是世界农业发展的新趋势，也是我国农业发展的最佳且必然的选择。

4.1 智能农业概述

传统农业生产的物质技术手段落后，主要是依靠人力、畜力和各种手工工具以及一些简单机械。在现实中主要存在的问题是，农业科技含量、装备水平相对滞后；据农业、水利部门测算，我国每年农业所消耗化肥、农药和水资源量都在飞速增长，农业生产存在严重的污染和惊人的浪费，农业的污染问题困扰着不少乡村，不少农民群众饮水安全受到影响；农业产出少，农民收入低；农产品的品种少等。

4.1.1 智能农业、精确农业和农业信息化

1. 智能农业

智能农业(或称工厂化农业)是指在相对可控的环境条件下，采用工业化生产，实现集约高效可持续发展的现代超前农业生产方式，就是农业先进设施与露地相配套，具有高度的技术规范和高效益的集约化规模经营的生产方式。它集科研、生产、加工、销售于一体，实现周年性、全天候、反季节的企业化规模生产；集成现代生物技术、农业工程、农用新材料等学科，以现代化农业设施为依托，科技含量高，产品附加值高，土地产出率高和劳动生产率高，是我国农业新技术革命的跨世纪工程。

智能农业产品通过实时采集温室内温度、土壤温度、CO_2 浓度、湿度信号以及光照、叶面湿度、露点温度等环境参数，自动开启或者关闭指定设备。可以根据用户需求，随时进行处理，为设施农业综合生态信息自动监测，对环境进行自动控制和智能化管理提供科学依据。通过模块采集温度传感器等信号，经由无线信号收发模块传输数据，实现对大棚温湿度的远程控制。智能农业还包括智能粮库系统，通过将粮库内温湿度变化的感知信息与计算机或手机的连接进行实时观察，记录现场情况以保证粮库的温湿度平衡。

2. 精确农业

精确农业(Precision Agriculture)是当今世界农业发展的新潮流,是由信息技术支持的根据空间变异,定位、定时、定量地实施一整套现代化农事操作技术与管理的系统,其基本含义是根据作物生长的土壤性状,调节对作物的投入,即一方面查清田块内部的土壤性状与生产力空间变异;另一方面确定农作物的生产目标,进行定位的"系统诊断、优化配方、技术组装、科学管理",调动土壤生产力,以最少的或最节省的投入达到同等收入或更高的收入,改善环境,高效地利用各类农业资源,取得经济效益和环境效益。

3. 农业信息化

农业信息化是指人们运用现代信息技术,搜集、开发、利用农业信息资源,以实现农业信息资源的高度共享,从而推动农业经济发展。农业信息化的进程,是不断扩大信息技术在农业领域的应用和服务的过程。农业信息化包括农业资源环境信息化、农业科学技术信息化、农业生产经营信息化、农业市场信息化、农业管理服务信息化、农业教育信息化等。

4.1.2　智能农业国内外发展现状

1. 国外发展现状

精确农业在国外发达国家发展十分迅速,其应用已涉及施肥、播种、耕作、水分管理等相关领域。精确农业已逐渐为各农场经营者了解和熟悉。

欧洲的一项调查表明,欧洲大约2/5的农场主知道精确农业技术。发达国家在大型拖拉机上配置GPS进行耕作已较普遍。例如,英国夏托斯农场在联合收割机上装的GPS和产量测定仪,每隔1.2s,GPS测量记录一次。这样,在收割完成的同时,就可以产生当季准确的产量分布图。在施肥方面明尼苏达的扎卡比林甜菜农场采用精确施肥技术减少了氮肥用量,肥料投入每公顷平均减少15.5美元,收益平均每公顷增加358.3美元。在以色列用水管理已实现高度的自动化,全国已全部实施节水灌溉技术,其中25%为喷灌,75%为微灌(滴灌和微喷灌)。所有的灌溉都由计算机控制,实现了因时、因作物、因地用水和用肥自动控制。荷兰的蔬菜温室生产的自动化水平堪称世界一流,温室的光照、需水量、需氧量等均由计算机自动控制,定时定量供给。其所需数据均来自现场的测试车,平均每20栋温室即备有一辆测试车,24h进行循环流动作业,每2h就能将植株体内营养液的含量以及植株根部酶的活性测定一次,劳动生产率及专业化水平非常高,平均每个劳动力可管理20个温室的蔬菜生产,产量却比传统农业提高8~10倍。

2. 国内发展现状

我国在精确农业的应用研究方面取得了不少研究成果,但在整体水平上,特别是实用性方面与发达国家差距很大,主要存在以下几个方面的问题:一是人才培养滞后。一般农学专家懂计算机技术的人并不多,而一些计算机专业人员对农业科学又陌生,这样在应用的结合点上就存在较大矛盾。二是信息标准不统一。我国计算机农业应用信息管理目前还没有完全做到标准化。信息库、数据库描述的语言和方法不尽相同,开发的应用系统软件在计算机运行平台、信息接口、软硬件等的兼容性上较差。这些不利于进行数据的交换、传播和使用，也不便于计算机农业应用网络系统的研究和开发。三是技术不成熟。我国计算机农业应用专家系统的知识表述、推理等方面普遍存在不同程度的缺陷，并且整体功能单一。农用实时控制处理开发成果少，应用范围窄，数据采集和监测手段落后，速度慢，精度低。已开发的系统功能弱，使用效率不高，不适合推广和使用。农用模式识别、数字图像处理、计算机农业应用网络由于受人力、物力、财力影响，和农业发达国家相比差距较大，从已开发系统来看，水平档次低，领域窄，可靠性、稳定性还不高。

4.1.3 基于物联网的智能农业的意义

传统农业的模式已远不能适应农业可持续发展的需要，产品质量问题、资源严重不足且普遍浪费、环境污染、产品种类不能满足需求多样化等诸多问题使农业的发展陷入恶性循环，而精确农业为现代农业的发展提供了一条光明之路，精确农业与传统农业相比最大的特点是以高新技术和科学管理换取对资源的最大节约。

1. 物联网是加强农产品质量安全的有效举措

农产品质量安全是当前社会普遍关注的热点问题。运用物联网技术，可以加大对农产品从生产、流通到消费整个流程的监管，完善农产品安全追溯系统，保障农产品安全。江阴市以 RFID 为主要信息载体，建立"放心肉"安全信息追溯平台，实现政府对养殖、屠宰、销售等环节的有效监管，使得每块放心肉"来可追溯、去可跟踪、信息可保存、责任可追查、产品可召回"。无锡惠山精细蔬菜园传感网管控系统利用温度、湿度、气敏、光照等多种传感器对蔬菜生长过程进行全程数据化管控，保证蔬菜生长过程"绿色环保、有机生产"。

2. 物联网是发展现代农业的重要支撑

应用物联网技术改造传统农业，可实现对农业用药、用水、用肥以及畜禽和水产养殖的精准控制，减少浪费，降低污染，加强疾病防疫与疫情防控，实现农业高效、可持续发展。无锡宜兴市应用的水产养殖智能监控系统，具有数据实时自动采集、无线传输、智能处理和预警预报功能，可实现对河蟹养殖池水质的自动调节，有效改善河蟹生长环境，提高河蟹产量和品质，减少对周边水体环境的污染。江苏东众大牧业养鸡场运用智能监控管理系统后，实现饲喂、繁育、清理等环节自动化、精准化控制，减少养鸡场 35%用工量，养鸡成活率由 93%提高到 98%以上，经济效益提高 20%以上。

3. 物联网是提升农业决策指挥水平的重要手段

通过物联网技术，对农作物生长、森林防护、畜禽和水产养殖等进行监测，可实现准确感知、及时反馈，提升农业决策指挥水平。2012 年初，安徽省蒙城、定远等地安装的苗情监测系统，及时传递小麦禾苗受灾和生长情况，对"抗旱保苗"发挥了重要的决策支撑作用。南京市建立的森林防火远程监测及应急通信指挥系统，通过森林防火远程图像监控指挥系统，在发生森林火灾后，实现网络化的远程监控，进行多级控制和视频图像共享，方便开展会商、现场扑救指挥部署等。

4. 物联网能够给农民带来实惠

将物联网应用到农业领域,还可将农民就地转化为现代农业工人,增加农民收入。南京联创集团建立了基于物联网技术的有机蔬菜基地和质量追溯系统,实现"从田间到餐桌"的有机农产品配送服务,给有机蔬菜基地的农民带来实惠,不仅劳动强度下降,而且收入有了较大提高,男工每天收入达到 60 元,女工每天达 50 元,该企业计划用 5 年时间建成长三角最大的有机农业物联网企业,帮助 10000 名农民不离地、不离家实现就业。

4.1.4　基于物联网的智能农业的优点

1. 节约方便

对于移动测量或距离很远的野外测量,采用无线方式可以很好地实现并节省大量的费用。目前的无线网络可以把分布在数千米范围内不同位置的通信设备连在一起,实现相互通信和网络资源共享。

2. 安全可靠

无线传输技术较不易受到地域和人为因素的影响。无线传输中广域网的远程传输主要依靠大型基站及卫星通信,抗干扰能力强,稳定性比有线通信更强。

3. 接入灵活

无线通信的接入方式灵活。在无线信号覆盖的范围内,可以使用不同种类的通信设备进行无缝接入,如手持掌上计算机、无线终端设备、车载终端设备、手机、无线上网笔记本、远端服务器等。

4.2　农产品批发市场信息系统建设(同方股份公司方案)

长期以来,由于受城乡二元经济结构和"重生产、轻流通"观念的影响,农产品流通存在着设施不足、方式陈旧、成本较高、农民进入市场较难等问题。近年来,农产品流通不畅,农民卖难问题尤为突出,不仅影响了农业生产和农民增收,也抑制了农民消费,延缓了农村的市场化进程。另外,近年食品安全事故时有发生,损害了广大消费者的身体健康。食品不安全既有生产环节的原因,也有流通环节的原因。因此,需要对食品"从农田到餐桌"实行全过程综合监管。培育大型流通企业,发展连锁配送业务,建设农产品生产基地,建设冷链系统,健全农产品质量安全可追溯体系,从流通环节把好农产品质量安全关,是保障农产品流通安全的重要手段。

为了促进农产品流通和农业结构调整,增加农民收入,扩大就业,保证人民消费安全,提高我国农产品的竞争力,对现有大中型农产品批发市场进行信息化建设已迫在眉睫。通过加强农产品批发市场的业务应用系统的建设,完善信息全方位、网络化、即时化的传递,通过电子商务、网络交易等现代交易手段实现信息的共享,提高农产品批发市场的辐射力,构建与国际市场接轨的农产品现代流通体系,促进农民增收和保障农产品流通安全,发挥农产品现代流通体系的整体功能。

4.2.1 总体设计

结合各类农产品批发市场的现状和发展方向,充分考虑市场的实际需求,建立农产品批发市场信息平台,加强信息化基础设施的建设,实现信息管理、信息采集发布、电子结算、质量可追溯、电子监控、电子商务、数据交换、物流配送等应用系统的服务功能,最大限度地实现信息化、网络化管理。

信息系统主要包括市场综合管理、信息采集发布、信息基础、物流、电子商务、农产品质量安全检测信息等6大平台。另外,同方公司 RFID 食品安全追溯管理系统以及 RFID 供应链管理系统也为农产品批发市场信息系统建设提供了很好的补充配套。农产品批发市场信息系统建设框架图见图4.1。

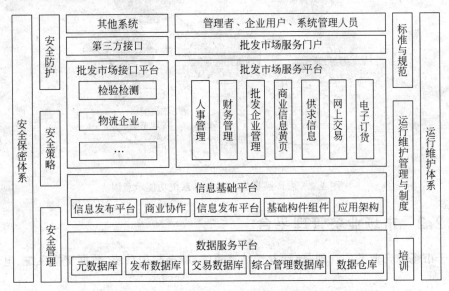

图 4.1 农产品批发市场信息系统建设框架图

(1)市场业务管理平台。

① 电子结算系统。

② 市场综合管理系统。

③ 数据交换系统。

④ 质量可追溯系统。

(2)信息采集发布平台。

① LED 显示屏与触摸屏信息发布系统。

② 市场门户网站信息采集发布系统。

(3)电子商务平台。

(4)物流配送平台。

(5)信息基础平台。

① 市场网络综合布线系统。

② 中心机房建设。

③ 市场电子监控系统。

④ 全场广播及会议室系统。

（6）农产品质量安全信息平台。

① 农产品质量安全检测信息系统。

② 同方公司 RFID 食品安全追溯管理系统。

在如上 6 大平台的基础上，具体构建了 8 个系统，形成一套完整的信息系统解决方案。农产品批发市场信息系统功能示意图见图 4.2。

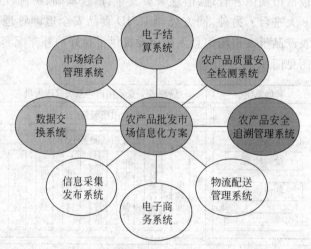

图 4.2　农产品批发市场信息系统功能示意图

4.2.2　市场业务管理平台

用于市场综合业务的管理，包括电子结算系统、综合管理系统、数据交换系统、电子监控系统。

1. 电子结算系统

电子结算系统是批发市场业务管理平台的核心，掌握批发市场中的全部市场交易和供求信息，便于为客户提供服务，建立科学、严谨的结算和交易方式，满足交易管理、资金结算及市场各项费用的收缴，同时为信息发布提供准确及时的交易信息和供求信息。可实现中央结算方式、交易现场结算方式、电子地磅结算方式、进出门收费方式等。

1）系统结构

电子结算系统结构图见图 4.3。

2）系统功能

系统功能有对账系统、市场统计、客户管理、外设支持、银联转账、农残超标追溯，包括 IC 卡管理、会员管理、交易管理、交易结算、费用管理、使用者管理、综合统计查询、票据打印、品种管理等部分。

3）系统意义

本系统在保证交易速度、提高交易效率的基础上，增强了市场管理方对市场运营情况的

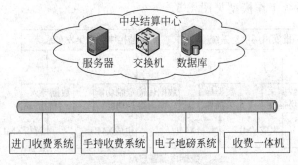

图 4.3 电子结算系统结构图

全面了解；在保障商户资金安全、方便商户资金周转的基础上，提高了商户对市场的信赖程度；公开的交易统计信息促进了农产品的有效交易和流通，丰富了市场的交易功能。

2. 综合管理系统

实现批发市场的人、财、物集成化管理，提高市场自身的工作质量和效率。综合管理系统主要包括市场经营管理、财务管理和办公自动化系统功能；综合信息管理系统主要包括人事管理、租赁管理、财务管理、摊位管理、水电车辆管理、仓储管理、结算管理、信息发布管理、系统管理、市场网站等相关功能模块，涵盖了整个批发市场各个功能部门。

1）系统结构

基于 B/S 的三层结构，客户端通过 IE 实现访问和管理。

2）系统功能

综合管理系统功能结构图见图 4.4。

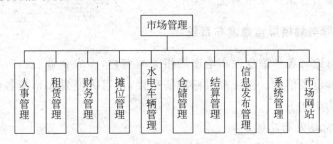

图 4.4 综合管理系统功能结构图

3）系统特点

该系统的投入运营，可以加强农产品批发市场的人、财、物集成化管理，提高市场自身的工作质量和效率，为市场的低成本合理化运作及实现效益最大化提供了一条最佳渠道。

3. 数据交换系统

数据交换系统是批发市场信息系统与国家指定数据上报中心的数据交换接口及运行模式，具有较好的开放性，兼顾各类平台下批发市场的数据交换需求。另外，充分考虑到目前各地通信状况发展不平衡的状况，系统内的数据交换不受限于特定的网络状况，可支持Modem、ISDN、DDN、无线等各种通信网络。其中数据采集插件、数据导入插件是由同方自主开发。数据传输系统工作模型见图 4.5。

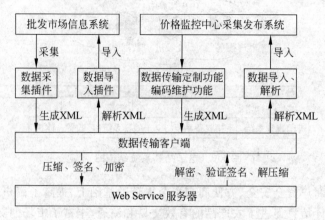

图 4.5　数据传输系统工作模型

4. 质量可追溯系统

本系统与结算中心对接,在电子结算系统基础上增加了产品产地信息管理、农残检测追溯管理、卖方商户档案管理、买方交款结算管理、卖方交款结算管理、退货处理、结算信息查询和统计等功能。

4.2.3　信息采集发布平台

该平台负责市场内外用户的信息发布管理,包括 LED 显示屏与触摸屏信息发布系统、市场门户网站以及信息采集发布系统。

1. LED 显示屏与触摸屏信息发布系统

系统能够及时地将各种信息发布给市场相关的商户,涉农企业、农产品生产者,方便不同层次的用户了解市场信息。系统提供标准信息接口,可方便发布市场各信息平台的相关信息。系统具体功能如下:

- 行情信息自动发布功能;
- 供求信息自动发布功能;
- 重要通知自动发布功能;
- 交易公告自动发布功能;
- 市场介绍自动发布功能;
- 办事指南自动发布功能;
- 气象预报自动发布功能;
- 法律法规自动发布功能。

2. 市场门户网站信息采集发布系统

系统能够将批发市场的动态新闻、供求信息、产品展销等栏目信息,通过互联网的方式发布。系统具体功能如下:

- 信息采集及维护功能：采集接收市场各信息平台的信息。
- 发布信息功能：发布动态新闻、行情信息、供求信息、产品展销、交易公告、招商引资、市场介绍、办事指南、气象农情、企业名录。
- 信息检索功能：全文检索数据库信息。
- 网上调查功能：根据管理需要维护调查问卷。

信息平台主要的内容（文本和图片）是动态、可维护的，操作者可灵活选择要发布的信息，便于实现批发市场间信息共享。

4.2.4 电子商务平台

电子商务系统包括网上协商系统、网上拍卖（竞价）系统、网上招投标交易系统、支付与结算系统、会员管理与认证系统、交易分析和监控系统。电子商务系统功能框架图见图4.6。

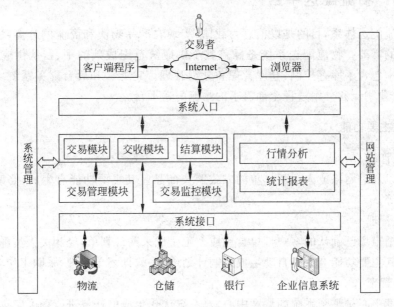

图 4.6 电子商务系统功能框架图

1. 网上协商交易系统

本系统包括信息搜索、在线洽谈。

2. 网上拍卖（竞价）系统

本系统包括拍卖（竞价）公告、拍卖（竞价）申请、在线竞价、结果查询、合同管理、费用管理、现场电子竞价与网上竞价交易的接口。

3. 网上招投标交易系统

本系统包括招标公告、招投标申请、在线竞标、结果查询、合同管理、费用登记。供求信息发布、信息查询和搜索、快速采购、查看订货、查看购物车、采购订单、销售订单、商品维护、模拟交易。

4．会员管理与认证系统

本系统包括会员权限维护、会员档案管理、CA 认证。电子商务交易平台在设计上要做到安全、完善、灵活、高效，在交易过程中通过电子证书(CA 证书)保证信息安全传输。

5．支付与结算系统

本系统包括网上支付、离线支付、费用结算、费用查询。

6．交易分析与监控系统

本系统包括交易查询、交易汇总、交易分析、交易信誉管理。

4.2.5　物流配送平台

建立物流配送体系，目的是以信息为载体，实现农产品物流和商流的分离，满足供需双方用户交易的需要。物流配送系统是涵盖整个供应链范围成熟的平台，从供应、采购到销售、服务，其中包含了库存控制，仓库管理和分销管理。它能够和后台财务系统实现无缝连接，是涵盖企业物流和分销过程全部需求的物流配送平台。

1．系统主要功能

1）订单管理

客户可以通过网络或人工下订单的方式购买商品。其主要功能有生成、修改、确认、查询销售订单等。

2）采购管理

系统根据市场已确认的客户订单自动或人工生成采购计划单，经相关人员确认，生成采购工作单。其主要功能有系统自动生成采购计划单、采购计划单管理、采购工作单管理等。

3）配送管理

配送调度中心是整个系统的调度中心，对系统优化生成的任务进行调度安排，并对整个任务运行过程进行实施跟踪，以提高整个配送过程的服务质量和客户满意度。同时还对企业的运力资源进行管理。其主要功能有系统自动生成配送计划单管理、调度工作单管理、运输工作单管理、供货工作单管理、送货单管理、人员管理、代收费等。

4）仓库管理

仓库管理用于管理库房之间的货物调拨，可实时查询每个库房及总库房的库存情况，并可按各种条件对出入库进行快速查询。配货中心的库位分为普通区、临时区、分拣区、理货区、退货区等。通过出入库及移库操作管理商品的库位。其主要功能有仓库基本信息、货物出入库管理、库位管理、库存盘点、货物调拨、库存查询、仓租合同管理、仓租服务计费、超期货物管理、货物破损管理等。

5）基本设置

设置系统内的一些基本信息。

- 运力及车辆设置：设置不同类型的运输车辆和运输能力。
- 运杂费设置：设置运输过程中发生的费用，如过桥费、油费、维修费等。

- 驾驶员设置：设置驾驶员档案,包括驾驶证、驾龄等。
- 运输线路设置：设置常用运输线路,包括起点、终点、公里数、指定各路线的提成比例,以便计算运费。
- 仓库设置：设置多个仓库的基本信息。

6) 客户关系管理

客户关系管理实现了对客户资料的全方位、多层次管理,存储和管理与调度配送中心有业务往来的单位、个人的情况,提供往来记录、业务记录、单位背景、联系方式等信息。其主要功能有客户信息登记及维护、客户业务查询、客户信誉统计、客户意见反馈及相应的处理跟踪。

7) 财务结算

财务结算主要包括与经销商结算、与供货商结算、与承运商结算、仓库费用结算等。

8) 统计报表

统计报表对系统信息进行综合统计和汇总。报表主要包括配送业务执行情况表、长途运输台账查询表、短途提货台账查询表、单位运费结算表、单位运费汇总表、货物流量流向表等。

9) 系统管理

系统管理对系统的用户权限、功能、参数进行设置,主要功能包括用户角色管理、用户权限管理、密码设定、系统参数设置、数据库备份、历史数据转储、数据整理、操作日志等。

2. 同方公司 RFID 供应链管理系统

同方公司基于 RFID 射频识别技术,根据农业行业中实际情况和需求,整合企业现有应用及条码技术,开发了 RFID 供应链管理系统。本系统完整地解决了供应链管理中存在的问题,打破了制约企业发展的技术瓶颈,提高了生产智能化程度、仓储管理效率、配送的精度和吞吐量,实现了从生产到消费全过程追踪和可视化管理,帮助企业降低了经营成本,增强了核心竞争实力。是农产品物流配送系统的重要补充环节。

本系统通过嵌有 RFID 电子标签的货物或托盘、RFID 标签发行系统、布设在各关键节点的读写设备与辅助设备以及相关的业务软件系统,完美地融合了现有技术与软硬件系统,实现了准确高效、可视可控、大吞吐量的智能化流通企业供应链管理。RFID 供应链管理系统模型图见图 4.7。

1) 标签生成管理

标签生成管理由电子标签专用打印机和标签编码管理软件组成,负责完成库位标签、物品标签、箱标签、载具标签、运载车辆标签的信息初始化和标签表面信息打印工作。

2) 生产管理

生产管理通过融合 RFID 技术、工业自动化技术、条码技术,实现生产环节的数据采集、数据处理自动化和生产控制自动化。

3) 仓储管理

仓储管理对原料库、成品库进行管理,实现出入库自动化、盘库管理自动化、库内调整规范化、库存货品可视化及预警。

4) 订单配送管理

订单配送管理从系统中获取订单配送计划,为每个订单分配通道,通过集成 RFID 读写

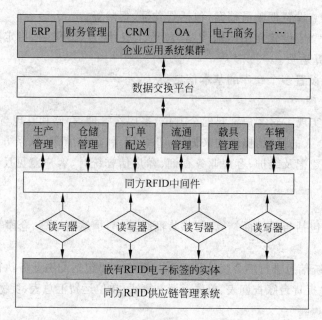

图 4.7　RFID 供应链管理系统模型图

器与大屏幕显示功能,将订单信息、装车信息显示在通道出口,实时监控订单的执行情况。

5) 流通管理

流通管理包括销售过程中对物品的清点、确认、记载;客户售后服务过程中客户序列号及相关物品的信息查询管理;退换过程中物品信息的确认记载,物品维修记录查询。

6) 载具管理

载具管理主要关注系统中流转的托盘、集装箱。通过整合、分析各系统中载具的流转信息,实现载具使用与流通情况的监控。

7) 车辆管理

车辆管理对运载车辆的出入、所载货品信息及任务执行情况进行监控与管理。

8) 分析、决策管理

分析、决策管理对系统的数据进行统计查询,可生成相关报表;对数据进行挖掘分析,为决策提供依据。

4.2.6　信息基础平台

批发市场信息基础平台是整个市场信息系统的基础工程,承担着整个网络架构,整体信息系统的安全及网络基础设施的建设,包括网络基础设施、硬件设备、电子监控、网络中心、网络管理及安全、系统运行平台。农产品批发市场网络结构拓扑图见图 4.8。

1. 市场网络综合布线系统

综合布线系统应是开发式结构,能支持电话及多种计算机数据系统,还应支持会议电视、监控等系统需要。建筑物综合布线系统分为以下子系统:工作区子系统、配线(水平)子系统、干线(垂直)子系统、设备间子系统、管理子系统、建筑群子系统。

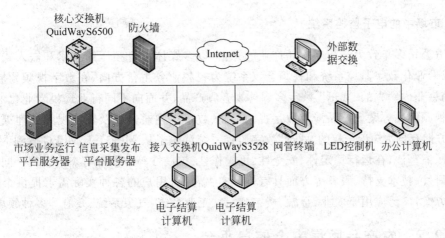

图 4.8 农产品批发市场网络结构拓扑图

1）工作区子系统

由终端设备到连接信息插座的连线组成，包括连接计算机的软线、连接器和连接所需的扩展软线，并在终端设备和输入输出间搭建。工作区子系统是包括办公室、写字间、作业间、技术室等需要使用电话、计算机终端、电视机等设施区域和相应设备的统称。

2）配线（水平）子系统

将干线子系统延伸到用户工作区，是由用户工作区的信息插座、楼层配线设备到信息插座的配线电缆、楼层配线设备和跳线组成。配线（水平）子系统宜采用 4 对对绞电缆，在高速率应用场合，也宜采用光缆。配线子系统根据整个综合布线系统要求，在二级交接间、交接间或设备间的配线设备上进行连接。

3）干线（垂直）子系统

干线（垂直）子系统提供建筑物干线电缆的路由，子系统由布线电缆组成，或由电缆和光缆以及将此干线连接到相关的支撑硬件组合而成。干线（垂直）子系统应由设备间的配线设备和跳线以及设备间各楼层配线间的连接线缆组成。

4）设备间子系统

设备间子系统把中继线交叉连接处和布线交叉连接处连接到共用系统设备上。由设备间中的电缆、连接器和相关支撑硬件组成，把共用系统设备的各种不同设备相互连接起来。设备间是在每栋大楼的适当地点设置进线设备，进行网络管理及管理人员值班的场所。设备间子系统也应由建筑物的进线设备、电话、数据、计算机等各种主机设备及其保安配线设备组成。

2．中心机房建设

机房建设工程应充分体现新技术、新材料、新工艺、新设备的特点。一方面，机房建设要满足被保护系统的安全可靠、正常运行，延长设备使用寿命，提供符合国家各项有关标准的优秀的技术场地；另一方面，机房建设给机房工作人员提供了舒适、典雅的工作环境。在设计施工中应确保机房先进、可靠、安全、精致。既满足机房专业的有关国标的各项技术条件，又具有建筑装饰现代艺术风格的现代化机房，是农产品批发市场的需要。

3. 市场中的电子监控系统

同方公司多年致力于数字视频产业的开拓,以多媒体视音频压缩技术和嵌入式系统为核心,以专业化数字监控系统和视频会议系统为视频业务主营方向,在数字视频领域研制、开发、销售业内领先的"威迅"数字多媒体视音频产品,并面向不同行业提供专业化的、完善的数字视频解决方案。产品涉及数字视频存储、数字视频通信以及数字视频处理等专业领域。同方拥有自主知识产权的"威迅"数字监控系统涵盖了从 MPEG-1、MPEG-2 到 MPEG-4 等视频压缩算法,在运行稳定性、安全性、可操作性、扩展性等方面都有杰出表现。同方公司在产品研发、技术支持、服务等方面具有雄厚实力,针对用户的各种实际需求提供个性化专业解决方案,广泛应用于农业、金融、楼宇、教育、工业系统、气象系统、政府等多种领域。

4.2.7　农产品质量安全信息平台

1. 农产品质量安全检测信息系统

本系统把先进的信息处理和计算机技术融入监管工作,通过互联网把实时监督、控制和预警耦合于一体,实现智能化检测。适用于各级农产品安全检测机构和各类检测中心,是用户单位提高检测实效的得力助手和综合管理平台。集检测任务、数据管理、数据网络传输、结果判定、数据汇总、统计分析、报表生成等功能于一体,实现智能化检测。农产品质量安全处理流程见图 4.9。

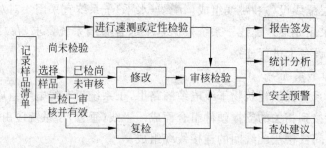

图 4.9　农产品质量安全处理流程图

系统特点如下:

(1) 技术先进:开放性设计,高技术集成,综合应用 ASP、报表控件、信息智能处理、数据传输转换等技术,支持多用户、多权限、实名制管理,通用性、兼容性、扩展性强。

(2) 功能齐全:检测系统由任务分配、业务处理、生成检测报告、数据传输、统计分析、评估预警、用户管理、系统管理、信息发布系统等部分组成,包含了农产品检测工作的方方面面,能满足用户多元化和个性化管理目标的需求。

(3) 操作方便:"傻瓜"式操作,不需要计算机专业技术人员,一般工作人员使用鼠标就可轻松完成操作。可大大降低检测工作强度,同时便于整合优化资源,减少人力、物力、财力的投入,提高检测时效。

(4) 运行稳定:采用网络数据库,保证了系统运行的稳定性、安全性、兼容性和扩展性。

2.同方 RFID 食品安全追溯管理系统

RFID 食品安全追溯管理系统应用 RFID 技术贯穿于食品安全始终,包括种植/养殖、屠宰或生产加工、流通、消费各环节,全过程严格控制,建立了一个完整的产业链的食品安全追溯控制体系,并利用数据库技术、网络技术、分布式计算技术,建立食品安全与追溯中心数据库,实现信息融合、查询、监控,为每一环节以及到最终消费领域的过程提供针对食品安全、食品成分来源及合理决策,实现食品安全预警机制。RFID 食品安全追溯管理系统模型见图 4.10。

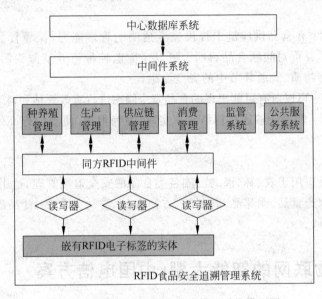

图 4.10 RFID 食品安全追溯管理系统模型图

1)系统结构

RFID 食品追溯管理系统可以保障食品安全及可全程追溯,规范食品生产、加工、流通和消费 4 个环节,对肉、大米、面粉、油、奶制品等食品都颁发"点子身份证",即全部加贴 REID 电子标签,并建立食品安全数据库,从食品种植养殖及生产加工环节开始加贴,实现"从农田到餐桌"全过程的跟踪和追溯,包括运输、包装、分装、销售等流转过程中的全部信息,生产基地、加工企业、配送企业等都能通过电子标签在数据库中查到。

REID 食品安全追溯管理系统包括:

(1)三个层次结构:网络资源平台系统、公共服务平台系统和应用服务平台系统。

(2)二级节点:由食品供应链及安全生产监管数据管理中心和食品产业链中各关键监测节点组成。数据中心为海量的食品追溯与安全监测数据提供充足的存储空间,保证信息共享的开放性、资源共享及安全性,实现食品追踪与安全监测管理功能。各关键检测节点包括种植养殖场节点、生产与加工衔接点、仓储与配送节点、消费节点,实现各节点的数据采集和信息链的连接,并使各环节可视。

(3)一个数据中心与基础架构平台:一个中心为食品供应链及安全生产监管数据管理中心,本中心是构建于同方基础支撑平台 RFID 上的管理平台。

2）系统功能

RFID食品安全追溯管理系统由中心数据库系统、种植/养殖安全管理系统、安全生产与加工管理系统、食品供应链管理系统、检测检疫与监控系统、食品安全公共信息服务平台系统等各子系统组成，通过种植/养殖生产、加工生产、流通、消费的信息化建立起来的信息链接，实现企业内部生产过程的安全控制和流通环节的实时监控，达到食品的追溯与召回。

3）系统特点

（1）信息完整、高效：利用RFID的优势特性达到对食品的安全与追溯的管理，相比记录档案追溯方式更加高效、实时、便捷。通过网络，消费者可查询所购买食品的完整追踪信息。

（2）过程透明：在食品供应链中提供完全透明的管理能力，保障食品安全全程可视化控制、监控与追溯，并可对问题食品召回。可以全面监控种植养殖源头污染、生产加工过程的添加剂以及有害物质、流通环节中的安全隐患。

（3）安全预警：可以对有可能出现的食品安全隐患进行有效评估和科学预警提供依据。

（4）科学分析：数据能够通过网络实现实时、准确报送，便于快速高效做更深层次的分析研究。

4）应用领域

本系统可广泛应用于农、林、渔、牧、副各类食品的安全追溯管理，适用于粮油食品、畜禽食品、果蔬食品、水产食品、调味品、乳制品、方便食品、婴幼儿食品、食品添加剂、饮料、化妆品、保健食品等领域。

4.3　基于物联网的智能大棚（中国电信方案）

该方案利用物联网技术和通信技术，将大棚种植中的空气温度、湿度及土壤温度、湿度等关键要素通过各种传感器动态采集，将数据及时传送到智能专家平台，使设施蔬菜管理人员、农业专家通过计算机、手机或手持终端就可以时刻掌握农作物的生长环境，及时采取控制措施，预防病虫害，提高蔬菜品质，增加种植效益，同时把有限的农业专家整合起来，提高对大棚的生产指导和管理效率。利用该系统，实现对设施蔬菜的信息化管理，提高产品质量和管理效益，精确测量设施环境，利用实用、先进的技术手段帮助农民提高产品质量，提高对病虫害的监控水平、预测水平，减少农药使用量。建立科学的生产环境数据库，可以帮助专业生产企业，管理和研究机构等单位强化管理手段。

4.3.1　系统总体设计

1. 智能大棚系统架构

智能大棚系统主要分为大棚现场、采集传输、业务平台和终端展现4层架构，见图4.11。

大棚现场主要负责大棚内部环境参数的采集和控制设备的执行，采集的数据主要包括农业生产所需的光照、空气温度、空气湿度、土壤温度、土壤水分等数值。

传感器的数据上传有ZigBee模式和RS485模式两种，RS485模式中数据信号通过有线的方式传送，涉及大量的通信布线。在ZigBee传输模式中，传感器数据通过ZigBee发送

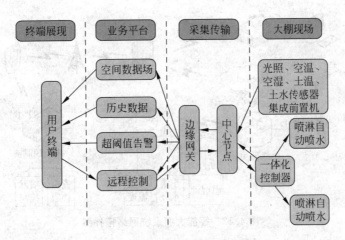

图 4.11 智能大棚系统架构图

模块传送到 ZigBee 中心节点上,用户终端和一体化控制器间传送的控制指令也通过 ZigBee 发送模块传送到中心节点上,省却了通信线缆的部署工作。中心节点再经过边缘网关将传感器数据、控制指令封装并发送到位于 Internet 上的系统业务平台。用户可以通过有线网络/无线网络访问系统业务平台,实时监测大棚现场的传感器参数,控制大棚现场的相关设备。ZigBee 模式具有部署灵活、扩展方便等优点。

控制系统主要由一体化控制器、执行设备和相关线路组成,通过一体化控制器可以自由控制各种农业生产执行设备,包括喷水系统和空气调节系统等。喷水系统可支持喷淋、滴灌等多种设备,空气调节系统可支持卷帘、风机等设备。

采集传输部分主要将设备采集到的数值传送到服务器上,现有大棚设备支持 3G、有线等多种数据传输方式,在传输协议上支持 IPv4 和 IPv6 协议。

业务平台负责对用户提供智能大棚的所有功能展示,主要功能包括环境数据监测、数据空间/时间分布、历史数据、超阈值告警和远程控制 5 个方面。用户还可以根据需要添加视频设备实现远程视频监控功能。数据空间/时间分布将系统采集到的数值通过直观的形式向用户展示时间分布状况(折线图)和空间分布状况(场图);历史数据可以向用户提供历史一段时间的数值展示;超阈值告警则允许用户制定自定义的数据范围,并将超出范围的情况反映给用户。上述功能均可以让用户通过浏览器实时观看。

业务平台通过互联网向用户提供服务,提供支持多种类型终端的客户端/浏览器;支持 Windows XP,Windows Vista,Windows 7 等操作系统;支持的 IE 浏览器为 Internet Explorer 7.0 版本及以上。支持 Android 2.0.1 版本及以上的手机操作系统。

2. 智能大棚系统网络拓扑结构

系统的网络拓扑结构图见图 4.12。

4.3.2 监控软件功能

系统提供智能农业系统所需的下述 3 套功能子系统,以网页形式提供给用户使用。

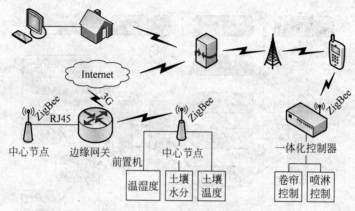

图 4.12　智能大棚系统网络拓扑图

1. 用户操作子系统

（1）用户登录时的身份验证功能。只有正确的用户名和密码才可以登录并使用网站。

（2）超阈值报警功能。能够判断各类数据是否在正常范围，如果超出正常范围，则报警提示，并填写数据库中的错误日志。

（3）报警处理功能。用户如果已经注意到某报警，可以标记报警提示，系统会在数据库中记录为已处理。

（4）智能展示功能。可以直观地展示传感器采集的数据，包括实时地显示现场温湿度等数据的分布和每种数据的历史数据。

（5）阈值设置功能。可以设置各种传感器的阈值，即上下限，系统判断数据的合法性即根据此阈值。

（6）视频功能。网站能够显示现场布置的各摄像头的内容，并可以远程控制摄像头。

2. 用户管理子系统

（1）用户登录时的身份验证功能。只有正确的用户名和密码才可以登录并使用网站。

（2）用户密码管理。网站提供用户修改当前设置的密码值的功能。

（3）查看授权设备。网站提供用户查看自己被授权设备清单的功能。

3. 系统管理子系统

1）客户管理

添加客户：必须通过业务管理平台添加后，客户才有权利进入视频监控系统。客户注册信息是通过邮件获取，密码皆为 MD5 加密，管理员无法获得客户密码。对于违约和未缴费客户，管理员可以通过设置客户进入黑名单。禁止该客户登录平台。取消黑名单，该客户可以再次进入系统。

删除客户：客户被删除后，则不能再登录到视频监控系统。

在线客户：管理员可以查询出哪些客户在线，统计客户的在线信息，以方便运营和管理。

2）设备管理

添加设备：必须通过业务管理平台添加后，设备才能进入视频监控系统。

删除设备：设备被删除后，则不能再注册到视频监控系统。

在线设备：管理员可以查询出哪些设备在线，统计设备的在线信息，以方便运营和管理。

3）设备权限

客户和设备建立权限：客户和设备原本没有权限关系。而客户要查看某一设备的远程信息，必须先授权才能获取。

客户和设备权限改变：客户和设备之间有多种权限，系统默认对视频设备只有视频连接和查看远程录像的权限。系统支持默认的权限定义，企业可以根据实际情况选择默认权限。管理员和私有设备所属客户可对已经授权设备进行不同权限设备设置，以方便更好和更安全的控制远程设备。

删除设备权限：管理员对于违约或者未缴费客户，可以删除对某设备的权限。删除后，即使该客户正在观看该设备，也会立即被停止连接。

4）会话管理

会话管理，强断会话，管理员可以通过这一功能实现异常或者错误客户的连接。

4.3.3　智能大棚系统的关键技术

关键技术如下：

（1）在恶劣环境下，用于采集各种信息的传感器的安全问题。

（2）基于 ZigBee 和 3G 网络的连接问题。

（3）基于 ZigBee 和 3G 网络的数据融合问题。

（4）手机客户端访问的速度、可靠性、界面友好性等问题。

（5）智能大棚专家系统的构建问题。

4.3.4　系统功能

1．手机客户端访问功能

通过 3G 网络利用手机访问监控系统，实时、高效、方便。

2．实时监测和报警

对温室大棚实时监测和告警是基于物联网的设施农业智能专家系统的基本功能，使用无线传感器可以实时采集大棚内的环境因子，包括空气温度、空气湿度、土壤温度、土壤水分、光照强度等数据信息及视频图像信息，再通过 GPRS 网络传输到智能大棚监控专家系统，为数据统计分析提供依据。对不适合作物生长的环境条件自动报警。

3．远程设施控制系统

通过网站，远程控制农业设施，可以对加热器、卷膜机、通风机、滴灌等设备远程控制，实现农业设施的远程手动/自动控制。

4．远程生产指导系统

根据农作物生长模型库，对大棚实时环境监测数据对比分析，高于作物生长的上限或低于作物生长下限系统自动报警。

5. 远程生产活动跟踪

系统根据现场活动监测终端的报告,跟踪特定生产活动完成的情况。

6. 远程生产指导系统

根据农作物生长模型库,对大棚实时环境监测数据对比分析,高于作物生长的上限或低于作物生长下限系统自动报警。

7. 产品跟踪服务系统

设施农业智能专家系统管理系统可以支持对温室生产的农业产品进行跟踪,提供产品溯源服务。

8. 客户关系管理

系统支持专业农业生产企业对客户关系管理的需要,为用户提供客户数据库服务,从而提高用户的销售能力。

4.3.5 技术方案

1. 设备部署方案

在每个智能农业大棚内部署空气温湿度传感器,用来监测大棚内空气温度、空气湿度参数;每个农业大棚内部署土壤温度传感器、土壤湿度传感器、光照度传感器,用来监测大棚内土壤温度、土壤水分、光照等参数。所有传感器一律采用直流 24V 电源供电,大棚内仅需提供交流 220V 市电即可。

每个农业大棚园区部署一套采集传输设备(包含中心节点、无线 3G 路由器、无线 3G 网卡等),用来传输园区内各农业大棚的传感器数据、设备控制指令数据等到 Internet 上与平台服务器交互。

在每个需要智能控制功能的大棚内安装智能控制设备一套(包含一体化控制器、扩展控制配电箱、电磁阀、电源转换适配设备等),用来传递控制指令,响应控制执行设备,实现大棚内的电动卷帘、智能喷水、智能通风等。

每个大棚内部根据用户需求安装上述设备并部署相关线缆,实现农业大棚智能化。

智能大棚内部设备部署平面图见图 4.13。

2. 功能解决方案

1) IE 访问功能

用户通过 IE 浏览器(IE 7.0 版本以上)输入系统平台 IP 地址访问。进入智能农业管理系统平台,在登录界面上输入用户名和密码(密码自动以密文显示),单击"登录"按钮,即可进入系统平台。

在智能展示功能模块,用户可以根据需要点击要查看的传感器的图标来查看传感器数

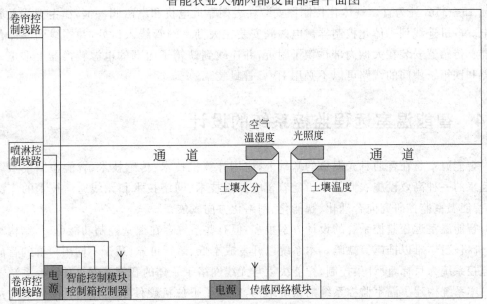

图 4.13　智能大棚内部设备部署平面图

据。将鼠标放在绿色场图的传感器图标上,传感器的实时数据就会立刻显示出来。将传感器选中(变为黄色),还可以查看传感器在近期内的数据趋势曲线,大棚环境监测一目了然。

对于控制柜功能模块,用户可以选择手动控制和智能控制。其中,手动控制为用户在平台界面上手动操作,单击"卷帘上升"的灰色小球,小球由灰色变为绿色,现场的电动卷帘将会上升。而智能控制需要用户有丰富的生产经验,单击"智能控制开启"后,在规则设置中设定触发智能控制的传感器临界数值,从而实现农业大棚的电动设施根据传感器数据自动调整运行。实现真正的农业智能化,解放人力。

在阈值设置功能模块,用户可以根据需要设置相应传感器的阈值上、下限,以及传感器数据的显示周期等。设定好相应的阈值后,单击"提交"按钮,系统便保存了传感器的阈值上、下限。一旦传感器数据超出阈值设定范围,传感器数据会在主界面上实时告警。

在视频功能模块,用户可以远程实时观看棚内现场情况。

2) 手机客户端访问功能

通过在 android 操作系统(2.0.1 版本以上)智能 3G 手机上安装客户端软件可以实现手机实时访问系统平台。手机客户端在输入用户名、密码后单击"登录"按钮即可。还可以选择"下次自动登录",免去每次都输入用户名、密码的繁琐工作。

4.3.6　系统集成方案

将每个大棚门口的市电交流 220V 电线接通入棚,作为大棚设备供电的主干线使用。主干线一律采用 PVC 管封装,主干线穿越大棚主体时,管线埋藏于地下。主干线在大棚内部走线时,PVC 管线固定在大棚侧面棚体金属管上。

在大棚内部部署一个铁箱子,安装漏电保护器、导轨、电源转换器等设备,大棚内部主干线通达铁箱子并经由漏电保护器控制设备电源通断。铁箱子安装在靠近大棚电机和电磁阀一侧 15～25m 处为宜。一体化控制器安装在大棚靠近电机和电磁阀一侧,在主干线上并联取电。电机连线到一体化控制器。电磁阀安装在大棚水网管线入口处,并连线到一体化控制器。传感器安装在大棚内部铁箱子附近,并连线到铁箱子内部的电源转换器上取电。传感器和铁箱子中间的线路可以不必用 PVC 管封装。

4.4　智能温室远程监控系统的设计

　　智能温室是在普通日光温室的基础上,应用计算机技术、传感技术、智能控制技术等发展起来的一种高效设施农业技术。随着智能控制技术、网络技术和无线通信技术的广泛应用,智能温室监控研究向合理化、智能化、网络化方向发展。

　　智能温室远程监控系统的设计方案很多,但有些系统存在温室控制功能单一,结构难扩展,价格较贵,难以推广等缺陷。本系统以开发成本低、运行可靠、适于不同用户群的智能温室监控系统为目标,设计集控制、智能决策与无线网络于一体的智能温室远程监控系统。

　　本系统构建了温室监控系统的系统结构,阐述了下位机硬件系统和上下位机软件系统的设计思想和实现方法,研究了模糊控制及基于 IEEE 802.11b 标准的无线通信的实现技术,采用可视化编程技术和数据库技术进行了上位机系统集成,开发了智能温室远程监控系统。

4.4.1　系统总体设计

　　在现行的温室控制系统中,多采用基于 PLC 的温室控制系统、集散型控制系统、现场总线控制系统。这些系统操作不便,控制精度低,成本过高,且通信方式不灵活。为有效解决上述不足,采用上、下位机控制结构,其突出优点是能根据应用需求选择不同的控制方案,对大型连栋温室可采用上、下位机结合控制方案;对小规模农家温室,仅需要选择下位机系统单独完成温室控制。上、下位机采用 RS-232 串行通信或基于 802.11b 的无线通信,上位机系统通过 Internet 与远端计算机互连,实现温室环境与设备的远程监控。智能温室远程监控系统结构见图 4.14。

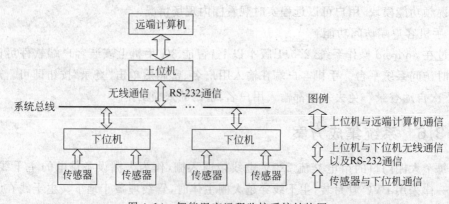

图 4.14　智能温室远程监控系统结构图

4.4.2 下位机设计

下位机位于温室控制现场,由传感器、前端控制器和控制设备组成。下位机系统结构见图 4.15,主要实现温室环境数据实时采集、处理与显示;通过 RS-232 接口或无线通信模块,将监测的环境参数传输到上位 PC,并接受上位机的控制产生控制决策;具有脱机运行功能,可在上位 PC 关机情况下独立工作,用户或专家通过键盘预设环境参数及实时采集的环境参数,自主运行下位机决策程序,通过模糊运算产生智能决策,实现温室模糊智能控制。

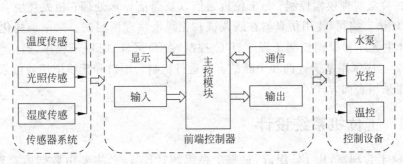

图 4.15 下位机系统结构图

1. 下位机硬件设计

1) 传感器系统设计

根据温室作物生长特点和环境要求,选择性价比较优的传感器,如温度、湿度、光照、二氧化碳等类型的,设计相应的接口电路,使传感器采集的信息以 0～10mA 的电流信号形式输出,作为前端控制器的输入。

2) 前端控制器设计

前端控制器是监控系统的核心,以单片机应用系统为基础,外加传感器输入接口、控制输出接口、键盘接口以及 LED 接口电路等组成。选用 ATMEL 公司的 ATmel48 单片机系统。ATmel48 通用性、可扩展性强、性价比高,内部集成 4KB 的 Flash ROM 及 8 路 10 位 AD 转换,与传统 8 位 ADC 相比,具有采集精度精确,控制精度更高的特点。

3) 通信模块设计

为满足不同控制需要,提高通信质量,设计通信子模块,提供有线通信和无线通信两种通信方式,方便地实现下位机之间、下位机与上位机的通信。

(1) 基于 RS-232 串行通信是温室控制中广泛采用的通信方式。其特点是电路设计简单,但抗干扰能力差,容易出错,且传输距离短(最长 15m)、传输速率低(最高 20kb/s)。因此,基于 RS-232 串行通信仅适于温室规模不大、控制可靠性要求不高的情况。

(2) 802.11b 无线通信是基于 IEEE 标准的通信方式。其特点是数据传送可靠,采用 2.4GHz 直接序列扩频,传输无须直线传播,距离长、速率高(最高 11Mb/s)。无线通信的设计,主要是通过主控器 ATmel48 单片机的 I/O 口,模拟 SPI (Serial Program Interface) 接口与无线模块(BGW200)通信。

4) 控制设备接口

在下位机的控制过程中,要根据需要对水泵、温控、光控等设施控制部件的开启、关闭等。选择合适的继电器型号,设计继电器接口电路,实现前端控制器对机械设备的控制作用。

2. 下位机软件设计

下位机软件固化在 Flash ROM 中,实现对下位机系统统一管理。设计目标:实现单片机系统的启动、状态检测、掉电保护;模拟信号的采集、转换、对照、存储以及控制信号的输出;通过模糊算法实现模糊控制;与上位机通信以及通信异常处理;相关环境参数处理与显示。采用 C 语言编写,使用仿真器在线调试和无线模块现场测试。采用结构化程序设计的方法,设计主程序和模糊控制子程序、I/O 控制、A/D 采样、时钟子程序、通信子程序,显示子程序等。程序采用基于查询和中断结合的运行机制。串口和无线模块通信采用中断方式,A/D 采集采用查询方式。

4.4.3　上位机系统设计

上位机位于管理室,由 PC 组成,是整个系统的管理核心,主要由数据库管理、通信管理、控制决策生成等功能模块组成。采用可视化编程语言 Visual Basic 6.0 和数据库管理系统 SQL Sever 2000,实现上位机系统功能和数据管理。

1. 数据库设计

建立作物生长环境数据库,设计温室环境数据表,存储下位机采集来的温室现场环境数据;设计温室历史数据表,存储每日平均环境数据;设计温室控制信息状态表,存储温室设备的开关运行状态;设计温室空闲表,存储温室种植的作物种类和作物生长运行时间等;设计专家数据表,存储各作物生长的专家级数据,为控制决策提供依据。

2. 通信功能设计

基于 Internet 的远程通信子程序,应用控件 Winsock(在 TCP、UDP 的协议基础上)实现;基于 RS-232 串行通信子程序设计,应用串行通信控件 MSComm 实现;基于 802.11b 的无线通信子程序设计,使用 SocketWrench 控件,发 TCP/IP 协议包到下位机的 BGW200 模块。

3. 控制决策生成

基于智能控制的思想,结合作物生长专家系统采取线性插值、相似度计算等方法,形成控制决策,并通过 RS-232 串口通信或无线通信模块传送到下位机。本系统各模块独立设计,具有较大的灵活性和扩展性;集成无线通信模块,通信便捷可靠;上位机集成作物生长专家数据库使控制决策达到了专家级水平;下位机采用单片机系统,结构简单,同时增设模糊控制模块,确保了下位机单独工作时也可实现智能控制。

该智能温室远程监控系统可适用于瓜果、蔬菜、花卉、鸡舍等,应用前景十分广阔。

第5章

智能环保

　　环境是人类生存和发展的基本前提,环境为人们生存和发展提供了必需的资源和条件。改革开放以来我国经济快速增长,各项建设取得巨大成就的同时,也付出了巨大的资源和环境代价,经济发展与资源环境的矛盾日趋尖锐。目前,我国每年能源消耗量占全球19.5%,石油消费量一半多依靠进口,煤炭消费量相当于其他国家的总和,高能耗产生了仅占世界8.6%的GDP,却留下许多受污染的城市、全世界1/3的垃圾和频繁发生的环境危害事件。

　　环境的保护已成为一个不可回避的严重问题,成为人类社会的可持续发展的一大障碍。保护环境,减轻环境污染,遏制生态恶化趋势,促进经济、社会与环境协调发展和实施可持续发展战略,是全社会面临的重要而又艰巨的任务。环境的监测、监控成为环保工作中信息化建设的重要环节,将进一步推动环保工作开展的深度和广度,对于落实科学发展观,构建和谐社会有着重要意义。

5.1　智能环保概述

　　2009年初,IBM公司提出了“智慧地球”的概念,美国总统奥巴马将“智慧地球”上升为国家战略。“智慧地球”的核心是以一种更智慧的方法,通过利用新一代信息技术来改变政府、企业和人们相互交互的方式,以便提高交互的明确性、效率、灵活性和响应速度,实现信息基础架构与基础设施的完美结合。随着“智慧地球”概念的提出,在环保领域中如何充分利用各种信息通信技术,感知、分析、整合各类环保信息,对各种需求做出智能的响应,使决策更加切合环境发展的需要,“智能环保”概念应运而生。

5.1.1　数字环保与智能环保

　　“数字环保”是在数字地球、地理信息系统、全球定位系统、环境管理与决策支持系统等技术的基础上衍生的大型系统工程。“数字环保”以环保为核心,由基础应用、延伸应用、高级应用和战略应用的多层环保监控管理平台集成,将信息、网络、自动控制、通信等高科技应用到全球、国家、省级、地市级等各层次的环保领域中,进行数据汇集、信息处理、决策支持、信息共享等服务,实现环保的数字化。

　　“智能环保”是物联网技术与环境信息化相结合的概念。“智能环保”是在原有“数字环保”的基础上,借助物联网技术,把感应器和装备嵌入到各种环境监控对象(物体)中,通过超级计算机和云计算将环保领域物联网整合起来,实现人类社会与环境业务系统的整合,以更加精细和动态的方式实现环境管理和决策的"智能"和"智慧"。"智能环保"是"数字环保"概念的延伸和拓展,是信息技术进步的必然趋势。

"智能环保"的总体架构包括感知层、传输层、智能层和服务层。

感知层:利用任何可以随时随地感知、测量、捕获和传递信息的设备、系统或流程,实现对环境质量、污染源、生态、辐射等环境因素的更透彻的感知。

传输层:利用环保专网、运营商网络,结合 3G、卫星通信等技术,将个人电子设备、组织和政府信息系统中存储的环境信息进行交互和共享,实现更全面的互联互通。

智能层:以云计算、虚拟化和高性能计算等技术手段,整合和分析海量的跨地域、跨行业的环境信息,实现海量存储、实时处理、深度挖掘和模型分析,实现更深入的智能化。

服务层:利用云服务模式,建立面向对象的业务应用系统和信息服务门户,为环境质量、污染防治、生态保护、辐射管理等业务提供更智慧的决策。

构建智能环保系统意义重大,主要表现在以下三个方面。

1. 国家

环境保护监测范围包括空气污染、水污染、固废污染、化学品污染、噪声污染、核辐射污染等。智能环保在支持环保部门提升业务能力中可以在环评质量监测、污染源监控、环境应急管理、排污收费管理、污染投诉处理平台、环境信息发布门户网站、核与辐射管理等方面为环保行政部门提供监管手段,有效提高环保部门的管理效率,提升环境保护效果,解决人员缺乏与监管任务繁重的矛盾,是利用科学技术提高管理水平典型应用,可以实现环保移动办公还可以提供移动执法,移动公文审批,移动查看污染源监控视频等功能。

2. 企业

企业利用物联网技术可以提高企业管理水平,对企业产生的废水、废气、废渣数量可准确掌握,如果生产线各流程产生的三废排量过高,可影响去污设备(净化装置)的处理效果,三废排量过高,去污设备无法完成净化工作时,企业可停止生产,这样可避免因超标排放或不合格排放所面临的环保部门天价罚单。同时,也承担起企业应有的社会责任。

3. 公众

智能环保可以很好地满足公众对于环境状况的知情权,公众可通过环境信息门户网站了解当前环境的各种监测指标,公众可以通过环境污染举报与投诉处理平台,向环保部门提出投诉与举报,从而帮助环保部门更加有效地管理违规排污企业,保持环境良好。

5.1.2　我国生态环境形势严峻

多年来,我国经济快速增长,取得巨大成就,但也付出了沉重的资源和环境代价。尽管近几年国家环保投资总额不断增加,但由于历史欠账太多,水资源与环境问题仍然十分严峻。

1. 我国淡水资源量呈下降趋势

尽管我国淡水资源丰富,但由于人口众多,人均水资源量却比较贫乏,根据《联合国世界水资源开发报告(Ⅱ)》的统计数据,2005 年我国人均水资源量仅为世界平均水平的 1/4。而且,近两年我国淡水资源总量有所下降,已由 2005 年的 28 053 亿立方米减少到 2007 年的 25 255 亿立方米,人均淡水资源量也从 2140 立方米降为 1911 立方米。按照国际公认的标准,人均水资源低于 2000 立方米为中度缺水,我国已属于中度缺水地区。而且,由于我国地下水长期超采,不仅造成了水位急剧下降,水源枯竭,而且还引发了地面沉降,管网漏损率增加。据建设部 2006 年的统计,全国已形成 160 多个地下水超采区,年均地下水超采量超过 100 亿立方米,造成地面沉降面积 6 万多平方公里,50 多个城市地面沉降严重。

2. 水体污染现象依然严重

根据环保部发布的《全国地表水水质月报》(2008 年 2 月),2008 年 2 月,全国地表水污染现象依然严重,七大水系总体为中度污染。监测的七大水系(含国界河流)183 条河流的 370 个断面中,Ⅰ～Ⅲ类水质断面占 51%,Ⅳ、Ⅴ类占 23%,劣Ⅴ类占 26%。主要污染指标为氨氮、五日生化需氧量和高锰酸盐指数。与去年同期相比,水质无明显变化;劣Ⅴ类水体比重较 2007 年底提高了 2.4 个百分点。

资源不足和水质污染等因素带来的水资源短缺不仅影响了人们的生活安全,也给工农业生产造成很大损失。据统计,全国有 3.2 亿人用水不安全、7000 万人饮水困难,每年因缺水影响粮食产量 200 亿公斤、影响工业产值 2000 多亿元,一些污染严重的河段已经鱼虾绝迹,渔业生产受到严重影响。可见,水资源危机已经制约了经济社会的可持续发展。

3. 垃圾围城现象广泛存在

我国固体废弃物处理设施建设滞后,固废处理能力严重不足。根据国家统计局的数据,2007 年末,我国设市城市 655 座,城市生活垃圾处理厂只有 460 座,年处理垃圾 9438 万吨,占城市垃圾清运量的 62%,尚有近 5800 余万吨生活垃圾未经处理排放;工业固废处理率近几年有所提高,2007 年达到 86.35%,但由于工业固废数量巨大,仍有 2.41 亿吨贮存、1197 万吨未经处理排放到自然界。

据报道,目前我国城镇周围历年堆存积下的未经处理的生活垃圾量已达到 70 多亿吨,占地 8 亿多平方米;每年全国新增加的城镇生活垃圾采用简易填埋或露天堆放在城镇郊区、江河沿岸的达 8000 万吨以上。根据 2006 年建设部提供的数据,2005 年全国 1/3 以上的城市都被垃圾包围,许多城市已无适合场所堆放垃圾而不得不向周边农村延伸。垃圾露天堆放时释放大量氨、硫化物等有害气体造成空气污染,渗滤液又导致土壤和水体污染,以至于不少城乡结合部生态环境恶化。

4. 二氧化硫排放总量下降缓慢,酸雨污染有所加重

近几年,我国二氧化硫排放总量一直处于高位,2007 年略有下降,但仍达到 2468 万吨。2007 年,全国城市空气质量总体良好,但部分城市污染较重,地级及以上城市中,空气质量达标的占 60.5%,不达标的占 39.5%,其中空气质量为劣三级的城市比例为 3.4%。酸雨污染仍然较重,2007 年监测的 500 个城市(县)中,出现酸雨的城市 281 个,占 56.2%,比 2006 年增加 2.2 个百分点。

可见,尽管我国近几年加大了环境保护力度,取得了一些进展,但环境形势依然十分严峻。目前的水资源与环境现状已使我国现行的经济发展方式难以为继,并威胁到城乡居民

的生存安全。因此,继续加大环保投入、大力发展环保产业是实现经济可持续发展、保障人们生存安全的必由之路。

5.1.3　我国环境监测的现状

我国目前环境监测的现状我国已经初步建立了以常规监测、自动监测为基础的技术装备、技术标准、技术人才的环境监测体系,成了国家、省市三级监测网络,拥有 2300 多个环境监测站和 4.7 万余人的环境监测队伍。环境监测的作用日益显现,能力建设突飞猛进技术水平显著提高,在污染减排、污染源普查、土壤调查、宏观战略研究、水专项等重点环保工作中,发挥了重要的技术支撑作用。同时我们也看到当前环境监测工作仍然存在许多困难和问题,监测能力不强,监测水平滞后,已经成为制约环境保护事业快速发展的重要因素。

1. 环境监测技术力量相当薄弱

队伍素质与紧迫的形势和繁重的任务不相适应。受事业单位人员编制的限制,环境监测人才的引进、管理、培养等都缺少行之有效的激励和竞争机制,进人把关不严。近年来,虽然有一些大专院校环保专业毕业生面临就业,但大多数二、三级站由于编制已满或超员,为了"减负",过分考虑眼前利益得失,只得采取保守办法,能缓则缓,能推则推,致使人才青黄不接,人员结构极不合理。复合型中高级人才匮乏,在新添置的先进仪器设备面前显得力不从心。

2. 环境监测能力相对滞后

(1) 环境监测仪器不足甚至老化。目前,我国环境监测仪器的生产企业有 140 余家,年产值 4.8 亿元,约占全国环保产品产值的 2.3%。环境监测仪器的主要产品是各种水污染和大气污染监测、噪声与振动监测、放射性和电磁波监测仪器。我国生产的烟尘采样器、烟气采样器、总悬浮微粒采样器、油分测定仪、污水流量计等环境监测仪器已接近或达到国际先进水平,在国内市场上占有很大比例。国产大型实验室用原子吸收、紫外可见分光光度仪、气相色谱仪等监测仪器自动控制技术采用程度较低,关键零部件尚依赖进口。我国环境监测仪器多是中小型企业生产,产品基本集中在中低档的环境监测仪器,远不能适应我国环境监测工作发展的需要。主要表现为技术档次低,低水平、重复生产严重,规模效益差;产品质量不高,性能不稳定,一致性较差,使用寿命短,故障率高;研究开发能力较低,在线监测仪器的系统配套生产能力较低,不能适应市场的需要。

(2) 环境预警应急监测能力差。只有个别地市配备了应急监测车及其配套设备,出现污染事故时,难以做到反应快速,加上缺乏对污染源的自动监控和流动监测能力,不能适应环境管理和决策需要。

(3) 监测人员知识结构老化、业务能力参差不齐。新的科学技术不断被应用到环境保护事业中,监测技术、监测方法在不断更新、完善、提高。这一切都要求监测人员不断的更新业务知识,做到与时俱进。目前,监测机构举办的业务培训太少且往往延伸到省、市级就结束了,县级监测部门很少有机会参加,导致监测人员知识结构老化,业务能力参差不齐,拔尖人才匮乏,科研能力不强,不能及时有效地解决实际工作中遇到的难点和问题。

3．环境监测质量有待提高

各级环境监测站普遍存在重实验室内部质量控制，轻环境监测的全程序质量管理，监测质量的监督管理力度不够，自我约束和外部监督机制尚且薄弱。质量体系不能得到有效的运行。

4．某些监测技术方法有待进一步改进

自"十一五"以来，基层环境监测部门的工作量越来越大，过去所使用的许多监测方法虽然简易但获得的数据已不准确，利用原来的监测设备、监测手段已不能满足环境发展的需要，改进监测方法已成为一种趋势。国家环境质量标准和排放标准也存在一些局限性，所监测的项目不能完全反映环境质量状况的特征。现有的国家标准分析方法存在一定的缺陷，当样品的浓度水平不同、基体不同时存在很大的差异。另外，由于受仪器装备的开发和研制水平的限制，一些污染物尚缺乏一些标准的分析方法，需要我们去开发准确、定量、快速的分析方法。

5.1.4　我国环境监测的发展目标和趋势

智能环保系统的建设，是通过技术、信息、业务、标准的融合，甩掉单一的业务部门孤立建设信息系统的旧模式，通过对业务流程的标准化分析，开创工作流程、业务信息、事物处理、资源分析一体化的信息系统建设新模式，将数据采集、数据管理、数据分析及数据利用融为一体，做到环境数据标准化、业务流程规范化、业务管理一体化、环境监控可视化、综合办公自动化、绩效评估动态化、环境服务公众化、环境决策科学化，开拓了环境管理新思路，创新了环境管理模式。

1．发展目标

（1）环境数据标准化。通过建立数据标准，实时采集和交换各应用系统数据，建成统一的数据中心，实现数据的共享和信息的整合。

（2）业务流程规范化。对环境管理中的审批、监督、执法、监测、处罚、信访等核心流程进行规范，建立污染源全生命周期的动态更新机制，同时分析污染源与环境质量的关联关系。

（3）业务管理一体化。将分散在各个业务系统的流程通过梳理和再造，集成到一起，实现跨部门业务流转。

（4）环境监控可视化。通过在线监测和视频监控技术实现污染源、环境质量的实时动态监控；并通过图形化的方式对全局业务流程监控，动态跟踪没意见事情的处理。

（5）综合办公自动化。实现公文流转、审核、签批等行政事务的流程化处理；实现公文流转与业务流程的无缝衔接。

（6）环境服务公众化。按照阳光政府的要求，构建为企业和公众提供服务的一站式环保门户网站。

（7）绩效考核动态化。通过业务流程再造，确定每个流程节点的考核时间和考核事项，廉政监控点，建立考核模型，实现动态实时的绩效考核。

（8）环境决策科学化。利用专业的数学模型,建立基于 GIS 的环境质量分析和预警平台,为决策提供支持。

2. 发展趋势

随着人们对环境保护的日益重视以及科技的进步,我国的环境监测也正在飞速的发展,其发展趋势为:

（1）以目前人工采样和实验室分析为主,向自动化、智能化和网络化为主的监测方向发展。

（2）由劳动密集型向技术密集型方向发展。

（3）由较窄领域监测向全方位领域监测的方向发展。

（4）由单纯的地面环境监测向与遥感环境监测相结合的方向发展。

（5）环境监测仪器将向高质量、多功能、集成化、自动化、系统化和智能化的方面发展。

（6）环境监测仪器向物理、化学、生物、电子、光学等技术综合应用的高技术领域发展。

5.2　基于 3G 的无线可视化环保监测系统方案(上海控创)

当前我国环境保护事业进入新的发展阶段,重点污染源自动监控项目是"三大体系"(统计、监测和考核体系)建设的重要组成部分,无论是指标体系、监测体系还是考核体系都离不开重点污染源自动监控信息和数据的支持,是实现污染物减排目标和进行评价、考核的重要基础条件。环境监测,被称作是环境保护的耳目和侦察兵,只有环境监测水平不断提高,才能保证人类的环境安全。

5.2.1　方案概述

环境监测部门作为国家环境保护系统的技术部门,是环境管理工作的重要基础。随着市民环境意识的增强,越来越多的人开始关心所处环境质量的好坏,要求环境保护工作透明化;上级主管部门也需要数量大、种类多、更新快的信息。所有这一切,给环境监测部门提出了一个应引起重视的问题:如何建立实用性强、覆盖面广、灵活性好的环保数据采集系统,满足各方面对环境监测信息的需求。

3G 无线视频监控系统利用高带宽的无线接入,支持在任意地点上传现场图像、在任意位置接收远程图像,并可与固定网络视频监控系统融合实现随时随地、无所不在的视频监控应用。3G 无线视频监控是具有高端和差异化特色的 3G 多媒体业务的典型代表,可广泛服务于风景区监控、应急指挥、公交轮船监控、公安警车监控等领域,极大地扩展了视频监控的应用环境和使用方式,给用户更友好、更便捷、更贴身的业务体验,具有广阔的市场前景。

1. 需求分析

环保系统无线视音频可视化监控指挥系统包括三部分:固定排污点监控、环保车(船)内监控以及环保单兵执法监控。

（1）固定排污点监控。在环保系统中,常常需要对众多的污染排放点进行实时监测,大部分监测数据需要实时发送到管理中心的后端服务器进行处理。由于监测点分散,分布范围广,而且大多设置在环境较恶劣的地区,采用 3G 公共无线网络。监控点的录像设备以及污染源监测设备可将采集到的视音频、污染数据和告警信息及时传到环保监测部门,实现对排污单位或个人的实时监管,可以大大提高环保部门的工作效率。

(2) 环境监测车(船)监控。一辆环境监测车相当于一个流动的特殊污染因子自动监测站,具备了应急监测所需的效率和功能,既可用于日常监测,又能应对突发事件的环境监测。无线车载视频监控系统,对环保车辆(船)高效的信息化指挥、调度和管理。

环境监测局视频监控中心随时随地都能够通过车载视频探头,监控到车外环境监测现场,可以管理司机、环境工程人员、环境执法人员是否到岗到位,是否尽职尽责,通过视频还可以看到所监控的厂矿、排污点、水面是否有严重污染,还可以看到工作人员的工作状态等,车载监控系统还可以进行视频抓拍,对违规排污进行视频图像取证,实时语音对讲等。

(3) 单兵环保执法取证监控。单兵环保执法取证监控由高清晰微型摄像机和便携式单兵视频服务器组成,具有视频、音频、报警、语音数据、串行设备数据等远程传输功能;既可以传输高清晰的图像信号,也可以当手机和对讲机使用。环保执法人员只要佩戴摄像头以及执法单兵无线终端,深入监测一线现场,在环保监察现场执法检查中就可适时与监控中心保持联系,远程传输高清晰声像信号供后方工作人员监控分析处理。可以实时存储在本地大容量 SD 卡中,作为未来执法取证使用。

2．设计目标

根据发展趋势和现状的分析,采用 3G 无线传输网络,利用先进的计算机技术和视频监控技术,建设环境监测局固定点监控、环境监测车(船)监控指挥以及环保执法人员单兵执法取证监控指挥系统,实现对应急事件信息的综合采集、实时传送。建立全方位多层次的管理体系,更好地利用信息技术手段,提高管理效率,降低管理成本是我们的宗旨。本全天候无线视频监控指挥系统实施后,环境监测部门将基本扫清辖区安全管制的盲点。本系统实现如下功能:

(1) 远程实时监控功能:环境监测中心管理人员可以根据需要通过计算机监控平台远程实时了解到固定监控点、环境监测车(船)、环保单兵执法状况的实时情况。了解系统稳定可靠、功能齐全、维护管理方便。选用高速、稳定、覆盖率高的 3G 无线数据传输网络,图像质量清晰、稳定,可以实现监控者与现场管理人员的实时语音对讲。

(2) 全方位的存储功能:前端设备配备有高速 SD 卡,可实时存储音视频数据。

(3) 支持多链路冗余备份:同时支持联通制式和电信制式联网要求。

(4) 支持视音频同步,支持 3G 信号与 2G 信息自适应切换;支持低码流下传输 D1 格式图片。

3．设计原则

根据实际应用的具体情况,在设计中应遵循下列原则:

1) 先进性原则

采用先进的设计思想,选用先进的系统设备,使系统在今后一定时期内保持技术上的先进性。

2）开放性原则

系统设计及系统设备选型遵从国际标准及工业标准,使系统具有高度的开放性和所提供设备在技术上的兼容性。

3）可伸展性原则

系统设计在充分考虑当前情况的同时,必须考虑到今后较长时期内业务发展的需要,留有充分升级和扩充的可能性。充分利用现有通信资源,为以后系统扩充提供充分余地。另一方面,还必须为系统规模的扩展留有充分余地。

4）安全性原则

系统的设计必须贯彻安全性原则,以防止来自系统内部和外部的各种破坏。贯彻安全性原则体现在以下方面:

- 采用数据加密技术;
- 提供信道的加密;
- 用户可以通过软件设置实现更高的安全性;
- 系统网络内部对资源访问的授权、认证、控制以及审计等安全措施,防止系统网络内部的用户对网络资源的非法访问和破坏。

5）可靠性原则

系统的设计必须贯彻可靠性原则,使网络系统具有很高的可用性。可靠性原则体现在以下方面:

- 选用技术先进、成熟高可靠性的系统设备;
- 系统增益储备高;
- 链路的可维护性好;
- 可管理性原则。

5.2.2　系统方案设计

环境监测局全方位无线视音频监控指挥系统所基于的无线视音频传输系统,是根据市场需求开发的先进无线传输控制技术与视音频处理技术,利用公共移动通信网络,完成视音频的传输,同时与卫星定位系统、本地视音频监控与计算机网络有机地融合为一个整体,构建一套视频监控、远程对讲、安全监控等功能于一体的新一代远程可视化指挥系统。

1. 系统组成

本系统主要由前端设备、传输网络、监控中心和监控终端组成,系统组成架构见图 5.1 所示,系统原理图见图 5.2。

2. 前端设备

因为是全天候视频监控,要求采集摄像机具有红外功能,故采用高清晰红外摄像机采集前端视频;信息终端设备编码加密模块进行视频数据的编码压缩及加密;再通过信号传输模块进行视频压缩数据的传输发送。

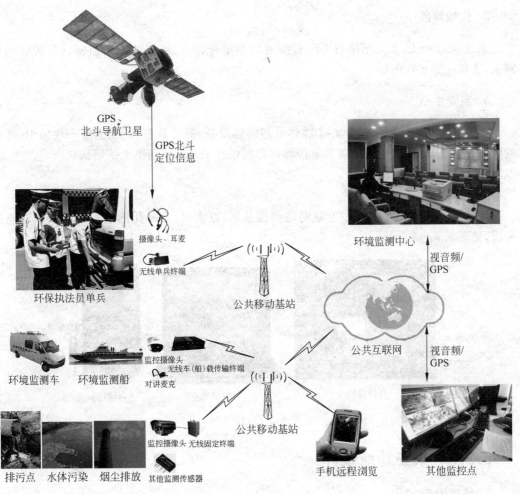

图 5.1 系统组成架构图

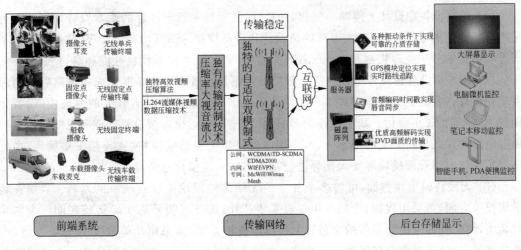

图 5.2 系统原理图

3. 传输网络

通过 3G、Wi-Fi 无线网络与光纤有线网络相结合方式,将视频压缩加密信号传输到公网上,实现视频远程传输。

4. 监控中心

接入到 Internet 网络的中心多媒体处理终端设备,需要具有独立、固定不变的 IP 地址或域名,这样前端无线传输设备和监控终端都可以在 Internet 网络上访问到它。

5. 监控终端

计算机、笔记本、PDA 通过互联网访问服务器,以实时、多样化的监控方式来调取监控画面,见图 5.3。

(a) 计算机   (b) 笔记本   (c) PDA

图 5.3 监控终端

5.2.3 系统功能设计

1. 终端设备

终端设备可靠性高、性能优良。

(1)终端设备在设计上遵循小型化、功耗低、扩展性和稳定性好的基本设计原则。硬件采用高集成度的电源管理芯片、可靠的热设计和自动检测休眠低功耗设计等,软件采用了不同等级数据的分类处理机制和 Linux 操作系统等,以保证系统的优良性能和高可靠性。

(2)在终端设备在设计中往往需要解决的问题是功能模块的高度集成和电路版图的深度优化设计。常规无线视音频终端产品中使用的多个功能模块具有较大的分离度,设备体积较大,很难实现小型化。基于以往的产品设计经验,在对视音频信号处理和无线传输两类功能电路的深入分析研究的基础上,本终端设备采用无线传输模块、视音频采集模块、主处理器模块和电源管理模块等 4 大部分进行功能集成和微型化电路设计。

(3)无线传输模块方面,可将多个独立的无线传输模块集成在统一的基板上;视音频采集模块方面,可采用视频、音频专用集成采集芯片,将音视频采集功能集成在同一个芯片封装中,简化外部辅助元器件的个数;主处理器模块方面,将采用功能强大的 SoC 系统,实现处理器、协处理器和存储器的高度集成;电源管理模块方面,选择高集成度的电源管理芯片,可同时提供多种电压输出,实现对多模块的统一供电,进一步减少供电模块的体积,并实现必要的硬件节能策略。

（4）自动检测休眠低功耗设计，选用优良的电源管理芯片，加上软件的优化，使得本终端设备智能化了，它能检测你在不用时，系统将会自动休眠以降低设备的发热，延长电池的使用寿命。

（5）可靠的热设计，在电路板和机壳上作了充分的考虑。电路板上每个元器件的摆放是否符合空气流动原理，热源是否放在了易散热的地方，发热器件和热敏器件有没有分开放等。机壳在充分考虑外形美观的基础上，做了一些导热设计，使得模块上的热量能及时地降下来，保证设备不会死机或莫名其妙的问题出现。

（6）不同等级数据的分类处理机制，针对不同优先级别的数据采用不同的发送和重传机制。我们采用的是多模联合传输，当两种网络同时在传输时，当中有一个网络信号不是很好，出现丢包的情况较多，这时创新算法将会把优先级别最高的数据通过另一个网络信号较好的信道发送出去。如果传输到接收端后，发现数据有丢包，接收端将会告诉前端采集设备，让它把优先级别最高的数据优先重传到服务器。

2. 无线传输

分别支持移动公网（CDMA2000/WCDMA/TD-SCDMA）中的任意两种制式联合传输或单独传输及自适应流量控制。

1）面向不同无线传输模式的多模联合算法

由于单一无线模式的传输链路不易保障数据的可靠稳定传输，特别是基于移动通信网络通信时，信号分布不均匀和覆盖盲区等原因所造成的带宽不足和断线问题，是基于移动公网的无线视音频业务传输的瓶颈所在。基于不同无线传输模式的网络覆盖具有交叠性和互补性，利用多种无线传输模式联合通信可以克服单一无线传输模式下通信的不足。优良且智能的多模联合算法将有效地解决上述问题，成为移动通信领域具有战略性意义的根本技术，也将对移动公网和后移动公网乃至整个移动通信业的发展产生深远的影响。

采用多模联合算法的移动公网无线视音频终端可以和多个不同传输模式的通信网络，建立多条完全独立的通信链路。移动公网无线视音频终端可根据其安装状态和设定策略自动建立多个无线通信链路连接，并对载荷进行智能化分类，设计优化的选路策略将数据分发到各无线通信链路中。移动公网无线视音频终端可以工作在分流分发或复制分发方式下。当工作在分流分发方式时，终端将数据分流至多个不同通信链路中，也就是将多个通信链路在逻辑上合为一条通信链路，这样可以有效增加终端的传输带宽。而终端工作在复制分发方式时，终端将数据复制多份并发传输，可有效地增强数据传输中的可靠性，这样在一些数据完整性和可靠性较高的应用领域中，比如控制信号的传输中，可以大大提高数据传输的鲁棒性。

本系统综合考虑三种移动公网的特点，从多路连接的自动建立与释放、连接状态联动的多重路由、特定载荷多重选路、权重智能配比、权重智能调整等 5 个方面对不同移动公网标准的多模联合算法进行详细设计；进而对移动公网网络和 Wi-Fi 等其他无线网络并存环境下的多模联合算法进行详细探讨。

2）具有无线信道自适应性能的传输控制算法

要解决无线信道带宽抖动问题，无线视音频终端设备必须要能根据无线信道的状况，自适应地调整传输控制策略和调度算法。本系统对无线信道的时变特点进行合理分析建模，研究设计具有快速反馈机制的实时无线数据收发系统和与无线信道特点相匹配的自适应传输控制算法,实现时变信道下的视音频数据优化传输。同时,导入前馈控制机制,进一步提高系统性能。

无线视音频传输技术的一个核心问题就是视音频数据与无线信道时变特性的实时同步联动,即视音频数据处理系统与无线信道的变化是相匹配的。因此,设计具有快速反馈机制的无线数据收发系统是十分必要的。信息采集控制模块负责数据的采集,信息处理模块负责视音频及其他相关数据的预处理、压缩、合并、中转等功能,多模无线通信模块负责数据的多模多链路通信。同时,多模无线通信模块具有实时检测功能,通过和中心服务器的信令交互可以实时获得当前无线网络的信息吞吐量状况,并据此实时反馈至信息处理模块,进而反馈至信息采集控制模块。这样就可以从数据源头对信息的处理进行自适应的控制调整,从而实现无线视音频数据在时变信道下的优化传输。

3) 前馈控制机制

为了进一步提高系统的性能,本系统在信号检测过程中导入前馈控制机制,见图5.4。

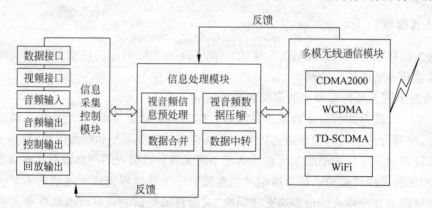

图5.4　具有快速反馈机制的实时无线数据收发系统

在无线通信进行数据传输之前,当多模无线通信模块与空口数据通道对接进行信号检测时,该机制可以实时完成信号检测、信道预估、拓扑分析和路由优化等多方面的前期综合计算,从而为视音频数据提供最优的无线传输策略。

3. 系统无线视音频传输的流畅性和实时性

采用先进的多线路路由联合传输、信号自适应切换技术、自动重链和自动认证、编码器的编码算法与无线信道的自适应匹配、自适应传输控制算法等技术,保证系统无线视音频传输的流畅性和实时性。

由于受外部环境影响,移动通信系统无线信道的传输带宽具有突变性,会造成临时链接中断、信号衰落引起的位错误等问题,这直接导致视音频传输质量的急剧恶化。因此,如何在移动信道带宽较低且抖动大的情况下保持视音频传输效果的稳定是十分重要的,需要优良的与无线信道特性相匹配的视音频压缩技术提供可靠保障。

本系统设备以 H.264 算法为基础,充分借鉴了 MPEG 系列和 H.26x 系列的压缩算法的主要思想,利用多模式匹配、记忆分析、B 帧和 P 帧数量的自适应调整等多种方式的组合来充分提高运动估计的精度、使之与实际数值的匹配度提高,保证了编码算法的高压缩比性能。同时,在码流形成过程时可以采用灵活的快速算法来降低系统算法的运算量,进而降低系统功耗。本系统设备采用图像分级处理、被动错误隐藏、帧丢失错误隐藏、周期性关键帧更新并配合前向纠错编码的方法来处理移动公网网络中的突发性带宽变化导致的数据包丢失,显著提升丢包率较高网络中的视频主客观质量,以达到在较低码率下视频传输质量的有效提升。

4. 数据传输的安全性

本系统采用可靠的端到端数据加密技术、数据的分路传输加密、编码器码流的数据加密,支持专用无线 VPN 通道。对系统传输的视频、音频、数据等信息流应采用数据加密算法进行可靠的端到端数据加密,有效保障传输数据的安全性;中心服务器与管理控制中心、远程客户端之间可采用权限管理机制,进行分级权限管理;在公共网络与专用网络、局域网络之间进行数据交换时,可采用专用无线 VPN 通道技术进一步增强基于公共移动通信网络传输信息流的安全性。

本系统采用多制式联合传输技术,由于数据分割成多路并各自独立通过不同的无线数据链路进行传输,且各数据块也都是经过高位数据加密的,所以信息安全可以得到进一步的提高。对于常规加密部分,对视音频数据部分,使用私钥加密算法 DES,特点是速度快,加密强度高,适合对大量的数据进行加密。对用户信息部分,适用公钥加密算法 RSA,特点是加密强度高,适合不同用户使用;对于特别加密部分,对于警察或是军用的系统,提供开放接口和各类可调节参考,采用专用加密模块和订制加密方式实施高位高复杂度加密技术,保证在一定有效运算时间内无法破解。

无线通信系统的加密可以采用各类常规方法,如表 5.1 所示,也可以采用多种加密方法混合使用。在不同的数据量,不同的数据保密程序以及不同的实时性要求情况下,采用最为适宜的加密算法。

表 5.1 无线通信系统常规加密方法

算 法	类 型	说 明
Blowfish	对称加密	块加密;布鲁斯·施奈尔(Bruce Schneier)提出
DES	对称加密	块加密;20 世纪 70 年代提出
ECC	非对称加密	
IDEA	对称加密	块加密(被认为是现有最好的算法)
LUC	非对称加密	
MD2	摘要(散列)	目前已经放弃;RSA 公司提出
MD4	摘要(散列)	目前已不安全;128 位散列值;RSA 公司提出
MD5	摘要(散列)	能提供较好的保密;128 位散列值;RSA 公司提出
RC2	对称加密	块加密;RSA 公司提出
RC4	对称加密	流加密
RC5	对称加密	块加密
RC6	对称加密	块加密
RSA	非对称加密	块加密;RSA 公司提出
SHA1	摘要(散列)	SHA 的替代算法;160 位散列值
Skipjack	对称加密	块加密
Triple DES	对称加密	使用三个密钥的加密、解密、加密序列

设备带有各类常规数据接口,并在设备内部预留处理器资料,一方面外部接口接入加密模块;另一方面在内部处理器进行部分加密运算处理。从而,在满足用户加密要求的同时,也兼顾了加密要求级别较高的用户需求。

5. 视音频的同步

针对视音频同步传输问题,拟采用多线程同步传输、配比权重的传输连续性控制、音频优先、时间戳同步、空闲时隙内插等机制,以保障无线视音频系统端到端的视音频同步传输和流畅播放。

时间戳同步是保证视音频同步传输的关键,在设备采集到音视频后,会在同时采集到的音视频数据上加时间戳,通过无线传输到客户端后,在播放时,会把时间戳相同的音视频数据在同一时间播放出来。最终达到视音频同步的效果。

6. 管理软件特点

管理服务器软件负责整个系统的连接和运行,并外挂存储服务器(可选组件),用于集中存储视频数据文件。同时,可选用动态域名解析服务器配套使用,方便终端设置的配置和管理。管理服务器软件是系统的核心,负责连接前端视频服务器与客户监控端,并进行视频数据和控制命令转发,同时连接和管理存储服务器中的视频数据,以及管理系统中的各种设备和资源,包括视频流管理、录像管理和用户管理等。管理服务器软件分两套功能主体来实现:中心服务器、转发服务器,中心服务器负责控制指令的转发和管理,转发服务器负责视频数据的转发和管理及存储,其为更大规模的监控系统实现提供了有效保证。

管理服务器软件的基本使用功能如下:

(1) 用户多种方式接入,如手机、PC、PDA 等。

(2) 支持独立应用系统和融合平台应用系统同时使用。

(3) 可单独使用,可支持多个服务器级联组成大系统,扩展系统规模。

(4) 支持分布存储管理,多点存储功能,实现数据高度共享。

(5) 支持分级用户管理,设定各级用户,使用不同权限访问不同资源,实现分级管理。

(6) 支持完善的日志功能,便于查询和整理。

(7) 支持完善的 Web 浏览器对服务器数据的管理,可以方便管理系统设备和各种资源。

(8) 支持动态显示连接客户端和终端设备的设备 ID、IP 地址、上/下行码率、丢包率等基本信息。

对于一个中心服务器,可以与多个转发服务器相互连接,进而实现监控系统软件的级联扩容,扩大监控系统规模。

5.2.4　监控服务器软件

监控服务器(多媒体信息处理终端)负责整个系统的连接和运行,并外挂存储阵列(可选组件),用于集中存储视频数据文件。同时,可选用动态域名解析服务器配套使用,方便终端设置的配置和管理。监控服务器是系统的核心,负责连接前端视频服务器与客户监控端,并进行视频数据和控制命令转发,同时连接和管理存储服务器中的视频数据,以及管理系统中的各种设备和资源,包括视频流管理、录像管理和用户管理等。监控服务器分两套功能主体来实现:中心服务器、转发服务器,中心服务器负责控制指令的转发和管理,转发服务器负责视频数据的转发和管理及存储。

服务器软件的基本使用功能如下:

- 可单独使用,可支持多个服务器级联组成大系统,扩展系统规模;
- 支持分布存储管理,多点存储功能,实现数据高度共享;
- 支持分级用户管理,设定各级用户,使用不同权限访问不同资源,实现分级管理;
- 支持完善的日志功能,便于查询和整理;
- 支持完善的 Web 浏览器对服务器数据的管理,可以方便管理系统设备和各种资源;
- 支持动态显示连接客户端和终端设备的设备 ID、IP 地址、上/下行码率、丢包率等基本信息。

1. 转发服务器

本套软件的系统体系结构采用的是 C/S 架构,可以充分利用两端硬件环境的优势,将任务合理分配到客户端 Client 和服务器端 Server 来实现,降低了系统的通信开销。

本套监控服务器软件分两套功能主体来实现:中心服务器和转发服务器。其中的转发服务器功能体,可实现对视频数据和控制指令的转发,其为更大规模的监控系统实现提供了有效保证。

2. 客户端介绍

系统的客户端系统,由客户端设备和客户端软件组成。客户设备可以是连接网络的 PC、笔记本计算机、手机等。客户端软件是客户端系统的核心所在,提供各类面向客户的应用功能。客户端软件的各项功能说明如下。

启动应用程序,系统弹出登录对话框,用户输入"用户名"和"密码"登录到系统,如果不登录,则系统是禁用的。

3. 监控画面

用户通过窗体分割按钮控制窗体分割方式和全屏控制。用户通过选择窗体,选择设备,可以在指定的窗体上进行播放。

4. 管理与控制终端

用户登录系统后,可以管理自己的监控终端。监控终端列表列出了当前登录的用户有权限访问的终端,终端按组的方式进行显示。终端使用不同的图标显示不同的状态。

设备图标颜色:设备在线使用绿色,不在线使用灰色,报警使用红色。用户通过鼠标放在设备图标上,在线设备会显示具体的 GPS 信息。监控终端列表下有 4 个按钮,依次功能为播放、录像/停止录像、移动侦测打开/关闭、设备启动/休眠。用户可以选择不同的设备进行控制。用户可以通过主界面的"设置"按钮 进入二次对话框中进行查看目前正在进行的本地录像信息。

5. OSD

在监控画面显示 OSD,包括 GPS 信息、设备(摄像头)名称、时间、所在设备组名称、报警信息、本地录像信息等。

6. 远程回放

远程监控数据存储在存储服务器上,因此客户端可以从存储服务器上检索并回放历史数据。用户可以通过主界面上的回放按钮,进入远程回放界面。远程回放提供从服务器上进行录像查询、播放和下载。录像查询条件暂时为设备名称、时间范围、录像类型。播放控制为播放、停止、慢放、快放、截图、音量等操作。

7. 抓图回放

主界面提供一个快速抓图回放的按钮,单击后弹出对话框显示上次抓图文件,并通过"向前","向后"按钮进行浏览多个历史抓图文件,提供打印按钮进行打印操作。

8. 参数设置

1) 用户管理、权限设置

(1) 提供添加、删除用户组;

(2) 添加、删除用户;

(3) 添加用户时必须指定用户所属组;

(4) 用户分为 4 种角色,角色对应权限:

① 系统管理员:拥有全部用户权限,还包括可以对组管理员进行管理。

② 组管理员:可以进行本组的用户管理、本组的设备管理,如增删本组用户(本组用户分为全功能用户和浏览用户)和本组设备,以及本组设备的报警管理等工作。

③ 组全功能用户:拥有对本组的所有监控功能的使用,操作云台、录像计划等。

④ 组浏览用户:功能包括本组图像实时监控、本组录像回放等功能,但不能进行云台控制等修改操作。

2) 设备管理

(1) 提供设备的添加、删除操作。

(2) 设备添加时比如指定所属用户组(即设备组)。

(3) 只有所属用户组的用户才可以浏览该设备。

(4) 设备属性包括设备名称、SIM 卡号码、所属组名称、是否关闭语音。

(5) 组管理员或系统管理员可以将某设备声音关闭,但不影响录像时带有的声音,只是不发送给客户端进行播放。

3) 编码参数设置

它提供用户对设备编码参数的设置:视频的图像格式、传输帧率、图像质量、视频模式。关于色度、亮度、对比度、饱和度方面的设置,在悬浮云台上进行。

4) 定时录像设置

定时录像由存储服务器进行,用户可以通过客户端进行设置。设置参数包括通道名、时间段(或开始时间)、云台预置位、是否录音。当两个录像计划设置的时间有重合时,提醒用户。

5) 报警联动设置

报警联动设置包括视频移动报警联动设置和I/O输入报警联动设置。

6) 报警布撤防设置

报警布撤防设置包括视频移动报警布撤防设置和I/O输入报警布撤防设置。即设置时间段,当该时间段内发生报警时才进行联动处理,否则不进行处理。该部分设置记录在服务器上,由服务器统一管理。当两个设置的时间有重合时,提醒用户。

7) 网络连接

系统支持各类常规网络环境的应用,客户端直接代理上网方式。

5.2.5　显示部分

综合显示功能对用户在使用该系统时非常重要,能帮助用户将众多的监控画面展现在用户的面前,并提供多种管理功能。使用户更迅速、准确的查看前端现场的画面,并做出准确的指挥决策指令。综合显示系统一般包括大屏、PC、笔记本计算机和智能手机等。

(1) 数字大屏采用投影墙拼接技术、多屏图像处理技术、多路信号切换技术等,具有高亮度、高清晰度、高智能化控制、操作方法先进等优点。大屏的接口一般采用VGA或RGB,控制计算机可通过控制接口调试大屏的显示模式,如多画面显示、画面漫游、画中画等功能。而且大屏的尺寸是监视器无法比拟的,可通过大屏将一路画面放入整个大屏,是指挥员更清晰地掌握监控画面的细节。

(2) PC桌面显示是我们平时最常用的一种方式,只需要有固网宽带网络能连接整个系统平台,用户就可以通过客户端软件来查看现场情况。

(3) 笔记本计算机显示是指在移动并且无固网宽带的环境下,客户可以通过笔记本计算机移动公网无线上网卡进入网络,登录系统平台。调取前端设备所采集的图像信息。它的优点在于不受空间和电力的限制,只要有移动公网信号覆盖的地方,就可以完成操作。

(4) 智能手机显示是所有显示方式中最轻松和便捷的方式,用户只要配备智能手机,登录到系统平台,即可调用图像。手机是最普及的移动终端,具备轻巧,操作简单等优点。

5.2.6　系统特色说明

根据环保部门当前无线视音频可视化监控指挥系统的实际需求,融合了视音频信号压缩、无线传输、数据加密等诸多方面的国内外一流技术,车载、固定点、单兵环保执法系统应用必将使环保监测信息应用效率系数大大提高。本系统将基本扫清环保部门辖区监控管制的盲点。

环保监测部门无线视音频可视化监控指挥系统的主要技术优势和系统特色如下所述:

1. 支持多类型客户端设备观看

系统支持多个台式计算机、手机、DLP大屏、笔记本计算机等设备的同时观看视频,并且手机客户端同时支持Wi-Fi、3G网络进行视频查看。

2. 高效的视音频压缩与唇音同步

目前我方自主的优化视音频算法可在低带宽下保持 25 帧流畅传输,并可通过自主技术实现唇音同步,这项技术解决了国内无线远程视音频传输的一大难题。

3. 可靠性更高

创新的单兵存储设计,满足防震要求,固态 SD 卡本地存储,实现视频无线上传。

4. 创新的多模无线并线传输

基于对现在公网无线覆盖的理论分析,提出在多模无线并线技术,可以在 GPRS/WCDMA/CDMA2000/TD-SCDMA 间相互复用和切换,从而可有效回避单一扇区内用户信道拥堵的情况,最大程度地抢占有效带宽。

5. 可靠的端到端数据加密

对视音频数据部分,使用私钥加密算法 DES,特点是速度快,加密强度高,适合对大量的数据进行加密;对用户信息部分,适用公钥加密算法 RSA,特点是加密强度高,适合不同用户使用。在服务器和客户端还可以采用其他成熟的数据加密和权限管理机制。

6. 成熟稳定的系统设计

视音频处理电路和网络控制电路已是我方成熟的设计成果,使电路在电磁干扰、振动、高低温、老化等诸多方面满足国家标准要求,达到可靠和稳定的应用。

5.3 无锡智能环保平台建设方案

5.3.1 总体目标

1. 说得清

说得清就是全面感知、立体监控。本方案采用多节点异构采集、多设备自治组网、多信号协同处理的方法,对水体水源、大气、噪声、污染源、放射源、固体废弃物等重点环保监测对象的状态、参数及位置等信息进行实时感知,通过协同感知实现在感知参数关联性分析基础上采用协同处理技术剔除无用数据获得更精确的监测结果。同时,感知节点布局采用"点、线、面"相结合的方式,由点及线,由线及面,由面完全感知三维立体空间对象特征,确保探测结果准确无误。如面向总量减排管理的主要入湖口及河道水域综合立体感知、面向立体交叉污染监测的区域立体感知等。

同时,本方案也对业务流程进行监控感知。通过对业务主线的实时监控,一方面可以准确、完整地保留业务处理过程,为打造"阳光政府"提供技术手段;另一方面也可以将任务管理和绩效考核纳入到业务系统中,提高工作效率和政府部门的响应速度。

2．传得快

传得快就是多网融合、高速传输。系统采用分布式协同处理机制,原始数据经前端协同处理精炼高信息量数据或决策到系统平台,上传必要的可视化的感知数据、图像信息,同时采用最适宜此种工作,模式的通信协议体系保证了传输高效率和实时性。在网络传输系统设计中采用传感器网络、无线网络、有线网络、卫星网络等多种网络科学组合的形式,始终坚持灵活、快速、可靠、适用的原则将感知数据传输至环保物联网共性平台,并对异构传输网络提供可靠的网络资源和流量管理。

3．算得清

算得清就是海量计算、智慧分析。面对纷繁复杂。变化万千的海量数据,以及海量目标混杂、环境多样以及任务的非确定性,环境保护涉及多个学科,复杂程度较高,不仅涉及各类污染企业的工艺流程和各类污染因子的监测、分析、处理等内容,还需要根据监测数据结合气象、水利、国土、农林等部门预测预警环境综合质量的变化评估状况。这些工作都需要对海量信息进行识别、分类、综合分析、模拟预测、评估等处理,需要具备快速的计算能力。

本方案将采用基于感知社会理论体系的信息处理策略,将感知节点之间进行“社会化的分工与协同”,形成与目标及任务紧密相关的网络架构。通过分布式计算、云计算与高性能计算合理社会化分工组合实时掌控监测区域、流域、空间的现在的环境状况并科学预测未来的趋势。通过采用数据分析、可视化监测和地理信息技术还原现场情况,并通过环保专家知识、环保模型和环保专家经验模型以及对大量实时和历史数据的挖掘、评测与关联性分析,深度获取和挖掘积累相关环保知识,更广泛地掌握其中的科学规律,全面提升分析决策的智慧化程度,包括准确判断环境状况和变化趋势对环保危机事件进行预警、态势分析、联动和应急指挥决策辅助于一体,提供准确的分析、挖掘掌握水、气、土壤等多相生态环境变迁和关联性的规律,对完善环境法律、法规体系、环保行业监测规程和技术标准、环保发展战略的规划等提供充分的科学依据。

4．管得好

管得好就是业务整合、智慧决策。在环保物联网共性平台上建设监测预警中心、污染源监控中心、应急指挥中心、电子政务中心、数据交换中心和教育展示中心等6大管理分中心,融合功能强大,覆盖性强的各个业务子系统,形成内外结合的、高度可视化的综合管理服务系统平台,为各业务部门、管理决策部门、环保专家、行政执法人员、企业、公众和其他应用部门提供智能化、可视化的环保信息管理应用和综合服务平台,提升环保局的总量减排能力和环境综合质量的监管能力,快速、高效、准确地完成上级管理部门下达的各项任务,便捷、及时地对企业和公众提供环境信息服务,打造良性的互动平台。通过本项目的建设将形成环保监控物联网技术规范、环保信息化服务流程、环保数据管理更新机制和新一代环保信息系统应用维护体系等,为国家各级环保部门的应用推广提供探索经验和标准示范,并在未来环保行业标准、政策法规、发展战略的中长期规划中发挥指导作用。

5.3.2　分期目标

根据建设原则,建设目标将分两期建设:

1.　第一期建设目标(奠定基础)

(1) 摸清家底、总体设计。在充分业务调研的基础上,结合先进的物联网技术和各级管理人员的管理理念,对当前的业务、流程、应用进行总结、梳理、优化;并根据能力建设目标进行系统总体设计。

(2) 建设标准化体系,提出物联网在环保应用领域的标准和规范。

(3) 具备基本的环境和污染源感知能力。

(4) 具备初步的传输和海量计算能力。

(5) 具备污染源全生命周期的管理能力,具备业务流程的感知能力。

(6) 开展水气相关的模型研究,结合 GIS 系统初步形成环境综合质量的预测预警能力。

2.　第二期建设目标(智慧应用)

(1) 建设公众服务平台和教育展示中心,是传统行政管理向信息化辅助管理转变,为高效的行政管理奠定基础。提高服务和信息公开水平,实现良心互动。

(2) 构建环境质量预测及环境污染事故应急管理系统框架,加强环境污染应急处置及预案管理,提升应急反应和处置能力。

(3) 将固废、机动车尾气、核与辐射的监管纳入到污染源监管平台。

(4) 初步形成环境综合质量的智能监管能力,为区域环境质量考核提供支撑。

(5) 初步形成环境质量与污染源的联动评价能力,为经济发展、产业调整、生态文明建设提供智能分析、辅助决策依据。

(6) 完成人员培训和应用推广,形成一套有效的数据更新机制和运维保障机制。

5.3.3　项目特点

本项目将充分利用物联网、传感网、云计算等新一代信息技术,对环境信息进行更透彻的感知、更全面的互联互通、更深入的智能化应用,实现对环境信息资源的深度开发利用和对环境管理决策的智能支持,从而最大程度地提高环境信息化水平,完善环境保护的长效管理机制,推进污染减排、加强环境保护,实现环境与人、经济乃至整个社会的和谐发展。

1.　流程和数据的一体化

提高工作效率的基础是打破各系统之间的壁垒,通过标准化和信息共享消除信息孤岛。本项目对环保部门各系统进行一体化设计。

2.　云计算集约型应用集构建

借助云计算集约型 IT 资源管理与分配的技术优势,建立并完善基于云计算技术的环保业务支撑技术体系和可扩展的智慧应用业务系统,根据分工协作原则,采用公共诚实云服务平台和环保专用服务平台相结合的方式,为环保智慧信息化业务的开展与提升提供高计算能力、海量存储能力、智能数据挖掘和分析能力、消息统一管控能力和可溯源安全保障能力的分布式一体化集约型智慧应用构建环境,其中公有云平台和行业信息中心的协作关系见图5.5。

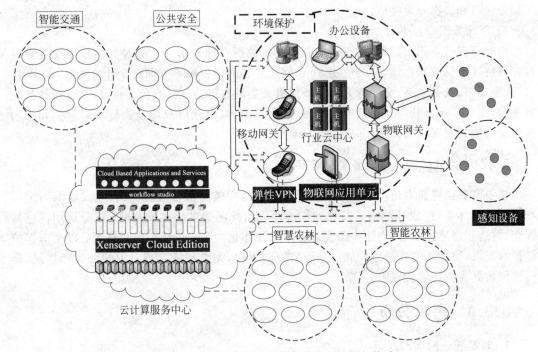

图 5.5　城市云中心与环保行业中心的业务关系

本方案具有以下关键技术:

1) 高性能计算和海量存储一体化系统

采用高性能计算和海量存储一体化系统作为整个系统的数据支撑部分,系统采用大规模计算机信息处理技术对系统基础设施进行管理与维护,在模数据管理与存储中,采用大规模并行文件与存储系统实现对系统的底层支持,同时使用大规模并行数据库系统进行数据的存储与管理。对于数据的处理,采用了在线分析处理的方法实现系统数据挖掘功能。

2) 区块化的高效人工智能技术系统

平台将通过城市公共服务云和行业专有云平台共建适合环保但不仅限于环保行业使用的区块化人工智能技术系统,使的行业技术产业链中下游企业,能够通过云计算方式对人工智能技术进行租用,低成本高能效的升级自身产品,并普遍提高环保行业信息化应用的智能程度。近期,本项目拟针对环保综合长效机制规划、水体污染成瘾、大气污染治理、危险品防爆与追踪、城乡环境综合治理等方面工作需求,提供以下人工智能技术分区:并行数据挖掘、大规模视频分析、海量数据可视化、自然现象模型仿真与预测以及应急系统辅助决策。

3) 环保数据资源管理平台

环保数据资源管理平台建设的指导思想是,改变过去烟囱式应用系统开发所采用的各业务系统的数据分别设计、自建自用的模式,坚持"统一设计,集中管理,统一访问,兼顾已有与扩展"的指导思想,构建环保综合数据库和环保数据服务总线,从"重复采集、一数多源、共享不畅"向"一数一源、一源多用、全面共享"转变,为上层业务应用整合和流程优化奠定基础。平台拟建设数据中心管理与分析平台智慧服务平台,能够将所有环保信息按照面向对象的方式进行管理,按照基于元数据技术模型驱动数据扩展和数据关联,提供数据中心管标准接口,能够完成数据统一维护和查询功能,并提供数据挖掘、并行计算、可视化和视频搜索等服务接口和二次开发接口。

4) 环保数据交互平台

面向环保行业相关数据,基于运中心的海量数据存储技术建立异种异构数据交互总线和存储特区。从数据存储、分类应用、平台间交互和网络传输等方面建立针对气象、水文、民政、政府规划、社会经济、金融等方面与环保有交集的数据建立具有传输标准、交互快捷的交互平台,便于环保部分与其他政府部门、社会公益团体、企业以及民众进行不同种类和不同优先级的数据交互以及共享。

3. 突破"点式监测",建设多层次监控网

加强监测预警能力建设,扩大监控的覆盖范围,突破传统在线监测的"点式监测",采用物联网技术体系,形成局部网络监控到广阔环境监控网的多层次监控网;充分运用传感器跟踪、雷达和遥感技术等,构建多角度、多方式、立体化的全方位环境监控体系;以生态保护监控为契机,突破环境质量监测和污染源监控的界限,完善环境管理对象的兼容和扩展,让传感网数据为大环境管理服务。

5.3.4　需求分析

1. 制定统一的标准规范

制定系统建设标准与规范,包括标准框架、感知网建设与管理、数据管理和应用安全等方面的标准与规范,用于指导本项目乃至今后环保信息系统建设,保障系统建设先后之前标准一致。本项目标准规范建设的内容包括本系统建设过程中需要遵照执行的国家和行业标准,专门为本系统建设编制的标准规范。

2. 构建环境保护感知网

基于环保部四级环保专网,建设连接环保部、江苏省环保厅和无锡市下辖行政区县的环保网络,通过国家基础骨干网络和合理的 IP 地址规划将无锡市环保机构级联成为一个大的环境保护业务专网,为数据采集、传输和信息发布提供传输通道。同时,利用物联网技术建设和完善包括污染源在线监控和环境综合质量监测的智能感知网。重点污染源环境监测数据采集直传覆盖面达到 100%。目前,主要依靠传统方式采集污染源监测数据,且环境监测人力资源有限,有限周期只能覆盖部分被监测对象,无法实现对全部监测对象进行持续监测管理。本项目实施后,其系统具有强大的数据自动监测、上报、统计功能,其中通过感知网采集污染源监测数据和环境综合质量数据,是监测统计覆盖率提高到 100%。

3. 构建污染源全生命周期管理体系

建设污染源全生命周期的管理系统,形成业务管理主线融合任务管理和绩效考核,形成管理主线;集成固废管理、机动车尾气、核与辐射管理。

4．建设环境数据中心和地理信息平台

建立无锡市环保局环境数据资源中心，提供数据共享和交换能力，成为环保局对外发布、上报、共享的权威数据信息发不出口。建设环境地理信息平台，为各个业务应用提高地图服务和空间分析能力。

5．建设环境综合质量预警预测系统

综合科学的环境模型，建设环境综合质量预警预测系统为减排决策提供技术支持。可及时、全面、准确地分析污染源的监测数据和环境综合质量，通过预测预警和统计分析功能反映环保工作的宏观和微观情况，为各级领导制订环境减排工作部署提供技术支持。

6．建设统一的安全保障体系

建立统一的安全管理体系和管理制度，用以保障环境信息和统计信息系统安全、高效、稳定运行。建立科学的、可行的安全工作制度，在内部建立安全管理规范。建立完备与可行的信息系统技术安全体系，保障信息系统免受各种攻击、据采集与传输网络、监测数据存储与共享、监测数据管理与应用、突发环境事故应急指挥大平台为主要建设内容，运用和集成环境在线监测技术、计算机技术、网络技术、通信技术、视频音频和影像技术以及 GIS 技术，建立实现覆盖无锡市各级环保系统、高效、稳定、通畅的数据传输与共享网络和信息应用平台，使其成为"感知环境"有机组成部分，既能实现对辖区内重点污染源（污水、废气）、高位污染源排放情况及污染治理设施、监测设施运行状况的实时自动在线监测，使环保部门能及时、准确、全面地了解辖区内环境状况，为环境监管、环境评价、执法与决策提供有力支持。又能对各种事故等灾害信息进行科学有序的管理，并进行分析、预测和评估，为事故应急指挥部门进行科学决策和可靠的现代化手段。把事故应急反应的工作提高到了一个新的层次，真正实现应急管理的信息化、现代化。

5.3.5　总体设计

1．系统网络架构图

感知环境、智慧环境系统网络架构图见图5.6。

1) 感知互动层

对水、大气、噪声、土壤、危险废弃物等重点环保监测对象的状态、参数及位置等信息进行多维感知的方法设计和系统实现、包括环境感知和数据采集子系统、组网通信子系统、能源供应子系统等进行多项子系统的设计与实施。将充分利用前期集中建设的 86 个先进的水质、湖况监测装备（含 13 个视频监测点、15 个浮标监测点等）、72 个大气监测站点的装备，并通过新型传感设备和无线网络设备扩展构建基于传感器网络技术的智能化实时立体感知网络。

2) 网络传输层

基于前端智能环境感知层的应用设计，以实现更加全面的互通互联为目标，建设集传感器网络、无线网络、有线网络、卫星网络等多种网络形态于一体，能够灵活快速将感知数据传

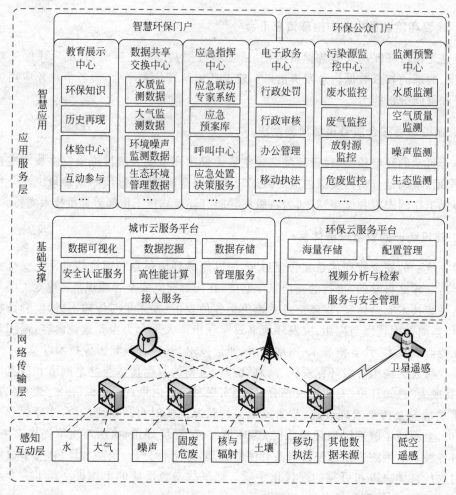

图 5.6   系统网络架构图

输至"智慧环保"管理中心的高速、无缝、可靠的数据传输网络。重点之一是将现有 86 个水质监测装备、72 个大气监测装备进行联网数据传输,实现水、大气、噪声、土壤、危险废弃物等环保监测设备的网络化高速数据传输和高效集中管理。

3）基础支撑层

基于云计算技术,在无锡城市云平台和环保专用云平台上将具有行业通用性的高性能并行计算技术、海量数据挖掘技术、数据可视化技术等建设,面向无锡多维环保信息的国内最先进的高性能计算和海量数据存储支撑平台,能够在高性能计算、海量信息存储、并行处理、数据挖掘、视频信息分析挖掘和地理信息系统方面提供可靠的智能计算支撑技术。可广泛结合环保理论研究成果和各类环保专家经验模型,能通过对大量实时和历史数据的高性能计算和数据挖掘,准确判断环境状况和变化趋势,对环保危急事件进行预警、态势分析、应急联动等计算任务提供准确的结果。

4）智慧应用层

在"智慧环保"中心的智慧中心建设智慧环保综合管理服务平台,根据环保局的长远规划,可分为以下 6 个中心:监测预警中心、污染源监控中心、应急指挥中心、电子政务中心、数据交换中心和教育展示中心,形成高效"智慧环保"综合管理服务系统平台,可面向决策部门、环保管理部门和市民,提供有效管理环保数据、严格执行环保法规、智能支持环保办公管理,广泛进行环保教育及支持深入科学研究等多项内容。

2. 系统功能架构

系统总体架构以源数据管理、数据中心建设和集约型智慧应用系统为主进行构建。环保系统中各部门数据系统都有所不同,各部门都根据各自或某一特定业务编制相应的软件,但各类系统的工作平台、开发工具、后台数据库不尽相同,使得各部门的系统彼此之间的交互共享性能较差,无法实现交流;大量的环境数据存在信息孤岛,只停留在查询检索和统计功能上,并不能实现数据为分析和决策帮助提供服务。"感知环境,智慧环保"系统功能架构见图 5.7。

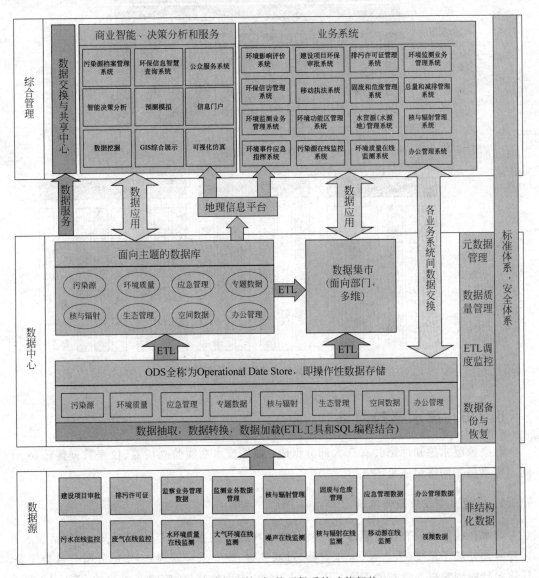

图 5.7 感知环境、智慧环保系统功能架构

3. 污染源监测监控系统架构

作为"感知环境"有机组成部分,污染源监测监控传感网络的设置上,采用总体架构的思想,引入面向服务的方案(Service Oriented Architecture,SOA),基于应用集成框架,实现三层技术确保性能的复合架构。其基本构成包括三层,其中最底层由在线检测仪表和传感器组成的数据采集端,分为废水感知网络、废气感知网络、治理设施感知网络和设施运用感知网络,中层为采集数据传输为主、兼顾处理、存储、管理的网络传输层,上层为污染源监控系统,提供污染监控应用支持,同时为整个智能环保系统提供固定污染源在线监控部分基本数据和服务支持。污染源在线监测监控系统架构图见图5.8。

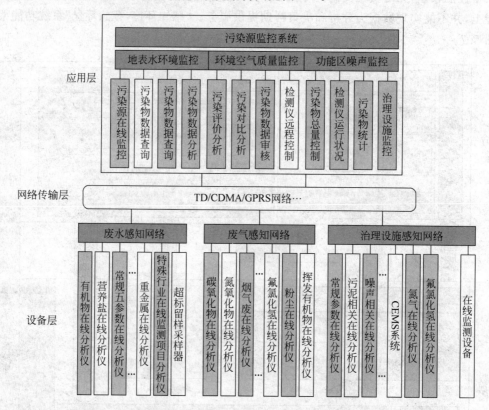

图 5.8 污染源在线监测监控系统架构图

5.3.6 废水感知网络

污染源废水感知网络共有三大部分组成:前端废水在线监测仪器、仪表数据传输层、子网。废水感知网络组成见图5.9。

1. 在线监测仪表及传感器

废水在线监测仪表及传感器是污染源废水在线监控系统的基本组成部分,包括仪表和采样及预处理子系统(采水泵、采水管路、过滤装置、独立采样器等)。本部分所含各类仪表,具体包括检测常规5参数的DO、ORP、pH、电导、温度传感器,监测有机物的 TOC、COD 在

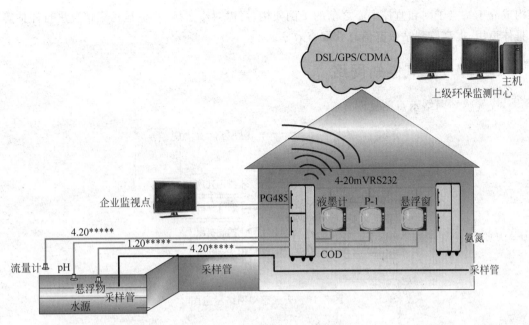

图 5.9 废水感知网络示意图

线分析仪,监测营养盐的 NH3-N/总氮、总磷/正磷酸盐、总磷总氮分析仪等。在废水在线仪表及传感器的建设上,首先考虑无锡市现有污水在线检测仪表及传感器,在原有废水在线监测系统的基础上,基于适用性、经济性、高效性、代表性四大原则,对原有在线监测系统进行升级、改造、扩充。在仪表的选择上,着重考虑典型性、全面性和智能型,根据污染物排放特点,选择典型污染物监测仪表。例如,含油废水,可考虑水中有在线分析;电镀废水,可考虑重金属在线分析仪;在监测项目上,考虑同一仪表可对多个参数进行分析,如能够同时对总磷、总氮和 COD 进行在线分析仪的 TPN 在线分析仪,可对铅、镉等同时分析的重金属在线分析仪。

2. 在线监测站点子网

污染源自动监测站监测仪表首先组网,与废水污染物排放企业属性建立关联,组成废水监测只能站点。监测子网主要包括以下功能:第一,监测仪与通信终端之间通过事先约定好的通信接口协议,将监控数据传给通信终端,用于本子站的数据查询、数据分析等应用;第二,GPRS 通信终端通过 RS-232 端口与通信终端相连通过 TD/CDMA/PRS 网络传输至监控中心,用于监控中心的各种应用;第三,监控中心下发的控制命令通过通信终端发送给监测仪,监测仪收到命令后做出相应动作。监测站点子网通过数据专线与移动数据网边缘路由器相连,为固定公网 IP 地址,GPRS 终端拨号上网后将获得移动数据网内部动态 IP 地址,可以直接与监控中心服务器建立连接,传输数据。废水在线监测站点子网一般由两台服务器和一台工作站连接到交换机组成一个小局域网,利用路由器通过专线与移动数据网连接。两台服务器分别为数据库服务器、Web/通信服务器,一台工作站为监控平台。远程授权用户通过公网经身份认证可以登录到系统,进行数据查看、查询等操作。同时,不同污染源监测站点子网间通过无线传输技术,对邻近或同一小区域范围内的在线监测站点自组网,构成介于站点子网和监控中心之前的子网架构,可以对小区域、小流域污染情况进行评估等具体运用,提高监测站数据信息获取有效率。

5.3.7　废气感知网络

废气感知网络示意图见图 5.10。

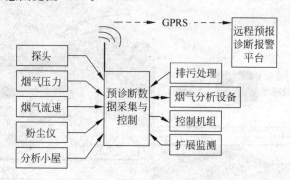

图 5.10　废气感知网络示意图

5.3.8　污染源在线监测监控传输网

考虑到污染源监测点的特点,将需要实时传输的基本节点数据直接通过通信运营商基站接入数据中心服务器,结合多个平台和网络间准确、可靠和快速地交换和传递消息需求,采用面向服务的方案,该方案通过服务之间的消息路由、请求者和服务之间的传输协议转换(SOAP、JMS)、请求者和服务之间的消息格式(XML)转换、安全、可靠和交互处理来自不同业务的事件,支持运行的基础是互相独立、互不兼容的、复杂的源数据系统;保证服务功能的透明性,即其用户可扩展性;服务位置的透明性,即不同企业间的服务共享性且服务间接口的独立。为了减小数据传输压力,在软硬件平台上采用了负载均衡的设计,Web 服务器、应用服务器和数据库服务器都采用了簇结构,防止单点故障,同时保证了系统的横向扩展能力,很方便地增加应用的节点,也充分发挥了系统硬件的性能,将所有主机的 CPU 和内存充分利用起来。即实现传输,又保证传输及处理过程的安全可靠。网络层将数据传送给环境数据中心,环境数据中心系统将存储,管理,维护全系统中的数据,通过统一的数据支持平台和各应用子系统进行数据交换,提供各种数据存取,数据查询,报表打印等服务。环境数据中心包括空间数据库、社会经济数据库、环境监测数据库、环境管理数据库生态环境保护数据库、城市建设与污染源数据库等多个数据库。环境数据中心的实时数据大部分来自于实时数据获取节点和视频监控系统,为固定污染源在线监测系统服务层提供基本的数据支持。

图 5.11 为环境质量在线监测监控传感网的网络架构,一般由一个远程数据监控平台和若干个子站组成。子站设有对各种污染因子连续监测的智能化仪器和辅助设备,其工作方式为无人值守,昼夜连续自动运行。子站配备专用微处理机,采集各台仪器数据,通过有线或无线通信设备将数据传输到监控中心。监控中心设有计算机及相应的各种外围设备,完成对各子站状态信息及监测数据的收集,并能更具需要完成各种数据处理、报表和图件的输出。子站在线监测仪器和辅助系统应能接受监控中心的控制。

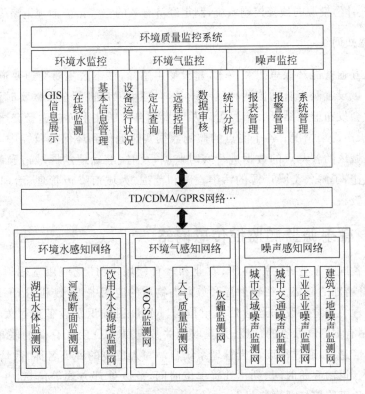

图 5.11 环境质量在线监测网络架构

1. 环境水感知网络

基于互联互通的智能环保思想和技术,建立环境水感知网络,通过实时监测系统获取各种水质与污染的实时信息,实现水质数据采集、水环境信息查询、水质特征值统计分析。水质级别评价与查询等,为水体监测管理服务。对断面水质进行实时在线监控,分析水资源的质量状况及其变化规律,解决跨界污染纠纷,污染事故预警、重点工程项目环境影响评估、保障公众用水安全以及合理开发、利用、管理与保护水资源提供科学依据。基于水环境模型库,依托先进的 GIS 技术,集成数据库技术、多媒体技术和系统集成技术,建立以可持续发展为目标的水环境决策支持系统,为河川、湖泊和海洋的水环境管理提供决策辅助工具,实现了水环境管理的科学化和规范化。系统还可根据用户自定义项目动态生成各类统计报表,统计查询能以数据表格、图形图像和以 GIS 为基础的水质分布等形式进行表现,彻底改变落后的运行和管理模式,为流域今后的经济发展规划提供决策依据。

2. 环境气感知网络

基于互联互通的智能环保思想和技术,建立环境气感知网络,本系统集数据传输、采集,数据统计,数据查询,趋势分析,决策支持,环境质量评价、污染预报,公共查询,数据上报,GIS 功能等功能为一体,结合个城市或地区已建成或将要建成的实时监测网,通过长期、连续、实时的数据分析,判断该地区的污染现状、污染趋势,评价污染控制措施的有效程度,研究污染对人们健康及对其他环境的危害,并为制定空气质量标准,验证污染扩散模式,以及进行污染预报,设计污染源的预警控制系统,制定经济有效的空气污染治理策略等提供依据。

3. 噪声感知网络

基于互联互通智能环保思想和技术,建设噪声感知,在市区主要交通要道、学校、商业区和人口集中区域设置噪声自动监测和显示设备,对环境噪声进行全天候实时监测,并通过电子显示屏向社会发布监测结果。市民可以随时看到自己居住附近或途径交通干道的噪声分贝,直观了解噪声污染情况;各个测点的监测数据实时地传到环保局监控中心,环保局用户可以对分布在城区的各测点的数据进行实时监测,及时、准确地掌握城市噪声现状,分析其变化趋势和规律,了解各类噪声源的污染程度和范围,为城市噪声管理、治理和科学研究提供系统的监测资料。

5.3.9 辐射源监测监控传感网络

目前世界各国在工业、医疗、科研、农业和教育领域中,广泛应用了辐射源和放射性物质,且仍保持着增加的趋势。在辐射源和放射性物质的应用中,多数利用 RGID 技术可实现联单自动化处理。当危险废物运达处置单位时,RFID 射频识别设备通过发射信号自动识别目标对象(贴有 RFID 标签的危废)并获取相关数据(RFID 变迁存储的联单信息)。在读取到电子联单信息后,通过固废危废管理系统自动写入危废的种类名称、数量、产废单位、运输单位、承运人、运输起始时间、到达处置单位时间,危废处理方式等信息,并发送到相关负责人处审批。危废监控传感网络见图 5.12。

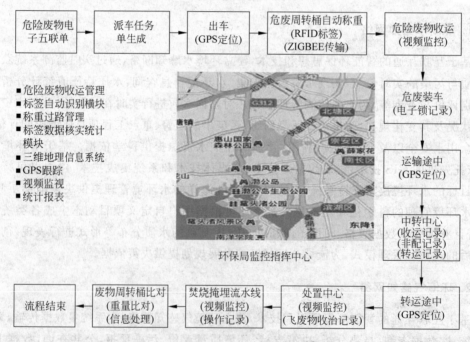

图 5.12　危废监控传感网络

运输监控管理功能主要结合运输车的 GPS 系统,对危废固废的运输路程、路线进行监控,确保危废固废运输安全,不影响其他地区。运输监控主要包括两部分管理内容:车辆的

GPS 告警管理和运输车辆的运行路线(轨迹)查看。

运输车辆路线与原定路线出现偏差以后,系统将产生报警信息。单击出现报警情况的运输车辆,可以查看报警的详细信息。

本方案中危废电子联单突破原有联单管理的模式,引入电子标签(RFID)、射频装置、电子秤、电子锁、GPS、视频、短距离组网传输、门禁、其他传感器。

1. 数据获取与处理

根据环境遥感业务的需要,获取环境卫星的遥感数据、其他卫星遥感数据、基础地理空间数据、环境背景数据、地面环境监测数据、社会经济数据等。对获取的环境卫星遥感影像数据进行处理,包括图像辐射纠正、几何纠正、几个精校正、正射校正、大气校正、图像融合、图像镶嵌、图像增强、图像变换、图像滤波、复原等。数据处理后形成的产品供后续业务使用。环境遥感监测业务流程见图 5.13。

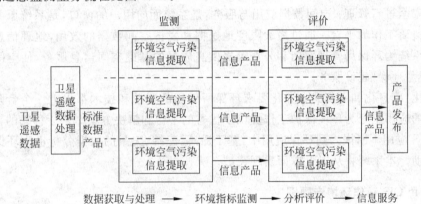

图 5.13　环境遥感监测业务流程

2. 环境指标监测

对数据处理后的产品进行环境特征信息提取,这些特征信息包括土地生态分类信息、生物物理参数信息、地表物理参数信息、全国生态环境质量状况现状与动态变化信息、自然保护区现状与动态变化信息、生态功能保护区现状与动态变化信息、城市生态质量现状与动态变化信息、土壤类型与污染特征信息、固废分布于类型特征信息、区域生态与环境灾害(水华、溢油、赤潮、沙尘暴)信息、全球变化信息、区域环境空气质量信息、内陆水体、近岸海域、饮用水源地水质状况信息等。这些信息一方面反映生态环境质量状况、环境空气质量状况和地表水环境质量状况;另一方面用于生态环境质量评价、环境空气质量评价和地表水环境质量评价。

5.3.10　地理信息系统应用

整合和实现信息共享具有举足轻重的作用。环保局基础地理信息系统建设总体目标是,利用地理信息系统(GIS)、遥感(RS)、全球定位系统(GPS)、数据库和计算机网络等技术,通过制定相应的政策法规和标准体系,建设多尺度、多分辨率的环保空间数据体系,构建统一的环保局空间资源信息服务平台,为"智慧环保"工程提供基于空间信息的应用服务。

地理信息系统在本系统的应用形式是,基于数据仓库,利用环境地理信息共享服务平台,实现各种应用服务。通过大屏幕展示各个应用系统的 GIS 功能,如应急指挥、视频监控等;通过与业务系统的集成,实现业务办理的图文一体化办公,丰富办公手段,提高业务决策水平;通过为环保局专题应用提供基础 GIS 服务支持,为各类环保业务定制特定的业务应用;通过与数据仓库的集成,实现 GIS 环境下的决策分析。

空间数据交换与共享中心主要目标是实现空间信息资源的整合及异构环境下的在线共享与交换。环保基础空间信息包括资源环境、基础设施和社会经济信息(人口、基本单位及宏观社会经济信息),通过共享和服务平台与环保部门进行空间信息整合,方便信息使用者在线共享与交换。其目的是打破信息孤岛,提升信息资源的有效利用率,促进部门之间的业务协同,进一步提高环境保护部门管理与服务的效率、质量和水平。

空间数据交换与共享中心包括三部分。空间数据管理,实现空间数据采集、编辑、入库、更新及存储和管理;GIS 服务管理,负责对空间数据资源、服务资源、接口资源的注册、发布、目录、安全进行管理;空间数据应用与服务,是系统面向用户的窗口,是系统服务环保局的工作和科研工作的平台。通过最大限度地挖掘和发挥空间数据的效用,地理信息数据应用与服务系统为环保局管理部门和公众等提供高质量的基础空间信息服务,使空间数据更好地为"智慧环保"建设服务。

产业化、信息化和更高的专业化要求环保所使用的资源和技术都得上一个台阶。地理信息系统的应用正好为环境保护工作提供了优秀的平台和解决方案。基于移动的,网络的,桌面的 GIS 应用不断嵌入到环保应用中,基于遥感、三维、矢量的数据分析也为环保工作带来很大帮助。本系统将从以下方面实现突破。

1. 应用 GIS 制作环境专题图

环境制图是环境科学研究的基本工具和手段。与传统的、周期长、更新慢的手工制图方式相比,利用 GIS 建立起地图数据库,可以达到一次投入、多次产出的效果。它不仅可以用户输出全要素地形图,而且可以根据用户需要分层输出各种专题图,如污染源分布图、大气质量功能区划图等。

2. GIS 应用于自然生态现状分析

在进行自然生态现状分析过程中,利用 GIS 可以比较精确地计算水土流失、荒漠化、森林砍伐面积等,客观地评价生态破坏程度和波及的范围,为各级政府进行生态环境综合治理提供科学依据。

3. GIS 应用于环境应急预警预报

建立重大环境污染事故区域预警系统,能够对事故风险源的地理位置及其属性、事故敏感区域位置及其属性进行管理,提供污染事故的大气、河流污染扩散的模拟过程和应急方案。

4. GIS 应用于环境质量评价和环境影响评价

由于 GIS 能够集成管理与场地密切相关的环境数据,因而也是综合分析评价的有力工具。环境影响评价是对所有的改扩建项目可能产生的环境影响进行预测评价,并提供防止和减缓这种影响的对策与措施。利用 GIS 的空间分析功能,可以综合性地分析建设项目各种数据,帮助确立环境影响评价模型。

5. GIS 应用于水环境管理

水环境信息具有明显的控件属性和层次属性,利用 GIS 可以更加明确地揭示不同区域的水环境状况,反映水体环境质量在空间上的变化趋势。可以更加直观地反映如污染源、排污口、监测断面等环境要素的空间分布。利用 GIS 还可以进行污染源预测、水质预测、水环境容量计算、污染物消减量的分配等,以表格和图形的方式为水环境管理决策提供多方位、多形式的支持。

5.3.11 基于云平台的存储管理一体化的服务

由于环境保护设计社会行业广泛,其数据的结构复杂,类型繁多,所以系统的数据和存储管理一体化服务是系统的另一个关键点,是制约系统综合效能发挥的重要因素。从数据类型方面看,需要以云服务技术为基础,进行以下类型数据的公共或私有服务,以支持不同应用厂商在数据存储、交换和共享方面的技术需求。

(1)基础性数据。它是环境基本情况信息,包括监测点名称、地址、位置、类型等。

(2)历史数据。历史数据包括各监控中心手机的一段时期内污染源自动监控系统采集、存储的监测污染物数据。

(3)实时数据。实时数据是自动监控设备瞬时采集并经监控网络报送至的数据。这类数据反映了现场的情况,对现场执法、应急处置有直接作用。

(4)统计分析数据。统计分析数据是在上面几类数据基础之上进行综合数据汇总、分析、运算加工等得到的数据。

(5)监控数据。监控数据是各个监控点摄像头采集的视频监控信息。

(6)办公数据。办公数据用来存储日常办公的文档、表格等文件,便于数据的集中管理和备份,日常办公的数据访问具有很大的时间局部性和空间局部性,大部分都是随机访问。

从数据访问方面考虑,鉴于上述业务应用数据种类繁多,不但要考虑存储的一体化,还要考虑将来业务加入后的存储。在涉及存储系统时,需要考虑不同业务及支撑系统对存储容量、性能的需求,综合如下:

(1)空间统一管理、数据并行访问、按价值分类存储、性能和空间动态扩展。

(2)专用海量存储设备。例如,光纤磁盘阵列、iSCSI 磁盘阵列等,根据应用特点选择不同性能、容量和接口。

(3)存储网络。廉洁存储设备与服务器,服务器可以通过存储网络对存储设备上存储的数据进行操作;存储交换机可以把存储设备空间划分给不同服务器。

(4)文件管理服务器。负责存储与管理所有用户文件的元数据,从而为应用服务器提供大容量、高带宽的文件访问服务。

(5)数据读写迁移服务器。这些服务器主要负责对数据进行迁移,回迁以及备份。它们还对外提供数据接口,可以将存储网络中的数据与外界网络联通。

从统一的存储管理角度考虑,多个业务应用数据存储的一体化,并考虑将来业务加入后的存储。在设计存储系统时,需要考虑不同业务及支撑系统对存储容量、性能的需求。考虑接受、查询、统计分析、信息上报或发布等多种服务器对存储系统共享访问和接口一体化。存储系统系统的设计便于各种业务服务器对数据的共享,避免重复的数据保存和传输;需要对各种业务服务提供统一的访问接口,业务应用无须了解物理存储的具体信息。需要对存储系统的层次化进行设计,考虑不同种类的数据在不同阶段的价值以及对存储系统的需求,基于分级存储的思想,充分提高存储系统的性价比。例如,减小对价格高的高性能存储的需求,仅仅用于存储价值特别高的或者访问非常频繁的数据。

5.3.12　基于云计算的数据挖掘与决策支持技术

我国正在拟定中的环保"十二五"规划提出"到 2015 年,主要污染物排放得到控制,重点地区和城乡环境质量有所改善,生态环境总体恶化趋势达到基本遏制,环境安全基本保障,为全面建设小康社会奠定良好的环境基础"的总体规划目标。如何在技术上进行环境趋势跟踪和监测重点地区环境质量变化趋势分析,如何全面综合的评价区域性整体环境安全和保障措施完善程度,如何进行生态环境质量和污染情况关联性分析等深入的环境保护相关分析,是困扰目前环保信息化建设的一个重要技术瓶颈。因此,需要通过颗粒度更低、智能化更高、覆盖程度更高、协同性更好的网络型监测技术手段来长期积累数据,并通过高维海量数据的关联性分析和智能挖掘,进行态势分析,从中发现并预测环境质量的变化规律和趋势。下面以内河水质监控和蓝藻暴发分析与预测为例进行进一步的解释说明。

内河污染监测为环境资源区域补偿的合理执行提供科学依据,促进污染物总量减排目标的完成。本项目拟在重点入湖口及河道相关区域建立立体网络化的水体参数监测网络系统,通过在多水质断面实时辐射状的感知站点部署,从空间和时间两个方面监测入湖水体的质量、排污总量的变化和扩散趋势,达到对短期和中长期监控排污异常现象的综合监测和报警,同时,可以对上游污染源的真实排放情况进行监测和追踪,提高污染减排管理及环境资源区域补偿管理的科学性。传统的内河污染检测,只能通过固定的监控点记录河流水质的变化情况;智慧环保在多立体断面的网状监控网络技术支持下,能够通过智能传感器之间的交互和协同,配合云平台的数据挖掘和自然模型预测方法,智慧环保系统能够判断河流分段的污染程度和污染原因。同时,系统自动能够根据减排目标确定河流各段各类污染源的减排指标,细化环保规划目标,落实层级环保指标完成计划。

目前众多以蓝藻暴发为代表的复杂环保事件发生规律在世界范围内还不能很好地掌握并加以利用,因此利用污染实践的发生规律进行辅助决策还存在较大困难。在研究领域,虽然已经能够得到大量的监测数据,但是这些数据还不能够总结产出规律性的可验证的成果,有关水体、土壤、大气、噪声污染和环境质量的关系,有关交叉污染现象的原因分析,有关如何为设计长效环保机制的提供科学的数据依据,有关为决策者提供标本兼治的环保策略,都需要进行深入研究。因此,需要借助于智能数据处理的计算技术对大量的来自水体、大气、土壤进行流动站和实验室的数据进行分析,并结合已经取得的相关研究结果和经验,把这些结合在一起,利用数据挖掘技术建立准确的蓝藻发生规律模型,以获取高准确性的预测结果,从而对蓝藻的爆发等环保事件进行干预和治理。

对于蓝藻数据挖掘来讲,现在有很多传感器用来采集蓝藻数据,由于水体参数关系的复杂性,可能通过这些数据都不能获取有用的信息,也就是这些数据都不是特征量,没有采集到真正相关的特征量,这时候就要增加传感器的感知内容。另一方面,如果采集的数据中有的可以很好地反映了特征量,那么其他很多不相关的传感器就可以不用,这样能够降低成本。因此,通过蓝藻预测可以建立蓝藻发生、爆发的模型,研究其形成规律,有助于科学研究。而且,通过数据挖掘的模型具有巨大的现实意义,可以预警蓝藻暴发,对爆发过程根据发生的程度、在蓝藻相关的环保数据挖掘、决策支持、应急联动三方面,数据挖掘是关键和基础,决策支持是数据挖掘结果与专家经验相结合提供具体决策,应急联动是实现多部门的综合防治蓝藻的快速反应。具体来说,需要包括分析蓝藻目前发生程度;分析蓝藻发生的相关因素;预测未来蓝藻发展趋势;面向决策者提供更有效的、直观的信息展现形式;需要把各个监测点数据整合并为数据挖掘做数据预处理,可以直观了解各区域蓝藻状况,对比各种状况需要对异常的指标进行分析、追溯、说明,了解产生异常的原因。

5.3.13　视频监控与分析系统以及云可视分析平台

针对视频监控高效率的发展需要,拟根据监控视频的特点研究其专用编码方法,研究以多维度可伸缩编码方法为基础,在分辨率可伸缩、帧率可伸缩以及编码质量可伸缩等方面开展研究,提出免租上述各类情况的可伸缩编码算法和针对监控视频的基元、码表,设计适合监控需要的视频编码方案。

针对视频监控智能化的发展需要,研究基于视频的蓝藻识别、基于视频的烟气识别、确定蓝藻级别、确定烟气级别、发出蓝藻级别预警和烟气级别预警,支持异常事件的自动报警。

视频监控与分析系统本着架构合理、安全可靠、产品主流、低成本、低维护量的系统实施目标,在系统总体设计上充分考虑以下几方面的特点进行系统规划:

(1) 先进性和稳定性。以先进、成熟的网络监控技术进行组网,支持图像和数据实况传输及多路随时随地监控。

(2) 标准化和开放性。网络协议采用通用标准,如 TCP/IP、HTTP 等标准通信协议,网络设备符合国际和国家标准,同时充分考虑到用户的潜在需求,提供相关报警信号的输入输出接口,具备报警信号与视频录像联动、报警信号与控制输出联动等功能。

(3) 可靠性和可用性。选用高效可靠的监控模块和成熟的编解码技术,充分考虑监控系统在运行时的应变能力和容错能力,采用断网缓存处理等手段确保整个监控系统的稳定性与可靠性。

(4) 安全性和保密性。核心设备能有效防止病毒入侵,网络传输采用 SSL 数据加密。

(5) 操作管理的简便性。监控管理通过图形化的管理界面和简洁的操作方式,直观、便捷而高效,提供强大的监控管理功能。

(6) 灵活性和可扩容性。采用模块化设计,能够平滑实现前端监控点扩容、中心扩容和分控台扩容,并且可以充分利用前期资源,降低扩容投入成本,系统的扩充仅需在前端增加网络摄像机或在监控中心增加电脑设备而无须任何复杂的过程,真正实现高度的可扩容性和灵活性。

本项目拟设计和开发基于“云”计算平台的视频监控与分析系统,支持对分散监控点进行实时监控和分析,如蓝藻的发生、发展,烟气的形成和扩散,蓝藻目前状况与级别判定,蓝藻发生区域按级别的划分,异常区域发现和报警等。作为视频监控和分析平台,该系统包括监控视频的编码传输、视频存储、异常事件的分析和报警等功能,可以有效地提高对蓝藻危机等异常事件的反应和应急处理能力。

基于物联网的云可视分析平台主要用于对物联网采集数据以及其衍生的模拟数据做可视分析,为环保部门提供图形化的数据展示。通过对多源数据的并行异步处理,利用并行可视化技术以及云计算技术,开发基于异构云计算平台的多源数据挖掘与可视化的基础软件,包括多源数据标准规范、软件底层框架与专用算法动态链接库、API 调用接口以及 Web 服务守护程序等。基于物联网的云可视分析平台主要技术指标:

(1) 多元数据格式支持:支持层次数据格式,包含如下类型:矢量和栅格图像,点云数据,数据表,科学数据库,文件注释和数据组。

(2) 可视分析数据规模:支持 PB 级数据实时可视分析,三维可视化帧率达到 IOFPS 以上。

(3) 多道用户访问支持:基于 Web 可视分析和多尺度浏览,支持 1000 人以上协同处理。

5.3.14　可视化仿真决策和智能环保决策支持

智慧决策仿真系统主要用于模拟和预测蓝藻、水污染和大气污染等的扩散蔓延,为环境管理部门提供决策支持。通过利用实测数据,结合经验模型、物理模型及高性能计算技术对蓝藻生长与运动、水污染扩散与蔓延、大气污染等进行三维建模与表达,实现对蓝藻、水污染和大气污染等现象的发生、发展过程的可动态推演,以及评价、分析与预测。主要技术指标如下:

能够基于实测数据、经验模型、物理模型,以高性能计算机为硬件基础,实施对蓝藻空间生长和水平蔓延、水污染和大气污染扩散等的 3D 可视化建模和表达支持对蓝藻、水污染和大气污染等现象发生、发展过程的动态推演。

能够在误差允许范围内对蓝藻、水污染和大气污染的扩散过程进行预测,提供环境学家有力的决策依据。

综合性环保智能决策支持以建立信息化的环保工作平台为基础,进而随着环保局的信息化工作平台建设的演进而逐步深化,在满足与时俱进的环保业务同时,以其作为服务支撑搭建起与环保监察、监控、管理目标紧密结合环保决策支持模块。深入来说,它有两方面的建设目标:应用目标和研究目标。作为一种应用,环保决策支持为环保管理与智能决策提供信息化工作场景;从研究角度出发,它将在数据集成、应用集成、业务联动的综合条件下提供研究观察的窗口与相关污染的模拟、预测、仿真环境。

5.3.15　环保行业信息中心与云平台的分工协作

本项目在对环保数据处理、存储、挖掘、分析和展示等方面提供了多项基于云计算平台的核心智能技术,通过对高性能并行处理、海量数据挖掘、数据可视化和视频分析与检索等技术的综合应用,为智慧环保示范系统提供环境因素关联性分析模型、数据模型、扩散模型、控制模型、污染发生决定因素分析方法、决策预案自动制定工具、决策辅助支持工具、环保数据可视化、环保视屏特征分析等多方面的分析手段和功能建设,从而为环保管理和政府决策提供可靠的科学依据和有效的辅助决策支持。

云高性能计算服务针对目前太湖环境保护预警系统中存在的待处理数据量大、计算时间长的问题,面向满足太湖区域监控的数据量需求和商用级专家系统计算时间的要求,研究如何在重用现有专家系统程序代码基础上,将预警专家系统从单机串行化运行工作模式向云计算并行运行的工作模式进行升级,大幅减小环保预警专家系统的数据预处理时间和预测算法执行时间,基于虚拟机技术,验证并行方案。为太湖环保监测系统的商用级运行和面向环保监测的同类系统扩展打下完善的计算基础。具体内容包括原有太湖环保预警系统的代码分析、数据预处理过程的并行化代码移植和优化、环保预警算法的并行化代码移植和优化和基于虚拟机技术,验证环保预警专家系统的并行处理方案。

根据以上内容,本项目拟面向环境保护预测专家系统的开发现状采用界面保留、核心算法并行化和整体系统兼容单机和云平台两种方式运行的技术路线来完成研究任务。首先,进行原有专家系统代码的舟析和运行环境分析;其次,在环保专家的参与下,将数据预处理算法和预测核心算法向并行运算模式进行移植;在虚拟机平台上,验证环保预测专家系统的并行方案。提出适合太湖区域环保监测系统的并行计算云计算系统方案,为整体监测系统的计算能力提供可靠的技术支持。

云平台分为城市云服务平台、行业信息中心两部分,共同为环保行业的最终用户和行业软硬件开发者提供云服务。其中,城市云服务平台侧重在信息资源和信息服务方面提供通用的信息服务和资源,而行业信息中心侧重提供环保行业专用资源和软件,使得环保用户和开发者能够各取所需,提高整个环保信息处理效率,带动智慧环保战略实现,重塑环保信息化产业链形态。

城市云服务平台与行业信息中心之间通过接口进行信息的交互与共享。通过制定通用、高效、易于扩展的环保信息数据格式和语义描述标准,为环保信息的交换、分发和共享提供统一的数据规范;通过定义环保信息采集、环保信息交换和环保信息服务的规范流程,定义环保信息采集、环保信息交换和环保信息服务模块之间的通用接口标准,为城市云服务平台与行业信息中心之间的连接协作提供标准规范的方法。环保应用和环保数据在公共云和私有云上的划分与分配比例见图5.14。

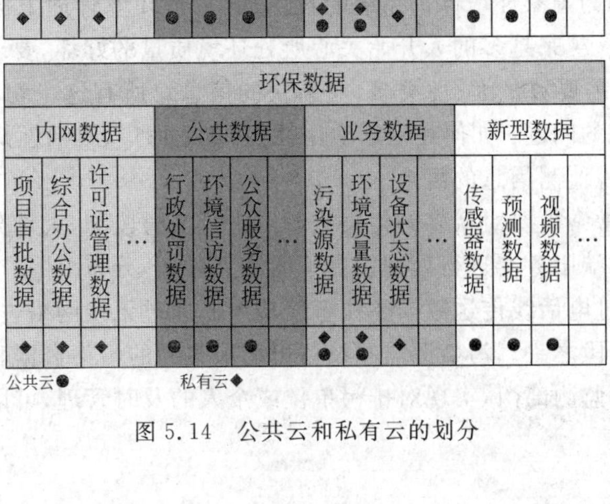

图 5.14　公共云和私有云的划分

运行于云平台之上的环保应用可以划分为内网应用、公网应用、业务应用和新型应用。内网应用可进一步划分为项目审批、综合办公、许可证管理等；公网应用可进一步划分为行政处罚、环境信访、公共服务等；业务应用可进一步划分为污染源监测、环境质量监测、设备状态监测等；新型应用可进一步划分为环保数据挖掘、可视化决策、视频分析等。其中，行政处罚、环境信访、公共服务、环保数据挖掘、可视化分析、视频分析等在城市云服务平台运行，项目审批、综合办公、许可证管理、设备状态监测等在行业信息中心运行。污染源监测、环境质量监测等通过城市云服务平台与行业信息中心协作完成。类似的，存储在云平台中的与环保应用密切相关的环保数据可以划分为内网数据、公网数据、业务数据和新型数据。内网数据可进一步划分为项目审批数据、综合办公数据、许可证管理数据等；公网数据可进一步划分为行政处罚数据、环境信访数据、公共服务数据等；业务数据可进一步划分为污染源数据、环境质量数据、设备状态数据等；新型数据可进一步划分为传感器数据、预测模型、视频数据等。其中，行政处罚数据、环境信访数据、公共服务数据等存储在城市云服务平台，项目审批数据、综合办公数据、许可证管理数据、这边状态数据等存储在行业信息中心。污染源数据、环境质量数据部分存储在城市云服务平台，部分存储在行业信息中心。

5.4　基于物联网的环境监测管理信息系统

环境监测数据是环境管理与决策的基本依据，离开了监测，环境管理的科学化、精准化也就无从谈起。物联网与环保设备的融合实现了对工业生产过程中产生的各种污染源及污染治理各环节关键指标的实时监控。在重点排污企业排污口安装无线传感设备，不仅可以实时监测企业排污数据，而且可以远程关闭排污口，防止突发性环境污染事故发生。物联网使环境监测更便利、更快捷、更准确。基于物联网的环境监测管理信息系统充分利用最新的物联网技术、无线通信技术、GIS 技术，从硬件和软件两方面提高环境保护管理工作水平，为环境监测探索新的、科学的管理方法。新技术的应用，提高了环境监测的实时性和有效性，具有广泛的积极意义。

5.4.1　需求分析

1. 监测需求

环境监测部门作为国家环境保护系统的技术部门，是环境管理工作的重要基础。随着市民环境意识的增强，越来越多的人开始关心所处环境质量的好坏，要求环境保护工作透明化；上级主管部门也需要数量大、种类多、更新快的信息。所有这一切，给环境监测部门提出了一个应引起重视的问题：如何建立起实用性强、覆盖面广、灵活性好的环保数据采集系统，满足各方面对环境监测信息的需求。

在环保系统中，常常需要对众多的污染排放点进行实时监测，大部分监测数据需要实时发送到管理中心的后端服务器进行处理。由于监测点分散，分布范围广，而且大多设置在环境较恶劣的地区，通过电话线传送数据往往事倍功半。通过无线网络进行数据传输，成为环保部门选择的通信手段之一。污染源监测设备可将采集到的污染数据和告警信息通过无线网络及时发送到环保监测部门，实现对排污单位或个人的及时管理，可以大大提高环保部门的工作效率。

环保数据采集系统是由污染源排放监测点和监测中心组成的污染源监测系统。该系统可对污染源进行自动采样、对主要污染因子进行在线监测；掌握城市污染源排放情况及污染源排放总量，监测数据自动传输到环保监测中心；由监测中心的计算机进行数据汇总、整理和综合分析；监测信息传至环保局，由环保局对污染源进行监督管理。

目前，各污染源排放监测点安装污染源监测仪，对污染源进行监测。监测中心接收监测点传输的监测信息；并负责对监测信息进行分类、筛选和综合分析。环保局作为系统的决策中心，对从监测中心站获得的监测信息进行分析、调研，及时做出管理决策，增加管理力度。

利用无线通信网络，如 GPRS、CDMA 或各种制式的 3G 来传输监测数据，具有速度快、使用费用低的特点，采用无线通信方式有组网灵活、扩展容易、运行费用低、维护简单、性价比高等优点。

2．数据需求

环保信息化目前主要集中在加强对污染源自动监控系统的建设上，各地纷纷建立了一定规模的污染源监控系统，也获取了一定的监测数据。

目前环保行政机构把环保信息化的工作集中在前端，即监测监控端。污染源按照污染类型可分为大气污染源、水污染源、固体废物污染源、环境噪声污染源、辐射污染源等，意味着每一种类型的污染源有一种或多种监测监控仪器，而每一种监控仪器都有一套自己的监控软件。这些监控软件主要是为仪器仪表配套使用的，仪器生产厂家很多，这样的监控软件也非常多，各监控软件数据定义都不一样，生成了自己的数据格式，很难实现规范化监控的需要。

1）应用系统多

各地的信息化程度不一，面对迫切的环保信息化要求，一些环保行政部门陆续建立了一些信息化系统，满足当前需要。这些应用系统多由不同的开发商完成，数据格式各异，造成数据共享困难。

2）垃圾数据多

由于缺乏统一的数据标准，造成垃圾数据多。每种仪器都产生数据，这些数据经汇总后要上报给上级机关，同样的数据可能存储于不同的物理空间上。而且，每建设一个监测系统后，就有一套监控软件，以满足存储监测数据的需要，这样大量重复建设，导致垃圾数据不断增多。当真正想利用数据时，却发现无法找到有利的数据。

3）有用的数据分散

基于前面的分析，有用的数据分散于各个监控软件或应用系统中，由于缺乏统一的交换标准，数据利用较为困难，一般采取二次开发或上线前要求接口统一，无论哪一种方式，都会发现要有效利用这些分散的数据是十分困难的。重要的原因是目前的数据交换存在着极大的弊端，没有统一的标准。数据采集是由采集仪器完成的，传输是由数据采集传输仪完成的，最后由各自的监控软件进行存储，应用系统要想利用数据，必须去这些监控软件中取数。而在没有标准的情况下，要想获取这些分散在各自的监控软件中的数据是极其困难的。

数据分散见图 5.15 所示。

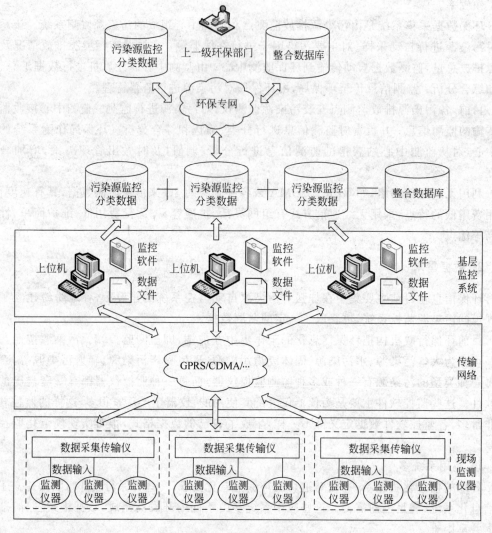

图 5.15　数据分散示意图

　　（1）分散于各监控软件中。由于监控软件与监测监控仪器配套使用，一般一种仪器配一套监控软件，目前的仪器不下几百种，而且会随着监测项目的出现而新增，大量的数据分散于庞大而复杂的监控仪器中，使数据的转换、利用十分困难。

　　（2）分散于各应用系统中。不同环保部门的信息化程度不同，在信息化的过程中产生了大量的环保应用系统，这些应用系统一般也是由不同的软件开发商承建，它们产生的数据格式各异，平台也各异。要综合利用这些异构数据，对建设单位来说很困难。

　　（3）分散于各级环保部门中。环保监测系统是按照自下而上体系进行建设的，环保数据的需求则是自上而下的。处于监测第一线的环保单位收集到的各种监测数据一般存于自身的监控系统中，上级单位若想利用数据，一般要求按照上报数据。若上报不成功，上级单位就无法获取数据。

　　这些弊端造成信息化过程中数据利用的不便，降低了数据的利用率，有必要重新梳理环保信息化数据利用的流程，构建一个环境监测数据标准化平台，满足不同业务系统、不同级别的环保部门对环境监测数据的应用需求。

5.4.2 解决方案

基于物联网的环保监测管理信息系统,将从根本上解决污染数据采集困难、环保机构人手少、业务压力大等诸多因素,提高了对重点污染源的监测和监控能力,同时也提高了对环境突发事件的应对能力。

全方位的监测系统。利用先进的物联网技术,将天、地、水等环境要素进行全面、全方位的监测监控,监测监控现场的数据及时地采集到后台,大大提高了监测监控的实时性。

标准统一的数据转换平台。利用数据抽取、数据导入、数据清洗等数据处理技术,将各种不统一的监测数据集中按照标准转换到数据中心,统一的、标准的数据提高了数据的利用效率。

直观形象的展示平台。监测、监控数据与 GIS 的紧密结合,环保管理对象和监测数据可以更加直观和形象地进行展示。同时,利用质量预测系统,可形象的在 GIS 上进行预测演练,动态的查看影响范围。

1. 总体目标

在利用物联网、无线网等各种传输网络的基础上,将监测仪器采集到的数据实时传送到后台进行海量存储,进行计算、数据挖掘和分析,从而达到"测得准、传得快、说得清和管得好"的总体目标。物联网智能环保总体目标示意图见图 5.16。

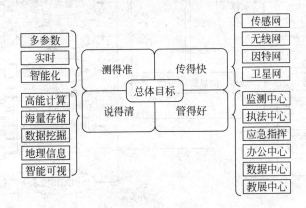

图 5.16　物联网智能环保总体目标示意图

同时,建设一个环境数据标准化转换平台,将环境监测数据传送到后台,进行数据导入、转换、存储等处理,形成一套标准统一的数据,便于利用。

2. 总体结构

整体结构分为感知层、网络层、处理层和应用层等 4 层。感知层利用传感器采集各个监测、监控对象的数据,通过网络层传递到后台,经过数据计算、分析后达到管理和应用的目的。

3. 方案功能

基于物联网的环保监测管理信息系统由"一个中心、一个平台和七个系统"组成,具体由十个方面的内容构成。

"一个中心"即环保监控中心,是整个系统的集中点,起到了大集成的作用,所有数据展示及应急决策指挥系统将在此展示和模拟;"一个平台"即环保数据标准化转换平台,将各个监控系统的数据按照协议转换成标准的数据进行统一存储。

"七个系统"即"环境质量在线监测系统"、"污染源监管系统"、"移动视频监控系统"、"环境质量预测系统"、"环保应急指挥系统"、"环保 GIS 系统"和"移动环保监控执法系统"。

基于这些系统构成"智能环保",其框架包括"基础数据"、"综合平台"、"应用平台"、"具体应用" 4 部分,见图 5.17。

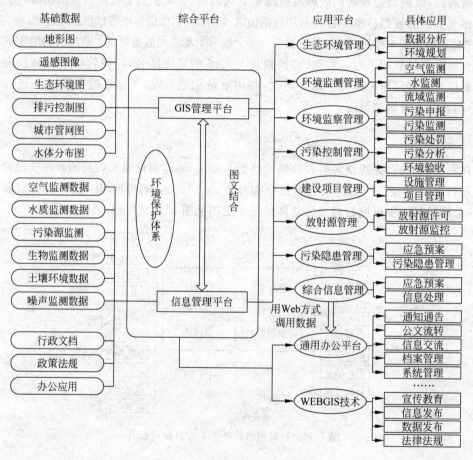

图 5.17　智能环保功能示意图

1) 环境质量监控中心

通过对监控监测环境数据进行记录和存储,为环保执法提供先进和有效的手段及依据。同时,最大限度地将各个监控子系统有机的集成到一起,并为今后的功能扩展预留接口。

监控中心将建设大屏幕显示系统和应急控制系统的配套设施,并为其建立专门的机房和应急指挥室,为领导决策和指挥提供有力的支持和快速的反应系统。

2) 环保数据标准化转换平台

以"两平台一中心"为总体规划思想来构建环境监测(监控)数据传输交换方案,在此基础上将可定义表单、可伸缩性数据交换、可视化交互式数据处理等先进技术应用到本方案中来,使其通过先进的设计、技术理念实现功能应用的创新。

"两平台一中心",即"数据接口平台"、"数据转换平台"和"环境监测数据中心"。"数据接口平台"负责与各种监控软件和应用系统所产生的数据进行对接,"数据转换平台"负责将各种监控软件和应用系统产生的数据转换成统一标准的数据,"环境监测数据中心"负责按照标准进行存储转换后的数据。转换平台结构示意图见图5.18。

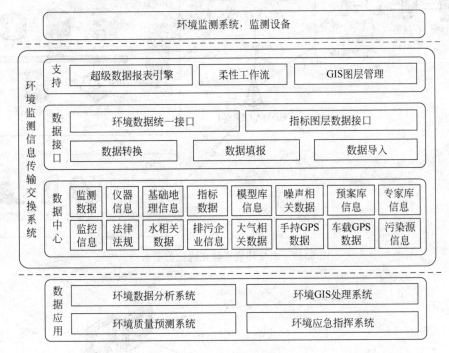

图 5.18　转换平台结构示意图

3) 环境质量在线监测系统

环境质量在线监测系统由大气环境质量、水环境质量在线监控子系统和声环境在线监控子系统组成。各个子系统由多参数的监控监测仪器组成。

(1) 大气环境质量在线监测子系统。

将无线传输设备连接至监控点指定的接口,并将获取的数据记录传送到西城环保监控中心的环境质量在线监测系统,通过记录、分析和汇总,及时掌握大气污染情况。

大气环境质量在线监测子系统由在线监测设备、数据采集、处理和记录模块以及无线传输系统组成,见图5.19。

(2) 水环境质量在线监测子系统。

今年,市环保局将在重点水域建立水质自动监测站,通过水环境质量在线监控子系统可实现对区域内河流、湖泊断面监测数据的实时传输,从而对全区的水环境质量有一个更加全面的、及时的了解。为配合市局工作,通过在企业、医院、污水处理厂等排污口安装水质在线监测设备,实时收集和记录现场真实的排污情况,并将数据通过无线传输系统传送到监控中心。水环境质量在线监测子系统由在线监测设备、数据采集、处理和记录模块以及无线传输系统组成,见图5.20。

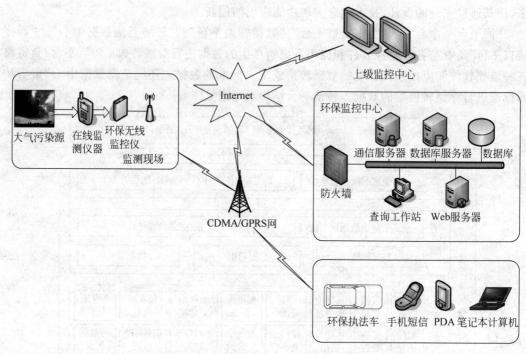

图 5.19　大气环境质量在线监测子系统

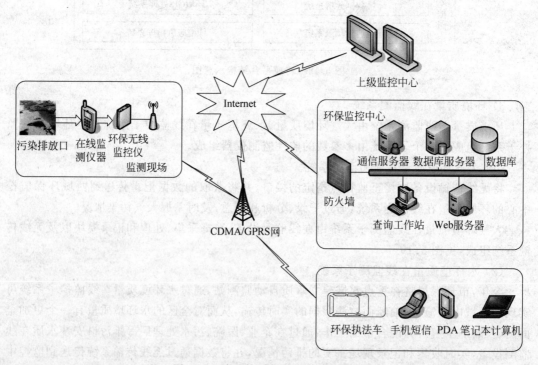

图 5.20　水环境质量在线监测子系统

（3）声环境质量在线监测子系统。

随着城市工业生产、交通运输、城市建设的发展以及人口密度的增加,环境噪声日益严重,已成为污染环境的一大公害。为改善群众居住环境,提高居民生活质量,解决百姓关注的噪声污染问题,随时掌握区域噪声状况,在一些街道安装噪声在线监测仪,运用无线网络传输数据信息,使工作人员及时、准确地掌握区域噪声环境状况,分析其变化趋势和规律,了解各类噪声源的污染程度和范围,为噪声污染源的监督管理提供准确的监测数据和科学依据。

噪声污染不同于大气污染和水污染,其空间分布是不连续的,由于受地形地貌、建筑物等遮挡,噪声信号会发生反射、折射、衍射、吸收等波动现象,而使声能量的分布发生变化,导致空间分布的不连续性。只有采用多点抽样法测量,才能真实地反映一个区域的噪声污染平均水平。

功能区噪声监测的目的在于掌握城市内不同区域环境噪声的时间分布规律。目前大都采用小时采样法,即在每小时内测量 10 分钟或 20 分钟,用以代表该小时的平均噪声水平,每季测量 1 次,每次连续监测 24 小时。

声环境质量在线监测子系统由在线监测设备、数据采集、处理和记录模块以及无线传输系统组成,见图 5.21。

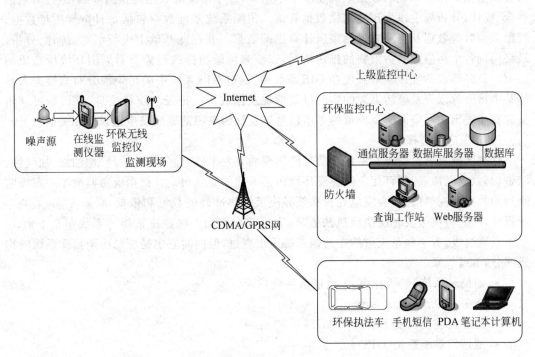

图 5.21　声环境质量在线监测子系统

4）污染源监管系统

利用 CDMA 等无线传输手段,实现对燃煤锅炉 SO_2 的在线监测,以及施工工地扬尘污染、医院污水处理设施运转情况、重点餐饮业油烟排放情况等污染源的视频监控,将实时拍摄到的图文信息汇集到监控中心,经汇总、分析,为决策指挥提供依据。

5）移动视频监控系统

移动视频监控系统重点用于大气污染源、施工工地、交通干线和区域环境敏感点的监控。新开工工地的土方施工极易产生扬尘污染,安装 CDMA 无线视频监控设施可实现对这些工地的高效、快速的监控管理;另外为实时掌握重点地区污染源的变化状况、交通干线机动车流量及污染程度等情况,也需安装 CDMA 无线视频监控设施。

移动视频监控系统是基于无线 IP 网络的即时、交互式高清晰图文通信系统,适用于应急通信或需要高清晰图片即时传输的领域。

移动视频监控系统以图片为主要信息载体,辅以文字、地理位置等信息,将现场情况以高清晰图文形式即时呈现,实现了即时图文信息采集、处理、通信和应用的一体化,为后方实时查看前方现场情况提供了高效率、低成本的全新解决方案。

移动视频监控系统应用方式灵活多样,用户既可以携带移动前端外出作业,在使用数码相机拍摄现场图片的同时,实现图片即时传送,又可以通过固定前端定时自动拍摄、发送现场图片,还可以远程操控固定前端拍照,实时获取前方高清晰图片。

6）环境质量预测系统

利用数学模型,对采集的有关污染物数据进行模拟计算,可对区域突发环境污染事件造成的影响程度、影响范围以及区域空气质量状况进行预测,为应急处置和领导决策提供准确的数据依据。预测系统的数据来源于多个子系统,以子系统的数据为预测基础,通过有效的整合、统计、分析等手段为预测提供数据基础。预测系统基础数据包括每日空气质量数据、气象五参数等数据及空气总量模型所计算出的数据。并在此基础上进行汇总、统计、分析,最终得到各个污染源的污染物的排污情况,以预测污染物排放趋势及对周围环境所造成的影响。最终形成的统计结果展现在 GIS 系统中,通过 GIS 系统中的污染源分布直接进入具体某个污染源以查看该污染源的实时排放情况及排放历史记录与统计信息,并可通过该污染源直接查出该污染源所在单位的基本信息以及该污染源的事故发生记录等相关信息。

7）环保应急指挥系统

针对区域重点污染源污染状况及可能出现的突发事件,如危险化学品、加油站、加气站、电磁辐射、放射源等,制订相应的突发环境污染事件的应急预案。根据应急监测车在现场监测到的数据及视频信息,为应急处置和领导决策提供准确的数据和依据,联系专家,采纳专业意见,最后将决策及时反馈给执法人员,实现双向互动。应急决策指挥系统包括下面 10个子系统组成,有一些系统虽然在其他系统里出现过,但同时它也是应急决策指挥系统的构成部分,不可或缺。

- 通信子系统(包括有线、无线通信系统);
- 业务汇聚及处理子系统;
- 计算机辅助调度子系统(CAD);
- 地理信息子系统(GIS);
- GPS 车载监控子系统;
- 数字录音子系统(RMS);
- 监控监测子系统;
- 大屏幕显示子系统;
- 辅助决策子系统;
- 调度系统。

根据环保突发事件的污染性质、扩散状态等,结合保障体系、对比相关案例、分析专家意见后自动生成最佳的应急处理预案。

8) 环保 GIS 系统

利用 GIS 系统可方便地建立专题图层,对污染源进行标点。通过环境地理信息系统与各业务系统的整合,可直观演示各种环境信息,对各种环境信息、数据、资料进行汇总、统计、分析、计算,提高城市环境管理水平,增强环境管理的有效性。

9) 移动环保监控执法系统

移动环境监察执法系统,可实现日常环境监察、行政执法的移动处理,通过日常工作的信息化管理,有利于处理日常工作。该系统在手持设备上实现"现场法规应用、现场数据(音像)采集,现场数据的远程传输,文书、票据打印"等功能,切实提高执法现场工作效率及业务水平。移动环境监察执法系统与原内网业务管理系统的集成,解决远程的现场执法与内网办公系统、应急管理等业务处理系统的协同机制,完善并优化执法管理、突发事件快速反应机制。移动环境监察执法系统所采集的数据及内部办公、内部业务管理系统中数据的综合应用,解决各级管理人员、外出执法人员在现场管理时调用数据迟滞、决策信息不完善、应急指挥手段单一等问题。

第6章

智能工业

智能工业是指将信息技术、网络技术和智能技术应用于工业领域、给工业注入"智慧"的综合技术。它突出了采用计算机技术模拟人在制造过程中和产品使用过程中的智力活动,以进行分析、推理、判断、构思和决策,从而去扩大延伸和部分替代人类专家的脑力劳动,实现知识密集型生产和决策自动化。

6.1 智能工业概述

工业是物联网应用的重要领域。具有环境感知能力的各类终端、基于泛在技术的计算模式、移动通信等不断融入工业生产的各个环节,大幅提高制造效率、改善产品质量、降低产品成本和资源消耗,将传统工业提升到智能工业的新阶段。

6.1.1 物联网在工业领域的应用

从当前技术发展和应用前景来看,物联网在工业领域的应用主要集中在以下方面。

1. 制造业供应链管理

物联网应用于企业原材料采购、库存、销售等领域,通过完善和优化供应链管理体系,提高了供应链效率,降低了成本。空中客车公司通过在供应链体系中应用传感网络技术,构建了全球制造业中规模最大、效率最高的供应链体系。

2. 生产过程工艺优化

物联网技术的应用提高了生产线过程检测、实时参数采集、生产设备监控、材料消耗监测的能力和水平,生产过程的智能监控、智能控制、智能诊断、智能决策、智能维护水平不断提高。钢铁企业应用各种传感器和通信网络,在生产过程中实现对加工产品的宽度、厚度、温度实时监控,提高产品质量,优化生产流程。

3. 产品设备监控管理

各种传感技术与制造技术融合实现了对产品设备操作使用记录、设备故障诊断的远程监控。GE Oil&Gas 集团在全球建立了 13 个面向不同产品的综合服务中心,通过传感器和网络对设备进行在线监测和实时监控,并提供设备维护和故障诊断的解决方案。

4. 环保监测及能源管理

物联网与环保设备的融合实现了对工业生产过程中产生的各种污染源及污染治理各环节关键指标的实时监控。在重点排污企业排污口安装无线传感设备,不仅可以实时监测企业排污数据,而且可以远程关闭排污口,防止突发性环境污染事故发生。电信运营商已开始推广基于物联网的污染治理实时监测解决方案。

5. 工业安全生产管理

把感应器嵌入和装配到矿山设备、油气管道、矿工设备中,可以感知危险环境中工作人员、设备机器、周边环境等方面的安全状态信息,将现有的网络监管平台提升为系统、开放、多元的综合网络监管平台,实现实时感知、准确辨识、快捷响应及有效控制。

6.1.2 智能工业面临的关键技术

从整体上来看,我国物联网还处于起步阶段,物联网在工业领域的大规模应用还面临一些关键技术问题。概括起来主要有以下方面。

1. 工业用传感器

工业用传感器是一种检测装置,能够测量或感知特定物体的状态和变化,并转化为可传输、可处理、可存储的电子信号或其他形式信息,是实现工业自动检测和自动控制的首要环节。在现代工业生产尤其是自动化生产过程中,要用各种传感器来监视和控制生产过程中的各个参数,使设备工作在正常状态或最佳状态,并使产品达到最好的质量。

2. 工业无线网络技术

工业无线网络是一种由大量随机分布的、具有实时感知和自组织能力的传感器节点组成的网状网络,综合了传感器技术、嵌入式计算技术、现代网络及无线通信技术、分布式信息处理技术等,具有低耗自组、泛在协同、异构互连的特点。工业无线网络技术是降低工业测控系统成本、扩大工业测控系统应用范围的热点技术,也是未来几年工业自动化产品新的增长点。

3. 工业过程建模

没有模型就不可能实施先进有效的控制,传统的集中式、封闭式仿真系统结构已不能满足现代工业发展的需要。工业过程建模是系统设计、分析、仿真和先进控制必不可少的基础。此外,还包括工业集成服务代理总线、工业语义中间件平台等关键技术问题。

6.1.3 物联网与现代制造业

1. 制造过程监控与管理

物联网应用于制造过程监控与管理。应用需求如下:
(1) 工序转换、工时统计。
(2) 刀具/模具/夹具管理。

（3）产品状态质量在线检测。

（4）设备状态检测与节能。

预期效果：生产周期缩短 45%，减少生产误操作 80%，减低运营成本 13%～25%。

2. 供应链智能管理

物联网应用于供应链智能管理。应用需求如下：

（1）减低库存。

（2）快速查找与出入库。

（3）快速盘点。

（4）特殊物料实时监控。

预期效果：使库存的可用性提高 5%～10%；提高仓库产品的吞吐量 20%；减少人工成本 25%。

3. 智能物流

物联网应用于智能物流。应用需求如下：

（1）提高物流流通效率，降低库存。

（2）特殊储藏要求的货品，在线监测与防伪。

（3）物流货品及时跟踪。

预期效果：减少盗窃损失 40%～50%；提高送货速度 10%；货车车辆自动调度，节省人力成本约 52%，减少车辆拥堵 18%。

6.2　感知矿山（物联网）示范工程

煤炭是我国的主要能源，目前在我国能源生产和消费中，煤炭约占 73%。据专家预测，到 2050 年煤炭仍会占中国能源消费的 50% 以上，煤炭作为主要能源的地位将会在相当长的历史时期中不会改变。我国煤炭资源丰富，劳动力廉价，在国际市场竞争中本应占有优势，但由于我国煤炭储存条件复杂，煤矿自动化水平低，井下用人多，生产安全监控系统采用的技术比较落后，功能单一，再加上管理等因素，使得生产成本高，安全形势不容乐观。全国煤矿事故死亡人数居高不下，百万吨死亡率大大高于世界主要产煤国家平均水平，严重影响了煤炭工业的可持续发展和社会的稳定。

如何利用物联网技术解决煤矿生产中人员安全环境的感知问题，解决矿山灾害状况的预测预报、减少或避免重大灾害事故的发生，解决安全生产的智能控制；矿山物联网技术的发展潮流以及研究的核心内容是什么；如何形成产业标准等。这些都是感知矿山物联网示范工程需要解决的问题。

6.2.1　概述

1. 我国煤矿生产现状

随着国家对矿山安全的重视程度不断加强，矿山企业在各种安全、生产监控系统方面的投入逐年加大，对保证矿山的安全和正常生产起到了重要作用。但是，在目前的装备和技术水平下，无法根除各种安全隐患，矿山灾害时有发生。现有的安全生产监测监控系统，由于生产厂商和系统建设时期不同，各个系统之间没有统一的通信协议和接入技术，系统之间的数据结构差异很大，呈现多源性和异构性。

由于矿山开采的对象——矿床是分布于三维地理空间、并随着开采进程不断变化着的地质实体，矿山安全生产的一切过程都离不开三维空间，无论是矿层、构造等地质实体，还是纵横交错的井下巷道系统和各种监测监控信息都具有空间属性。不仅如此，矿山生产活动又是始终处于一种随时间动态变化的复杂系统之中，所以反映其实际状态的各种数据，如果得不到有效集成，就只能形成彼此隔离的"信息孤岛"，同时探测同一地质实体的多数系统只能对其采集到的原始数据进行简单转换、存储、显示和打印，而面向同一地质实体同时探测到的多源信息往往得不到有效地综合利用，更谈不上有效地为煤矿安全提供决策依据。

随着开采深度的加大和赋存地质条件的恶化，使得深部煤炭开采的力学环境、岩体组织结构、基本力学行为特征和工程响应与浅部明显不同，导致冲击矿压、顶板大面积来压和采空区失稳等动力灾害事故明显增加，已对深部煤炭资源的安全开采造成严重威胁。在重大灾害的预测方面，缺少实时、在线、连续的监测预警装备。

"物联网"概念的问世，打破了之前的传统思维。过去的思路一直是将物理基础设施和信息基础设施分开。对煤矿安全生产而言，在"物联网"时代，瓦斯、CO_2 等各类传感器、电缆、电气机械设备、钢筋混凝土等，将与芯片、宽带整合为统一的基础设施，基于物联网络可以对煤矿复杂环境下生产系统内的人员、机器、设备和基础设施实施更加实时有效的协同管理和控制。物联网概念为建立煤矿安全生产与预警救援新体系提出了新的思路和方法。

2．感知矿山物联网的目标

作为物联网应用的一个重要领域，"感知矿山"是通过各种感知、信息传输与处理技术，实现对真实矿山整体及相关现象的可视化、数字化及智慧化。其总体目标是：将矿山地理、地质、矿山建设、矿山生产、安全管理、产品加工与运销、矿山生态等综合信息全面数字化，将感知技术、传输技术、信息处理、智能计算、现代控制技术、现代信息管理等与现代采矿及矿物加工技术紧密相结合，构成矿山中人与人、人与物、物与物相连的网络，动态详尽地描述并控制矿山安全生产与运营的全过程。以高效、安全、绿色开采为目标，保证矿山经济的可持续增长，保证矿山自然环境的生态稳定。

3．感知矿山物联网的特征

近些年在矿山提出过许多概念，如数字矿山、矿山综合自动化、信息化矿山、智能矿山等，而"感知矿山"是在综合了这些概念的基础上，更加具体、全面、动态、详尽地描述真实矿山。比如，在开始提数字矿山时，要花很大的精力去解释数字矿山与地理信息系统不同，是要将矿山生产过程、矿山安全信息集成在内的；在开始实施矿山综合自动化时，又在花时间去解释要有统一的网络平台和数据平台，地理信息系统也是综合自动化中的一个重要平台，还要解释网络化控制是一种分布式控制等。

在物联网矿山的概念下，这些都不需要去作任何解释。这是由于物联网本身就是基于统一网络的应用；就是要在"地理信息系统"和"全球定位系统"下实现定位的应用；就是控制与网络一体化的应用；就是分布式应用等。此外，物联网还明确提出了物与物相连的概念,而在以前的数字矿山等诸多概念中,基本是人与人、人与物相连的概念为主。因此,对矿山移动物体的监控,相对较弱。煤矿移动作业过程的监控正是矿山生产的特点,物与物相连需要更大范围的无线自组网的能力,需要基于网络的分布式感知能力。

综合自动化实现了将煤矿各种监测监控子系统集成到一个平台中,实现了煤矿生产与安全系统的网络化监控,为实现感知矿山打下了良好的基础。综合自动化系统基本是矿山原来各种系统的简单集成,较好地做到了减人提效,但矿山集成网络的价值没得到应有的提升,也没有给矿山安全带来明显的改善。以太网发明人之一迈特卡夫曾预测网络的价值是与联网的设备数的平方成正比。煤矿综合自动化将众多子系统连接到了总体网络上,实现的基本还是原来各分立的子系统的功能,没有实现 $1+1>2$。利用物联网应用平台技术,提高集成信息的价值;利用移动感知技术,提高煤矿安全信息的感知能力,是感知矿山物联网的目标。

因此,感知矿山物联网应用不是简单的矿山综合自动化,而是在此基础上,利用物联网技术进一步完善矿山综合自动化,使其更加适应矿山的真正需要。这正像物联网应用是在互联网应用的基础上,来进一步丰富和扩展互联网的应用。

4. 感知矿山建设的核心问题——三个感知

为保障矿山的安全生产,感知矿山是在实现综合自动化的基础上,实现三个感知:感知矿工周围安全环境,实现主动式安全保障;感知矿山设备工作健康状况,实现预知维修;感知矿山灾害风险,实现各种灾害事故的预警预报。

感知矿山建设应以三个感知为重点突破点,对煤矿安全信息感知采集技术、煤矿信息融合、识别与协同技术、煤矿传感网控制技术、煤矿传感网络安全生产、预警、灾后重构再生技术等关键技术开展研究,形成完备的基于自有技术的矿山物联网体系。

矿山灾害发生的区域和时间均具有未知性,并且矿山处于动态开采过程中,要感知这些灾害产生的前兆信息,只能采用符合矿山生产特点的基于无线传感器网络的分布式、可移动、自组网的信息采集方式。需要研究矿山物联网关键技术,构建动态的感知煤矿灾害状况、感知设备健康状态、感知人员安全环境等信息感知与处理平台。

6.2.2 感知矿山示范工程总体规划

感知矿山示范工程是在实现综合自动化的基础上,实现三个感知,形成完备的基于自有技术的矿山物联网体系。

1. 感知矿山系统规划原则

(1) 立足现在,着眼未来,设计开放的感知矿山信息系统。系统设计起点定位要切合实际,做到标准要高,既保证目前应用的需要,同时保证将来系统扩展和提升的需要。真正起到示范作用。

(2) 以东升、金宏煤矿为主,预留到集团和到物联网中心的信息接口。

(3) 明确感知矿山应用主体,找准重心,重点突破,实现点面结合。

(4) 充分利用现有资源条件,降低系统应用成本。总体规划要尽量将已有系统的信息孤岛进行整合,充分利用已有的硬件设施。

（5）感知矿山系统设计要本着为需求设计的思想进行设计规划。

（6）总体设计，分步实施。总体规划要根据感知矿山的需求及远期目标进行，分步实施要根据资金、人才等资源条件，合理分配项目实施阶段，循序渐进，避免盲目投入。

2. 感知矿山的三层结构模型

物联网是典型的以应用为驱动的网络技术，因此基于应用目的提出感知矿山物联网总体设计模型。由于综合自动化及数字矿山模型在我国煤矿企业已经有众多的实际应用，感知矿山物联网的建设应该建立在这些已有工作的基础上，充分借鉴已有的经验和系统，而不是全盘推翻，另搞一套。感知矿山物联网的模型势必与数字矿山、矿山综合自动化的模型有很紧密的联系。感知矿山物联网功能模型如图 6.1 所示，这是一个三层结构的模型，感知矿山的总体目标已经很好地体现在模型中。

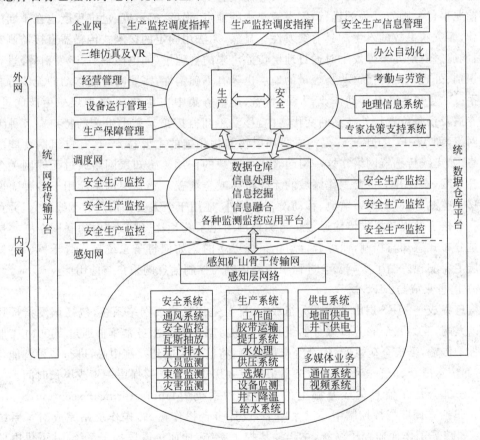

图 6.1 感知矿山物联网功能模型

3. 三层结构功能设计

1）感知与控制层

根据煤矿作业的特点，本层由两层网络组成，骨干传输网和感知层网络。

（1）骨干网为网络化的煤矿监测与控制系统、语音信号及视频信号传输与管理提供了信息高速公路。在此网络上建立了一个基于统一网络的多子系统监控系统、语音通信系统和多路工业电视监控系统,在调度指挥控制中心监控煤矿井上井下安全生产全过程,并通过网络将其传输到煤矿各科室和局调度中心。骨干传输网与矿山综合自动化骨干传输网基本相同,使用防爆 1000M 工业以太网。对骨干网的总体要求:煤矿各种信息均能融入骨干网进行传输,即能实现矿山的三网合一;快速环形冗余网络故障重构时间严格小于 300ms;对各监控子系统可建立虚拟专用网,保证各子系统的相对独立运行;系统模块化具有的热插拔结构适合煤矿的不间断生产和维护、维修的需要;可实现有效的流量限制,防止广播风暴对控制系统造成灾难;系统统一的编程组态方式,降低对煤矿用户专业知识的要求;丰富的网络管理和诊断功能,便于故障定位和设备的维护和维修。

(2) 感知网主要是无线网络。矿山地理、地质、矿山建设、矿山生产与安全管理、产品加工与运销、矿山生态等综合信息均需要移动的感知。引发矿山事故的灾害源如瓦斯、矿压、透水等均散布在尚未开采的地层中,且具有流动性,开采扰动会造成它们相对集中,演化为灾害前兆事件。随着开采的进行,灾害源集中的地点、强度、显示度、危害程度也在不断的发生变化,而灾害事故的发生却具有突发性。显然,无法用固定的接触式传感器直接监测灾害源,只能通过对前兆事件发生时通过地层传播出来的物理量(如电磁辐射、声发射等)进行监测和识别、处理。但传播这些物理量的地层也具有不确定性,需要随时能移动的无线分布式感知手段。煤矿生产是移动作业,人员、设备、车辆等集中在巷道中,随着煤矿生产的进行,这些巷道及设备位置均处在不断变化之中,移动感知监控正是矿山生产的特点。各种无线接入网络,如 Wi-Fi、ZigBee 等是构成感知层物与物相连的主要技术,具有自组网功能的无线网络,如无线传感器网络在这一层起着不可或缺的作用。感知层网络通过无线网关分段接入骨干网,实现井下主要工作区域的无线覆盖或全覆盖。感知层网络除用于各种需要分布式移动监测,如矿山灾害监测、移动设备监控外,还用于个人安全信息的无线接入,并可扩展为移动语音及视频提供传输通道。与综合自动化系统相比,感知矿山物联网在感知层更多的是分布式感知与控制,而综合自动化系统更多的是如何将子系统接入骨干网。感知与控制层主要实现矿山生产与安全过程中各种传感与控制信息的采集与施用。

2) 信息集成与 MES 层

信息集成与 MES 层由两大部分组成,一部分是信息集成网络系统,包括调度指挥控制中心以太网,互为冗余的 I/O 服务器组和数据服务器集群。服务器集群通过 1000M 工业以太网骨干传输,采集全矿生产、安全等全部信息,将信息集成到控制中心,进行各种智能信息处理,如信息融合、信息挖掘等。服务器上的重要历史信息能够保留一年或更长时间。

另一部分是在信息集成基础上的制造执行系统(Manufacturing Execution System, MES),包括在调度指挥控制中心以太网上,设计多台操作员站,操作员站完成对子系统的监控:如综采工作面监控子系统、主运输集控子系统、地面供电监控子系统、井下供电监控子系统、主通风机在线监控子系统、安全监控子系统等各种子系统的监控,以及煤矿生产过程的优化管理。根据煤矿生产流程,当某个实时事件发生时,MES 对此及时做出反应、报告,并用当前的准确数据对它们进行指导和处理,减少煤矿企业内部没有附加值的活动,有效地指导生产运作过程,提高生产力、生产安全性、改善物料的流通性能、又能提高生产回报率。MES 需要与计划层和控制层进行信息交互,通过企业的连续信息流来实现企业信息全集成。

本层的关键技术之一是统一的数据仓库平台。各种系统的数据应有统一的数据描述形式、统一的数据处理格式和统一的数据管理方式,便于信息的挖掘和融合。例如,对矿山进行安全运行评价,需要监测监控系统的数据、通风系统的数据、矿压监测的数据、地下水位及涌水量的数据等,如果各系统的数据没有统一的描述形式和存储方式,信息挖掘与融合将是一句空话。由于数字矿山子系统众多,将来的发展需要对各子系统的数据进行综合分析和数据挖掘。因此,从一开始就利用数据仓库具有海量数据存储的能力,利用 OLAP 联机分析处理和数据挖掘技术进行强大的多维数据分析,为实现决策支持功能提供条件。

3) 管理决策与应用层

管理决策与应用层主要是各种软件应用模块。矿山及相关现象的信息在中间层得到提升后,目的是为了利用这些信息去动态详尽地描述与控制矿山安全生产与运营的全过程,保证矿山经济的可持续增长,保证矿山自然环境的生态稳定。管理决策层的各种软件应用模块就是这种目的的具体体现。根据矿山的具体应用不同,这些模块是可增减的。通过企业 Intranet 网络,矿山各个职能部分可实现更高层次的应用。例如,矿山安全生产评价与监管,煤矿灾害预警与防治,煤矿供应链管理,大型设备故障诊断,矿山资源环境控制及评价等。

4. 感知矿山示范工程建设内容

感知矿山示范工程本着统一设计,分步实施的原则进行规划设计。整体项目设计目标是建成一个统一的网络平台(骨干网络平台、无线网络平台),结合"六大安全避险系统",实现井下工人精确定位、周围安全环境感知;使东升、金宏煤矿在采用先进的技术装备上达到国内一流水平,实现井下和地面各个生产系统和大型机电设备、供电系统、管网等的监控及诊断,即设备工况感知;使矿井生产安全可靠,有效地预防和及时处理各种突发事故和自然灾害,即矿山灾害风险感知;实现全矿井的各种数据采集,使生产调度、经营管理、决策指挥实现网络化、信息化、科学化。实现企业的经营、生产决策、安全生产管理和设备控制等信息的有机集成,达到减人增效和提高矿井安全水平的目的。

1) 示范工程建设总体内容

示范工程建设内容包括的如下方面:

(1) 系统集成平台建设:建设全矿井安全、人员、设备的感知集成平台,实现全矿井地面远程监控,包括集群服务器、数据库平台、集成软件平台建设等。

(2) 感知矿山网络平台建设:包括井上、井下 1000M 高速工业以太网和调度指挥控制中心工业以太网建设;利用无线传感器网络建立覆盖煤矿井下,并与 1000M 工业以太网相结合的无线自组网系统(实现人员管理、无线语音、无线数据、无线视频的统一平台),保障出现故障或灾害情况下通信链路的通畅。

(3) 人员安全环境感知:集成现有安全监测、人员定位系统,实现矿工对周围环境的主动感知、实现与矿工的双向信息传输。

(4) 设备健康状态感知:对井上、井下各生产及辅助系统的远程监控,减少井下操作人员,对矿井主要的生产与辅助系统进行自动化监控(胶带机、排水、变电所、通风机房、压风机房无人值守,提升系统远程监控,少人工作面监控);感知矿山设备工作健康状况,实现预知维修。

(5) 矿山灾害风险感知:包括煤矿灾害预警与防治,煤矿安全生产监控与决策管理等。

2）一期工程建设内容

（1）系统集成平台建设：建设全矿井安全、人员、设备的感知集成平台，实现全矿井地面远程监控，包括集群服务器、数据库平台、集成软件建设等。

（2）骨干网建设：包括井上、井下1000M高速工业以太网和调度指挥控制中心工业以太网建设。

（3）感知网建设：利用无线传感器网络建立覆盖煤矿井下，并与1000M工业以太网相结合的无线自组网系统。

（4）人员安全环境感知：新型基于无线覆盖的移动双向数据信息终端在煤矿井下应用。

（5）对井上、井下各生产及辅助系统的远程监控，减少井下操作人员，对矿井主要的生产与辅助系统进行自动化监控（胶带机、排水、变电所、通风机房、压风机房无人值守，提升系统远程监控）。

（6）工业电视及大屏建设。

3）二期工程建设内容

（1）三维GIS（煤矿安全生产仿真环境）平台建设：利用虚拟现实技术，结合地理信息系统和矿井集成监控系统，研发用于煤矿安全生产信息综合管理的软件系统平台。

（2）感知矿山设备工作健康状况：实现矿山主要运转设备工况分析、预知维修。

（3）矿山灾害风险感知：包括煤矿灾害预警与防治、煤矿安全生产监控与决策管理等。

（4）对采煤工作面及掘进面的主要运转设备监控进行攻关，实现无人或少人工作面。

6.2.3　示范工程集成平台建设

调度指挥中心是感知矿山系统中各种信息的集散地，又是一个信息中心。对于感知矿山来说，它就是一个"管控一体化"中心。

在感知矿山示范工程建设中，调度指挥中心的功能与原来生产方式下单纯的调度室相比得到了大大加强与扩大，各种系统的信息均通过综合传输网络送到调度指挥中心，是感知矿山的上层集成平台。通过示范工程集成平台建设，解决原矿山各系统相对独立、信息孤岛问题；解决异构系统接口问题，形成统一的矿山集成平台标准。

集成平台建设包括硬件平台建设和软件平台建设。

1. 硬件平台建设

硬件平台即调度指挥控制中心设备布局见图6.2。

（1）设置一台服务器用于应用程序开发、部署、维护及管理的一种基础架构。

（2）设置一台I/O服务器，采集全矿生产、安全等全部信息，并提供给以太网上各个操作员站。各个工作站对全矿子系统的控制信息由服务器，经由工业以太网上相应节点发送到被控子系统。

（3）设置一台Web服务器，负责Web发布，把信息传送到局域网。

（4）设置一台数据库服务器：数据库服务器负责存储全矿安全、生产等信息，产生实时和历史数据库，供管理网数据查询与分析。

（5）设置一台定位服务器，实现对矿井人员位置信息的采集及定位计算。

（6）设置4台工作站，用于监控各个子系统的工况、设备的状态、控制各种设备的运行。

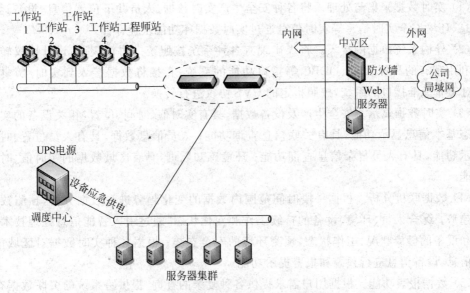

图 6.2　调度指挥控制中心设备布局图

（7）设置一台工程师站，负责全部控制系统的组态和维护，工程师站由经过专门培训过的工程师操作。

（8）设置一台硬件防火墙负责将监控网络与煤矿局域网隔离，以保证监控网络的相对独立。

（9）设置一台核心工业交换机实现整个矿山安全、生产信息的交互。

（10）配置容量 30kVA，后备时间不小于 4 小时的 UPS 电源设备。

2. 软件平台建设

软件平台确保煤矿所有安全生产、人员、设备、管理信息等复杂异构信息在一个统一网络平台上运行，在异构条件下进行连通与共享，能够使不同功能的应用系统联系起来，协调有序地运行，使各自独立的监控系统信息实现共享。

1）功能结构

软件平台实现的主要功能有异构数据的统一接入接口、控制命令输出接口、数据的实时处理与存储、通信状态监控与报警、实时报警与预警、数据报表与曲线。软件平台功能结构如图 6.3 所示。

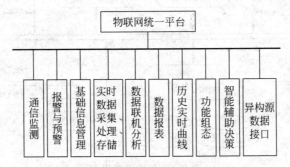

图 6.3　软件平台功能结构图

（1）实时数据采集与处理。将各种安全生产实时数据、人员井下位置信息、设备运行状态信息、环境安全实时信息等实时信息通过实时数据库功能快速存储。

（2）异构系统数据的接入。将煤矿现有各种系统按照统一协议规范，设计协议转换接口。利用现有的具备 OPC、ODBC 等接口功能的系统，直接将数据接入到实时/历史数据库；对于非标准接口的系统，按照指定的 CVS 协议进行转换。

（3）实时数据显示。安全生产及设备数据，具有实时值、时间、位置，相关设备的实时工作状态基本信息显示功能，具有关联信息查询功能；人员信息数据，具有人员位置、时间实时显示功能，具有人员复杂信息查询功能；环境感知数据，具有区域数据的实时值、时间显示功能。

（4）数据联机分析。根据一段时间范围内数据的变化趋势进行数据分析，预测数据的发展趋势；综合人员、环境、设备的持续工作和变化状态，通过引入智能信息处理技术预测人员和设备的健康状况、工作状态，预测环境的安全态势；根据各种实时数据对区域信息、人员信息、设备信息进行预警和报警提示功能。

（5）数据报表功能。根据用户需求提供各种复杂的查询，提供跨系统的关联数据查询、筛选、分析功能，按照生产需要提供标准规范的统一数据报表打印功能；支持报表的 Excel 的数据导出功能。

（6）曲线功能。按照组态原则绘制实时、历史曲线。

（7）智能数据决策辅助支持。引出数据仓库、数据挖掘、神经网络等数据处理技术，在复杂数据环境中智能搜索符合特殊条件的各类数据，利用数据本身的内联关系进行人员定位、设备故障、环境安全的智能分析检测，为高层决策提供更客观全面的技术支持。

（8）通信状态实时监测。监测多系统在接入过程中的数据、通信状态。

（9）预留标准开放接口。

2）软件平台设计

根据示范工程要求及东升、金宏煤矿实际，建立软件平台模型并就此展开设计规划，以确定软硬件组成。软件平台模型见图 6.4，软件平台主要由 5 大部分组成。

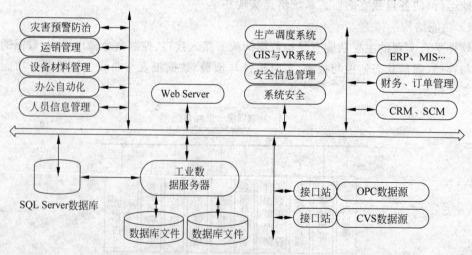

图 6.4　软件平台模型

（1）数据输入接口。标准的 OPC、ODBC 实现与已有系统衔接，制定符合标准规范的 CVS 输入接口。

（2）数据中心。包含工业历史数据库和商务数据库 SQL Server 两部分，其中工业历史数据库主要负责对符合标准规范的现场的工业控制实时数据经过压缩处理。

（3）应用系统。在建立统一数据中心的基础上，构建符合不同需求的应用服务，如生产调度子系统、GIS 与 VR 子系统、安全信息管理、灾害预防与防治、运销管理、材料与设备管理、办公自动化、人员信息管理、系统安全管理等若干面向应用的子系统。

（4）数据输出接口。根据各监控系统的反馈控制需求，按照标准协议规范，提供标准输出接口。

（5）Web Server。为各应用系统的数据显示与控制提供 Web 服务功能。

6.2.4 感知矿山网络平台建设

煤矿井下移动设备、人员及矿山灾害的分布式监测均需要无线网络，包括无线语音、无线数据、无线视频等信息的传输。其用途包括设备工况监测监控、灾害环境信息监测、人员定位、机车管理、语音通信、工业电视等，形成一个完善的无线感知平台。

1. 总体结构设计

传感器网络节点具有体积小、数量大、布置灵活、不需单独供电、不需要专人维护等特点，将传感器网络应用于矿山，实现矿山的完全感知，是利用无线节点的多样性和无线网络覆盖广的特点，将矿山的设备信息、环境信息、井下人员信息与定位信息及时地传输给地面监控中心，不仅可以摆脱现有有线网络线缆的束缚，还可以填补现有矿山监控系统的诸多漏洞。无线感知矿山传感网的设计主要是对图 4-1 中地面和井下骨干网的无线网络部分进行改造，主要依托千兆骨干环网布置分支交换机和无线基站，利用无线基站实现矿井的覆盖，利用无线技术的带宽高、传输速率快以及网络可靠性高等特点，为井下视频、VOIP 等技术的实现搭建基础平台。设计的感知矿山传感网系统示意图见图 6.5。

井下系统的无线基站，交换机均采用本安型产品，井下网络通信系统的传输介质主要由光纤和电缆组成。因井下巷道为一狭长空间，无线网络的汇结必须通过矿用本安型以太网延长器或光纤耦合器进行延长到分支交换机。每个分支交换机可管理 6～8 个无线基站，交换机再通过光纤连接到井下的骨干环形网络中，从而完成井下无线系统的主要拓扑结构；在井上部分，需要为无线语音平台加入语音服务器、为无线监控平台加入管理服务器、为定位信息提供定位服务器，以及与 Internet 相连的 Web 服务器等，从而完成整个网络的管理与信息处理功能。

由于无线基站（AP）选用可支持 Wi-Fi(IEEE 802.11n) 的设备，井下各种支持 Wi-Fi 协议的终端，如身份识别卡、无线摄像机、Wi-Fi 手机等，都可以通过无线网络接入到井下骨干网中，各种终端产品的信息也可以通过骨干网络传输到井上，由管理服务器对这些信息进行管理和显示，达到井下无线产品综合监控和管理的目的。

2. 无线覆盖方案设计

井下无线系统的搭建主要是利用本安交换机、光纤耦合器、本安以太网延长器以及无线

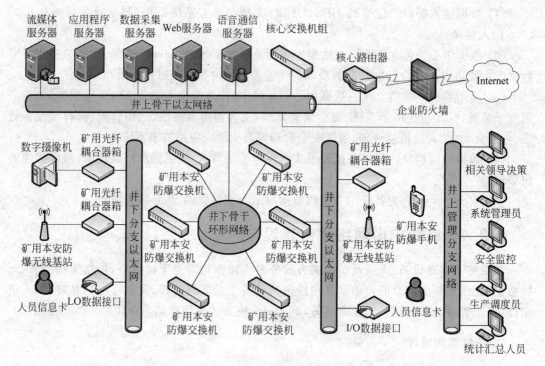

图 6.5   矿山传感网络设计示意图

基站完成整个矿井的无线覆盖。无线覆盖工作主要由无线基站完成,根据井下环境布置大量的无线基站,利用无线基站的覆盖范围来保证所有无线终端的信息都能够被基站所接收,基站与本安交换机通过本安以太网延长器或光纤耦合器,将接收到的终端信息发送给交换机,交换机通过光纤耦合器接入井下光纤骨干网,从而将终端的信息传输给骨干网络,进而传输到地面指挥中心;如果无线基站与交换机距离过远,或不方便计入骨干环网时,如分支巷道、斜井等环境,则采用总线延长器或光纤耦合器将无线基站与骨干网相连;为了节省有线传输资源,基站之间先通过无线 MESH 的方式多跳传输数据,最终汇接到无线根基站,再通过有线资源连接到网络。

井上部分的设计主要是根据井下无线网络所采集数据,根据不同的应用选择服务器,由设计的无线定位和无线环境感知系统构成,因此选用无线定位服务器和无线数据控制服务器通过核心交换机接入地面骨干网,完成对井下系统的管理和控制,保证信息的实时性。无线覆盖设备安装示意图见图 6.6。

6.2.5   人员安全环境感知

煤矿井下个人周围安全环境监测系统是实现矿工主动式安全监测的方法。个人安全信息监测系统由双向个人信息终端、有线与无线通信网络、应用管理平台组成。结合现有的电子矿图实时显示整个矿井以及各个盘区、煤层的人员的数量和分布;以及指定人员的移动路线;可对指定人员进行定位和跟踪;查询特定人员在井下的位置。现有煤矿井下人员定位系统实际是类似于地面使用的巡更系统,即在一些关键点设置读卡器,检测有哪些人员在什么时间到达过这些关键位置。煤矿巷道长而复杂,即使设置了较多的读卡器,仍避免不了

第6章 智能工业 173

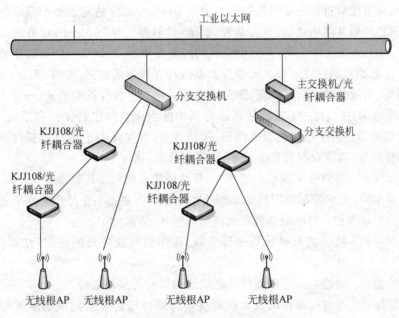

图 6.6　井下无线设备覆盖示意图

工作人员离线的情况。利用个人信息终端,实现基于无线传感器网络的人员精确定位系统,真正实现人员的定位跟踪。通信网络和应用平台前面已经有过介绍。个人信息终端见图 6.7。

图 6.7　个人信息终端

个人信息终端包括微控制器部分、温度传感器部分、加速度传感器部分、瓦斯传感器部分、液晶显示及通信电路组成。个人信息终端采用 IEEE 802.11b 通信协议,实现与地面的通信。可以通过微控制器本身的 MAC 地址区分每台个人信息终端,进而确定矿工的身份。个人信息终端各个部分的功能如下:

(1) 个人信息终端同时集瓦斯监控、温度监控于一身大大降低成本。

(2) 个人信息终端实现了网络化,通过无线通信方式将各传感器采集信号,通过矿井已经部署的无线网络向上位机发送。

(3) 个人信息终端可以监测到工人的活动状态,矿难发生后能够监测被困人员的生命活动迹象。

(4) 当井下出现险情或矿工被困时,个人信息终端不仅能向上位机发送呼救信号,而且能告知上位机发出呼救信号的类型。

(5) 个人信息终端能够接收调度室发送的避灾路线。

(6) 个人信息终端具有精确定位的功能。

6.2.6　主要系统信息化改造

1. 井下主运输皮带无人值守系统

根据感知矿山的要求,应实现皮带系统的自适应控制,根据皮带负荷情况,动态调节皮带的运行,达到节能减排。胶带机控制分站采用 PLC,控制分站完成整个系统的数据采集、设备控制、信息传输及网络通信,具有集控、就地、检修等工作方式。PLC 有通信接口模块,可接入井下 1000M 工业以太网,并提供完整的控制变量表,控制系统能够在线诊断,并且其控制程序可在地面主机在线下载。安全保护系统具有胶带机打滑、堆煤、满仓、煤位、超温洒水、烟雾、温度、沿线急停、跑偏、断带、撕裂和语音系统等多种保护和装置。

(1) 智能跑偏/拉线保护:对胶带机运行当中的跑偏故障进行保护和沿线出现紧急情况时进行紧急停车。由于选用的智能跑偏/拉线开关,在操纵台上可以监视到智能跑偏/拉线开关的动作位置,以便及时发现故障地点,进行处理,恢复生产。

(2) 堆煤保护:监测上煤点是否堵塞,出现故障能控制胶带机紧急停车。

(3) 烟雾保护:监测驱动部因机械摩擦产生的烟雾,并能提供信号控制胶带机紧急停车。

(4) 超温洒水保护:对驱动部发生火灾进行停车,洒水保护。

(5) 打滑保护:胶带机上安装测速传感器,连续监测胶带机的速度,并提供打滑保护信号。

(6) 煤位监测:通过监测传感器可以连续监测煤仓的煤位信号。

(7) 温度保护:通过设置在电机上的温度传感器可以连续监测电机温度,并提供温度超限报警。

(8) 断带保护:通过断带保护传感器监测胶带是否断裂,并能提供信号控制胶带机紧急停车。

(9) 撕裂保护:通过纵撕保护传感器监测胶带是否纵向撕裂,并能提供信号控制胶带机紧急停车。

(10) 胶带机语音电话系统:在胶带机沿线单独设有一路电话系统进行通话联络。

2. 井下排水安全系统

采用 PLC 控制技术,结合先进的传感器检测技术,并改造泵房传统的手动操作设备为电动,使得泵房达到无人值守智能控制的要求。通过建立排水控制模型,综合水仓水位、涌水速度、排水能力、管路效率、供电峰谷段时间划分、电网日负荷变化曲线等情况,能合理调度水泵起停运行,即可省运行费用,也能减小电网的承受能力和对其他设备的影响。

系统具备就地手动/远方手动/自动等运行方式,控制方便、灵活。自动控制(远动、程控)功能:根据工况设定,以及时间、水位、煤矿用电负荷等参数自动开启、停止水泵的运转,对运行中的各种参数进行实时监控。手动控制功能:根据实际需要也可以从自动控制方式切换到手动控制方式,此方式下操作人员可在分站上人工手动控制。单机自动控制,当地面监控主机将工作方式切转到单机自动时,可在地面监控主机上单独控制系统中的各设备,此时各分站仍处于自动状态,当保护信号动作时仍报警停机。自动、手动、单机操作模式之间能实现不停机切换。就地手动控制可直接在开关柜上人工手动控制。此方式主要用于设备检修时。

(1) 具有计量/时间/运行统计。系统具有计量/时间/运行统计的功能。

(2) 能控制各泵轮流工作,使每台磨损程度均等,同时根据流量和功率分析水泵的效率,实现高效率泵优先运行的机制,达到节能目的,同时为水泵的维护保养提供科学依据。

(3) 能检测水泵及其电机的工作参数,如水泵流量、出口压力、轴温、电机定子温度及轴温、电机电流和功率等。

（4）能实现防水闸门的自动化控制。

（5）具有故障报警、自动保护等功能。

（6）能通过接口向上传送数据，对全矿井涌水量进行监测，根据全矿井供电负荷调整要求，按预定的工作程序进行定期排水，实现矿井排水优化控制。并根据水仓水位情况自动控制排水泵的开停，达到节能的效果。

（7）具有组网功能。通过 PLC 提供的以太网接口接入全矿综合自动化系统工业以太网。实现水泵开停、水仓水位等工矿参数全矿井共享；水泵主电机开停实现远控。

（8）能实现水泵房的联合控制，使得排水系统运行效率最高、安全系数最高。并具备灾害运行模式，具备透水、冒顶等灾害的自动处理预案，最大限度降低灾害损失。

（9）能达到水泵房达到无人（或少人）值守，定期巡视的要求。

（10）能实现与高压柜综保装置的通信，控制系统与综保通信，并可对遥信和遥测量进行处理，但与水泵相关的供电回路的分合控制仍以硬件接线为主。

（11）能实现模拟量检测和开关量检测。

模拟量检测主要完成对监控需要的模拟量的采集和处理，并送入 PLC，主要包括以下几类传感器：

- 水仓水位传感变送器；
- 流量传感器；
- 压力传感变送器；
- 负压传感变送器；
- 温度巡检仪及传感器；
- 电机及水泵振动传感器。

开关量检测主要是将液压闸阀、电动球阀、高压柜等的工作状态与启闭位置等开关量信号接入 PLC，监测系统当前运行状态。自动控制系统通过高、低压柜接触器辅助触点监测接触器触点状态。

系统采集与检测的数据：模拟量为电机电流、电机温度、水泵轴温、闸阀开度、出水口压力、水仓水位、主排水管流量、真空度；数字量有电动闸阀的开关限位、电磁阀状态、电机运行返回、电机故障点、电动阀的工作状态与开关限位、射流泵工作状态。

数据采集主要由 PLC 实现，PLC 通过超声波水位计连续检测汲水小井水位，将水位变化信号进行转换处理，计算单位时间内不同水位段水位的上升速率，从而判断矿井的涌水量，自动投入或退出水泵。电机电流、水泵轴温、电机温度、排水管流量等传感器，主要用于监测水泵、电机的运行状况，温度超限报警。PLC 采集各种系统中各个设备状态的开关量信号进行处理，控制每个水泵系统的启停。

3. 供电无人值守系统

对现有矿井供电监控系统进行智能化改造，增设微机综保单元，通过矿井 1000M 工业以太网实现供电无人值守。具体功能如下：

（1）系统设就地手动控制、现场集中控制和远程遥控三种控制方式，在三种中的任一处操作时，其他各种的相应操作均被闭锁。

（2）完成状态及参数（电压、电流、功率（有功、无功）、功率因数、电度等）的分散采集与集中分析，区分各种故障类型，如过流、速断、小电流接地与跳闸回路断线等。

（3）常规保护功能：过流、过载、短路、漏电等。

（4）实时数据处理电压、电流的运行曲线。

（5）事件顺序记录和事故追忆、报警、显示、报表。

（6）人机联系及系统自诊断与自恢复等。

4. 通风机房无人值守系统

结合示范煤矿通风机房的具体情况，增设 PLC 以及相应传感器实现通风机房无人值守，具体功能如下：

（1）利用高精度的差压、负压传感器，依靠 PLC 高速的数据处理能力，实现风量的准确计算。

（2）具备就地手动/远方手动/自动等运行方式，控制方便、灵活。

（3）实现风机的无人值守控制及运行参数（风量、负压、电流、电压、振动、温度等）的远程在线监测。

（4）实现风机运行的分级控制，解决风机系统远程控制与就地控制的冲突问题。

（5）现风机运行过程中的风门开启、关闭与风机运行的逻辑闭锁功能，防止各种误操作的发生。

（6）采用高可靠性的上位机组态软件和抗干扰性强的工控机系统及不间断电源系统，实现风机的远程故障诊断功能。

（7）实现风机运行中的数据记录、故障报警及报表打印功能。

（8）采用变频控制应可实现风机的节能运行。

（9）实现通风机的"一键式启动"、"故障风机自动化切换"、"自动反风"、"瓦斯联动风量自动调整"等功能。

（10）显示报警功能：故障报警显示。

5. 压风机监控系统

增设主控系统实现对现有压风机监控系统的信息传输，通过矿井 1000M 工业以太网实现压风机房无人值守。

压风机系统所监控的内容如下：

（1）压风机排气压力、管线压力、喷油压力、油过滤器压力。

（2）压风机排气温度、分离器罐排气温度、喷油温度。

（3）空气滤清器压差报警。

（4）压风机相关设备的运行状态、运行时间、事故状态信息。

（5）压风机电机电流、电压、功率因数。

6. 提升机监控系统

结合示范煤矿提升机控制系统的具体情况，在提升机房增设主控器以及相应传感器，通过矿井 1000M 工业以太网实现提升机远程监控。

针对装卸载系统,分别增设装载站 PLC 系统和卸载站 PLC 系统以及相应传感器,实现对装卸载系统的远程监控。提升机控制系统示意图见图 6.8。

可以通过总体网络在调度室监测主、副井实时数据,在工作站上进行工况的显示。系统具有语音、图像以及报警功能,可以访问历史数据库查阅系统工作情况等。通过上位机可以完成对主付井、储装运系统的远程监控。

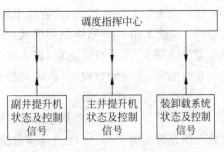

图 6.8　提升机控制系统示意图

7. 其他监控系统

对于瓦斯投放泵站、风选机房、供暖系统,根据实际情况增设 PLC 控制器、传感器,或直接接入 1000M 环网,或增设传感器和摄像头进行监测与控制。

6.2.7　液晶拼接显示及工业电视系统

1. LFD 拼接系统组成

根据建设目标、使用要求和物理环境情况,将高清晰度显示技术、电视墙拼接技术、多屏图像处理技术等的应用集合为一体,采用三星超窄边 DID 液晶拼接屏进行大屏系统建设。具体拼接个数根据现场实际情况而定。其具有的功能如下:

1) 视频图像显示、控制、调用的集成

(1) 通过大屏幕组合显示控制器与视频切换矩阵系统的集成实现任意摄像机视频信号以视频窗口的形式在信息化室墙上显示出来;

(2) 通过大屏幕显示单元控制软件与视频切换矩阵系统的集成实现任意摄像机在任意单屏上的显示,可以设置显示预案。

2) 系统集成控制功能

(1) 直观、图形化的全中文集成操作界面:在统一的图形操作界面下,通过简单的鼠标操作,便可以完成对集成系统中各项参数、预案的设置、调用,用户只需要关心最终的显示效果,而无须关心中间的视频切换过程、显示单元切换过程等繁杂的工作。

(2) 预案设置、调用功能:无论是视频信号、还是计算机信号,都可以预先设置、存储、调用显示预案,所有工作都在同一个图形控制界面下完成。

(3) 图形处理器可以说是本系统的一个核心,在屏幕上要达到的跨屏显示、任意开/关视频窗口、任意控制视频窗口的大小等功能都是需要它来实现的。

2. 基于网络数字工业电视系统

随着传输技术和计算机技术的发展,数字化的视频传输应用得到广泛普及,在煤矿安全监控系统中引入数字化远程视频监控系统也是大趋势。

数字工业电视监控系统满足以下关键功能需求:

(1) 视频监控设备满足煤矿防爆、隔爆等级要求。

（2）系统基于 GIS 技术，具有井下动态定位监测、管理和搜救下井人员的独到功能。

（3）系统采用 B/S 网络结构模式，基于 IE 浏览，统一应用平台。可在网络系统的任何一台工作终端上，经授权认证后，以人机对话方式对矿井上下区域的视频系统设备进行视频图像查询浏览、远程参数设定、监测和控制，便于本企业信息共享、联网集约监控管理和对上级机关的视频信息联网上传。

（4）系统具有高频宽带多路并发传输控制功能，具有将井下一路或多路视频信号进行图像无损并发实时传输、远程预览和录像的独到宽带视频效果。

（5）系统可以通过前端设备连接报警探头，可以实时采集、传输报警探头的变化信息和自动报警信息，达到能够随时跟进采掘面现场，远程监控的最佳目的。

（6）可以实现各级部门联网监控，指挥终端、中心控制室以及上级领导终端可通过语音对讲对煤矿开采企业进行远程指挥。

（7）系统具有易安装性和易维护性。

（8）系统操作简单，界面简洁，功能直观明确。

（9）系统具有实时日期和时钟视频叠加功能：对矿井全程视频图像进行实时日期和时钟预览和录像，保证采矿过程的完整性和真实性。其日期和时钟显示位置可根据现场实景进行位置调整。

（10）系统具有单画面、多画面和全屏等多种显示方式，预览显示画面在多画面显示方式下，其显示位置可进行人为调整。

（11）系统具有录像效果调节功能、网络传输质量，保证其图像在局域网和广域网上都能进行网络传输。

（12）系统具有音、视频实时网络浏览功能，每路图像可允许多个网络客户端同时进行网络浏览。

（13）系统具有录像资料转制 DVD/VCD 光盘存储功能，便于资料的保存和资料审阅的便捷。

（14）系统具有对剩余硬盘空间显示和容量不足警示功能，提供线性和循环录像两种模式。

（15）系统具有客户端对录像资料的检索、管理和回放。

（16）系统具有通过有线和无线网络实现上级领导与矿井监控中心工作人员进行网络会话的功能，从而保障指挥的有效性和实时性。

6.2.8　二期工程建设

1. 煤矿安全生产仿真平台

二期工程利用地理信息系统技术、虚拟现实技术、网络通信技术等将与煤矿有关的安全和生产信息集成到统一的平台上。将地理信息系统完善的地图定位、信息检索、专题制图及各种统计分析功能结合虚拟现实逼真的安全生产状况的显示，实现煤矿可视化的安全生产调度，随时了解煤矿的安全生产情况，有效提高监管部门的工作效率。通过系统的有效运转，为煤矿企业建立起从上到下、从部分到整体、从局部到全部的一套完整的安全生产管理体系，达到"分散管理、集中监控"的建设目标，为"数字矿山"建设建立基础框架。其主要功能包括：

1）基础层

（1）地理数据管理：分别按时间维、空间维、基础任务维管理安全生产相关的人员、设备与环境相关的数据，为系统提供统一、灵活、方便的基础数据服务功能。

（2）计算组件管理：管理安全生产相关的功能组件，如定位算法、最佳路径算法、灾害预警等。通过利用这些组件，可快速构建更复杂的应用程序。

（3）界面组件管理：由于系统的应用需求不断变化，系统为用户提供界面定制的功能。界面组件管理功能包括二维矿图、三维矿图、设备图形及图例、常用功能菜单与按钮等，可以根据用户的应用需求，生成适合的应用程序界面，并配合计算组件管理功能，生成完整的应用程序。

2）应用层

（1）按时间、空间区间查询安全生产状况：让用户快速从矿井三维 GIS 中了解当前矿井安全生产的总体状况。能通过三维视图直观地了解矿井的生产状态（各回采工作面的位置、各掘进工作面的位置），并能按时间区间查询过去任一时期矿井的总体状况。系统可以三维显示矿井各生产系统（通风系统、运输系统、安全线路、排水、供电系统）的线路及其运行方向，如通风系统的进风、回风方向及路线。

（2）调度指挥信息可视化：三维矿图与矿井井下的实际场景一致，安全监测的测点及设备直接在三维矿井视图中标出，并且随生产的发展，自动更新采掘工程三维图形。因此，实现了安全监测与生产状态的实时、动态显示，非常适合安全生产的调度指挥。

2. 矿山设备工作健康状况感知

设备工况状态感知在示范工程一期完成的情况下，在二期项目中对煤矿井下重要生产设备进行健康状态感知及信息处理。

1）基于传感器网络技术的机电设备监测信号的采集与提取系统

传感器网络技术是由一种由众多分布的具有感知、计算和通信能力的微型传感器节点通过自组织的方式构成的无线网络。传感器节点通过相互之间的分工协作，可实时感知、监测和采集分布区域内的监测对象或周围环境的信息，并传送给观察者。在工业生产，尤其是煤矿中，机电设备分布范围可能较广，所需监测信号较多，可采用传感器网络节点采集设备运行状态数据，并利用传感器网络技术、现场高速以太网以及集团网，将采集到的信号预处理（降噪等）之后传送到各级监控中心。

（1）研制传感器网络节点硬件平台，并与相应传感器连接，如温度传感器、速度传感器、位移传感器等，满足煤矿井上井下的安全要求，硬件平台可实时对采集到的信号进行降噪处理。

（2）将传感器网络节点安装于需采集信号处，并选取合适传感器网络组网技术进行组网并传输数据。

（3）信号数据传输网络包括三层：底层若干传感器子网，直接用于一定空间范围内机电设备信号采集与子网内传输，传感器子网中包含高速以太网接入点；第二层为现场高速以太网，用于连接传感器子网与监控中心，具备高速、稳定的数据传输能力；第三层为集团网，可连接各监控中心，实施获得各机电设备运行状态数据。

2）基于信息融合技术的机电设备实时故障诊断与预测平台

单一传感器采集机电设备信息常呈现出较强的模糊性，采用常规信号处理方法难以有效提升故障特征。从故障诊断学角度来看，任何一种诊断信息都是模糊的、不精确的，对任何一种诊断对象,用单一信息来反映其状态行为都是不完整的,如果从多方面获取同一对象的多维故障冗余信息,加以综合利用,就能对系统进行更可靠、更精确的监测和诊断。

因此,基于信息融合技术的机电设备实时故障诊断与预测平台可更加有效地实现机电设备的故障诊断与预测。方案如下:

(1) 选取井上/井下典型大型设备为应用对象进行开发。

(2) 机电设备实时故障诊断与预测平台由数据层、特征层与决策层组成。数据层可以是存储传感器网络所传输各类信息的数据库;特征层为信息融合后所获得的有关设备运行状态的特征信息;决策层根据特征层信息自动判断设备中是否存在故障以及是否可能发生故障,实施发出报警。

(3) 机电设备实时故障诊断与预测平台可在监控中心通过 1~2 台计算机部署。

(4) 使用 ASP. Net 技术实现机电设备运行状态信息与故障情况的实时发布。

3. 煤矿安全生产监控与决策管理

安全生产管理决策系统整合示范煤矿安全生产各类信息、数据资源以及已有的业务应用,形成一个统一的以示范煤矿安全生产管理为主的门户系统。平台提供可视化信息应用门户、数据共享与交换集成平台、地理信息支撑平台、智能数据分析引擎、工业组态软件系统等低层技术支持,基于平台构建的各子系统建设遵循数据规范、业务规范、技术规范和接口规范,实现不同系统间的数据融合、共享和交换,实现自动化与信息化,生产层面与管理层面的联合数据分析。

该系统包括生产调度管理,煤矿灾害预警与防治,煤矿安全生产监控与决策管理,煤矿供应链管理,设备材料管理等。

1) 生产调度管理

生产调度管理是以煤矿生产调度业务为核心,为煤矿生产调度管理相关工作人员提供的计算机应用系统。系统全面整合生产调度日常管理数据、矿井安全监控系统实时数据、自动化设备运行实时数据、工业视频数据、事故处理记录、人员考勤记录等多种信息。系统涵盖作业计划制订、生产过程监控、日常调度指挥、应急事件处理等煤矿生产调度相关的各项业务,结合通信调度机为调度员提供一个桌面办公平台,辅助调度员全面、迅速、准确地进行生产调度。

2) 煤矿灾害预警与防治

系统借用人工智能技术,建立各种灾害预警数学模型,并随着历史数据积累进一步完善数据模型;通过数据仓库、数据挖掘和数据集市等数据分析技术,设计开发三维矿井灾害预警预测软件系统,将矿井进行三维仿真虚拟,并实时展现生产现场瓦斯、水、火、煤尘、矿电、顶板、局扇等各种信息,将这些状态信息实时按照规律进行排序,对一个矿井的安全性做出评估,帮助明确预测目标和进行问题的识别,建立或修改预测模型,通过一系列人机对话过程,交互式的进行分析、比较和判断,达到预测并预警的作用。

3) 煤矿安全生产监控与决策管理

安全生产监控主要包括对生产环节中的风机系统、抽排系统、瓦斯检测系统、水泵监视系统、提升机监测系统、皮带运输系统及安全环境因素,如顶板压力、前后倾角、应力等的实时监测、分类显示,综合预警报警功能。利用数据挖掘技术及智能信息处理技术,综合多系统数据对安全生产环节中的安全隐患进行实时评估并提供辅助决策功能。此外还具有历史数据查询、筛选、各种标准生产报表功能。安全方面,做到数据的安全、可靠防篡改功能和数据自动备份功能。可靠性方面,提供自动对多数据接口实时监控,断线报警功能。

4) 煤炭运销管理系统

煤炭运销管理系统能够实现煤矿产销的自动化管理。

系统功能包括运煤车辆管理、合同管理、押金管理、运费结算、客户订单回单管理、预收款管理、欠款管理、销售统计、报表输出等功能,能按煤矿的要求提供各种销售明细报表和汇总报表。

系统使用计算机联网和自动化管理流程,通过严格授权机制,避免人为舞弊现象;通过视频对过往车辆和行人进行监控,解决非法车辆偷运问题,保障矿区财产安全。

系统提供数据分析功能,通过对产、运、销情况的同比和环比等分析,实行"精产精销"。

5) 设备材料管理系统

设备管理在煤矿企业是非常重要的组成部分,本系统利用数据集成平台,实现煤矿机电管理网络化、数据共享技术,从而提高设备的周转、调配效率,提高设备的使用率,有效地处理机电管理事务的日常工作。

系统包括设备材料档案信息管理、计划管理(使用计划、租赁计划、购置计划、维修计划等)、出入库管理、维修管理、特种设备管理、使用状况监控、报废管理、费用结算、配件信息维护等功能。

4. 无人(或少人)工作面监控

煤矿工作面主要有掘进工作面和采煤工作面。

掘进工作面:掘进工作面是事故多发区域,主要有压力、透水、瓦斯等灾害源。设备主要有掘进机、局扇、运输皮带等。由于通风条件差、支护不及时、小构造情况不明等原因,需要利用物联网感知技术,随时为掘进工作面提供各种安全信息保障,实现对掘进工作面设备的自动控制与监测,有效减少掘进工作面作业人员,提高安全水平。

采煤工作面(以机采为前提):采煤工作面是生产煤的重要场所,主要设备有采煤机、刮板运输机、液压支架、转载机、破碎机等。工作面顺槽设备主要有泵站、移动变电站、组合开关或负荷中心等,要求实现:

(1) 在线监测工作面设备工况及故障并传输到地面调度中心,监测的内容包括监测采煤机的电机电流、电机温度、缺水信息;监测液压支架的工作状况;监测泵站、负荷中心的工作状态、参数、故障信息;监测刮板机、转载机、破碎机运行状态及相关参数;监测被控电机工作电压,电流,温度,启动状态,故障状态;移动变电站信息、组合开关信息。

(2) 希望条件具备时,可实现对泵站、液压支架移架的远程控制,可实现采煤机的远程启动与停车。

(3) 更进一步,通过感知矿山物联网技术,根据煤层、顶底板的关系,建立拟人化控制模型,实现煤矿生产工作面各种设备的联动控制。通过对煤矿井下采煤装备的远程定位、煤岩识别、大型设备姿态控制等技术实现工作面的远程遥控开采,提高矿山安全性。

(4) 在监测基础上,基于数据挖掘技术建立采掘设备健康数据库和健康状况识别、决策模型。

通过这些技术,实现尽可能的自动控制或顺槽遥控,逐步减少采煤工作面作业人员,争取实现无人工作面。

第7章 智能交通

随着我国经济发展和人们生活水平的提高,人们对出行提出了更高的要求,智能交通技术可以有效地提高现有交通资源的使用效率,降低能耗,同时提高交通便捷水平和安全性。

7.1 智能交通概述

今天,道路运输已经成为超越铁路的最重要的地面运输方式,在国民经济和社会发展中起着举足轻重的作用。随着汽车的普及、交通需求的急剧增长,进入 20 世纪 90 年代,道路运输所带来的交通拥堵、交通事故和环境污染等负面效应也日益突出,逐步成为经济和社会发展中的全球性共同问题。解决车和路的矛盾,常用的有两个办法:一是控制需求,最直接的办法就是限制车辆的增加;二是增加供给,也就是修路。但是,这两个办法都有其局限性。智能交通系统(Intelligent Transportation System,ITS)正是解决这一矛盾的途径之一。

7.1.1 智能交通的定义、功能和特点

1. 智能交通的定义

智能交通系统是在较完善的道路基础设施之上,将先进的信息技术、数据通信传输技术、电子传感技术、控制技术及计算机技术等有效地集成,综合运用于整个地面交通管理系统,建立一种在大范围且全方位发挥作用的实时、准确、高效的综合交通运输管理系统。

ITS 可以有效地利用现有交通设施、减少交通负荷和环境污染、保证交通安全、提高运输效率,日益受到各国的重视。21 世纪将是公路交通智能化的世纪,人们将要采用的智能交通系统,是一种先进的一体化交通综合管理系统。在该系统中,车辆靠自己的智能在道路上自由行驶,公路靠自身的智能将交通流量调整至最佳状态,借助于这个系统,管理人员对道路、车辆的行踪将掌握得一清二楚。

智能交通系统就是以缓和道路堵塞和减少交通事故,提高交通利用者的方便、舒适为目的,利用交通信息系统、通信网络、定位系统和智能化分析与选线的交通系统的总称。它通过传播实时的交通信息使出行者对即将面对的交通环境有足够的了解,并据此作出正确选择;通过消除道路堵塞等交通隐患,建设良好的交通管制系统,减轻对环境的污染;通过对智能交叉路口和自动驾驶技术的开发,提高行车安全,减少行驶时间。

2. 智能交通的功能

智能交通系统实质上就是利用高新技术对传统的运输系统进行改造而形成的一种信息化、智能化、社会化的新型运输系统,能使交通基础设施发挥出最大的效能,提高服务质量;同时使社会能够高效地使用交通设施和能源,从而获得巨大的社会经济效益。它不但有可能解决交通的拥堵,而且对交通安全、交通事故的处理与救援、客货运输管理、道路收费系统等方面都会产生巨大的影响。智能交通的功能主要表现如下:

(1) 顺畅功能:增加交通的机动性,提高运营效率;提高道路网的通行能力,提高设施效率;调控交通需求。

(2) 安全功能:提高交通的安全水平,降低事故或避免事故的可能性;减轻事故的损害程度;防止事故后灾难的扩大。

(3) 环境功能:减轻堵塞;低公害化,降低汽车运输对环境的影响。

3. 智能交通的特点

智能交通系统具有以下两个特点:一是着眼于交通信息的广泛应用与服务;二是着眼于提高既有交通设施的运行效率。与一般技术系统相比,智能交通系统建设过程中具有如下特点:

(1) 跨行业特点。智能交通系统建设涉及众多行业领域,是社会广泛参与的复杂巨型系统工程,从而造成复杂的行业间协调问题。

(2) 技术领域特点。智能交通系统综合了交通工程、信息工程,通信技术、控制工程、计算机技术等众多科学领域的成果,需要众多领域的技术人员共同协作。

(3) 政府、企业、科研单位及高等院校共同参与,恰当的角色定位和任务分担是系统有效展开的重要前提条件。

7.1.2 智能交通系统分类和组成

各国对智能交通的功能分类和组成不尽相同,但主要包含以下内容。

1. 先进的交通信息服务系统(ATIS)

ATIS 是建立在完善的信息网络基础上的。交通参与者通过装备在道路上、车上、换乘站上、停车场上以及气象中心的传感器和传输设备,向交通信息中心提供各地的实时交通信息;ATIS 得到这些信息并通过处理后,实时向交通参与者提供道路交通信息、公共交通信息、换乘信息、交通气象信息、停车场信息以及与出行相关的其他信息;出行者根据这些信息确定自己的出行方式、选择路线。更进一步,当车上装备了自动定位和导航系统时,该系统可以帮助驾驶员自动选择行驶路线。ATIS 由车辆导航辅助系统、交通信息中心、通信网络三大功能单元组成。其中,交通信息中心 TIC 是 ATIS 的核心,提供出发前的出行信息、目的地相关信息、公交信息、在途交通与道路状况信息、行驶路线导航信息等。

2. 先进的交通管理系统(ATMS)

ATMS 有一部分与 ATIS 共用信息采集、处理和传输系统,但是 ATMS 主要是给交通管理者使用的,用于检测控制和管理公路交通,在道路、车辆和驾驶员之间提供通信联系。它将对道路系统中的交通状况、交通事故、气象状况和交通环境进行实时的监视,依靠先进的车辆检测技术和计算机信息处理技术,获得有关交通状况的信息,并根据收集到的信息对交通进行控制,如信号灯、发布诱导信息、道路管制、事故处理与救援等。典型的 ATMS 系统见图 7.1。

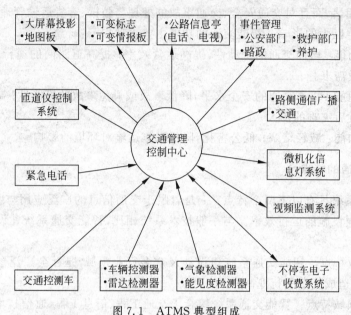

图 7.1　ATMS 典型组成

3. 先进的公共交通系统(APTS)

APTS 的主要目的是采用各种智能技术促进公共运输业的发展,使公交系统实现安全便捷、经济、运量大的目标。例如,通过个人计算机、闭路电视等向公众就出行方式和事件、路线及车次选择等提供咨询,在公交车站通过显示器向候车者提供车辆的实时运行信息。在公交车辆管理中心,可以根据车辆的实时状态合理安排发车、收车等计划,提高工作效率和服务质量。APTS 系统的目标是实现公交系统规划、运营及管理功能的自动化。APTS的一个关键部分是基于 GPS 技术的自动车辆定位技术。

4. 先进的车辆控制系统(AVCS)

AVCS 的目的是开发帮助驾驶员实行本车辆控制的各种技术,从而使汽车行驶安全、高效。AVCS 包括对驾驶员的警告和帮助,障碍物避免等自动驾驶技术。该系统是帮助驾驶员驾车的系统,防止碰撞是它的核心,也包括完全自动驾驶。但在短期内,完全自动驾驶还难以达到实用程度,目前是指辅助驾驶员驾驶汽车或替代驾驶员自动驾驶汽车的系统。该系统通过安装在汽车前部和旁侧的雷达或红外探测仪,可以准确地判断车与障碍物之间的距离,遇紧急情况,车载控制系统能及时发出警报或自动刹车避让,并根据路况自己调节行车速度,人称"智能汽车"。

5. 货运管理系统

这里指以高速道路网和信息管理系统为基础,利用物流理论进行管理的智能化的物流管理系统。综合利用卫星定位、地理信息系统、物流信息及网络技术有效组织货物运输,提高货运效率。

6. 电子收费系统(ETC)

ETC 是目前世界上最先进的路桥收费方式。通过安装在车辆挡风玻璃上的车载器与在收费站 ETC 车道上的微波天线之间的微波专用短程通信,利用计算机联网技术与银行进行后台结算处理,从而达到车辆通过路桥收费站不需停车而能交纳路桥费的目的,且所交纳的费用经过后台处理后清分给相关的收益业主。在现有的车道上安装电子不停车收费系统,可以使车道的通行能力提高 3～5 倍。

7. 紧急救援系统(EMS)

EMS 是一个特殊的系统,它的基础是 ATIS、ATMS 和有关的救援机构和设施,通过 ATIS 和 ATMS 将交通监控中心与职业的救援机构联成有机的整体,为道路使用者提供车辆故障现场紧急处置、拖车、现场救护、排除事故车辆等服务。EMS 具体包括:

(1) 车主可通过电话、短信、翼卡车联网三种方式了解车辆具体位置和行驶轨迹等信息。

(2) 车辆失盗处理:此系统可对被盗车辆进行远程断油锁电操作并追踪车辆位置。

(3) 车辆故障处理:接通救援专线,协助救援机构展开援助工作。

(4) 交通意外处理:此系统会在 10 秒钟后自动发出求救信号,通知救援机构进行救援。

8. 先进的商用车辆运营系统(CVOS)

它主要是提高载货车运行效率的系统,主要功能包括实时提供交通信息和车辆位置信息,货物配送信息的传送管理以及商用车辆的电子通关等。该系统通过汽车的车载电脑、高度管理中心计算机与全球定位系统卫星联网,实现驾驶员与调度管理中心之间的双向通信,提高商业车辆、公共汽车和出租汽车的运营效率。该系统通信能力极强,可以对全国乃至更大范围内的车辆实施控制。目前,行驶在法国巴黎大街上的 20 辆公共汽车和英国伦敦的约 2500 辆出租汽车已经在接受卫星的指挥。

9. 旅行信息系统

旅行信息系统是专为外出旅行人员及时提供各种交通信息的系统。该系统提供信息的媒介是多种多样的,如计算机、电视、电话、路标、无线电、车内显示屏等,任何一种方式都可以。无论在办公室、大街上、家中、汽车上,只要采用其中任何一种方式,都能从信息系统中获得所需要的信息。有了这个系统,外出旅行者就可以眼观六路、耳听八方了。

智能交通运输系统被普遍认为是 21 世纪世界性的最大产业之一。如果完成了这 4 个子系统的建设,不同交通方式的运行状态信息可以实时地采集并动态提供,那时交通出行者可以选择最佳的出行时间和交通方式,汽车出行者可以选择最佳的行驶路径。因此,交通系统的"时间资源"和"空间资源"可以最佳地利用。先进安全的车辆系统和自动化高速道路系统的使用，将为驾驶员的安全驾驶提供支持，从而可以及时地发现前方的危险信息，避免各种可能的突发事件，甚至可以实现自动驾驶，提高交通系统的安全性。随着智能社会系统的不断现实化，人们购物、旅游、就医、查询、寻求帮助信息等社会生活信息，将变得更具实时性和效率性。

7.1.3　智能交通数据采集

IT 和通信技术的快速发展使得信息的发布不再是瓶颈，路边发布、手机发布、便携式终端发布、互联网发布、车载终端发布等，都具有巨大的应用市场。可见，要实现交通信息应用的爆发增长，如何获取原始交通数据并处理成精准的交通信息是其关键。对于实时交通数据的采集，目前主要有静态交通探测和动态交通探测两种方式。

1. 静态交通探测方式

静态交通探测主要是利用位置固定的定点检测器或摄像机。通常，用来采集交通流数据的定点检测器有感应线圈检测器、超声波检测器、雷达检测器、光电检测器、红外线检测器等。

线圈和摄像机（视频监控）是定点检测的典型手段。线圈是磁性检测器的一种变形，依靠埋在路面下的一个或一组感应线圈产生的电磁感应变化，检测通过的车辆的状况。该技术非常成熟，且精度较高，适用于交通量较大的道路。然而，其缺点也非常明显，即采集范围有限、损坏率高、施工成本昂贵、施工周期长。这类数据的典型代表有"某城市环路微波检测历史记录数据"、"某城市道路交叉口检测历史记录数据"。

视频监控则是将摄像机作为记录设备，通过对一定时间段内的图像进行分析得出交通流的详细资料。对于交叉口交通状况的调查，常采用这种方法。这种方法的优点是比较直观，可以得到最完全的交通资料信息；缺点是成本高、数据整理工作量大（需要大量的图像处理工作）、有时可靠度较低（如大型车辆可能遮挡随行的小型车辆等）。这类数据典型如数据堂采集的"交通视频数据库"、"车牌图片数据库"等。

2. 动态交通探测方式

动态交通探测方式是指基于位置不断变化的车辆或手机来获得实时行车速度和旅行时间等交通信息的数据采集方式。动态交通探测的典型方式包括异频雷达收发机、车辆自动检测、GPS 装置及手机通信等。

作为动态交通流信息采集的主要手段，GPS 技术在国外得到了广泛的应用，国内也有优途、美慧等公司已经开发了可商用的产品。GPS 是一种全球性、全天候的卫星无线电定位系统，可实时提供三维坐标、速度等空间信息，其特点是精度高，速度快，但实际应用中也有很多问题，主要表现在存在采集盲区（如高架下的道路采集不到 GPS 信号）、样本容量小、建设和运营成本高等。这类数据的典型如"某北方城市出租车 GPS 位置数据"、"某南方城市出租车 GPS 位置数据"等。

基于移动通信的交通信息采集技术利用手机网络中的信令信息来分析推算动态交通状况，其特点可以概括为道路覆盖范围广、数据采集成本相对较低、部署方便、数据精度较高等。作为一种新兴的动态交通探测手段,该技术充分利用了现有的手机网络资源,其实用性正在美国、欧洲等国家得到论证和推广。

7.1.4　智能交通系统的发展背景与动因

1. 汽车发展的社会化

工业化国家在市场经济的指导下,大都经历了经济的发展促进汽车的发展,而汽车产业的发展又刺激经济发展的过程,从而这些国家超前实现了汽车化的时代。汽车化社会带来的诸如交通阻塞、交通事故、能源消费和环境污染等社会问题日趋恶化,交通阻塞造成的经济损失巨大,使道路设施十分发达的美国、日本等也不得不从以往只靠供给来满足需求的思维模式转向采取供需两方面共同管理的技术和方法来改善日益尖锐的交通问题,这些建立在汽车轮子上的工业国家在探索既维护汽车化社会,又要缓解交通拥挤问题的办法中,旨在借助现代化科技改善交通状况达到"保障安全,提高效率、改善环境、节约能源"目的的 ITS 概念便逐步形成。

2. 人类环境的可续化

工业化国家在工业化、城市化发展的进程中面临着日益严重的资源短缺与环境恶化问题,这一问题在发展中国家同样存在,20 世纪 50 年代以来,生存与发展问题成为人类社会面临的最紧迫的任务,1972 年联合国人类环境会议上通过了《人类环境宣言》。

城市化生产力发展的一个必然结果,按世界经济发展的规律,城市化水平达到 30% 以上,将出现经济的飞速发展阶段,美国、日本、英国等发达国家,在 1990 年城市化水平达到了 75%、77%、89%,这些国家针对交通发展对资源和环境的影响,逐步调整交通运输体系与结构。这些国家都经历了为满足车辆发展的需求,而大力开发建设交通基础设施(如美国 1944 年规划的 7 万千米高速公路规划,经过 50 年基本完成,但仍产生拥挤和阻塞),在大量土地、燃油等资源占用和消耗的同时,不但交通需求没有完全满足,而且还造成汽车尾气由于道路拥挤排放量剧增,不仅经济造成巨大损失,而且给环境带来恶劣影响。

20 世纪 60、70 年代以来,由于石油危机及环境恶化,工业化国家开始采取以提高效益和节约能源为目的的交通系统管理(TSM)和交通需求管理(TDM)同时大力发展大运量轨道及实施工交优先政策,在社会可持续化发展的目标下调整运输结构,建立对能源均衡利用和环境保护最优化的交通运输体系。ITS 作为综合解决交通问题,保护社会经济可持续发展和与环境相协调的新一代交通运输系统,在 20 世纪 90 年代以后,成为世界范围内的重要发展趋势。

3. 信息技术智能化

交通管理的科学化、现代化,一直是人们综合治理、解决交通问题而追寻的目标,早期的交通信号控制系统装置采用了电子、传感、传输等技术实现科学管理,随着科学技术的发展,尤其是计算机技术科学以及 GPS、信息通信的普及和应用,交通监视控制系统、交通诱导系统、信息采集系统等在交通管理中发挥了很大作用,但这些技术单纯是对车辆或道路实施科学化管理,范围单一,局限性较大,系统性不强。

20世纪80年代后期以来,世界范围内的冷战结束,工业化国家用于军事和国防领域的卫星导航系统、信息采集与提供系统、计算机控制与管理系统、电子与电子通信技术等高新技术转向民用化,军事上的投入也大部分转移到民用技术的开发和应用上。与此同时,包括我国在内的广大发展中国家借助和平、稳定的国际环境加快本国的经济发展,发展中国家经济的迅速发展促进了世界范围内产业结构发生巨大的变化,工业化国家的传统工业领域由于劳动力密集型的产业向发展中国家集中而失去明显竞争优势,开始酝酿开辟高新技术含量的产业市场,在这种国际环境背景下,信息技术得到飞速发展,信息产业应运而生,ITS以信息技术为先导,融其他相关技术应用到交通运输智能管理上有其广大市场,工业化国家和民营企业纷纷投入到这一新兴的产业。美国政府于1991年开始投资对ITS的开发研究,仅美国高速公路安全局1993年的投资预算就达2010万美元;欧洲19个国家投资50亿美元到EUREKA项目。

7.1.5　智能交通系统的技术背景

ETC全自动电子收费又称为不停车收费。ETC系统是采用专用短程无线通信(Dedicated Short Range Communication,DSRC)技术来完成整个收费过程,允许车辆在整个收费过程中保持行驶状态而不用停车。为此它需要在收费点安装路边设备(RSU),在行驶车辆上安装车载设备(OBU),采用DSRC技术完成RSU与OBU之间的通信。

为了发挥ITS的功能,实现ITS对车辆的智能化、实时、动态管理,国际上专门开发了适用于ITS领域道路与车辆之间的通信协议,即专用短程通信协议。

DSRC是ITS的基础,是一种无线通信系统,通过信息的双向传输将车辆和道路有机地连接起来。系统主要包括三个部分:车载单元(On-Board Unit,OBU)、路旁单元(Road-Side Unit,RSU)以及专用短程通信协议。

1. 车载单元

目前国际上使用的车载单元很多,主要是通信方式和频率的差异。大多数国家车载单元主要应用在ETC系统中,因此多采用单片式电子标签。日本考虑到DSRC系统将来的可扩展性,采用了双片式电子标签。车载单元一般由车载机和IC卡两部分组成,其中IC卡中已经记录了许多关于该车的信息,如车辆类型、颜色、车牌号码等。现在常用的IC卡的储存容量有56KB、128KB、256KB三种。

2. 路旁单元

路旁单元又称为路边单元、车道单元、车道设备,主要是指车道通信设备——路旁天线。其参数主要有频率、发射功率、通信接口等。路旁天线能够覆盖的通信区域大约为3~30米。

3. DSRC协议

DSRC协议可以说是DSRC的基础,美国、欧洲、日本均建立了自己的DSRC标准,但是国际标准化组织目前尚未制定出完整的DSRC国际标准。资料表明,基于5.8GHz的DSRC国际统一标准将成为必然。

DSRC标准可以分为物理层、数据链路层和应用层三个层次。物理层(Physical Layer)

规定了机械、电器、功能和过程的参数,以激活、保持和释放通信系统之间的物理连接。其中载波频率是一个很关键的参数,是造成世界上 DSRC 系统差别的主要原因。目前,北美 5.8GHz 系统和 900MHz 系统,欧洲 5.8GHz 系统,日本 5.8GHz 系统。数据链路层(Data Link Layer)制定了媒介访问和逻辑链路控制方法,定义了进入共享物理媒介、寻址和出错控制的操作。应用层(Application Layer)提供了一些 DSRC 应用的基础性工具。应用层中的过程可以直接使用这些工具,如通信初始化过程、数据传输和擦去操作等。另外,应用层还提供了支持同时多请求的功能。

4. 全球卫星定位技术

目前,为了取得广泛的覆盖范围和降低系统投入成本,GPS 系统普遍采用成熟的公共移动通信网作为通信通道。当前 GPS 可用的较先进的通信网为 GPRS 网和 CDMA 1X。基于 GPRS 网的传输速度理论可以达到 100kbps 以上。2003 年正式开通的 CDMA 1X 网络,由于采用了反向相干解调、前向快速功率控制等技术,理论带宽可达 300kb/s,目前实际应用带宽在 100kb/s 左右(双向对称传输),传输速率高于 GPRS,可提供更多的中高速率业务。神州数码、安华北斗、奥星等公司最近已推出了基于 CDMA 1X 无线通信方式的 ITS 系统,支持实时 GPS 车辆定位、监控、行车信息采集(如车辆 ID、车辆速度、定位点经纬度、方向等)。未来,随着 2.5G 的 CDMA 1X/GPRS 向 3G 网络过渡,频谱效率越来越高,支持的速率也将越来越高,增加到 3G 初期的几百 kbps,再到 3G 增强型的几 Mbps,然后在 3G 进一步增强型的几十到上百 Mbps,再到超 3G(B3G)的上百 Mbps~1Gbps,GPS 将可以实现更多视频新业务。

1) 智能导航终端

在发达国家,车载导航已经非常成熟。日本的车载导航发展是全球领先的,目前超过 80%的新车装有车载导航,附带覆盖全国的电子地图。特有的准 3G 无线通信网络使驾车人可以在车上实现宽带上网,已经实现了几乎全部城市的道路信息实时发布。由于巨大的市场潜力和不可估量的发展前景,日本几乎所有的汽车生产厂家都参加了这项高科技角逐,如丰田、尼桑、本田、马自达、三菱以及松下、先锋、阿尔派、健伍等公司都已开发了自己的车载导航产品。世界其他发达国家也不甘落后,在美国,高档车上原厂配备导航设备,中档车型的用户可以选装或者购车后自行安装,附带的电子地图可以覆盖整个北美地区和欧盟地区。在欧洲,由飞利浦、西门子等公司开发的车载导航系统 1995 年已在雷诺、菲亚特等公司的大众化民用车辆上使用。

2) 电子地图

智能交通系统的大部分信息都需要通过电子地图表示,电子地图作为空间信息特别是交通信息的可视化产品,将交通路线及周围环境以视觉感受的方式传输给用户。欧洲大多数国家开展地图电子化较早,英国在 20 世纪 70 年代就开始了地图电子化。日本则是亚洲最早开展地理信息化工作的国家,已能向社会提供电子地图系列产品。目前,世界各国都在紧锣密鼓地绘就“电子地图”,而其中的主轴是智能交通系统。我国上海测绘院是最早开展地图矢量化的测绘机构,目前京、晋、陕、闽、湘等地相继绘制数字化电子地图。智能交通系统中电子地图的发展趋势是信息量大、详尽而且支持动态变化。

7.2　智能交通发展现状和趋势

交通拥挤和公路阻塞已经成为许多国家的一个重要问题,交通过分拥挤造成的汽车延时、汽油的浪费、汽车废气的排放量都成倍增加。同时,因土地资源紧张使得基础设施的提供受到极大限制,所以自 20 世纪 80 年代以来,以欧洲、美国和日本为代表的各发达国家已从依靠扩大路网规模来解决日益增长的交通需求,转移到用高新技术来改造现有道路运输体系及其管理方式,从而达到提高路网通行能力和服务质量、改善环保质量、提高能源利用率的目的,智能交通系统正是在这种条件下产生和发展起来的。

7.2.1　智能交通国外发展现状

在西方发达国家,交通控制系统基本上完成了由传统的交通控制系统像智能交通控制系统 ITS 的转变。对于传统的交通控制系统而言,对红绿灯一般采用定时控制,无法对实际的交通流进行识别优化,以至于不能适应交通量的不确定性和随机性的原因,往往造成交通资源的浪费和道路的梗阻。智能交通控制系统则在不产生大的硬件改动的情况下有效地提高了效率。

对智能运输系统的研究许多国家都投入了巨大的人力和物力,并成为继航空航天、军事领域之后高新技术应用最集中的领域。目前已形成以美国、日本、欧洲为代表的三大研究中心。

1. 美国

美国 ITS 的雏形是始于 20 世纪 60 年代末期的电子路径导向系统(ERGS),中间暂停了十多年,80 年代中期加利福尼亚交通部门研究的 PATHFIND-ER 统获得成功,此后开展了一系列这方面的研究。1990 年美国运输部成立智能化车辆道路系统(IVSH)组织,1991年国会制定 ISTEA(综合地面运输效率方案),1994 年 IVHS 更名为 ITS。其实施战略是通过实现面向 21 世纪的“公路交通智能化”,以便从根本上解决和减轻事故、路面混杂、能源浪费等交通中的各种问题。

由政府、企业、学术机构等参与,共同酝酿提出智能车路系统(Intelligent Vehicel Highway System,IVHS)。1991 年美国国会通过地面交通效率法(Intermodel Surface Tansporantation Effeciency,ISTE),俗称“冰茶法案”。从此美国的(IVHS)研究开始进入宏观运作阶段。1994 年美国将更名为 ITS,目前已成立三个研究中心,编写了 ITS 体系框架,报告达 5000 余页。

美国对 ITS 的研究虽然起步最晚,但由于投入较多,目前已处于该领域的领先水平。1991 年,美国开始对 ITS 研究进行投资,仅 1994—1995 年就确定了 104 项研究项目,并成立了专门组织,着手制定 ITS 的研究开发计划,到 1997 年投资近 7 亿美元;1998 年 6 月 9日美国总统克林顿签署了“面向 21 世纪运输权益法案”(Transportation Equity Act of the 21th Century)。该法案的确定为美国公路系统的继续发展和重建带来了创纪录的投资。法案跨度为 6 个财政年度(1998—2003 年),拨款总金额为 2178.9 亿美元,其中有相当一部分用于支持 ITS 的进一步研究与开发。

1) 美国 ITS 主要用户服务功能

ITS 的用户服务功能经常在变化中。如表 7.1 所示,目前的 ITS 用户服务功能包括了7 大领域(基本系统)和 28 个详细用户服务功能(子系统)。

表 7.1 ITS 主要用户服务功能

ITS 基本系统	ITS 子系统
(1) 出行中交通信息	(1) 出行和交通管理
	(2) 交通需求管理
	(3) 公共交通运行
	(4) 电子付款服务
	(5) 商用车辆运行
(2) 交通需求管理	(6) 出行前交通信息
	(7) 汽车共乘和预约服务
	(8) 需求管理和运行
(3) 公共交通运行	(9) 公共交通管理
	(10) 出行中公共交通管理
	(11) 随需求而定的公共交通管理
	(12) 公共交通安全
(4) 商用车辆运行电子付款服务	(13) 公共交通管理电子付款服务
(5) 商用车辆运行	(14) 公共交通管理商用车辆电子通行
	(15) 公共交通管理自动路边安全检查
	(16) 公共交通管理车上安全监视
	(17) 公共交通管理商用车辆行政过程
	(18) 公共交通管理危险物品事故处理
	(19) 公共交通管理商用车辆管理
(6) 紧急处理	(20) 紧急通知和个人安全
	(21) 紧急车辆管理
(7) 自动车辆控制和安全系统	(22) 纵向碰撞避免
	(23) 横向碰撞避免
	(24) 道路交叉口碰撞避免
	(25) 安全准备
	(26) 碰撞避免中的视力提高
	(27) 自动公路系统
	(28) 碰撞前的紧急安排

为实现以上的用户服务功能,ITS 必须提供相应的系统结构、标准和技术。

2) 美国 ITS 系统结构

为了便于在研究、开发和应用 ITS 技术时使用相同的技术语言,必须设计为各方所接受的 ITS 系统结构。ITS 系统结构旨在确定 ITS 子系统的边界以及子系统组成部分,定义各子系统功能以及相互关系,为 ITS 的规划,设计和整合提供了一个合理的框架和未来发展的蓝图。由美国交通部 ITS 办公室牵头,美国 ITS 协会和许多公家和私人机构参与了全国 ITS 系统结构的研究和确定。

ITS 系统结构包括逻辑结构和物理结构两个部分。物理结构包括通信层面(交通子系统之间的信息流和接口设备)、交通层面(交通子系统,包括出行者,车辆,管理中心和路边交通设备 4 个部分)和机构层面(交通机构设置,政策,投资策略,以及公私合作机制)三个层面。

ITS 物理结构中还有一个叫市场包的概念。市场包代表 ITS 物理结构中的不同技术组合,用以提供不同的交通服务,如高级交通管理系统(ATMS)、高级出行者信息系统(ATIS)、高级公共交通系统(APTS)、商用车辆运行系统(CVO)、紧急事件处理系统(EMS)、高级车辆控制系统(AVCS)。

3) 美国 ITS 标准

为了具体规定 ITS 子系统之间的信息流动过程以及接口规范,美国交通部和有关专业协会和机构制定了 ITS 标准。ITS 标准包括以下几大类:

- 美国全国标准研究所制定的标准(ANSI):商用车辆的安全和资质认定。
- 美国测试和材料协会制定的标准(ASTM):短程通信技术。
- 电子工业联盟制定的标准(EIA):数据无线电传输。
- 美国电子和电机工程师协会制定的标准(IEEE):微波通信、数据字典、车流和路边通信等。
- 交通工程师研究所制定的标准(ITE):信号机、功能层面交通控制中心通信。
- 全国 ITS 交通通信标准规范(NTCIP):综合性的标准规范,涉及小汽车、公共汽车等多种交通工具的数据传输等。
- 汽车工程师研究所制定的标准(SAE):ATIS 数据字典、紧急事故处理。

4) ITS 技术范畴

不同 ITS 系统有不同的组成部分,但主要包括以下几类技术:

- 交通监测技术:通过感应圈,红外线,闭路电视摄像,卫星定位系统等技术对交通车辆进行监测,收集交通数据和图像信息。
- 出行者信息技术:出行者可以从多渠道获得交通信息,包括计算机互联网、电话系统、电视系统等。
- 控制技术:匝道间的信号灯控制,高速公路间的信号灯控制,先进交通信号系统等。
- 通信技术:光纤、租用电话线、无线通信等。
- 数据处理技术:数据库处理、车流量预测数据、交通控制数据处理。

任何一个独立的 ITS 系统至少包括三个组成部分:交通控制系统、通信系统,以及路边交通控制设备。

5) ITS 系统整合

除了上述单一 ITS 交通系统以外,ITS 的一个主要特点是用最新通信技术将不同和独立的交通系统连接起来,来达到共享数据图像以及协同管理整个区域交通系统的目的。这种系统整合的最常用系统结构就是所谓的开放分散式系统结构。开放式结构将不同交通系统整合在一起,打破不同厂商制造的产品之间的相互不兼容,形成一个系统之系统,使得设计的 ITS 系统和全国 ITS 系统结构以及 ITS 标准相一致。

2. 日本

ITS 在日本的发展始于 20 世纪 70 年代,1973—1978 年,日本成功地组织了一个"动态路径诱导系统"的实验。20 世纪 80 年代中期至 90 年代中期的 10 年时间,相继完成了路车间通信系统(RACS)、交通信息通信系统(TICS)、宽区域旅行信息系统、超智能车系统、安全车辆系统及新交通管理系统等方面的研究。1994 年 1 月成立 VET IS(路车交通智能协会),1995 年 7 月成立 VICS(道路交通信息通信系统)中心,1996 年 4 月正式启动 VICS,先在首都圈内而后推向大阪、名古屋等地,1998 年向全国推进。日本的 VICS 是 ITS 实用化的第一步,居于世界领先水平。

日本警察厅开展的新交通管理系统(Universal Traffic Management System,UTMS)项目,是在原有交通指挥管理中心基础上开展的,UTMS 包括 11 个系统:

(1) 交通管理综合集成系统(Integrated Traffic Control System,ITCS)。

(2) 先进的动态交通信息系统(Advanced Mobile Information System,AMIS)。

(3) 动态路线诱导系统(Dynamic Route Guidance System,DRGS)。

(4) 公交车辆优先系统(Public Transportation Priority System,PTPS)。

(5) 车辆运行管理系统(Mobile Operation Control System,MOCS)。

(6) 环保管理系统(Environment Protection Management System,EPMS)。

(7) 智能集成的交互式电视系统(IIIS)。

(8) 交通安全支持系统(DSSS)。

(9) 行人信息和通信系统(PICS)。

(10) 紧急车辆优先系统(FAST)。

(11) 紧急救援系统(HELP)。

3. 欧洲

1988 年由欧洲十多个国家投资 50 多亿美元,联合执行一项旨在完善道路设施,提高服务质量的 DRIVE 计划,其含义是欧洲用于车辆安全的专用道路基础设施,现在已经进入第 2 阶段的研究开发。目前欧洲各国正在进行 TELEMATICS 的全面应用开发工作,计划在全欧洲范围内建立专门的交通无线数据通信网。智能交通系统的交通管理、车辆行驶和电子收费等都围绕 TELEMATICS 和全欧洲无线数据通信网展开。欧洲民间也联合制订了 PROMETHEUS 计划,即欧洲高效安全交通系统计划。除此以外,新兴的工业国家和发展中国家也已经开始智能交通系统的全面研究和开发。

欧洲在 ITS 的研究方面采取整个欧洲一体化的方针,由政府、企业和个人三方面共同出资进行智能运输系统的研究,著名的项目有 PROMETHEUS 和 DRIVE 等,其中 DRIVE 工程是目前世界上交通运输界规模最大的合作研究计划,共有 12 个国家的 700 多个单位参加,经费达 5 亿欧元。

4. 澳大利亚

1) 最优自动适应交通控制系统(SCATS)

澳大利亚是世界上较早从事智能交通控制技术研究的国家之一,著名的 SCATS 系统在澳大利亚几乎所有的城市都有使用,目前上海、深圳等城市也采用这一系统。

SCATS 系统的优点是其自动适应交通条件变化的能力,通过大量设在路上的传感器以及视频摄像机随时获取道路车流信息。ANTTS 是其重要子系统,该系统通过几千辆出租车装有的 ANTTS 电子标签与设在约 200 个交叉路口处的询问器通话,通过对出租车的识别,SCATS 系统能够计算旅行时间并对交通网的运行情况进行判断。

澳大利亚的先进系统合作研究中心目前正在开发一种名叫 TRIRAM 的系统,其主要的目的是通过模拟道路网来预测交通行为以及新的交通流量。

2)远程信号控制系统(Vic Roads)

交通控制与通信中心(TCCC),不仅使用 SCATS 系统进行交通信号灯控制,而且还采用其他系统进行事故检测和信息的收集发布工作。其中较重要的是交通拨号系统,该系统通过普通的电话线,TCCC 能够连接到 50 个偏远的受控交通灯,可以监测这些信号灯的状态改变它们的参数,为偏远路口的信号控制提供了便利。

3)微机交通控制系统(BLISS)

该系统最主要的优点是运行于普通微机上,并可控制 63 个交通灯,目前在布里斯班已超过 500 个信号灯采用 BLISS 系统进行控制。

4)道路信号系统

道路信号系统是交通控制中心与机动车通信的基础。通过该系统可实现交通管理中心运行车辆间的信息交流,该系统使用 900MHz 的频率通过路旁询问器与车内电子标签进行通信,电子标签通常是简单的异频雷达收发机,当被询问时可返回一个可被识别的信号。该系统最普通的应用是车辆的不停车收费。

路旁信号系统的公共优化系统,通过与 BLISS 系统相互作用,可保证公共汽车到达路口时总保持绿灯,从而可减少公共汽车的运行时间。另外,该系统还可以包括公共汽车的运行安排表,当一辆车运行晚点的话,通过特殊的措施应能保证该车获得优先行驶权。

系统通过一种设在道路中间特殊称量质量的装置与中央控制中心通信,驾驶员不用减速或采取其他特殊操作,即能确定重型载货车的装载量是否符合要求。

5)车辆监控

视频数据获取系统运用视频摄像机监测、识别和计算交通量,已在澳大利亚广泛地应用。系统是通过自动辨识车牌号码对重型车辆监测、分类、识别,数据可被送到重型车辆监测站,与数据进行对照,该系统能监测到超速车辆、强制停运的车辆。

6)公共信息服务

实量旅行信息系统通过车载的定位器,计算机软件可以估计每辆车的到达时间,并通过显示屏显示给正在等候的旅客。另外,该系统还可以用于驾驶员通报突发事件。

驾驶时间预测系统通过使用交通拥挤与事故检测系统估计车辆到达下一个出口的时间,从而判断出交通拥挤程度,并在道路入口处显示即将到来的驾驶员。

目前,澳大利亚的公共运输部门正准备向公众提供更多的信息服务,包括所有公共汽车的路线、时刻表及其他的信息。

此外,澳大利亚的交通人员还研制了主动信号系统,该系统能够根据不同的条件而改变速度限制,并能检测到正面行驶不断的车辆的速度,当发现车速太快时,能够发送信号提醒驾驶员。

7.2.2　我国智能交通发展现状

1. 我国智能交通发展历史

我国智能交通发展大体上经历了"启动期"和"发展期"。

启动期(1997—2000年)。学术界在启动期中起到了至关重要的推动作用,学者们发表了大量学术文章来介绍ITS的理念、关键技术以及国际ITS发展进展、趋势和中国发展ITS的时代背景及其必要性、发展思路及其框架等。在1997年7月召开"中欧ITS研讨会"以后,确定了将ITS作为中国科技发展及高新技术产业发展战略的重要组成部分,并于2000年成立了全国智能交通系统发展协调指导小组;提出了中国ITS发展体系框架和战略框架。

发展期(2001年以来)。以科技部启动国家"十五"科技攻关"智能交通系统关键技术开发和示范工程"重大项目为标志,推动中国ITS的发展进入发展期。

2. 我国智能交通系统发展现状

在城市交通领域,全国先后建立了40多个交通控制中心和指挥中心。建立了驾驶员信息系统。数字地图的开发应用、GPS的应用、单车诱导系统、公交调度指挥系统、报警求援系统等由单独走向集成,奠定了智能运输系统的基础。

在公路交通领域,高速公路监控系统和紧急事故求援系统的开发及应用。收费系统和不停车收费系统的引进研制和示范应用。目前江苏、浙江、上海、四川、辽宁、山东等省已开始建设高速公路联网收费系统。广东省正在积极实施五路二桥不停车收费联网试点工作。

为推进中国ITS发展,2000年3月,由科技部、国家计委、经贸委、公安部、交通部、铁道部等十几个部、委、局联合建立了发展ITS的政府协调领导机构——全国智能运输系统协调领导小组及办公室,负责组织研究制定中国智能运输系统发展的总体战略、技术政策,下设国家智能交通系统工程技术研究中心(ITSC),依托单位为交通部公路科学研究所。

中国的ITS是在"机遇和挑战共存"的背景下发展的,ITS及其发展实际上是国家信息化建设的重要载体和平台,不能只限于交通部门。中国的ITS具有广阔的发展前景,将在交通运输的各个行业和环节得到广泛应用,现今主要在城市交通、道路交通、高速公路、军事交通等行业的发展势头和发展空间比较大。以最小的资金投入和最大的性能指标实现面向中等以上城市的公安交通管理部门的业务管理规范化,学组织交通,提高现有道路通行能力,提高公安交警快速反应能力,逐步实现公安交通管理现代化。因此,城市交通管理信息化具有广阔的市场前景,相关应用技术开发和市场推广有着光明的前途。

ITS在交通信息基础设施建设及高速公路监控、通信及收费等方面也有很大的市场。伴随着中国高速公路投资规模的不断扩大,建设里程的不断增加,高速公路管理所需的交通工程设施,特别是高速公路的通信、监控和收费系统需求量将不断扩大,因此ITS应用前景很大。目前正在进行的研究项目有"国家智能交通系统体系框架研究"、"中国智能交通系统标准体系研究"、"网络不停车收费系统技术开发和产业化"、"基于GPS的路政车辆管理系统"以及示范工程项目"广东省路桥收费一卡通试点工程"等。

目前,我国通过对智能交通系统技术的深入研究和推广应用,已在综合利用交通资源、提高交通效率、改善交通环境等诸多方面取得了重大成果,我国智能交通新型产业初步形成。据了解,为解决广州亚运期间交通问题,"城市管理移动信息化-智能交通"业务,把移动信息化技术融入智能交通项目中,制定集 GPS 定位、GPRS 传送行车数据、数据挖掘、移动信息发布平台等技术于一身的移动信息化整体解决方案,可实现车辆监控调度、电子站牌、防盗防抢、电召服务等功能。该业务全面覆盖广州约 1.8 万部出租车、1100 多辆公交车、330 多个电子站牌和 70 多条公交线路。此外,"行讯通"可为亚运选手、广大市民和企事业单位提供路况查询、路况定制、动态导航、路径规划等交通信息服务,确保亚运会期间出行无忧。

智能交通系统关键技术开发和示范工程的广泛实施,促进了中国智能交通的应用和产业发展,已经形成了多学科、多领域、多产品百家争鸣的喜人势头,建立快速、安全、舒适和经济的交通运输系统将成为中国今后交通建设的重要内容和发展方向。

3. 我国发展智能交通的必要性和紧迫性

我国是一个经济持续发展的发展中国家,改革开放以来,城市化与汽车化发展十分迅猛。改革开放前,城市化水平不足 19%,2010 年接近 50%;机动车拥有量以每年 10% 以上的速度增长。我国城市交通的特点是混合交通,如果公共交通服务水平不提高,城市交通结构不改善,自行车拥有量将会有增无减。

改革开放以来,我国道路交通设施及管理设施虽然有较大改观,但跟不上机动车增长速度。总体水平与发达国家有较大差距,特别是大多数城市路网结构不合理,道路功能不完善,道路系统不健全。交通管理设施缺乏,管理水平不高。即使各地都建立了交通控制中心,大多只是实现了监视功能,而远没有发挥控制功能的效应。

我国城市的大气质量恶化,已逐步由煤烟型污染转变为机动车尾气污染。其主要原因是交通拥堵、车速下降以及车况差、车辆技术性能低等。同时,车辆状况差也直接影响到城市交通,并已成为制约我国城市交通的重要因素。

7.2.3　北京市智能交通十大应用

1. 交通综合信息平台与服务系统

交通综合信息平台是北京市智能交通系统的支撑层,是连接其他 9 个应用系统的枢纽,负责全市综合交通运输系统信息的存储、处理和发布,是北京市智能交通系统的核心建设内容。该平台于 2007 年之前完成一期工程建设,可以实现向政府交通管理部门提供决策支持,向社会公众提供多方式、全方位的交通信息服务,为 2008 年奥运会的成功举办创造了条件。

2. 交通流信息采集处理/分析、发布系统

北京市实时动态交通流信息采集、处理/分析、发布系统示范工程已经完成,系统按照使用对象的不同可分为对内显示子系统和对外发布子系统,对内显示子系统的用户为交通管理者,作为管理和决策依据。对外发布子系统的用户为出行者,系统将有关的交通信息通过交通广播电台和电视台以及显示大屏等形式发布,供出行者参考。

3．智能交通信号控制系统

北京市目前有信号灯的交叉路口总数约为 1702 个,其中 UTC/SCOOT 系统联网控制的路口有 284 个,17 条道路、114 处信号灯实现了系统线协调控制。这些控制系统能够根据不同的交通量自动调整红灯和绿灯时间,使得通过交叉口时间大大减少,畅通性提高。平安大街在实现了智能信号控制后停车延误降低近 20%。今后还将实现公交车、救援车辆以及特种勤务车辆的信号优先控制。

4．停车诱导系统

智能停车管理主要包括两方面,一是通过电子设备实现对车辆的停车自动收费、自动计时等管理;二是通过停车诱导和停车信息发布,引导驾驶员寻找并抵达可提供停车服务的区域,避免车辆因为寻找停车位在道路上的空驶,减少因停车难而产生的拥堵、能源消耗和环境问题。目前,北京市第二套停车诱导系统已在西单商业街建成,未来将在金融街、中关村等首都繁华地区也将建设停车诱导系统。

5．客运枢纽站运营调度管理与乘客信息服务系统

北京动物园公共汽车枢纽站运营调度管理与乘客信息服务系统示范工程已于 2004 年 7 月正式启用,实现了枢纽站内运营车辆的实时优化调度,是国内公共交通行业第一个拥有智能调度系统的大型综合性枢纽站。它的启用,能实现乘客的集中、立体化换乘,有效缓解周围一带的交通拥堵状况。

北京六里桥客运主枢纽是交通部确定的全国 45 个主枢纽城市中的客运枢纽场站,也是北京市规划审定的以省际客运为主,集公交、地铁、出租于一体的综合客运枢纽。六里桥综合客运枢纽信息系统主要包括运营管理和综合信息服务两方面主要内容,实现公交、长途、地铁、出租等多种运输方式的协调统一调度管理和换乘,通过信息引导、信息发布为乘客提供通过互联网、电话等方式的购票,到发班次、换乘信息查询,实现系统高效率、高品质的经营运转。

6．公共电汽车区域运营组织与调度系统

公共电汽车区域运营组织调度将根本改变"一线一调"的传统调度方式。通过对区域内公交车进行统一组织和调度,提高公交线路的调配和服务能力,实现区域人员集中管理、车辆集中停放、计划统一编制、调度统一指挥,人力、运力资源在更大范围内的动态优化配置,降低公交运营成本,提高调度应变能力和乘客服务水平。从 2002 年开始,北京市已经开展公共交通区域运营组织调度示范工程的研究和建设,选定十一条线路的调度实体,示范工程于 2005 年完成。

7．南中轴路大容量快速公交智能调度系统

目前,大容量快速公交系统运量大、服务效率高,较之轨道交通建设周期短、投资省而受到了普遍关注。北京市南中轴大容量快速公交系统于 2004 年年底试运营。通过智能化的调度和信号优先手段保证车辆的快速、准点运行,通过方便的售检票系统和完善的乘客信息

服务保证服务质量。

8. 公交车救援调度系统

2003 年底,北京市公交总公司已经为 50 辆救援抢修车安装了 GPS 定位设备和 GSM 语音电台,在国内交通行业,率先实现了抢修救援服务的流程自动化,初步实现公交救援的智能化。通过对事故车辆的快速抢修,可以减少因公交车事故给乘客带来的不便,并减少由此产生的交通拥堵。采用该智能调度系统,实现了从救援请求到救援车到达现场时间平均提高了 30% 以上,救援车的平均利用率提高了约 15%,公交系统应对重大事故和重大事件的响应能力明显提高。

9. 出租车智能指挥调度系统

北京市出租车智能指挥调度系统是以 GPS 为基础,乘客可以通过电话或网络叫车,通过智能调度平台实现预约服务和快速派车,实现出租行业的品牌竞争。由此乘客可以得到更加安全、舒适的乘车环境和高水平服务,空驶率的降低可以释放宝贵的道路资源,缓解交通拥堵。

10. 高速公路不停车收费(ETC)系统

通过安装在汽车上的电子标识卡与安装在收费道旁的读写收发器,进行快速数据交换,实现车辆的不停车收费,不仅可以解决收费站的排队问题,而且还可以进行交通需求管理,进行交通监视、事件检测、驾驶员信息采集和各种费用的自动收取等。

7.2.4　智能交通发展趋势

从我国的城市交通的实际发展看,交通压力会越来越大,要从多个方面共同入手,大力发展以智能交通为代表的现代交通技术,才能缓解交通拥堵现象。

1. 发展城市智能公共交通技术

从世界范围来看,加强公共交通发展是解决城市拥堵的重要手段,要以建设"公交都市"为目标,以公交引导城市土地开发和布局发展。这要求城市规划建设中实施公交投资优先、公交财政补贴、公交专用道建设、发展快速公交系统(BRT)、合理限制小汽车等一系列政策。同时,进一步研究推广公交运营智能化调度与安全保障技术、城市轨道交通运营应急保障技术、城市公共交通多源客流数据采集、融合分析以及线网优化的关键技术。IC 卡数据分析技术等智能公共交通技术,推动公共交通的智能发展。

2. 实现城市综合枢纽信息化

未来城市的交通将会更加多元化,客运枢纽环节更加重要。因此,要为综合客运枢纽运营管理提供技术支撑,建立以综合客运枢纽为依托的枢纽智能化管理与服务系统,为使用不同交通方式的出行者在枢纽的换乘和购票方面提供便利服务,包括枢纽运行信息采集、智能化换乘组织调度、换乘信息服务系统等。

3. 研究城市交通拥堵自动收费技术和城市路网控制引导与出行服务系统

随着生活水平的上升,机动车辆日益增多,要通过市场和行政双重手段来引导人们合理出行。要研究城市交通拥堵自动收费技术,对技术在现实应用中的可操作性进行分析评价,以此控制交通流量。要加强城市道路交通区域协调控制技术、快速路交通控制等的研究,通过旅行时间预测、出行信息发布来引导城市居民出行和停车,缓解交通拥堵问题。

4. 通过智能交通建设,掌握城市交通排放污染控制技术

智能交通不仅可以缓解交通拥堵,还能够降低交通运行中的污染排放。要实现这一点,需要通过集成应用低成本的路侧污染物排放监测设备,建立机动车排放污染物对交通大气环境影响的评价与预测模型,形成道路交通空气污染评估与仿真技术;以降低排放为核心的城市路网交通管理与控制优化技术;干线公路(城市快速路)交通排放污染动态监测、控制技术;基于交通控制手段的路段车辆排放闭环控制系统,实现对污染物排放的及时控制。

7.3　基于 3G 的客运车辆视频监控及定位系统设计方案

客运车辆视频监控及 GPS 车载定位系统采用先进的数字视音频编解码技术、无线视频网络传输技术、GPS 卫星定位技术,在车辆上安装车载终端,使用大容量硬盘对车辆内外的视音频信息进行实时记录保存以备日后查证使用。本系统结合无线网络传输技术,将车辆现场图像及所在位置传送到指挥中心,为远程指挥调度提供第一手资料。此外,系统还可以实现 GPS 定位信息无线网传功能,为车辆调度管理提供便利。

7.3.1　系统组成

1. 车载视音频监控子系统

系统在车辆进出口及重要位置安装视频摄像机,获取车内外的视频信号,并传输给车载终端主机;车载视频监控终端负责采集视音频数据、数字化压缩处理,并进行数据实时保存在车载终端的硬盘内。

2. 信息交互子系统

车载终端主机可通过 3G 无线网络(中国电信 EVDO)与中心平台进行交:上传车内外视频图像信息及报警信号;GPS 卫星定位数据以及语音信息等交互功能。

3. GPS 卫星定位子系统

车载终端主机可采集 GPS 卫星定位信息,并通过 3G 无线网络(中国电信 EVDO)上传至与中心平台;中心平台大屏幕显示车辆所在位置、速度、方向角等信息;并可实现车载电话功能。

4. 中心管理平台

通过 3G 无线网络(中国电信 EVDO)对车载终端主机进行集中管理;中心管理平台具备车辆调度、车辆报警处理、远程指挥等功能。

5. 车载终端主机说明

车载终端主机作为本系统的核心设备,采用杭州海康威视数字技术有限公司的 DS-8000HM 系列车载多媒体终端主机,产品集成了数字视音频编码模块、视音频存储模块、报警信息处理模块、GPS 定位模块、行车记录模块,并提供了多种扩展接口,可实现高清晰视音频录像、报警信息上传、GPS 卫星定位等功能。车载终端主机可连接 3G 网络模块(EVDO 模块),实现数据与中心的高速交互功能。

7.3.2　总体设计

系统在客运车辆上安装车载终端主机、车载摄像机、无线网传模块等,对车内外情况进行实时监控;监控指挥中心对前端获取的实时数据进行分析。系统拓扑结构图见图 7.2。

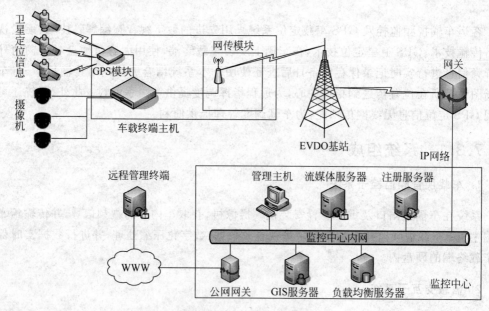

图 7.2　系统拓扑结构图

1. 前端设计

1) 前端摄像机

系统前端在汽车车前、车后以及上客门各布置一个高清晰彩转黑红外半球摄像机。车前的摄像机主要从车辆正前方观察车内人员活动的情况;车后摄像机从后向前捕捉视频信号,上客门摄像机主要用于记录上车乘客的面部特征,三个摄像机在车内控制面应达到 95% 以上。前端摄像机采用 2.45mm 广角镜头 CCD 摄像机,摄像机分辨率在 480 线以上摄像机通过车载终端主机机取电。

2）前端拾音器

系统前端布置用于声音采集的设备拾音器，用于公交车内声音的进行实时采集，记录司乘人员与乘客的对话。

3）GPS定位模块

车载监控主机可将接收到的全球卫星定位系统GPS的定位信息通过无线网络传输系统定时发送至公交调度管理中心，车辆调度管理人员在监控中心可获取公交车辆的行驶轨迹、速度和方向等信息，并做出调度决策。

4）数字视音频编码

前端采集到的模拟视音频信号接入车载终端主机进行数字化压缩处理。首先将模拟视音频进行数字编码，再进行压缩处理，处理后的数据根据需求进行存储和无线网络上传。

5）视音频数据存储设计

车载终端主机录像采用循环记录模式（循环记录指当程序检测到主机中所有的硬盘空间录满时，无须更换硬盘，自动覆盖原录像资料的纪录方式），因此录像保存的时间长短与硬盘容量有正比例关系，根据客户要求录像15天以上，4路4CIF格式的图像，对所需硬盘容量计算：

公交车每天运营12小时，4路4CIF格式（704×576）的图像，H.264压缩方式下，采用变码流方式，每路图像设置最大码流为512kbps，15天所占用的硬盘空间为150GB。若使用160GB的硬盘至少可保存15天以上的历史录像数据。

2. 无线网络数据传输设计

系统采用运营商的EVDO无线网络平台，平台由三部分组成。客运车辆电子监控无线网络拓扑结构图见图7.3。

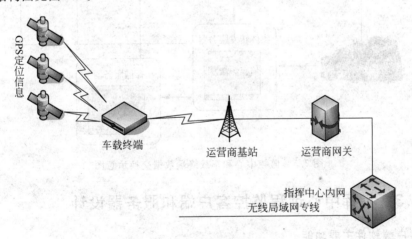

图7.3 客运车辆电子监控无线网络拓扑结构图

1）车载终端主机

车载终端主机，启动后主动与监控中心VPDN专网上的转发服务器建立连接，并与转发服务器保持心跳连接，确保车载终端主机链路通畅。在报警按钮启动后，终端主机向转发服务器发出报警请求，并主动上传图像；监控中心需调用车内数据时，由转发服务器向车载终端发出请求,得到请求后立即将视频上传至转发服务器。系统实时上传 GPS 定位信息。

2)转发服务器

转发服务器作为监控中心和车载终端交互的平台,主要进行数据图像、报警信号、GPS 定位信息等数据的转发工作,并进行操作员权限的认证和管理。

3)监控中心管理平台

监控中心管理服务器可接收转发服务器转发的终端报警信号,并在屏幕上显示终端自动上传的图像。系统也可以调用任意一台车辆的视频信号,只需在 GIS 电子地图平台上单击所需浏览的车辆图标,即可显示车辆行驶图像。监控中心和车载终端数据交换示意图见图 7.4 和图 7.5。

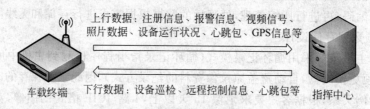

图 7.4　监控中心和车载终端数据交换示意图一

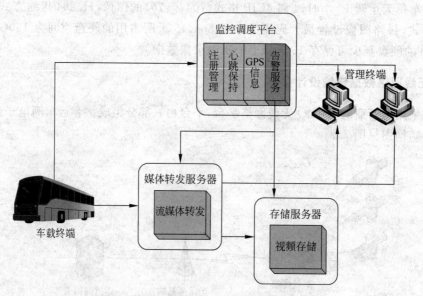

图 7.5　监控中心和车载终端数据交换示意图二

7.3.3　指挥中心远程监控客户端和服务器设计

1. 客户端软件主要功能

1)视频实时浏览

实时浏览车辆上传的视频图像,视频图像分辨率、码流、帧率、图像质量等参数实时可调,视频上传延迟小于 5 秒,支持网络带宽自适应功能。

2)远程抓图功能

远程抓图功能支持前端抓图按钮,抓取高清晰照片,可实时调整图片分辨率、图像质量。

3）车辆定位管理功能

车辆定位管理功能支持 GPS 定位信息转发,并在地图上显示车辆位置(时间、地点、经度、纬度、速度)。

4）远程报警功能

远程报警功能支持三种报警功能,并在平台上实时显示报警信息。

- 手动按钮报警:支持报警按钮报警。
- 越界报警、超速报警、阻塞报警:通过 GPS 信息可对车辆行驶状态进行判断,车辆是否超速、是否越界、是否在一地点长时间停留。
- 设备出错报警:支持设备自检报警上传,如视频信号被非法切断。

5）车辆管理功能

用户通过相关车辆类型、车队、车牌、联系人等信息进行管理,如车辆名称、车队名称、驾驶员姓名、驾驶员电话等,并可以独立地把每辆车按需求进行分组。

6）日志记录功能

用来记录各种操作日志,并可通过时间段进行查询。

7）本地录像回放功能

前端网传的录像可通过播放软件进行本地播放,支持多路回放功能。

2. 监控中心服务器设计

指挥中心布置注册服务器、负载均衡服务器、流媒体转发服务器。

(1)注册服务器。注册服务器提供终端上线注册功能,并与终端实时保持心跳连接。

(2)流媒体转发服务器。转发服务器提供视音频数据、信令和 GPS 定位信息的转发和负载均衡工作。

(3)负载均衡服务器用于系统资源合理分配,适用于大规模的车载监控应用。

7.4　中创智慧交通管理和服务平台系统设计方案

随着信号检测技术、网络技术、通信技术、计算机技术的飞速发展,智能管理系统最终能向出行者提供实时的路况信息和最佳出行方案,使出行者方便快捷地到达目的地。智慧交通管理和服务平台系统就是利用先进的信号检测手段获得交通状况信息,通过有效的交通控制模型形成有效的交通控制方案,以多种信息传递方式使交通控制设备或管理人员和道路的使用者获得道路信息和交通管理方案,最终能最大限度地发挥整个交通系统的运输和管理效率。

本系统可以实现城市交通管理的集中联动控制、提供面向公众的交通综合信息服务、交通管理决策科学化、交通指挥调度信息化、交通执法非现场化、提供道路交通信息共享和信息服务、为城市战略及规划决策提供支持及服务等功能。

7.4.1　系统构成

按照信息获取的方式、传递及使用情况,可以把城市智慧交通管理和服务综合信息服务平台系统划分为 4 个层次:基础层、功能层、共享信息层和服务层。在指挥中心建设一个基于 GIS 的综合信息服务平台,通过整合集成各个子系统,达到可视化智能管理与控制和管理决策辅助支持,实现常态下的日常综合交通管理和违章执法,以及面向事件的联动控制和应急处置。城市智能交通综合信息服务平台系统结构见图7.6。

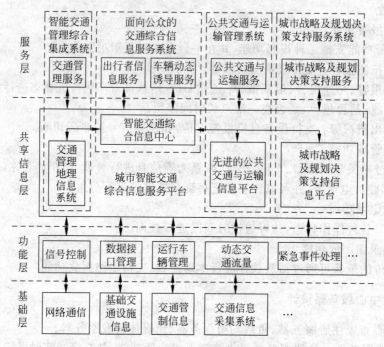

图 7.6　城市智能交通综合信息服务平台系统结构

城市智能交通综合信息服务平台系统组成及其接口见图7.7。

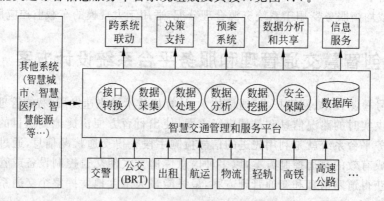

图 7.7　城市智能交通综合信息服务平台系统组成及其接口示意图

中创智慧交通管理和服务平台系统采用模块化结构,系统提供数据采集、数据处理、数据分析、数据挖掘、接口转换及信息服务、决策支持、系统预案、跨系统联动等功能,可集成智能公交系统、快速公交系统(BRT)、智能交通监控指挥系统、交通事件检测系统、城市交通诱导系统、交通信号控制系统、停车场管理系统等子系统模块,同时为高速公路、高速铁路、轻轨、物流、航运、出租等系统预留接口,并可与公安、医疗、能源、部队等实现信息共享及跨系统联动。

7.4.2　系统功能

1．基础层

基础层主要包括各种交通信息的获取和为了信息传递而建立的通信网络。基础层要保证获得的交通信息准确可靠,通信网络能及时、准确地传递交通信息。交通信息由动态交通信息和静态交通信息组成。静态交通信息是指基础的交通设施,如道路及其附属设施、道路的标志与标线等。道路附近的标志性建筑,如汽车站和火车站等也是影响局部交通状况的重要因素,也要归入静态的交通信息。动态的交通信息主要是指布设在道路上的交通状态监测设施所取得的数据和通过人工方式采集的路况信息。现在常用的交通状态监测设备主要包括视频流量监视器、环形线圈检测器、微波车辆检测器、视频车辆检测器等。配有 GPS和通信设备的交通管理人员也是动态交通路况信息的来源之一。通信网络不仅包含采集、传递交通信息的网络设备,还包括与出行者进行信息交流的通信设备如广播、电话等设备。目前国内外通常采用的通信形式与网络结构包括:

(1) 局域网、广域网(光纤宽带、DDN、ISDN 等)、系统内专网(信息中心与分中心之间以及路测单元与分中心间)、公众信息服务网等。

(2) 手机短信、调频副载波通信、其他移动通信设备等,用于交通信息发布。

(3) 电话、手机、传真、有线电视 (CATV)、Internet 等,用于交通信息查询。

(4) 支持各种物理链路,如卫星、光纤、无线、有线电视等,以数字通信为主。

动态和静态的交通信息以地理信息系统为可视化平台,通过网络设备为其他各层提供服务。

2．功能层

功能层是基于基础层的信息能够提供的各种功能的全集,完善的服务功能简化了交通管理者的劳动,为出行者设计出行方案提供了有效的帮助。功能层主要包括信号控制、运行车辆管理、电子收费、紧急事件处理、交通信息管理与发布系统、车载导航定位系统等。自适应信号控制系统被认为实用性最强,是发展智能交通管理系统的最佳选择。自适应信号控制系统的主要内容包括中心管理的动态控制策略,交叉口自适应控制,建立行人、车辆和非机动车控制的模型等方面。交通信息管理与发布系统通过对动态交通信息的采集、传输、处理和发布,在地理信息系统上提供实时的可视化道路和交通状况,并通过多种传媒为商业运输企业、政府机构和普通公众提供实时的和预测性的交通信息服务。随着无线通信方式的发展,通过手机或其他手持设备、移动终端等上网获得路况信息,重新设计预定的出行方案将会是近期内自诱导系统的主要部分。

3．共享信息层

共享信息层是指由功能层各部件综合集成所构成的城市智能交通综合信息服务平台,将从功能层中采集到的各种交通信息进行融合分析与加工处理后,为上层各种服务所共享,并为交警、交通、公安地等系统的跨系统联动提供依据及预案。共享信息层主要是以地理信息系统平台作为支撑工具,为实现交通管制措施、设计交通运输方案、道路的规划与设计等提供有力的帮助。

4. 服务层

服务层是整个系统的最高层,是系统与出行者和交通管理者实现交互的接口。系统通过服务层向道路的控制设备提供控制方案,向出行者提供路况信息,向交通管理者分配管理任务;同时服务层也负责从出行者和管理者接收信息,如交通事故的报警、交通管理者提供的路段信息等;通过服务层还可以根据出行者提出的要求来提供最佳的出行方案。通过广播、交通网站、信号灯、诱导大屏等多种方式给出行者提供交通信息,尽可能地保证道路畅通,提高整个交通系统的效率。

7.4.3 智能公交系统解决方案

1. 智能公交系统软件简介

智能公交系统软件主要由车载主机设备与智能调度软件两部分组成。

车载主机设备具备车辆自动报站、录像存储、多路视频监控与双向通话联络等功能;智能调度软件具备运营计划管理、智能调度、车辆实时监控、基础信息管理等功能。通过车载主机设备与智能调度软件协调工作,使调度工作降低运营成本,并完善了面向乘客的服务质量,提高了服务水平。

智能公交系统软件逻辑结构图见图 7.8,智能公交系统软件物理结构图见图 7.9。

智能公交系统智能调度软件主要组成见图 7.10。

图 7.8 智能公交系统软件逻辑结构图

2. 智能调度软件系统简介

智能调度软件主要由调度平台与服务器组成,通过调度平台与服务器端的信息交互,调度平台与运营车辆和站台的相互联络,实现对站台信息发布与运营车辆调度工作的智能控制。调度平台工作在公交公司监控中心服务器上,实现计划管理、智能调度、实时监控等功能。

调度平台调度流程见图 7.11。

1) 基础信息管理

调度平台中保存了公交公司各分公司、线路、车辆、人员等各项基础信息,这些基础信息与公交公司各条线路的运营息息相关,通过编辑、增加、删除相关基础信息,可以对公交公司各项工作做出及时的调整。

2) 行车计划管理

对于公交的运营来说,每日的行车计划是使之正常运营的基础,调度平台具备定制行车时刻表、行车班次等计划,通过对以上计划的设置、编辑、管理,可以有效、准确地控制公交各条线路的正常运行,保证公交公司一切业务运转正常。

3) 劳动排班

调度平台为公交公司提供了劳动排班功能,可以按日为各条线路安排每班司机,为了使

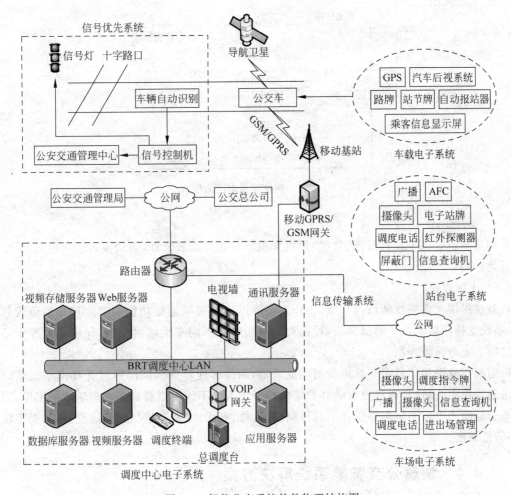

图 7.9　智能公交系统软件物理结构图

系统操作更为简便、人性化,调度平台提供了早晚班对换、班次顺延等辅助功能,为排班人员提供最大的便利。

　　4) 车辆监控

　　调度平台提供了车辆监控功能,操作人员可以利用两种不同的方式对在线车辆进行监控工作。

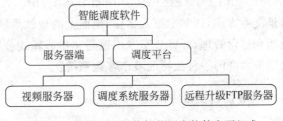

图 7.10　智能公交系统智能调度软件主要组成

　　(1) 模拟线路:系统提供模拟线路界面,工作人员通过该界面可以清晰的了解到各条线路的运营情况,界面按照线路运行方向依次排列每一个站台名称,工作人员可以在界面上了解每条线路上正在运营的车辆(车号)、车辆数量等信息。

　　(2) 地图监控:系统提供地图监控界面,车辆在线路上的运营将实时的显示在地图上,通过此功能,工作人员可以清晰的观察到车辆所处的路段。

　　通过模拟线路与地图监控的配合,工作人员可以充分的了解线路的运营情况。

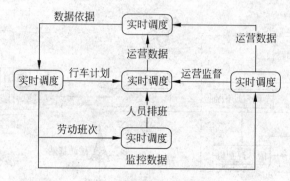

图 7.11　调度平台调度流程

5）运营统计

调度平台提供了线路日报、月报、司机考核等一系列报表统计，实现报表输出的自动化、无纸化。

6）视频监控

系统提供了多路视频监控功能，工作人员可以通过视频监控功能实时监控车辆运营状况，系统支持同时监控 4 路摄像头，可以对不同线路的不同车辆同时监控，保证了监控中心的监控力度与覆盖面积。

前端车载图像信息由车载摄像机完成采集，图像本地存储的同时通过无线网络也实时传送到监控中心，这样通过授权的客户端软件工作人员不仅可以看到公交车辆上的图像，配合电子地图还可以了解车辆所在的具体路段、方位、有无报警等状况，做到远程监控、报警联网、智能调度。

7.4.4　快速公交智能系统解决方案

快速公交系统（Bus Rapid Transit，BRT），是一种介于快速轨道交通（Rapid Rail Transit，RRT）与常规公交（Normal Bus Transit，NBT）之间的新型公共客运系统，是一种大运量交通方式，通常也被人称作"地面上的地铁系统"。它是利用现代化公交技术配合智能交通和运营管理，开辟公交专用道路和建造新式公交车站，实现轨道交通运营服务，达到轻轨服务水准的一种独特的城市客运系统。

1. 智能公交系统构成

智能公交系统由通信网络系统、车辆定位和无线通信系统、运营调度系统、乘客信息系统、视频监视系统及周界防范系统组成。BRT 智能系统逻辑结构见图 7.12。

2. 智能公交系统功能

智能公交系统应实现中心智能化调度管理、车站车上导乘信息发布、视频监视及夜间对车站的防护等功能。BRT 智能系统解决方案是建立在 BRT 基本特征之上的现代化、智能化运营管理系统。

BRT 基本特征是，专用路权、新型公交车、站台售检票、封闭式站台、面向乘客需求的线

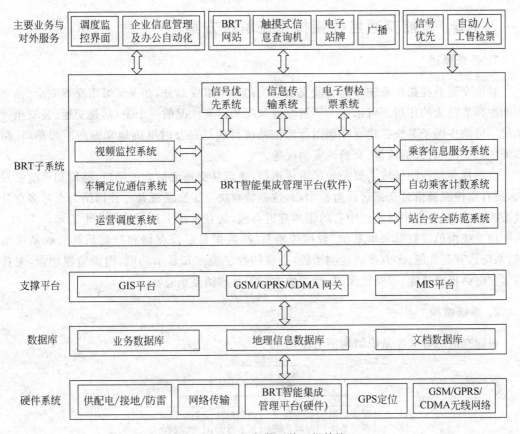

图 7.12 BRT 智能系统逻辑结构

路运营组织、智能化运营管理系统。BRT 智能系统主要功能如下：

（1）满足 BRT 运营所需的"业务-资金-信息"三位一体的现代化业务要求，实现高效运营、优质服务、规范管理。

（2）采用先进的技术手段对 BRT 车辆进行实时动态定位，对场站进行实时视频监控，为实时调度优化提供客观依据。

（3）运用计算机优化编制运营作业计划和劳动派班计划，同时结合动态监控、现场采集与人员反馈获得的数据，利用计算机辅助实现实时调度。

（4）根据 BRT 的运营特性，实现 BRT 车辆自动识别，对其进行相对的、有条件的路口信号优先，并选择适当的优先策略、优先方法和优先模式，减少其路口延误时间。

（5）建立集成高效、综合利用的通信传输网络，满足智能系统多媒体信息传输、业务调度、实时监控的需要。

（6）建立先进、符合 BRT 运营管理要求和运行需要的售检票系统，为乘客提供快捷、方便的服务。

（7）通过各种途径，为广大出行者提供实时、准确、便捷、高效的信息服务，改善公交形象，提高服务水平。

（8）通过系统集成，使"车—路—站"成为一个有机整体，以提高 BRT 的运营效率和管理水平。

7.4.5 智能交通监控指挥系统解决方案

1. 系统概述

智能交通监控指挥系统作为智能交通系统的一个组成部分,在保证城市交通安全、畅通方面发挥着巨大的作用。可以作为了解交通状况和治安状况的一个窗口,是交通、公安指挥系统不可缺少的子系统。建立视频图像监控系统目的就是及时准确地掌握所监视路口、路段周围的车辆、行人的流量、交通治安情况等。

交通视频监控的区域主要是城区主要道路,重点是交通流量大的路口、路段和事故多发点,所有监控视频信息全部送往监控中心,这一特点决定了交通视频监控网络为点对多点分散型网络结构,各点距离监控中心的距离有近有远,远点长达十几千米到几十千米。

该系统由前段数据采集系统、数据传输系统、数据显示及存储和控制系统三级系统组成,系统具有高性能、多方面的检测手段,直观的数字检测和显示功能,图像监视功能,完善的紧急电话报警功能,以及能及时、动态地发布警示和诱导信息。

2. 系统结构

智能交通综合监控系统结构图见图 7.13。

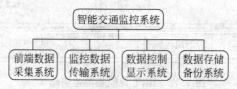

图 7.13　智能交通综合监控系统结构图

智能交通综合监控系统拓扑图见图 7.14。

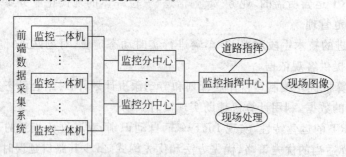

图 7.14　智能交通综合监控系统拓扑图

3. 系统特点

1) 交通监视和疏导

通过系统将监视区域内的现场图像传回指挥中心,使管理人员直接掌握车辆排队、堵塞、信号灯等交通状况,及时调整信号配时或通过其他手段来疏导交通,改变交通流的分布,以达到缓解交通堵塞的目的。

2）交通警卫

管理人员随时掌握交通警卫录像,大型集会活动的交通状况,及时调动警力,以保证交通警卫录像畅通。

3）视频存储取证

本系统通过硬盘录像机进行视频录像存储,通过突发事件的录像,提高处置突发事件的能力。通过对违章行为的录像,发挥监控系统在经济效益和社会效益方面的积极作用。

4）远程监控指挥

通过对全线的监控,配合相应的广播、报警联动系统实现监控指挥中心或监控分中心对道路现场的全程监控管理。

5）高清监控效果

- 系统采用日夜型长焦镜头,搭配透雾摄像机、激光器、红外热成像设备(可选),可对目标进行全天候昼夜监控。
- 先进的 H.264 图像处理技术,图像分辨率可设置为 CIF：352×288、H-D1 704×288 或 D1：704×576,通过图像优化,消除了图像画面抖动和运动物体锯齿化和拖尾现象。
- 系统提供前端云台摄像机的控制功能,可根据用户权限提供优先级控制,提高系统适效率。
- 图像可根据现场情况叠加文字,日期,时间和特殊标志,便于录像检索。
- 本系统通过多级联网模式,可对片区、监控分中心、监控指挥中心进行分级联网,集中监控。

4. 系统组成

1）视频监控前端

监控前端主要由长焦大镜头、云台、透雾摄像机、红外热成像(可选)、激光器、防雷组件,无间断电源等主要设备组成。每路视频在网络中占用的带宽低,同时,经过特殊算法处理的画质看起来更加清晰,细腻。适合交通行业对图像高清晰,高时实性的特殊要求。

2）通信网络

道路视频监控系统采用标准的 TCP/IP 协议,可直接运行在交通部门的内部网上。前端监控一体机的视频信号利用视频编码器通过网络传输到分中心,在分中心可以监控存储,也可直接传输到监控指挥中心。

3）监控中心

监控系统采用 C/S 结构,在监控中心安装解码器、视频监控系统服务器,主要完成现场图像接收,用户登录管理,控制信号的协调,图像的实时监控,录像的存储、检索、回放、备份、恢复等。

在监控中心,视频监控系统服务器将数字视频还原成模拟图像,将视频信号转到指挥中心电视墙上,指挥调动人员还可以选择以操作台微机作为监控终端,对全部路面信息集中调用监控。局领导利用计算机信息网上的任何一台 PC/笔记本计算机当作监控客户端,利用客户端浏览器即可随时随地依据权限查看到所需要的画面。可实现多画面实时监控,远程控制摄像机云台和违章抓拍等操作。

7.4.6 交通事件检测系统解决方案

1. 系统简介

交通事件检测系统(Traffic Incident Detection Systems)是一种完全智能化的视频分析系统,事件检测分析仪能对上传的视频图像、交通流数据、气象数据等进行分析,对图像中的一个或多个全景中的车辆行为进行检测和跟踪,从而实现对各种交通事件包括交通拥堵、车辆突然停驶(交通事故)、车辆逆行、车辆遗洒物品、行人穿越公路等交通特殊事件的可靠检测,实现对道路每车道车流量、平均车速、车道占有率、车间距、排队长度等交通流数据的准确分析及预警,以及道路能见度、温度、湿度等气象数据、烟雾火灾等特殊事件的准确分析及预警。交通事件检测系统能对交通状况进行分析、判断和处理,并将分析结果发送给交通管理和服务平台系统软件进行处理,交通事件检测系统还能为平台系统应用软件提供交通事件的性质、级别等相关信息,经监控人员确认后,将信息传达给急救、路政、交警等相关部门,以便能够及时处理交通事故,保证公路的安全、畅通,以及人民群众的生命财产安全。中创软件交通事件监测系统具有准确、精良的事件检测及分析能力,可为多系统联动提供报警信息及报警依据。

2. 系统优势

(1) 先进的视频触发技术、目标识别与跟踪技术。系统采用先进的视频触发技术和国际领先的多目标识别与跟踪技术,能够实现 24 小时全天候检测,最大限度抑制了光照变化、阴影、雨雪等各种因素对精度的影响。

(2) 建设成本低,节约资源。

(3) 系统稳定可靠。

3. 系统功能

(1) 事件检测。
- 交通事故;
- 突然停车;
- 车辆慢行;
- 车辆逆行;
- 行人穿越;
- 遗洒物;
- 隧道烟雾;
- 火灾;
- 车辆突然驶出路面;
- 道路突发异常。

(2) 流量检测。
- 车流量;
- 平均车速;

- 车道占有率；
- 车间距。

（3）气象信息检测。

- 能见度检测；
- 雾检测；
- 雪天和积雪检测；
- 雨天和积水检测；
- 路面结冰检测。

（4）事件报警和图像存储功能。

（5）自诊断报警功能。

7.4.7 城市交通诱导系统解决方案

1. 系统概述

交通诱导系统主要用于发布交通诱导信息和交通相关信息，将实时交通信息发布给参与者。系统通过采用先进的控制技术和室外信息显示技术及设备，以公安交通管理业务的基本规定为依据，对调节道路交通流量，提高现有道路通行能力，缓解交通阻塞将产生积极作用。

2. 系统结构

交通诱导显示屏系统由室外显示屏、指挥中心控制系统、通信系统等部分组成。交通诱导系统网络拓扑图见图 7.15。

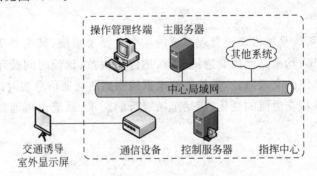

图 7.15 交通诱导系统网络拓扑图

3. 系统功能

（1）多方式信息发布。

通用信息显示，人工诱导显示，自动诱导显示。

（2）信息发布内容。

- 前方主要路段、立交桥之间的预计旅行时间（定量）；
- 前方道路拥挤状态（定性）；
- 平均车速（包括每一车道）（定量）；

- 用车辆数(距离)表示的排队长度(定量);
- 限定车辆最高速度信息(定量);
- 意外事件或事故发展状况的信息;
- 道路修建信息;
- 当前推荐可选路线信息;
- 重要地区停车状况信息;
- 当前或马上就要发生的对交通有影响的事件(如游行、足球比赛散场)信息;
- 天气状况信息;
- 交通管制情况的信息;
- 交通法规、交通安全等宣传信息。

(3) 交通诱导信息实时显示。

(4) 本地存储功能。

(5) 远程控制功能。

4. 系统性能

(1) 显示屏为完全户外使用环境,设计和提供的系统及所有设备均能够在实际的使用环境中每天 24 小时连续运行。

(2) 技术先进,主要设备(显示屏、控制机、通信设备等)均能保证 10 年正常使用。

7.4.8　交通信号控制系统解决方案

1. 系统简介

交通信号控制系统是城市交通管理系统的一个重要子系统,其主要功能是自动调整控制区域内的配时方案,均衡路网内交通流运行,使停车次数、延误时间及环境污染等减至最小,充分发挥道路系统的交通效益,系统能够根据检测到的交通信息实时优化计算控制区域的控制方案,使其适应交通流的变化,满足车辆通行的需求,系统也可通过指挥中心人工干预,疏导交通。

2. 系统优势

(1) 完善的仿真和辅助决策功能。

(2) 分子区的区域、线协调控制。

(3) 多种绿波控制方式。

(4) 交通流量数据的格式化存储和统计分析。

(5) 多种特勤控制预案,确保特勤万无一失。

(6) 无线遥控式信号机手动接口。

(7) 系统良好的兼容性。

3. 系统基本功能

(1) 数据采集存储。

(2) 数据统计分析。

(3) 集中监控功能。

(4) 各分控制系统之间的联动控制功能。

(5) 设备监视和故障统计功能。

(6) 交通流量数据的格式化存储和统计分析功能。

(7) 用户管理和容量访问。

(8) 信号机参数管理功能。

(9) 交通仿真和辅助决策功能。

(10) 路口信号配时功能。

(11) 路口、路段和子区编辑功能。

(12) 子区划分。

4. 区域控制级功能

(1) 远程遥控功能。

(2) 完全自适应。

(3) 交通拥挤点的提示与警告。

(4) 区域协调自适应控制。

(5) 动态方案选择控制。

(6) 线协调控制。

(7) 行人控制。

(8) 紧急车辆优先控制。

(9) 快速路出入口控制。

(10) 强制控制。

(11) 警卫路线设定功能。

7.4.9　智能停车场管理系统解决方案

1. 系统简介

伴随着城市智能化管理的提高,网络信息化的普及及人们生活方式的转变,特别是城市车辆保有量的快速增长、城市停车位资源的紧张,大型停车场的智能化管理将在许多大、中型城市中被推广使用。中创智慧交通管理和服务平台系统可集成停车场智能管理系统模块,通过监控中心的系统平台及跨系统合作,监控人员可远程实时监控被监控停车场的运行状态,实时了解停车场的运行情况、车位情况等,用户也可通过网站、电话、手机短信等方式查看、了解停车场的运行情况及车位情况等相关信息。

停车场收费管理系统利用了高度自动化的机电和微机设备对停车场进行安全、有效的管理,包括收费、保安、监控、防盗等。本系统专门针对机场、车站、体育场馆、商场等公共场所停车场,或高级商住楼、高档写字楼与高级公寓与酒店的停车场进行监控及管理,对机动车辆进行识别与计费,是一种较好地将读感识别技术、大规模集成技术与计算机技术结合于一体的新型保安管理系统。它利用读感技术对持卡驾驶员进行自动遥测识别,通过挡车闸与专门软件技术的配合,给停车场的保安与计费管理提供了自动化手段与商业监督。该系统技术先进,操作简单,可靠性与保密性高,是目前最现代化的停车场智能管理控制系统。

根据使用对象的不同,停车场可以划分为内部停车场和公用停车场两大类。内部停车场主要面向固定的车主,一般多用于各单位自用停车场、公寓及住宅小区配套停车场、写字楼及办公楼的地下车库等。这类停车场的特点是使用者固定,禁止外部车使用,使用者对设施使用的时间长,对车场管理的安全性要求严格,在上下班高峰期出入密度较大,对停车场设备的可靠性及处理速度要求较高。公用停车场主要为临时性散客提供服务,有收费和免费之分。这类停车场常见于大型公共场所,如车站、机场、体育场馆等地方。车场设施使用者通常是临时一次性使用者,数量多、时间短。要求车场管理系统运营成本低廉,使用简便,设备牢固可靠,可满足收费等商业处理要求。鉴于以上特点,停车场管理系统是为既有内部车辆又有临时收费车辆的综合停车场而设计,系统的设计具有模块化功能。对于具体工程的项目而言,方案选择可根据楼宇的档次、车辆的多少、车库出入口的数量、车库的性质、固定车辆与临时车辆的比例、费用支出的多少等因素,综合考虑各子系统的增减,灵活方便。

2. 系统组成

智能停车场管理系统由摄像机等视频监控系统、语音提示系统、对讲系统、入口读卡器及发卡机、出口读卡器、自动道闸、感应线圈、工控机、服务器、控制管理软件等系统等组成。智能停车场系统结构图见图 7.16。

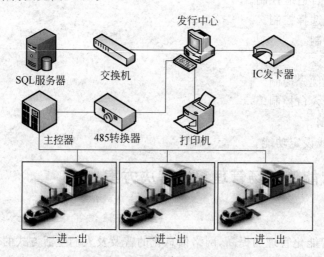

图 7.16　智能停车场系统结构图

3. 系统主要功能

(1) 系统将用户分为两种,一种为固定用户;另一种为临时用户。固定用户采取提前缴费方式(一个月、三个月、六个月或一年),每次出场时不再收费。临时用户出场时根据本次停车时间及当前费率缴费一次。

(2) 所有车辆凭卡进入,读卡时间、地点及车辆等各项资料均自动在计算机上显示并记录。

(3) 所有车辆刷卡后经收费员收费(临时用户)或确认(固定用户)后车辆出场。

(4) 可任意设置通行时间及报警时间,如遇特殊情况还可定时设定编程。

（5）该系统具有分级管理功能。

（6）卡片管理功能详尽。

（7）上述功能计算机均自动记录，出入报告、卡片报告、报警报告均可打印。

（8）本系统采用最先进的地感线圈技术控制挡车臂的落下。在电动挡车臂臂处安装地感线圈，当车辆进入读卡范围时由司机读卡，系统自行判定其为或无效，有效时电动挡车臂抬起，车辆进入地感线圈感应范围时，由地感线圈自行判定车辆是否行驶过去（有效范围内），若车辆未通过则电动挡车臂不落下，车辆通过后（有效范围内）则电动挡车臂落下，完成本次任务。如有车辆尾随进入则由地感线圈输出信号使电动挡车臂不落下。只有当车辆通过出入口，并且驶过预定的安全距离，挡车杠才会落下，从而确保了车辆的安全通过。

4. 系统特点

（1）非接触式遥控识别：本系统提供非接触遥控识别。根据读感器的不同规格，提供不同的识别距离，普通读感器可提供 20cm 的读感距离，特殊读感器可提供 50cm 以上的读感距离。

（2）识别速度快：读感响应时间可达 94ms。

（3）可靠性高，容易安装：读感器全封闭设计，密封率高，符合国际 IP65 标准，极难伪造。非接触式智能卡由集成芯片构成，为无源卡。系统完全电子化，设备占地小，不易损坏，后期施工。

（4）使用方便快捷：可根据变化环境自动定标，读感器发出的信号能透过非金属物体进行读感。

（5）系统灵活开放：系统可灵活地与其他设备连接，控制诸如门、闸、灯光、警报或摄像机等，系统软件可方便地按用户要求更改，更可联入楼宇网络。

（6）后台管理完善：强大的后台管理系统可以全面追踪所发行的每张卡的使用情况和各车辆的出入情况。中文界面，易懂易学，能自动计费并生成统计报表。

（7）可声光报警。

第 8 章

智能医疗

看病难、看病贵、看病不及时、看病不放心是全社会普遍关注的焦点问题。新医改制度的基本框架是建立"四大体系"和"八项支撑",作为支撑手段之一的信息化建设工作,将扮演重要而关键的角色。

当前我国的卫生信息化总体水平较低,发展不均衡,卫生信息标准建设相对滞后。"加快信息标准化和公共服务信息平台建设,逐步建立统一高效、资源整合、互联互通、信息共享、透明公开、使用便捷、实时监管的医药卫生信息系统"是当务之急。通过物联网等信息技术实现医疗卫生服务整个环节中的协同和整合,使病患者能够得到最好的医疗服务,解决长久以来"看病难、看病贵、看病烦"的问题,提高医疗质量,减少医疗差错,降低医疗费用,提高医疗效率。

8.1 智能医疗概述

众所周知,目前的医院体制无论是公立还是民营,基本都是靠为患者治病盈利,而不是靠为患者保持健康(预防生病)盈利。病人越多、病情越重,用于诊治的费用就越高,医院营业收入也就越高。只有通过革命性的新技术和公共卫生平台来使医疗过程变得简单化、智能化,使医疗真正实现治"未病",使预防医学和健康管理大行其道,才能够使得医疗成本被普通人所接受,社会医疗体制才能以较低的成本提供较好的服务品质。

8.1.1 我国新医疗制度的基本框架

人人享有基本卫生保健服务,是全面建设小康社会、推动社会主义现代化建设的重要目标,初步建立起覆盖城乡居民的基本医疗卫生制度是人民的要求。在"看病难、看病贵"成为众矢之的时,医疗改革无疑是全社会普遍关注的焦点问题,这与老百姓的切身利益息息相关。

新医改的基本原则是坚持以人为本,把维护人民健康权益放在第一位;坚持立足国情,建立有中国特色的医药卫生体制;坚持公平与效率统一,实行政府主导与发挥市场机制作用相结合;坚持统筹兼顾,把完善制度体系与解决当前突出问题结合起来。为此,国家新医改制度的基本框架是建立医疗卫生的"四大体系"和"八项支撑",努力为群众提供安全、有效、方便、价廉的医疗卫生服务。新医改方案"四大体系"和"八项支撑"相辅相成、协调实施,扭转了过去改革中出现的政策不配套局面,具有较强的可操作性。

1. 医疗制度的四大体系

1) 医疗服务体系

医疗服务体系的主要社会服务机构有综合医院、专科医院、妇幼保健院、社区卫生服务中心等。建立医疗服务体系,就是要坚持非营利性医疗机构为主体,营利性医疗机构为补充;公立医疗机构为主导,非公立医疗机构共同发展的办医原则。建设结构合理、分工明确、防治结合、技术适宜、运转有序,包括覆盖城乡的基层医疗卫生服务网络和各类医院在内的医疗服务体系。同时,大力发展农村医疗卫生服务体系,加快建立健全以县级医院为龙头,乡镇卫生院为骨干,村卫生室为基础的农村三级医疗卫生服务网络,完善以社区卫生服务为基础的新型城市医疗卫生服务体系。

2) 公共卫生服务体系

公共卫生服务体系包括疾病预防控制子体系、医疗救治子体系和卫生监督执法子体系。该体系的主要社会服务机构有卫生行政机构、疾病预防控制中心、卫生监督所、120急救中心、妇幼保健院、社区卫生服务中心等。建立公共卫生服务体系,就是要建立健全疾病预防控制、健康教育、妇幼保健、精神卫生、应急救治、采供血、卫生监督和计划生育等专业公共卫生服务网络,促进城乡居民逐步享有均等化的基本公共卫生服务。

3) 医疗保障体系

医疗保障体系的主要社会服务机构有医疗保险管理中心、城乡合作医疗保险机构、商业保险机构等。建立医疗保障体系,就是要加快建立和完善以基本医疗保障为主体,其他多种形式为补充,覆盖城乡居民的多层次医疗保障体系。具体措施包括建立覆盖城乡居民的基本医疗保障体系,进一步完善城镇职工基本医疗保险制度,加快推进城镇居民基本医疗保险试点,全面实施新型农村合作医疗制度,完善城乡医疗救助制度。

4) 药品供应体系

药品供应体系的主要社会服务机构有药品监督、药品集中采购、药店、药房等。建立医疗保障体系,就是要以建立国家基本药物制度为基础,以培育具有国际竞争力的医药产业,提高药品生产流通企业集中度,规范药品生产流通秩序,完善药品价格形成机制,加强政府监管为主要内容,建设规范化、集约化的药品供应保障体系,不断完善执业药师制度,保障人民群众安全用药。

2. 医疗制度的八项支撑

医疗制度的八项支撑包括医疗管理体制、运行机制、投入机制、价格形成机制、监管体制、科技与人才保障、信息系统和法律制度建设。医疗制度的八项支撑,保障了医药卫生四大体系有效规范运转。

8.1.2 我国目前医疗领域存在的问题

随着市民健康意识的提高和生活习惯的改变,市民希望得到全方位和全生命周期的健康预防、保健和治疗服务。市民对预约看病、远程就诊、专家会诊等数字化医疗服务的需求日益突出。市民是区域医疗卫生服务的服务对象,是区域医疗卫生服务的受益者。获取方便、廉价的医疗服务以及公共卫生服务是市民的根本需求。卫生信息化要能够为市民提供个性化健康管理和卫生保健的手段,提高市民满意度,从而实现小病在社区,大病进医院,康复在社区,吸引更多的人前来看病,为带动区域的发展提供新鲜的血液;区域卫生信息平台系统要能够为市民提供全生命周期的健康相关信息,为市民提供网络化、信息化的健康服务与健康管理,市民能够获得连续性、综合性和高质量的医疗保健服务;能够提高卫生服务效率,减少市民看病等待时间;能够支持区域卫生资源的合理利用,有效解决社区与上级大医院、预防保健机构间的合理分工和资源分配,重点解决看病难、看病贵、看病不及时、看病不放心等问题。

1. 看病难

由于医疗机构的资源不均等,大医院人满为患,小医院资源闲置,市民看病难。采用预约挂号、远程医疗等,可以有效解决上述问题。

2. 看病贵

各医疗机构系统独立,信息不共享,导致了以下的问题:市民支付重复用药的费用;市民支付重复检查的费用,不同医院甚至不同的科室也存在要重复同样的检查,原因就是医院和科室之间资源不能共享,既增加病人负担,又浪费社会资源;市民对自我健康状况不了解,导致小病变大病,支出更多费用;医疗机构重复购置医技设备,成本均摊到患者看病费用上。采用业务协同服务、双向转诊系统、远程医疗等可以有效缓解或解决上述问题。

3. 看病不及时

从医患双方角度,患者不了解自己的健康状况,没有自我保健意识,常导致重大突发疾病,无法救治;从医生角度,由于没有完整健康档案信息,没有社区服务系统,无法有效跟踪病人的健康状况,出现重大疾病,不能快速有效救治,导致伤亡。建立居民卫生信息平台系统与社区卫生业务系统,可以有效做到防治结合,解决看病不及时问题。

4. 看病不放心

看病不放心表现在医院用药不安全;医疗行为过失、过错严重;隐私泄露对患者的身心的伤害。可以通过药品管理系统、医院监管等系统解决上述问题。

8.1.3　什么是智能医疗

1. 智能医疗的定义

智能医疗是指通过基于物联网等新技术的运用,实现对人的智能化医疗和对物的智能化管理工作,实现物资管理可视化、医疗信息数字化、医疗过程数字化、医疗流程科学化、服务沟通人性化。

智能医疗是一个以患者为本的信息体系,利用先进的信息化技术可以改善疾病预防、诊断和研究,并最终让医疗生态圈的各个组成部分受益。智能医疗的宗旨就是使医疗行业真正实现互联互通、可量化和智能化,这种更加智慧、惠民、可及、互通的医疗体系将成为未来发展的必然趋势。

建设区域卫生信息平台和跨区域卫生信息平台,实施市民健康档案、健康卡,由医保和卫生管理部门实行就诊一卡通,建立可多方访问的市民健康档案数据库,完善社区卫生信息化网络基础设施建设;促进数字化智能家庭医疗、急救医疗、远程医疗的智能化建设;同时,运营商的作用也应得到重视。政府应适时引导有条件的非公立医疗机构进行智能医疗试点,并从资本层面着手对进入智能医疗领域进行投资的社会资本加以扶持和鼓励。

2. 智能医疗的重要意义

由智能医疗的定义可知,通过发展智能医疗,区域内有限的医疗资源可全面共享,病人就诊便捷,获得诊治精准,医疗服务产业亦可随之升级。通过实现医疗智能化、诊疗无纸化、传输数字化、平台集约化等医疗领域的信息化建设,可以解决当前存在的问题。

(1) 智能医疗通过预约挂号、远程医疗等模块,可以有效缓解或解决看病难的问题。医生可以通过手机开电子处方,书写病历,管理病人信息,甚至对病人进行远程视频诊断。再辅以现在已经有相当发展的射频技术的应用,未来的医疗和医院、药品和一切检查检验都将是电子化、可移动化、智能化的。随着新型医疗技术的广泛应用,患者不再需要到专业医院,便可以在住所、诊所、社区卫生服务中心、医生办公室,健康会所,甚至护士那里得到治疗,这样整个医疗体制的运行成本才可能大幅下降。有了完备的、标准化的个人电子健康档案之后,通过跨区域医疗信息系统和智能医疗运营平台,患者可以迅捷地找到以最短距离、最低成本,针对自己病情进行有效治疗的社区医疗机构,甚至可以在家接受社区医疗机构的上门服务。

(2) 智能医疗通过业务协同服务、双向转诊系统、远程医疗等可以有效缓解或解决看病贵的问题。推动医疗智能化网络建设和电子处方、电子病历的应用,可以有效避免医疗事故并实现对用药成本的控制。医生用计算机或数字手持设备,通过一个加密网络将处方直接传送至后台,通过在医院、药店和卫生管理当局联网共享的数据平台上进行统一登记和共享查询,电子处方系统可以非常方便地查询到患者的用药史和过敏源,还可以避免药物间的相互冲突引发不良反应。同时,医生也可以通过电子处方系统了解病人目前的药费负担,从而决定是否选择比较便宜的药品。由于直接与医保系统联网,患者也可以对自己的财务负担有一个明确的预计,决定是否选择某些不在报销目录之内的新药、特效药。在之前公布的一项研究中,美国研究人员发现,如果医生通过电子处方选择仿制药或较廉价药物,可以使每10万名病人每年的药费减少84.5万美元。智能医疗系统平台的应用可以使为患者进行诊断的任意一位医生,通过登录系统了解病人的所有过往病史和医学诊断材料,包括X光片、化验结果、用药记录等,免去了每到一家新的医院就必须不断重复诊断、化验的过程。这不但可以节省救治时间,还可以将高昂的仪器诊断费用降低。

(3) 智能医疗通过建立居民卫生信息平台系统与社区卫生业务系统,可以有效做到防治结合,解决看病不及时问题。患者可以方便地进行远程预约门诊、日常医疗咨询,而不必大病小病都跑去医院,浪费大量时间排队挂号、检查,这样也避免了类似"三甲"这样的大型医院人满为患的现象;社区小型医疗机构则可以通过这些信息网络,对患者进行地理定位,发展"家庭病床"和日常陪护巡诊业务。在这样的平台和诊疗模式变革的影响下,无论是"三甲"大医院还是社区卫生服务中心,医疗机构都会从治"已病"和"末病"转而重视治"未病",真正实现医疗保险的前移到疾病健康防御、全民健康管理,有效降低全社会的医疗投入和因疾病产生的各类社会财富资源损失。

(4) 智能医疗通过药品管理系统、医院监管等系统医院可以有效解决用药不安全、医疗行为过失、过错严重、隐私泄露对患者身心伤害的问题,解决看病不放心问题。患者在公共智能医疗运营平台和医疗机构的帮助下完全可以实现将自己的个人电子健康档案和电子病历装进手机中,随身携带,甚至可以通过手机实现日常的医疗咨询,手机还可以提醒患者自己的健康状况和服药计划。

(5) 智能医疗系统的建设将改变医疗预防模式。以甲型 H1N1 流感防控为例,通过医疗协作平台,患者在发现自己有疑似症状之后便可以通过网络等手段进行报告,然后有关方面便可以迅速地根据患者的个人电子健康档案来制定相应的隔离、诊断和治疗措施,并有效跟踪患者的健康状况,同时还可以有效地解决人口流动带来的跨区域防疫问题。

(6) 智能医疗利用现代信息技术延伸了传统医疗的覆盖能力,节省了传统医疗方式的时间和空间成本,因能有效缓解老龄化带给整个社会医疗系统的巨大负担。同时,它作为全社会泛在网的一个子系统,也是未来智慧城市的有机构成。电子病历系统使健康管理成为可能,而物联网系统和之前已经完善成型的有线电视网络、光纤宽带网络、无线通信网络、信息"村村通"工程又都能使随时随地的健康管理和跨区域的医疗保健成为触手可及的现实。包括苹果在内的很多通信和电子设备提供商都相继推出了具有生命体征监测监控传输功能的手机和 PDA 终端。通过传感器和应用软件的配合,可以让医生利用手机来随时跟踪病人的病情,记录病人的心电、血压、血氧等各项生命体征,复杂一点的还可以进行常规的临床简单生化检测,在有问题的时候自动警示并通知要求医疗帮助。

智能医疗系统的建设还将改变医患交流模式、医院盈利模式、民间医疗投资模式、医保改革模式、政府公共卫生投入和管理模式等。

智能医疗前景大有可为。政府应该通过多种方式创新机制,推动智能医疗产业发展。政府应当牵头建立各关联要素方联动机制与平台,协调理顺各利益集团和医疗机构的利益割据,协调发挥各等级医院医疗资源优势,共享信息,分享医疗专家库,支持基层医疗机构;还应协调等级医院、基层医院和非公立医疗机构间的资源配置,使多方在智能医疗开展过程中取得多赢态势。

8.2　医疗领域的信息化建设

加快医疗卫生信息系统的建设,就是要完善以疾病控制网络为主体的公共卫生体系系统,以建立居民健康档案为重点,构建乡村和社区卫生信息网络平台,以医院管理和电子病历为重点,推进医院信息化建设,促进城市医院与社区卫生服务机构的合作,实现信息共享、资源共享和远程医疗。

8.2.1　概述

目前,我国绝大多数医疗机构的智能医疗服务尚停留在院内信息共享层面,医疗机构之间却形同"信息孤岛",相关部门没有出台清晰的医疗智能化规划,没有智慧城市中智慧医疗的建设板块,也没有统一推动的主体,单靠某几家医疗机构的兴趣显然力不从心。加上中国由来已久的地域利益分歧、单位利益分歧、医疗机构之间的利益分歧和故步自封自保，以及行政主管部门之间的权力矛盾，推动公共卫生信息网和智能医疗网络平台系统的建设就更是难上加难。

医疗机构的医疗资源、网络资源和设备资源的浪费和重复建设让人触目惊心。与看病难、看病贵之间的矛盾和我国医保运行系统的脆弱的矛盾更是让人不得不深思。所有智能化的产品应该是让人们的生活更简单，更便捷，更节约，资源消耗和占用更少，更环保，更持续。然而由于几乎所有的电子医疗系统提供商和智能化医疗产品的服务商都没有建设统一的开放的公共运营平台，统一的智能医疗系统和运营平台在软硬件方面投入巨大，回报周期又都相对偏长，加之如果没有政府的行政干预，各类数据和设备接口及标准的统一难度也很大，民间资本自然是望而却步的。

因此，建设统一的跨区域的医疗信息网络和智能医疗运营协作平台以及相应的 PDA 扫描采集终端是当务之急。如果以数字化病历和电子处方系统为基础，整合成为个人电子健康档案，然后进行联网，再拓展到单个医院之外的社区、城市乃至全省全国更大范围内的医疗信息共享，就可以实现"跨区域医疗信息网络"和"医疗协作平台"。有了这个统一的跨区域的医疗信息网络和智能医疗运营协作平台以及相应的 PDA 扫描采集终端，智慧城市的畅想才能真正实现资源节约化和医疗便捷化、便宜化，才能真正大幅减少社会医疗财政支出和个人医疗支出，真正解决医疗资源分布不均，医疗服务水平差距巨大，缺乏充分平均化、均质化的问题，也是解决未来城市化进程中人口跨区域流动的医疗健康信息共享和医保报销扩区域联网所必需的捷径。因为在这个系统上，不仅仅可以改变看病的模式，甚至可以期望改变医疗盈利的模式。

1. 我国区域卫生信息化建设面临的问题

当前我国的卫生信息化总体水平较低，发展不均衡，卫生信息标准建设相对滞后，建设区域卫生信息化，亟待建立以居民诊疗档案和健康档案为中心的市级医疗卫生信息共享体系，实现跨业务条线、跨地域层面，实现医疗卫生信息的互联互通，将成为拓展业务模式和提升管理水平的必然趋势。

在建设区域卫生信息化的过程中不可避免会面临如下问题与挑战：卫生资源战略规划数据缺失，各地区发展不均衡；业务条块分割，亟待资源共享；缺乏完善的信息标准；项目建设模式多样；不同系统独立运行；业务系统垂直建设的局限；缺乏资金和人才保障。

2. 我国卫生信息化建设机遇

中国卫生信息化在经历了近 30 年的发展，医学信息处理技术得到飞速发展，整个医药信息系统产业正在迅速地成长并走向成熟。随着信息技术的发展，卫生业务的成熟，各级政策支持，目前中国卫生信息化正处于一个加速发展的时期。

新医改首次将信息化纳入方案中，提出"要加快信息标准化和公共服务信息平台建设，逐步建立统一高效、资源整合、互联互通、信息共享、透明公开、使用便捷、实时监管的医药卫生信息系统。"信息技术的应用将成为医改的重要任务之一，信息化已经从过去现代化的标志变成了一家医院的基础需要，信息化对业务的支持为流程的优化提供了可能；同时，新医改的推进，对医疗卫生信息化工作的要求也会越来越深入。通过信息技术实现医疗卫生服务整个环节中的协同和整合,使病患者能够得到最好的医疗服务,解决长久以来看病难、看病贵、看病烦的问题,提高医疗质量,减少医疗差错,降低医疗费用,提高医疗效率。

3. 卫生信息化建设指导原则

建设区域卫生信息体系,必须遵循以下原则:

(1) 统一标准、资源共享原则。

(2) 统筹协调、资源整合原则。

(3) 以人为本,以健康档案为核心的原则。

(4) 先建平台,后建应用原则。

(5) 确保安全原则。

(6) 兼容性和扩展性原则。

(7) 高性能、高可靠原则。

(8) 业务主导原则。

(9) 经济性原则。

8.2.2　信息平台用户分析

区域医疗信息平台的用户对象包括公众用户(居民)、医疗卫生服务机构用户(包括二三级医院、妇幼保健院、社区卫生及乡镇卫生院)、公共卫生机构用户(疾病预防控制、卫生监督、慢性病防治、职业病防治、皮肤病防治、健康教育中心、精神卫生、血站等机构)、卫生行政部门用户(卫生局等)和外部机构用户(社保、药监、民政、公安、计生等)。

1. 居民

区域卫生信息平台为居民提供如下服务:

(1) 个人自建健康档案服务。

(2) 个性化健康管理和卫生保健的服务,即小病在社区,大病进医院,康复在社区的健康受益模式。

(3) 全生命周期的健康相关信息,获得连续性、综合性和高质量的医疗保健服务。

(4) 个性化健康信息查询、健康互动及信息发布。

(5) 减少看病等待时间,可以方便进行预约挂号。

(6) 从专业网站获得健康教育信息,提高自我保健能力。在需要时,可以获得专家的咨询服务。

(7) 有专业的工具和软件管理自己的健康,了解自己健康状况。

2. 医疗卫生服务机构用户——医院

医疗卫生服务机构包括各级医院、社区卫生服务中心、妇幼保健院、社区卫生服务站及乡镇卫生院等。医护工作者要能够通过区域卫生信息平台系统获得医疗卫生信息标准、医疗卫生信息医学术语及相关字典、健康档案信息框架指导日常工作,获得健康档案浏览器查询健康档案具体内容等。总地来说,主要关注的是如何保证服务质量,提高服务效率;如何有利于开展针对性的服务,满足健康管理的系统化等方面的需求。

1) 医生

(1) 可以调阅到当前患者的历次诊疗信息及当前患者的健康档案信息。

(2) 在进行远程会诊时,所有专家都可以调阅到当前患者的检查报告、医学影像。

(3) 医生在为患者诊治时可以获得重复检验/检查提示,有效减少医疗事故发生。

(4) 医生可以为患者进行专家门诊预约、会诊、转检、转诊。

2) 护士

(1) 可以调阅到当前患者的历次诊疗信息及当前患者的健康档案信息。

(2) 为患者提供实时快速的护理服务。

3) 物资管理人员

建立预警功能,保证院内物资能满足需要,同时降低库存。

4) 医院管理者

(1) 可以有效统计医院医疗费用、效率及医疗质量,完善医院的管理决策。

(2) 可以将各个公共卫生条线需要的医疗数据自动给疾病预防控制、妇幼保健等机构,不需要通过单独的接口手工填写数据。

3. 医疗卫生服务机构用户——社区

社区卫生(乡镇卫生院)用户通过区域卫生信息平台系统可以实现:

(1) 在进行远程会诊时,所有专家都可以调阅到当前患者的检查报告、医学影像。

(2) 医生在为患者诊治时可以获得重复检验/检查提示,有效减少医疗事故发生。

(3) 医生可以为患者进行专家门诊预约、会诊、转检、转诊。

(4) 在提供各种卫生服务工作时,实现数据一点采集,多点应用、共享,避免数据重复输入,有效计划工作任务、提高服务效率、服务水平、服务质量、管理水平,获得居民满意度的提升。

(5) 可以形成易于采集、动态更新、充分利用的"活的"社区居民健康档案,实现基本医疗与公共卫生信息的互通,实现区域的健康档案信息共享、信息资源有效利用。

4. 医疗卫生服务机构用户——妇幼保健院

妇幼保健院用户通过区域卫生信息平台系统要为病人提供更好的妇女保健、儿童保健、孕产妇保健等服务。

5. 公共卫生专业机构用户

公共卫生专业机构包括市区两级疾病预防控制中心、市区两级卫生监督所、市区两级慢性病防治院(结核病防治中心)、职业病防治中心、市区两级皮肤病防治所(性病防治中心)、市区两级健教所、120 急救中心、妇幼保健院(所)、市区两级血站及精神病防治机构等。公共卫生专业机构主要关注的是妇幼保健、疾病管理、疾病控制、公共卫生突发事件应急指挥、区域血液管理等。

通过区域卫生平台信息系统能够达到如下目的:

(1) 可以将公共卫生机构系统采集的数据与医院系统、社区系统、国家大疫情系统、省公共卫生垂直系统进行共享及整合,减少数据的重复输入。

（2）可以及时获得各个医院上报的疾病数据，从而及时开展工作，更好地进行公共卫生服务。

（3）可以在应急状态下完成对资源的合理分配。需要支持所有资源数据的统一查询，并在此基层上对资源的各项指标进行全面的统计、分析，方便统一的资源调配。建立区域卫生范围下的资源的存量预警功能，对所有的卫生资源信息进行集中监控，在资源存量重大变动，有可能引发风险时，做出预警分析并及时通报相关负责人。建立市区域卫生范围下资源的分析机制、预算机制。

6. 卫生行政部门用户

市区两级卫生局通过区域卫生平台信息系统能够对医疗卫生服务机构进行有效管理，提高医疗卫生服务的质量、效率、满意度。主要关注的是如何提高卫生服务质量，强化绩效考核、卫生资源管理，提高监督管理、医疗质量监控能力，提供卫生行政管理决策支持，化解疾病风险等方面的需求。具体如下：

（1）通过信息化对医疗卫生服务机构实施有效的绩效考核，通过绩效考核实施合理、有依据的公共卫生经费划拨。

（2）通过信息化在公共卫生条线实施有效管理，规范社区卫生六位一体服务的规范性，提高服务质量，并通过对社区、家庭、居民健康信息的分析，制定更有针对性的、有效的社区综合防治规划。

（3）在获取社区卫生服务业务数据采集的基础上，及时准确把握社区卫生服务（乡镇卫生院）的现状，预测未来业务的变化趋势；在综合查询、统计分析的基础上为卫生资源调配、卫生决策等提供数据支撑。

7. 其他卫生相关单位与部门用户

其他卫生相关单位与部门指的是科研工作机构（医学院校等）、医保、农村合作医疗、药监、民政、公安、计生、银行等，这些相关单位主要关注的是业务协同、风险管理等方面的需求。

（1）科研工作：通过区域卫生平台信息系统得到特定要求的统计分析数据供学术研究用，同时将研究成果应用于临床医学实际，提高区域医疗水平，提高区域居民的健康指数。

（2）医保和农村合作医疗：通过区域卫生平台信息系统让区域内的医保参保居民、农村合作医疗参合人员直接在医院现场报销，优化医保、农村合作医疗报销流程，方便区域居民。

（3）药监：通过区域卫生平台信息系统掌握区域内的药品流通情况，并可以根据需求进行有效统计，对药品的规范管理提供有力保障。

（4）民政：通过区域卫生平台信息系统对区域内的特殊人群给予一定的照顾，当特殊人群就诊时给予一定的优惠。

（5）计划生育：通过区域卫生平台信息系统能够进行出生缺陷筛查，对于提高人口质量做出应有的贡献。从新婚夫妇婚检开始进行有效的跟踪管理并记录在案，并对小孩的成长发育进行有效管理。

（6）公安：通过区域卫生平台信息系统把区域内的居民与公安的数据进行对接，对区域内居民的唯一编号进行有效的标识。

（7）银行：一方面，通过区域卫生平台信息系统实现银联卡刷卡消费，方便就诊患者；另一方面，医院也可以与银行进行对接。

8.2.3 区域卫生信息化规划架构

区域卫生信息化建设可以概括以下方面：

- "一个中心"：区域标准卫生信息资源库。
- "一个平台"：基于健康档案的区域卫生信息平台。
- 卫生机构的区域 POS 系统。
- 区域的业务应用系统。

区域卫生信息化架构见图 8.1。

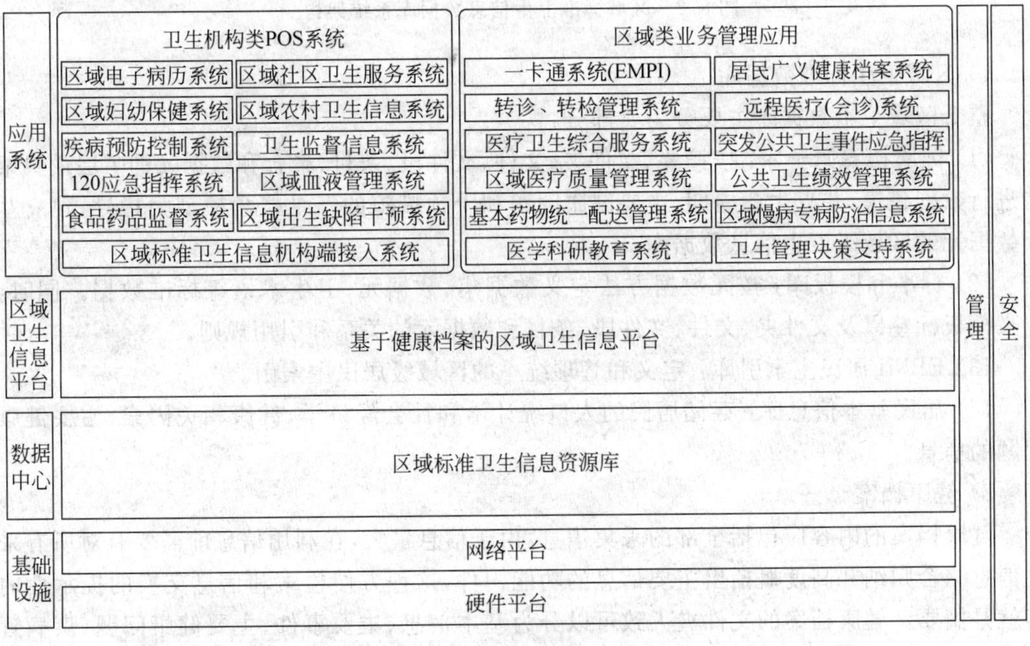

	卫生机构类POS系统		区域类业务管理应用			
应用系统	区域电子病历系统	区域社区卫生服务系统	一卡通系统(EMPI)	居民广义健康档案系统	管理	安全
	区域妇幼保健系统	区域农村卫生信息系统	转诊、转检管理系统	远程医疗(会诊)系统		
	疾病预防控制系统	卫生监督信息系统	医疗卫生综合服务系统	突发公共卫生事件应急指挥		
	120应急指挥系统	区域血液管理系统	区域医疗质量管理系统	公共卫生绩效管理系统		
	食品药品监督系统	区域出生缺陷干预系统	基本药物统一配送管理系统	区域慢病专病防治信息系统		
	区域标准卫生信息机构端接入系统		医学科研教育系统	卫生管理决策支持系统		
区域卫生信息平台	基于健康档案的区域卫生信息平台					
数据中心	区域标准卫生信息资源库					
基础设施	网络平台					
	硬件平台					

图 8.1 区域卫生信息化架构

1. 区域标准卫生信息数据库（一个中心）

以国家卫生部卫生信息相关标准为基础，以健康档案为核心，通过区域卫生信息平台和区域标准卫生信息机构端接入系统，实现健康信息的采集和共享，建立区域标准卫生信息资源库，实现健康信息在区域内共享与利用。

区域卫生数据库是基于数据元技术进行设计，以健康档案为中心，按照卫生部标准健康档案理论构建的区域卫生数据库。在国家卫生信息标准的基础上，按摘要、文件夹、文件、文件段、条目、聚合、数据元 7 层逻辑架构的指导思想，综合业务、信息、系统和技术 4 个关键因素，区域健康档案系统在构建项目总体架构时，严格按照模块化和层次化构建的思想加以设计和实现，区域标准卫生信息数据库系统架构见图 8.2。

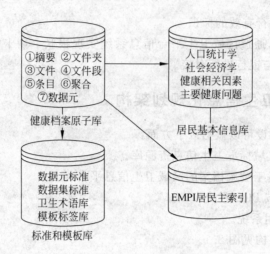

图 8.2　区域标准卫生信息数据库系统架构

1) 区域卫生标准数据库

整个区域卫生数据库主要分为 4 部分：

(1) 健康档案原子库：按摘要、文件夹、文件、文件段、条目、聚合和数据元的 7 层逻辑架构进行数据建模，并以生命周期、主要健康问题和干预措施的三维概念模型为指导，建立基于数据元的区域级卫生信息数据库。

(2) 标准和模板库：按元数据方法定义数据集、数据元、卫生术语等标准数据。同时，定义模板标签以及文件夹、文件、文件段、条目和数据元的关系和引用规则。

(3) EPMI 居民主索引库：定义和管理统一的区域级居民主索引。

(4) 居民基本信息库：存储居民的人口统计学和社会经济学、健康相关因素、主要健康问题的信息。

2) 健康档案

健康档案的内容应包括全部的采集信息，由于信息量大，在利用信息前需要有对所有采集信息综合归纳并高度概括出主要信息的功能构件，这种方便检索和信息交换的提示性内容就是摘要。健康档案的文件夹大致可以分为基本信息、主要事件、主要健康问题、疾病管理。每个文件夹中存放着不同的文件，文件的形式可以是主要健康问题的专项表，也可以是主要事件的调查表等。每份文件中含有不同的文件段、条目、数据元，不同的条目及数据元可以嵌套成"聚合"。因此，整个逻辑构架下图中各逻辑构件间层级关系的简单描述就是"文件夹"可以包含各类"文件"，"文件"可以包含各类"文件段"，"文件段"可以包含各类"条目"，不同时间序列及来源的"条目"可以汇集罗列成各类"聚合"，"聚合"可以由各类"数据元"进行表达，而"摘要"则是所有信息的汇总及概括。

2. 基于健康档案的区域卫生信息平台（一个平台）

建立基于健康档案的区域卫生信息平台，为区域卫生信息化提供以健康档案数据为核心的开发和运行平台，可以使用此产品快速地定制、开发和部署区域卫生信息平台项目，满足日益增加的区域电子健康信息共享与管理需求。依据 2009 年国家卫生部颁发的《基于健康档案的区域卫生信息平台建设指南（试行）》和《基于健康档案的区域卫生信息平台建设技术解决方案(试行)》,结合区域卫生信息平台建设的实际情况,可以构建如图 8.3 所示的基于健康档案的区域卫生信息平台架构。

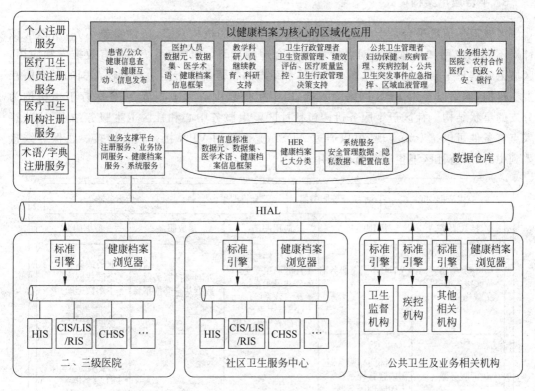

图 8.3　基于健康档案的区域卫生信息平台架构

基于健康档案的区域卫生信息平台是以居民全生命周期的健康档案数据为核心的信息平台。从数据的采集、存储、利用 3 方面来看,区域卫生信息平台可分为接入层、平台层和应用层。

接入层主要是将各 POS 系统(包括二、三级医院的 HIS、CIS、LIS、PACS/RIS 和社区卫生服务系统,以及公共卫生服务系统)产生的健康档案数据经过区域标准卫生信息机构端接入系统,推送到区域卫生信息平台。经过标准化改造或基于卫生信息标准开发的 POS 系统,通过接入层可直接同区域卫生信息平台对接口,进行区域健康档案信息共享。而且,对于未经过标准化改造的旧 POS 系统产生的数据,经过区域标准卫生信息机构端接入系统处理后,也可直接将健康数据推送给区域卫生信息平台进行入库存储。所以接入层是平台与各医疗卫生机构之间的核心,而区域标准卫生信息机构端接入系统则是接入层的核心组件。

平台层主要包括区域业务支撑平台、区域健康档案标准库以及基于标准库构建的健康档案数据仓库。在区域业务支撑平台上,提供基础性的服务组件,如标准库管理服务、EMPI 病人主索引管理服务、机构管理服务、术语管理服务、用户管理服务、工作流管理服务、系统配置管理服务、系统安全审计服务等。

应用层构建于区域业务支撑平台之上,并提供众多的 EHR 服务组件,包括区域健康档案共享、区域业务协同、区域业务管理、区域辅助决策支持,以对外的统一数据接口提供服务组件。

以健康档案为核心的区域卫生信息平台面向 6 大类用户,包括患者/公众、医护人员、教学科研人员、公共卫生管理者、卫生行政管理者和业务相关方提供服务应用。

3. 平台应用架构模式

区域卫生信息平台是十分庞大的信息系统,涉及的机构众多,条件参差不齐,所以应该针对不同的应用和具体情况对各应用进行合理的部署,才能使系统更加有效推广和应用。区域卫生信息平台应用架构见图8.4。整个系统部署覆盖了市卫生局管辖范围的所有医疗卫生机构,网络以专用 VPN 网络为基础,以卫生信息中心为中心节点,各医疗卫生机构为分支的星状结构。社区卫生服务机构包括社区卫生服务中心和社区卫生服务站点,这些接入点有条件可以拉专线实现,可以通过 ADSL 宽带使用 VPN 接入设备转接。医保专线接入到中心,所有社区卫生服务机构共用。

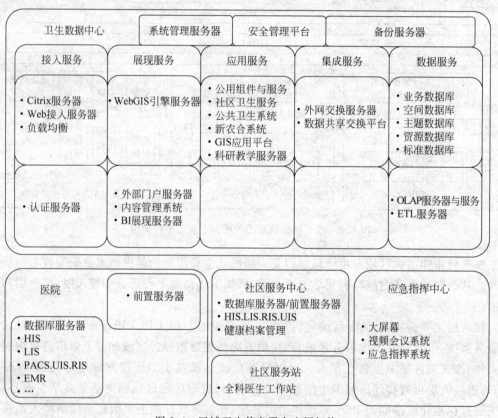

图 8.4　区域卫生信息平台应用架构

数据中心主要部署共享平台、市民健康卡管理系统、EHR 系统等公用类和管理类的系统,数据中心还将部署网站、短信平台等公共应用平台。各医院部署内嵌省、市、区医保险接口的 HIS 系统、电子病历系统、PACS 系统等,建设数字化医院,通过共享平台实现与数据中心和其他系统的联网。疾控中心和卫生监督所部署公共卫生信息系统和应急指挥系统,通过共享平台实现与数据中心和其他系统的联网。

各社区服务中心部署内嵌省、市、区医保险接口的社区 HIS 系统、社区医生工作站、健康档案等,为了保证下属社区服务站的接入,减少维护工作量,建议社区服务中心再部署一台 CITRIX 服务器。社区服务中心通过共享平台实现与数据中心和其他系统的联网。各社区服务站原则上不部署任何系统,不存放任何数据,其通过 VPN 网络只是作为所属社区卫生服务中心的一个应用终端,不部署任何应用,通过直接连接数据库,使用专门为社区服务站开发的集成收费、诊疗、取药、健康档案等功能为一体的全科医生工作站。

8.2.4 五级网络和三级平台

按照卫生部的总体规划,全国卫生信息化建设成"五级网络、三级平台"。

1. 五级网络

在广义上说,卫生信息平台是由区域卫生信息平台、省卫生信息平台和国家卫生信息平台按分布式方式组织起来的大平台。全国卫生信息化建设五级网络示意图见图 8.5。

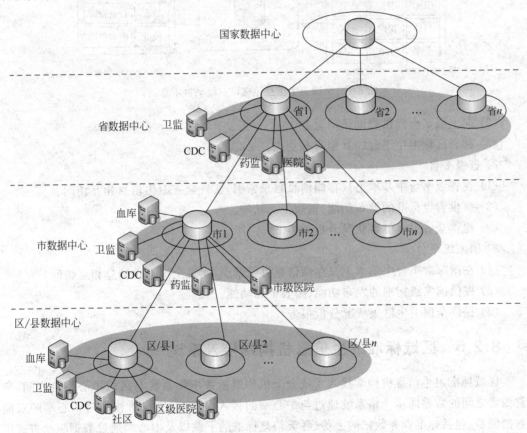

图 8.5 全国卫生信息化建设五级网络示意图

2. 三级平台

全国卫生信息化建设三级平台见图 8.6。

从功能角度看,卫生信息平台在区域级、省级、国家级的功能基本相同,但各有其侧重点,具体如下:

1) 区域级平台

(1) 保存健康档案的全部数据。

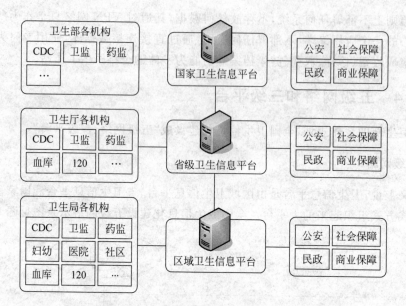

图 8.6　全国卫生信息化建设三级平台示意图

（2）向上级平台提供查询访问服务。

（3）部署区域卫生平台的其他所有功能。

2）省级平台

（1）在省级平台中基本上只存储信息目录索引，实现全省卫生信息相互访问。

（2）提供省级标准的发布功能、报表汇总功能。

（3）提供全省卫生健康状况分析报告。

3）国家级平台

（1）在国家级平台中基本上只存储信息目录索引，实现全国卫生信息相互访问。

（2）提供国家级标准的发布功能、报表汇总功能。

（3）提供全国卫生健康状况分析报告。

8.2.5　区域标准卫生信息机构端接入系统

区域标准卫生信息机构端接入系统介于机构端业务应用系统与区域中心平台之间，负责两者之间的数据同步。该系统通过与中心端的接入层交互，完成机构端与中心端的双向数据同步，包括标准业务数据的上传、各类信息标准的下载以及中心端通过数据驱动方式产生的各类事件数据。具体功能包括信息标准管理和同步、数据采集和区域卫生数据中心接入功能、机构内（医院）信息共享、标准信息下载。

1. 信息标准管理和同步

信息标准管理和同步实现数据元标准、数据集标准、标准字典、信息架构等国家卫生部卫生信息标准与区域卫生数据中心同步。信息标准管理和同步示意图见图 8.7。

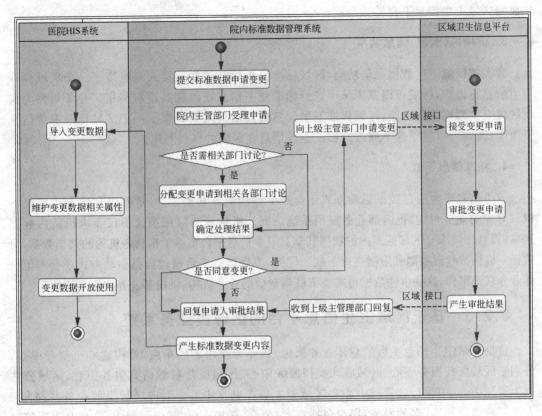

图 8.7 信息标准管理和同步示意图

2. 数据采集和区域卫生数据中心接入功能

数据采集和区域卫生数据中心接入功能作为区域卫生数据中心的数据来源单位——医院、社区、CDC、妇幼等卫生服务机构和公共卫生管理机构,区域卫生信息平台需从各卫生机构采集业务信息,区域标准卫生信息机构端接入系统作为区域卫生信息平台的补充,承担机构端的数据采集工作。

数据采集的内容如下:

(1) 孤岛数据:孤岛数据是指那些不能相互共享利用、孤立的、分散的业务数据。

(2) 烟囱数据:是指以业务条线为主的业务数据。疾病预防控制业务系统、妇幼保健业务系统中的数据是典型的烟囱数据。目前我国广大区域内疾控业务多以业务条线为主,如传染病管理,每一个病种都是一个业务条线,从国家到省、地区、县市、乡镇的纵向管理,与其他业务条线也是平行的,同样也就造成了相关工作人员,特别是基层数据录入人员的工作负担。从管理上来看,烟囱数据的存在也造成了相关业务条强块弱的局面,为管理层带来了很大挑战。

(3) 无系统数据:由于区域内各医疗机构信息化水平参差不齐,很多社区卫生服务中心、卫生服务站(特别是中西部偏远欠发达地区),并没有建成区域信息平台所需要的医疗机构内部信息系统,因此造成基础数据无法采集。对于这类区域医疗机构,需要在新建信息系统时,基于本区域平台来建设,平台将提供相关业务的数据标准,以便新建的系统能良好地集成到区域卫生信息平台。

3. 机构内(医院)信息共享

为实现区域卫生数据采集功能,区域标准卫生信息机构端接入系统带了一个区域标准卫生信息资源库,医院可以基于该库进行标准业务信息在医院共享和利用。业务规则为实现区域卫生数据采集功能,区域标准卫生信息机构端接入系统带了一个区域标准卫生信息资源库,医院可以基于这个库进行标准业务信息在医院共享和利用。

4. 标准信息下载

卫生信息平台通过数据驱动方式还会产生一些业务联动事件,这些事件数据也需要下载到对应的业务机构,供内部业务应用系统访问。机构业务应用系统不仅要求机构内数据共享,而且还要求全区域范围内的数据共享。卫生信息平台汇总了来自各机构的共享数据,可被任一机构按权限和隐私限制进行下载。同时,卫生信息平台通过数据驱动方式还会产生一些业务联动事件,这些事件数据也需要下载到对应的业务机构,供内部业务应用系统访问。

8.2.6　基于区域卫生信息平台的区域类业务系统

依据区域卫生信息平台的总体业务架构,从业务使用者的角度,可构建 6 个服务中心,分别是区域医疗服务中心、区域临床支持服务中心、区域医疗科教研究服务中心、区域公共卫生管理中心、卫生行政管理中心和区域卫生数据共享中心。面向区域类的业务共面向 6 大类用户提供约 50 多种服务,用户包括患者/公众、医护人员、教学科研人员、公共卫生管理者和卫生行政管理者及业务相关方,其范围涉及区域内各医疗卫生服务机构、公共卫生管理机构、卫生行政管理部门和其他业务相关部门。

1. 区域医疗服务中心(患者/公众)

服务是医疗卫生发展之根本。如何改善医疗环境、优化服务模式、提高服务意识,是构建医疗服务中心的核心内容。基于健康档案的区域卫生信息平台构建的区域医疗服务中心,具体的业务功能表现在以下若干方面:

- 健康档案信息共享;
- 绿色就医通道;
- 体检预约(网上、电话、短信);
- 健康咨询;
- 自助服务(检验、检查结果的采集);
- 平安钟服务;
- 健康短信服务(随访提醒、健康提醒);
- 健康互助;
- 健康评估;
- 满意度管理;
- 法律法规;
- 健康资讯;

- 医院介绍、专科介绍、专家介绍、设备介绍。

2. 区域临床支持服务中心(临床医护人员)

区域临床支持服务中心是构建基于健康档案的区域卫生信息平台的核心。如何提高医疗质量,减少重复检查,降低医疗费用,形成区域医疗资源整合、业务协同模式,真正将实惠应用到每个患者身上,是平台建设的终极目标。具体的业务功能表现在以下方面:

- 健康档案共享服务;
- 双向转诊;
- 区域转检;
- 远程医疗(会诊)。

3. 区域医疗科教研究服务中心(科研、教学)

百年大计教育为本,进行持续的学习和科研,是支撑医疗卫生事业发展源动力。所以构建区域医疗科教研究服务中心是支持区域医疗服务持续发展的支柱。只有不断加强在职卫生工作人员的继续教育管理,提高技术水平,鼓励开展各种医疗卫生科题的研究和探索,才能保障区域医疗卫生服务的竞争优势。具体的业务功能表现在以下方面:

- 继续教育管理;
- 医疗卫生管理;
- 科研项目管理;
- 论文库管理;
- 病历全检索;
- 医疗病历库管理;
- 知识库管理。

4. 区域公共卫生管理中心

在和平年代,公共卫生是各个国家和地区最关心的问题之一。从 SARS、禽流感、疯牛病、H1NI 等疾病的出现都会给地区的经济、安全、环境带来不良的影响。加强国家或地区的公共卫生管理力度,提高疫情的应急处理能力,加强重点人群的管理等是构建区域公共卫生管理中心的重要内容。具体的业务功能表现在以下方面:

- 区域妇幼保健;
- 区域疾病管理;
- 疾病控制;
- 公共卫生突发事件应急指挥;
- 区域血液管理;
- 生殖健康与卫生互动;
- 公共卫生业务管理决策支持。

5. 卫生行政管理中心(区域卫生业务管理)

区域卫生行政管理机构的主要工作是制定区域卫生发展规划、规章制度,调配卫生资源、进行执法监督、卫生绩效评估等。构建区域卫生行政管理中心是为了通过整合区域资源，加强医疗质量、绩效管理、行政审批的力度，为区域卫生行政决策提供支持。具体的业务功能表现在以下方面：

- 卫生资源管理；
- 卫生绩效评估；
- 医疗质量监控；
- 卫生财政规划；
- 职业资格管理；
- 卫生行政审批；
- 卫生行政管理决策支持。

6. 区域卫生数据共享中心（业务相关方）

构建区域卫生数据共享中心，统一区域信息平台的对外接口，是适应不断变化的业务和信息系统发展需求，加强区域各卫生医疗机构的协同工作能力的最好办法之一。具体的业务功能表现在以下方面：

- 医保接口服务；
- 民政、公安等接口服务。

8.2.7　平台应用

1. 医疗一卡通管理系统

市医疗一卡通是市卫生信息网建设的重要组成部分，在建设时考虑充分与医疗保险卡保持一致和兼容，并通过建设市统一的健康卡管理服务体系，可由医疗保险中心代理，向市民发放统一的医疗一卡通，为公众提供社会医疗卫生服务工具，实现全市医疗卫生服务和社会服务"一卡通"。

医疗一卡通可以以"市民卡"的方式统一发行应用，从而完善市"大社保"系统建设项目。先期在"社保卡"基础上，整合相关服务资源社会保障和医疗保障部门实施"市民卡"便民服务工程，逐步扩展到社会救济、计划生育、社区服务等领域，可通过"市民卡"整合"社保卡"系统等已有的资源，使医疗一卡通成为"市民卡"的一部分，实现城乡一体化的社会保障综合服务信息平台，使其涵盖劳动保障、卫生、民政、计生等部门服务功能的"一卡通"应用系统，实现一卡多用、多卡融合的建设效果，从而全面提升社会保障、民政等政府公共服务水平，使市民享受到信息技术带来的方便快捷的政府公共服务，促进社会和谐。

2. 区域居民广义健康档案系统

区域居民健康档案涵盖居民从出生到死亡整个生命周期的健康记录，包括基础信息以及医疗、预防、保健、康复、健教和计划生育技术服务等方面的健康档案信息。建设区域居民健康档案，逐步实现"多档合一"，体现预防为主的方针，实现健康档案与临床信息的一体化。区域健康档案结构图见图 8.8。

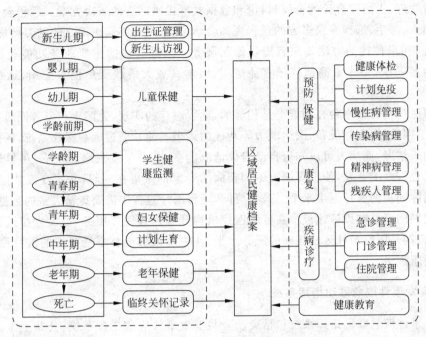

图 8.8 区域健康档案结构图

3. 医疗卫生综合服务系统

随着社会的进步和生活水平的快速提高,人们需求在享受医疗技术的同时,也要求享受高效、快捷的服务。树立医疗服务新概念,增强客户服务意识是当前医疗卫生服务机构的迫切需求。通过信息化手段,有效利用区域医疗资源,构建区域医疗综合服务系统,建立患者/公众与各医疗机构之间的快捷服务渠道,是改善医患矛盾,缓解老百姓挂号难、看病难、看病贵等突出性社会问题的有效途径。

4. 转诊、转检系统

双向转诊被认为是区域信息平台的重要功能之一,加强信息交流及医疗协作,并使社区与医院之间的医疗服务信息共享是双向转诊运行的必要条件。病人需要医疗服务信息来引导转诊要求,同时医疗机构也需要信息来导向转诊。

双向转诊组件实现了"转出申请"和"转入确认"两个功能模块。建立社区与医院、医院与医院的电子转检系统,是避免医疗资源浪费、提升医疗服务质量的关键工作,同时可加强医院、社区、业务指导等部门的业务协作。改善传统的转检作业模式,提供患者更加便捷的服务,让患者感受到更贴心的医疗服务。区域实行转检服务是优化医疗资源的最好体现,患者在社区或一级医院就诊时,根据病情需要做一些特殊检查(如 CT),可开出转检单,交由上级医院或第三方检查机构执行,其结果自动传回转出机构。过程包括申请、审核、接收、处理、结果返回等。

5. 远程医疗(会诊)管理系统

远程会诊平台传承视频会议的基础、延伸的文字短信、医疗影像图片及其他医疗数据方件的综合管理，为医疗会诊的会议、讨论和数据共享提供综合的解决方案。远程会诊系统可以支持病人、医生、远程专家多方的远程视频会诊，充分发挥不同医院之间的专科优势，有效利用资源，用最便捷的方法为患者提供诊断服务。远程会诊的主要业务功能包括医疗视频实时监控系统、手术室高清视频直播应用、医学高放大倍数变焦镜头应用、远程教学应用等。

远程医疗与会诊平台在功能上是相似的，远程医疗的实现，为医生和患者同时提供了方便，克服了因地域、医疗设备、医生能力等造成的诸多不便。通过远程医疗系统，医生可以随时掌握病人情况，而病人可以知道自己身体情况的变化，及早发现潜在疾病，尽早地预防和治疗。远程医疗的普及，使世界研究不同疾病的专家都聚集在一起，共同交流共同进步，从而实现国际同步的医疗卫生水平。毫无疑问，远程医疗过程中需要传输大量的数据，因此必须大力发展网络基础设施建设。在区域医疗机构开展远程医疗服务，可大大拉近各医疗机构之间，特别是医院与社区机构间的服务水平，使更多人群能够享受高端的医疗服务，提高人民的健康水平。

6. 突发事件应急联动指挥系统

突发事件应急联动指挥系统包括突发公共卫生事件应急指挥系统、公共卫生与城市其他部门联动应急指挥系统。

1) 突发公共卫生事件应急指挥系统

该系统主要是在突发事件发生和处置期间，尽可能迅速地收集和获取来自全区各区县乃至社区各种管理和应急处置的资源信息，并及时调度相关的资源，为控制突发事件做出合理科学的判断。技术上要求卫生监督、疾控系统内部业务管理的全面信息化，数据信息采集的规范化、制度化，行政事务处理的网络计算化以及实现网络信息资源的高度共享和统一管理。

2) 公共卫生与城市其他部门联动应急指挥系统

公共卫生系统应基于"智慧城市"空间信息服务平台的基础，充分利用数字化、网络化和系统集成技术，将公共卫生管理信息系统建成与城市其他部门系统一体化融合，使公共卫生应急指挥系统成为城市应急联动指挥系统的一部分，实现系统内部各个机构以及卫生主管部门和其他机构之间的联动指挥，协同工作，加强对日常应急资源进行有效管理，实现对社会和公众的各类求助做出快速反应，提供更加便捷的救助服务，保障重大突发事件或自然灾害处理的指挥和部署，为城市管理和公共安全的科学决策提供信息和通信平台。完善城市应急管理体系，切实保障城市安全运行。

7. 区域慢病专病防治信息系统

慢病专病防治信息系统是慢性非传染病管理系统，服务对象包括全体社区居民。同时，根据疾病管理系统的特点将全体社区居民划分为健康人群、高危人群和患病人群，对不同的人群提供不同的健康保健服务。对健康人群进行健康教育、保持健康心情、维持健康体态、避免职业或社会危害、提高 KAP；对高危人群进行高危筛检、监测危险因素、早发现登记、提供针对性的行为干预，以期达到发现主要危险因素、目标人群，为制定干预策略、评价干预效果导致的行为改变提供依据；对患病人群进行抱病登记、专项管理，积极开展健康教育，并坚持有计划地开展长期随访监测、管理和防治。

区域慢病专病防治信息系统具有 3 个层面的功能：面向社区的信息采集、全市的数据共享、与全国网络直报系统联网。该系统是一个面向社区、服务居民的信息化工程，具有病人档案管理、报告卡管理、随访管理、查询统计等功能，可做到社区乃至全市范围内传染病人信息的动态更新、有效管理，完成传染病管理、综合防治、信息共享三位一体的预防和控制工作。

8. 医学科研教育系统

为了提高区域内医护人员的科学技术水平，更好地为广大人民群众提供优质的医疗卫生服务，需要依赖先进的信息系统向他们及时提供最新的科技动态和信息咨询服务。通过网络，能及时掌握各医疗卫生单位的医疗技术与业务开展情况，了解各医疗卫生单位的教学及医疗科研的状况与进展，与省、市卫生信息平台建立密切联系，通过外网连接，建立比较完备的网络化医学文献数据库系统，发展数字医学图书馆，开展远程医学教育、远程医疗咨询服务等。系统必须包括以下功能：

- 医学情报检索；
- 医学数字图书馆系统；
- 医学科研咨询服务系统。

9. 基本药物统一配送管理系统

建立基本药物的生产供应体系配送管理系统，在政府宏观调控下充分发挥市场机制的作用，基本药物由国家实行招标定点生产或集中采购，直接配送，减少中间环节，在合理确定生产环节利润水平的基础上统一制定零售价，确保基本药物的生产供应，保障群众基本用药。配送管理系统包括：

- 药品集中采购管理子系统；
- 采购计划管理子系统；
- 电子订单管理子系统；
- 条形码配送确认管理子系统；
- 基本药物使用监测管理子系统。

10. 区域医疗质量管理系统

对医疗机构的医疗质量进行管理监督，报送相关的质量管理报表。

11. 公共卫生绩效管理系统

构建公共卫生服务考核评价机制，对基本公共卫生服务项目的工作任务完成情况、项目资金和财务管理情况、项目实施效果等进行全面考核评估，即构建以工作量、质量、数量、社会满意度等为关键考核指标的绩效考核管理系统，包括管理指标（社区公共卫生服务项目组织、资金和财务管理等情况）、业务指标（一、二类社区公共卫生服务完成数量和质量情况）、效果指标（居民对社区公共卫生服务的知晓率、利用率、满意率）。绩效考核管理系统包括：

- 工作量管理子系统；

- 工作质量管理子系统；
- 绩效考核管理子系统；
- 公共服务经费拨付管理子系统；
- 项目评价管理子系统。

12. 卫生管理决策支持系统

决策支持系统是为区域卫生管理人员提供帮助他们进行科学决策的环境和工具以及所需的信息。一个好的决策支持系统还有一些针对特定内容而建立的模型，使用这些模型能够看到各种方案的结果，便于权衡各种利弊作出决定。决策支持系统有多种形式，从最简单地将统计数字采用易于理解的图形方式表达出来的系统，到需要处理大量数据而产生出几种方案和模拟结果的复杂系统。这里起最终决策作用的还是人，计算机系统只能起到辅助的作用而不能代替人作出决定。

决策支持系统应包括信息的收集、数据挖掘、模型的建立与修改、分析与计算、结果的模拟几个部分。其中，模型的优劣和结果模拟的准确性是决策运行系统中很关键的部分，它对系统的可信性与实用价值十分重要。

8.2.8 基于区域卫生信息平台的 POS 系统建设方案

1. 医院信息系统统一集成平台

随着医药卫生体制改革的深入及医院服务模式的改变，医院信息系统已成为现代化医院的基础。医院信息化建设要逐步实现从以经济财务为主线的管理信息系统，向以病人为中心，以临床应用为主线的数字化医院拓展，使医院信息系统平台形成标准化、集成化、智能化的信息平台，对内集成临床信息系统、医院管理信息系统、电子病历浏览器等，对外连接医保、公共卫生、区域健康、社区医疗等多个信息系统，实现医院信息的规范化、一体化管理。利用远程医疗技术，为病人提供多种形式的医疗服务。医院信息系统统一集成平台见图 8.9。

医院的集成平台即数据共享与交换的平台，是实现区内各医院众多异构系统整合的连接器，在整个数字化医院的建设中起着非常重要的作用，作为信息数据集成及交互共享的指挥枢纽中心，目的是解决异构系统、异构数据、异构网络、异构协议之间的数据共享困难问题。

医院信息系统统一集成平台解决方案"以病人为中心"，以临床诊疗信息和运营管理为核心，以提高医院信息高效管理与利用为目的，从而促进医院信息化建设的应用深度和广度，在医卫服务全环节中实现信息及流程的资源整合与协同应用，促进信息资源的结构优化，消除信息孤岛，为临床的医疗活动以及医院的科学化管理提供数据和信息的支撑。

一般的集成平台的技术架构主要包含 3 个主要的组成部分：集成平台管理门户（Portal）、信息中转站（Broker）和应用接入网关（Gateway）。集成协作平台的设计原则包括集成平台的建设使用开放的、先进的技术标准。卫生信息标准尽可能遵循国际标准，以便未来与国际信息的交互集成平台对接；具有可扩展性，随着需求的增加能扩展其交互能力；对接入到集成平台上的应用系统，尽量避免改变其原有的内部信息系统，通过增加接入接口和信息编码转换程序来进行；平台拥有严格的安全控制机制，保证相关信息不会被未授权

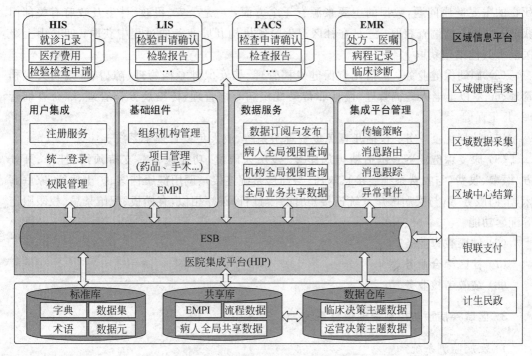

图 8.9 医院信息系统统一集成平台

者获取或修改。

医院信息系统统一集成平台,通过平台统一标准,实现临床诊疗、医疗管理、运营管理、科研教学等全方位的融合应用,并可通过信息发布服务平台对各系统资源进行集中整合,统一发布,建立面向病人、面向医疗、面向管理、面向社会的数字化医院信息共享解决方案。

2. 区域社区卫生服务信息系统

目前,开发使用新的社区卫生管理系统,可以政务网、卫生专网等网络平台为基础,社区卫生服务站通过光纤接入到附近的接入点,实现与卫生局数据中心联网,全部采用 B/S 结构,采用 CA 作为身份认证。各地在开展区域卫生信息化建设的同时,把社区卫生服务信息管理系统与医院信息系统同步建设,使社区卫生和医院信息实现共享。做到数据信息共享,方便快捷为社区居民建立个人、家庭健康档案。

社区卫生信息系统是以满足社区居民的基本卫生服务需求为目的,融健康教育、预防、保健、康复、计划生育技术服务和一般常见病、多发病的诊疗服务等信息为一体的信息系统;系统利用计算机软硬件技术、网络通信技术等现代化手段,具有易用、高效、安全、可靠的特点,对社区卫生服务进行规范化、科学化管理;系统通过对社区卫生服务过程中产生的数据进行采集、存储、处理、提取、传输、汇总和分析,提高社区卫生服务的能力和工作质量,提升社区卫生服务管理水平。社区卫生服务信息系统必须满足国家卫生部《社区卫生信息系统功能规范》对社区卫生信息系统的规范要求,应涵盖以下功能:

(1) 全科医疗业务:包括社区全科医生工作站、家庭病床子系统等。

(2) 预防保健业务:主要是建立健康档案,居民健康档案的内容涵盖了居民从出生到死亡的主要健康问题,数据的主要来源有 4 个方面:一是公安、民政、计生及政府有关部门获取;二是上门调查获取;三是在社区卫生服务机构开展业务的过程中获取;四是由上级医院等其他渠道获取。

(3) 妇幼保健业务:包括儿童保健专档管理、妇女保健专档管理、障碍者/残疾人专档管理、60 岁以上老人专档管理、慢性非传染性疾病专档管理、传染病专档管理、综合查询管理、儿童保健。

(4) 计划免疫业务:包括儿童免疫管理子系统、成人免疫管理子系统。

(5) 康复保健业务:包括精神病康复、残疾人康复、功能康复。支持预约、挂号、开处方、医嘱、收费(与收费系统连接)、取药(与药房系统连接)、调用健康档案、护士执行、家庭病床、上门服务等(与疾病医疗系统连接)功能。与门诊医疗相似,有模板、配伍禁忌、权限限定等配套功能。

(6) 健康教育业务。

(7) 社区综合业务。

(8) 绩效考核业务。

3.区域疾病预防控制管理信息系统

1) 疾病监测系统

该系统从疾病控制的业务出发,充分考虑现有的部分业务国家直报(如疫情直报等)与区域主管部门信息获取的需求,在围绕疾病预防控制业务特点的基础上结合部分国家传报系统,将疾病预防控制中心、各监测点、卫生主管部门的相关业务流程实现网络化,及时、准确、快速地完成采集数据、分析、预警、预测等环节的工作。疾病监测系统包括传染病监测系统、慢性病监测系统、寄生虫病监测系统、地方病监测系统、病媒生物监测系统、死因监测系统、症状监测系统等。

2) 学生健康监测系统

学生健康监测系统包括学生疾病监测系统、学生体质监测系统、学校卫生综合监测系统等。

3) 危害因素监测系统

危害因素监测系统包括职业危害因素监测系统、放射危害因素监测系统、环境危害因素监测系统、健康行为危害因素监测系统等。

4) 食品安全监测系统

食品安全监测系统包括膳食营养监测系统、食品污染物监测系统、食源性疾病监测系统、饮用水卫生监测系统等。

5) 数字化实验室检验系统

数字化实验室检验系统包括产品类实验室检验系统、疾病类实验室检验系统等。

6) 免疫监测管理系统

免疫监测管理是根据疫情监测和人群免疫状况分析,按照规定的免疫程序,有计划地利用疫苗进行预防接种,以提高人群免疫水平,达到控制乃至最终消灭针对传染病的目的。系统包括疫苗接种计划管理、疫苗接种的异常反应的处理,以及针对免疫的个案调查和报告功能。

7) 消毒杀虫监测系统

实现消毒杀虫监测管理,建立监测单位档案;制订监测计划并对工作进行预警,实现消毒杀虫事件管理;收集和管理四害监测数据。

8) 预防性健康体检系统

该系统对预防性健康体检进行数字化管理,实现预防性健康体检业务管理的自动化、信息化、规范化,提高工作效率,提供决策支持。

4. 区域卫生监督管理系统

1) 卫生行政许可信息系统

该系统实现卫生监督机构承担的卫生行政许可、审查和备案等业务工作的信息化,采集业务信息并处理卫生行政许可、审查和备案等工作。系统采用智能业务环节质量控制,首创管理相对人档案管理模式,提供网上申请和查询功能,支持政府联合审批及区域性统筹管理。

2) 卫生监督信息系统

该系统规范日常卫生监督检查工作,采集、处理各类日常监督工作,出具现场执法文书,对日常卫生监督检查工作进行动态管理。自动显示待办工作单位,标准化监督内容输入,生成对应文书和量化表,模板式文书编写,智能对应相关法律法规,支持多媒体文件输入,支持语音短信服务,并且提供手持移动设备(手提、PDA)+便携式打印机的现场办公模式。

3) 行政处罚信息系统

该系统依法对违反卫生法律法规的行为进行调查、控制、处罚,按照国家标准流程进行处罚业务的办理,自动生成各种处罚文书,实现行政处罚的动态管理。系统实现行政处罚标准的规范化设计,通过处罚文书模板化、行政处罚代码库等手段满足行政处罚的需要。

4) 重大活动卫生保障系统

该系统实现重大活动卫生安全保障的信息化管理,提供重大活动备案、重大活动保障计划、重大活动保障工作、统计和查询等功能。涉及监督检查表、法律法规知识库、执法检查标准等公共模块。可与日常卫生监督紧密连接,其检查结果也可纳入日常卫生监督的管理范畴。

5) 投诉举报管理系统

该系统实现各类投诉举报、咨询、反馈的信息化处理和管理;实现与投诉举报有关业务的内容流转;收集归档和分析应用。与其他业务系统相互协作和信息共享。提供网上投诉举报和咨询功能。

6) 移动监督执法信息系统

该系统主要服务于移动执法监管人员,以 GIS 平台为基础,通过移动监督员手中的PDA 终端,完成数据查询,许可审查、登记、上报的执法流程。在应对卫生违法案件时,能够及时地获取卫生法律法规数据,对违法人员、单位进行处罚,并将处罚数据存储至后台。移动执法监管系统为现场卫生监督人员提供移动支持,通过移动网络将数据信息传输交互,快捷方便地保证监督员的执法工作。

7) 卫生监督地理信息系统

卫生监督地理信息系统提供集中式的空间数据管理、分布式应用,建立区域性卫生监督业务数据库与地理信息系统数据库的自动更新机制。通过 GIS 技术实现强大的地域性管理能力,实现 GIS 技术辅助卫生监督管理。

8) 卫生监督信息标准化管理系统

通过标准化管理平台建立统一的编码体系,实现业务数据和内部管理数据的规范化和标准化。系统包括标准化代码的建立、更新、停用、分发、申请等功能,通过信息化的标准与规范建设,实现信息系统的互联互通操作,确保在统一的接口标准规范下,各部门业务系统能很好地协同工作,共同构建完整的卫生监督系统平台。

9) 管理相对人电子档案管理系统

为了有效使用管理相对人的资料,将种类繁多的分散在各个业务子系统的资料统一管理,实现管理相对人档案资料一体化和分类管理,在日常工作中可通过管理相对人电子档案管理系统,调阅管理相对人所有类型的资料,以简化工作人员的操作,提高工作效率。

10) 综合统计分析系统

该系统对卫生许可和卫生监督执法等业务基本情况和动态变化进行统计,分析存在的问题,为日常监督执法工作提供指引,为政府和卫生行政部门决策提供信息服务。通过 GIS 的统计查询分析功能,将卫生监督业务数据展示在地图中,并深入挖掘数据之间的关系,以图表的形式展示查询统计结果。

5. 区域农村卫生信息系统

建立区域农村卫生信息系统,整合农村居民医疗卫生信息资源,规范和完善农民健康档案信息服务。进一步推进农村信息网络基础设施建设,实施村村通互联网工程,推广农村无线宽带入户的应用试点,利用公共网络,采取多种接入手段,以农民普遍能承受的价格,提高农村网络普及率。建设完善城乡统筹的信息服务体系,为农民提供适用的医疗保健信息服务,加快推进社会健康档案管理和医疗卫生公共服务信息化成果向农村的推广应用。

建设覆盖全市的农村卫生信息综合服务网,实现农村居民基本医疗卫生等健康状况的实时动态监测、分析、先期预警。建设全市统一的农村卫生信息系统,整合农村居民健康档案信息资源,应用远程医疗,增加服务内容,为农村居民提供丰富、准确、权威的全新健康信息服务,缩小城乡医疗资源的差距,逐步改变城乡二元结构和社会卫生管理体制,提高农民群众的整体面貌和农村环境卫生,增强农村居民身体健康素质,为社会主义新农村建设提供卫生服务保障。

1) 市级农村卫生业务管理信息系统

市级农村卫生业务管理信息系统包括市级农卫数据中心、市级健康信息采集与共享、市级农卫广义健康档案系统、市级农村卫生业务管理信息系统等。

2) 区级农村卫生业务管理信息系统

区级农村卫生业务管理信息系统包括区级农卫数据中心、数据采集和共享平台、区级广义健康档案系统、村卫生站服务端第三方接口(包括新农合、公费、医保等)、村卫生站业务情况查询、区级农卫信息统计分析等。

6. 区域采供血管理信息系统

市、区血液机构大都采用了计算机信息系统进行血液管理控制,血液采集、检测、成分制备、库存、发血等基本业务过程实现了信息化管理。由于信息系统各自独立,数据不能共享,不能与各医院联网,无法实现血液申请,因此应借鉴国内先进地区开展血液信息化建设的经验,整合和提升血液信息化管理水平,实现区域血液信息的共享利用。在平台建成后,血液中心能跟踪到个医院的用血状态,是否滥用血,实现合理用血。建立区域采供血液信息系统,利用区域卫生信息平台建立与医院信息系统的联网,同时上传相关管理数据给数据中心,供卫生监督和卫生管理部门对业务进行监督管理。

7. 120 信息系统

在现有数字化 120 急救系统基础上,增加移动医疗救治、GIS、实时无线健康档案查询等功能,为病人提供更及时的医疗救治服务。通过区域卫生信息平台及无线设备,实时调阅病人的健康档案,使病人在救助途中就能得到更有针对性、更有效、更准确的救治。

120 信息系统通过区域卫生信息平台实现与基于"智慧城市"空间信息服务平台的融合,充分利用数字化、网络化和系统集成技术,将 120 信息系统建成与 110 报警系统、119 火警系统、122 交通事故系统统一的 4 台合一系统,建设集监控、管理、指挥和调度一体的城市应急联动指挥信息化平台,加强对市重点地区的实时动态监测,对日常应急资源进行有效管理,实现公共安全监控、统一接警、统一指挥、联合行动、快速反应,实现跨部门、跨区域、跨警种信息的快速互通和工作的高效协调,并对社会和公众的各类报警求助做出快速反应,提供更加便捷的救助服务,保障重大突发事件或自然灾害处理的指挥和部署,为城市管理和公共安全的科学决策提供信息和通信平台。完善城市应急管理体系,切实保障城市安全运行。

8. 区域食品药品监督系统升级改造

区域食品药品监督信息化系统已基本建设完成,本着最大限度地保护原有设备投资,避免重复建设的原则,仅对现用食品药品监督信息化系统进行升级改造,利用物联网技术,建立和完善食品药品信息化监控标准,升级食品药品安全监控数据库,建设食品药品安全监控平台,以适应基于区域卫生信息平台的应用,实现对食品药品生产、加工、流通、消费等全流程监督与管理;建立日常监管数据中心及工作平台,实现完整的市场准入、监督检查、监测管理等业务管理功能;建立食品药品监督、追溯机制与动态信用评价体系,确保食品药品市场安全、规范。改造后的食品药品监督系统实现与区域卫生信息平台的融合,并能符合以下功能:企业信息档案管理、日常监察监管、案件稽查、行政许可管理、食品安全信息查询、食品安全事件管理等。

9. 区域妇幼保健管理系统

通过健全妇幼保健电子档案,实现区域妇幼保健信息共享,对区域妇幼保健工作进行全程的动态管理,提高妇幼保健工作质量。实现妇幼保健工作的静态管理转向动态管理,定性管理转向定量管理,结果管理转向过程管理,事后管理转事前管理。

区域妇幼保健管理系统包括孕产妇保健管理系统、妇女保健管理系统、儿童计划免疫系统(包括接种、预约接种、接种设置、报表功能、图表功能、系统功能)、儿童保健管理系统、儿童营养评价系统、妇幼保健监控系统、区域妇幼保健查询统计系统、区域妇幼保健综合服务平台等。

10. 区域出生缺陷干预工程信息系统

建立"婚检——孕前——围产期"的一体化档案,根据不同时期干预措施,建立工作预警管理,变"被动预防"为"主动预防",实现计生部门与卫生部门工作的横向联动,纵向到底,相互提醒,共同监督,建立区域出生缺陷干预工程信息系统(见图 8.10)。

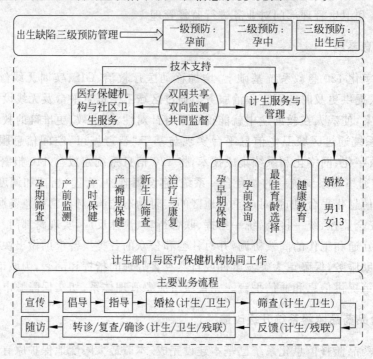

图 8.10 区域出生缺陷干预工程信息系统

"出生缺陷干预工程"主要工作由计生与卫生两部门来协同完成,计生部门侧重从人口管理方面,制定相应的政策,重点做好一级预防管理,并提供前期的咨询、健康教育及计生技术服务。

卫生部门侧重从专业出发,为一级预防提供必要的技术支持,如婚检,并根据一级预防的相关信息,在二三级预防管理期内为孕期保健及治疗康复提供技术服务与系统管理,从专业角度对出生缺陷进行干预,并及时反馈信息与计生部门进行跟踪管理。

通过"出生缺陷干预工程信息系统"连接完成计生网与卫生网信息的信息整合,实现出生缺陷干预三大关(婚前检查、孕期检查和新生儿疾病筛查)信息全面共享,达到发现、告知、处置多级干预系统资源,促进计生与卫生部门之间的工作协同与工作联动,达到全面降低出生缺陷率,提高孕产妇系统管理率。

8.3　基于物联网的远程医疗监护系统设计

如何将信息技术应用于医疗,一直是世界各发达国家的重点发展目标,欧美许多国家正积极推动医疗信息基础建设(HealthCare Information Infrastructure,HCII),我国也推出了金卫医疗网络工程等项目,目的在于集成信息科学、计算机技术和通信应用技术于医疗卫生领域的高科技产业,优化医疗保健服务,加速实施我国医院管理及医疗卫生事业现代化建设的进程。

8.3.1 意义

巨大的市场需求和信息技术的飞速发展推动着远程医疗监护技术的进步,发展远程医疗监护技术可有效缓解看病难、看病贵、看病不及时的突出矛盾,对我国这样一个人口众多、医疗水平不高的国家具有更加重要的意义。

(1)缩短医生和患者之间的距离,为患者提供及时救助,减少患者或医务人员的路途奔波。对患者的重要生理参数实施远程监护,不仅可以辅助治疗,还能在患者病情突然恶化时报警。

(2)对自理能力较差的老年人和残疾人的日常生活状态实施远程监护,不仅能提高医护人员的护理水平和患者的生活质量,还可以评估监护对象的独立生活能力和健康状况。

(3)远程监护可以在患者熟悉的环境中进行,减少患者的心理压力,提高诊断的准确性。

(4)对健康状况进行监护,可以发现疾病的早期症状,达到保健和预防疾病的目的,降低总体的医疗开支。

8.3.2 需求分析

重要生命参数的远程监护是年老体弱者日常监护的一个重要内容,检测的生理信息主要包括体温、脉搏、血压、心率、心电图、呼吸、血气(氧分压和二氧化碳分压)、血氧饱和度、血糖等。这类生理参数在远程监护系统中一般要求无创或微创检测。本系统以温度、脉搏、血压信号为采集对象,选择简单方便的传感器和无创测量的方法。

8.3.3 系统原理

本系统选用一种快速测量脉搏的光电转换方法,在几秒钟内测量每分钟的脉搏数。脉搏传感器可以采用透过型和反射型两种,因为反射型的光电传感器对手指与传感器的相对位置和压力有较严格的要求,这对于老年人并不十分方便,选择透过型红外传感器更适合老年人。

透过型脉搏传感器由小灯泡、光敏二极管、圆筒组成。在一个圆筒上挖两个小孔(两个孔与圆筒截面的圆心在一条直线上),一侧放小灯泡,另一侧放光敏二极管,当手指放入圆筒时,由于心脏压送血液的不同,手指上通过的血液流量也不同,其透光率也不同,光敏二极管对不同的透光率会有敏感的反应,通过的电流会随血液流量而变化,把电流的变化再转化为电压的变化,然后进行测量。

本系统借助于无线传感网络技术,将采集到的温度、脉搏、血压、心电图等信息传输到互联网,与远程监护中心交换数据,达到家居中的人体健康参数无线远程监测的目的,其结构示意图如图 8.11 所示。

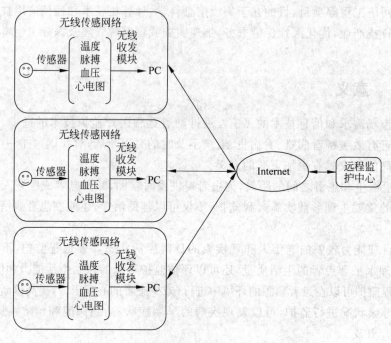

图 8.11 无线传感网络与远程监护示意图

8.3.4 系统设计方案

1. 系统的硬件结构

本系统采用模块化设计思想,从功能上可分为数据采集模块、无线收发模块和通用串行总线接口传输模块。系统的硬件结构由两部分组成:一部分是数据采集和无线数据发射电路;另一部分是无线数据接收和通用串行总线接口电路。系统的硬件结构见图 8.12。

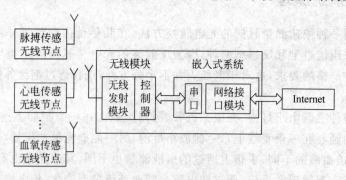

图 8.12 系统的硬件结构

2. 医院监护网络体系方案

医院监护系统由有线网络(局域网)和无线网络两部分组成,见图 8.13。患者身上佩戴的 ZigBee 终端与邻近的 ZigBee 接入点建立无线链路和逻辑连接,将采集到的生理信息数据(体温、脉搏、血压等)发送到 AP(Access Point)。AP 通过医院的局域网,将数据转发到监护服务器上,由服务器端的软件对数据进行分析和处理。其工作流程如下:AP上电后立即连接局域网上的服务器,服务器的IP和端口号以及AP的网络配置都写在配置文件中,用户可以手动修改,连接成功后进入就绪状态。

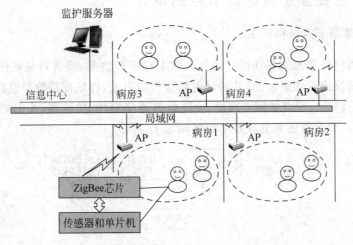

图 8.13 医院无线监护系统结构

如果有携带ZigBee移动监护设备的患者进入AP的覆盖区域ZigBee移动监护设备会查询到AP,并与之建立ACL链路,AP接受连接会进行主从切换,保证AP作为传感器网络的主单元可以继续被其他ZigBee移动监护设备发现和建立链接。之后,ZigBee移动监护设备和AP之间进行SDP、L2CAP、RFCOMM连接。AP向服务器报告有ZigBee移动监护设备进入该区域,此后,AP将透明地转发AP和ZigBee移动监护设备之间的双向数据。主机可以通过AP和ZigBee移动监护设备的串口替代功能完成控制、数据采集的功能。当患者离开此AP的覆盖范围后,链路中断,AP向服务器报告ZigBee移动监护设备离开该区域,同时患者携带的ZigBee移动监护设备开始搜索新的AP。医护人员根据ZigBee移动监护设备与哪一个AP相连可以获知患者在整个病区内的活动情况。

3. 家庭监护网络体系方案

远程家庭监护网络体系结构如图8.14所示。ZigBee无线系统主要由ZigBee无线传感器节点(脉搏传感器节点)、若干个具有路由功能的无线节点和ZigBee中心网络协调器(监护基站设备)组成。监护基站设备连接ZigBee无线网络与以太网,是家庭无线网络的核心部分,负责无线传感器网络节点和设备节点的管理。脉搏生理数据经过家庭网关传输到远程监护服务器。远程监护服务器负责脉搏生理数据的实时采集、显示和保存。其他的监护信息如体温、血压、血氧等也可以传输到服务器。医院监护中心和医生可以登录监护服务器查看被监护者的生理信息,也可以远程控制家庭ZigBee无线网络中的传感器和设备,从而在被

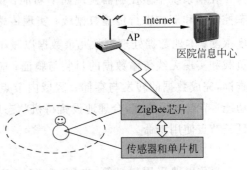

图 8.14 远程家庭监护网络体系结构

监护病人出现异常时,能及时检测到并采取抢救措施。被监护者的亲属等也可以登录监护服务器随时了解被监护者的健康状况。

8.3.5　无线监护传感器节点的设计

1. 无线传感器节点结构框图

无线传感器网络节点主要功能为采集人体生理指标数据,或者对某些医疗设备的状况或者治疗过程情况进行动态监测,并通过射频通信的方式,将数据传输至监护基站设备。其节点主要包括 5 部分:中央处理器模块、无线数据通信模块、传感器、A/D 转换及相关调理电路、电源模块。节点框图和处理器单元如图 8.15 所示。

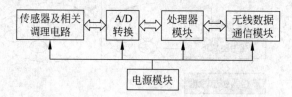

图 8.15　监护传感器节点结构

2. 无线监护传感器节点的硬件设计

1) MSP430 系列单片机及其外围电路

处理器模块硬件系统包括处理器模块(16 位单片机 MSP430F149、存储器及外围芯片)、A/D 转换模块、串行端口、存储器模块。

(1) MSP430F1XX 单片机。

MSP430F1XX 单片机采用 16 位 RISC 结构,其丰富的寻址方式、简洁的内核指令、较高的处理速度(8M 晶体驱动,指令周期 125ns)、大量的寄存器以及片内数据存储器使之具有强大的处理能力。该系列单片机最显著的特点就是超低功耗,在 1.8~3.6V 电压、1MHz 的时钟条件下运行,耗电电流在 $0.1~400\mu A$ 之间,RAM 保持的节电模式为 $0.1\mu A$,待机模式仅为 $0.7\mu A$。另外,工作环境温度范围为 $-40~+85℃$,可以适应各种恶劣的环境。综合考虑处理器的性价比在传感器节点设计中选用 MSP430F133,内嵌 8KB 的 Flash 和 256B 的 RAM。

在本系统中微控制器实现如下功能:操作无线收发芯片,为无线数传模块提供工作状态控制线和双向串行传输数据线;实现传感器的数据采集——加速度、温度、声音和感光强度探测;本地数据处理剔除冗余数据以减小网络传输的负载和实现无线传输数据的封装与验证;应答远控中心查询,完成数据的转发与存储;区域内节点的路由维护功能;节点电源管理,合理地设置待机状态以节省能量,延长节点使用寿命。

(2) 外围电路。

复位电路采用二极管、电阻、电容构成低电平复位电路。复位电路见图 8.16。

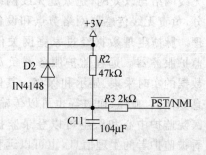

图 8.16　复位电路

  JATG 及 BSL 接口电路见图 8.17,通过符合 IEEE 1149.1 的 JTAG 边界扫描技术,模式选择(TMS)、时钟(TCK)、数据输入(TDI)和数据输出(TDO)引脚,可用于芯片测试仿真、在线编程,大大加快了工程进度。Pin12、Pin14 分别连接单片机的 P2.2 和 P1.1 脚,构成 BSL 电路,可以烧断熔丝保护程序,提高系统安全性。单片机采用低速晶振 32768Hz 和高速晶振 8MHz。

  (3) 实时时钟 SD2003A。

  SD2003A 是一种具有内置晶振、支持护 C 总线接口的高精度实时时钟芯片。该系列芯片在(25±1℃)下,可保证时钟精度为±4ppm 即年误差小于 2min;该系列芯片可满足对实时时钟芯片的各种需要及低廉的价格,比较适合本平台的使用。

  该芯片功耗低,小于 1.0μA;工作电压为 1.7～5.5V;具有年、月、日、星期、时、分、秒的 BCD 码输入输出;可以设定两路闹钟;内置电源检测电路、高精度晶振。采用纽扣电池 CR2032 供电,SDA、SCL 通过上拉电阻与单片机相连。实时时钟芯片 SD2003 硬件连接图见图 8.18,SD2003 引脚功能见表 8.1。

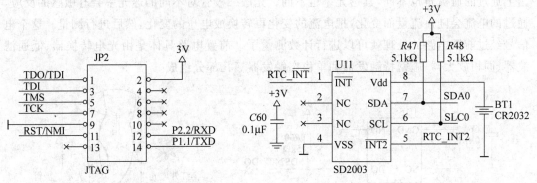

图 8.17　JTAG 及 BSL 接口电路　　　　图 8.18　实时时钟芯片 SD2003 硬件连接图

表 8.1　SD2003 引脚功能

管脚	名称	功　　能	特　　征
1	INT1	报警中断,输出脚,根据中断寄存器与状态寄存器来设置其工作的模式,当定时时间到达时输出低电平或时钟信号。它可通过重写状态寄存器来禁止	N 沟道开路输出(与 VDD 端之间无保护二极管)
2、3	NC	没有与芯片内部连接	悬空或接地
4	GND	负电源(GND)	
5	INT2	报警中断 2 输出脚,根据中断寄存器与状态寄存器来设置其工作的模式,当定时时间到达时输出低电平或时钟信号。它可通过重写状杰寄存器来禁止	N 沟道开路输出(与 VDD 端之间无保护二极管)
5	SCL	串行时钟输入脚,由于在 SCL 上升 l 下降沿处理信号,要特别注意 SCL 信号的上升/下降升降时间,应严格遵守说明书	CMOS 输入(与 VDD 间无保护二极管)
	SDA	串行数据输入输出脚,此管脚通常用一电阻上拉至 VDD,并与其他漏极开路或集电器开路输出的器件通过线与方式连接	N 沟道开路输出(与 VDD 间无保护二极管)CMOS 输入
8	VDD	正电源	

（4）硬件节点物理索引号（ID）电路。

DS2401 芯片是包含 48 位随机数的芯片，达拉斯公司承诺其生产的任何两片 DS2401 中包含的 48 位随机码都是不相同的。在无线传感器网络中，它既可以作为硬件节点的唯一标识号，还可以作为无线通信的 MAC 层地址。DS2401 芯片除了地引脚，只有一根功能引脚，芯片的供电、输入和输出都是用这个引脚完成的（见图 8.19）。具体的一线通信协议及实现见底层代码设计章节。

2）脉搏测量电路的设计

透过型的脉搏传感器，结构很简洁，由红外发光二极管、光敏二极管和圆筒组成，如图 8.20 所示。需要说明的是，应选用对血流敏感的红外发光二极管做光源，相应的光敏二极管也应选用中心频率与之配对的红外光敏二极管，且要选择暗电流小的管子，这样可以减少噪声干扰。在一个圆筒壁上挖两个小孔（两个孔与圆筒截面的圆心在一条直线上），一侧放红外发光二极管，另一侧放光敏二极管。当手指放入圆筒时，由于心脏压送血液的不同手指上通过的血流量也不同，其透光率也不同。光敏二极管对不同的透光率会有敏感的反应，通过的电流会随血流量而变化，把电流的变化再转换成电压的变化，然后进行测量。这个电信号经过前置电路的处理就可以进行计数测量了。前置电路具体是由光电转换器、低通滤波器、同相放大器、施密特触发器和单稳态触发器等几部分组成。

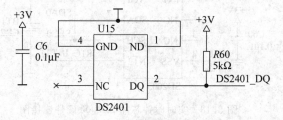

图 8.19　DS2401 电路图

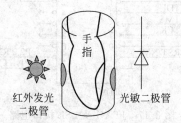

图 8.20　脉搏传感器示意图

3）通用模拟信号处理接口

在实际电路应用中，模拟信号采集是一个重要的环节。通用模拟信号接口能够处理一些标准电压和电流信号（0～5V、1～10V、0～10mA、4～20mA），同时能够对微信号及差分信号进行精确的转换。该设计采用了 MSP430F149 中的 1 路 12 位 A/D 转换、Mrcrochip 公司的可编程增益放大器（Programmable Gain Amplifier AGP）MCP6S28（见图 8.21）及简单的滤波保护电路（见图 8.22）来采集 8 路模拟信号。其中，精密电阻用来分压和将电流信号转换成电压信号，电阻值可以根据需要修改，只要保证 CH0～CH7 的电压不超过 2.5V（MSP430 单片机采用的参考电压为 2.5V）即可，稳压二极 BZX84BSV6LT1 用来保护意外干扰信号超过芯片 MCP6S28 引脚极限电压造成芯片损坏。电容和电阻组成简单的阻容式低通滤波器。MCP6S28 将放大器、MUX 和利用 SPI 总线选择的增益控制器整合在一起，从而可以有效地提升系统的数码仿真控制效能。通过有效地控制增益和选择输入信道来得到更大的设计灵活性，同时 PGA 不需要反馈和输入电阻，可以大幅度减低成本并节省空间。

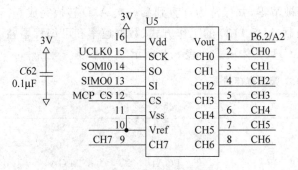

图 8.21 MCP6S28 引脚图

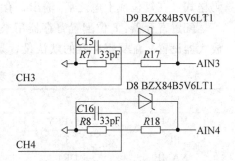

图 8.22 12 位精度 A/D 转换通用
模拟信号采集电路

为了使系统能够测量差分信号,精度更高,这里采用 16 位自校准 0-E 模/数转换器 ADS 1100,该芯片带有差分输入和高达 16 位的分辨率,封装为小型 SOT23-6。转换按比例进行,以电源作为基准电压,ADS 1100 使用可兼容的 I^2C 串行接口。

ADS 1100 每秒可采样 8、16、32 或 128 次以进行转换。片内可编程的增益放大器提供 1、2、4 或 8 倍的增益,允许对更小的信号进行测量,并具有高分辨率。在单周期转换方式中,ADS 1100 在一次转换之后自动掉电,在空闲期间极大地减少了电流消耗。其内部结构如图 8.23 所示,内部时钟发生器驱动调节和数字滤波器的工作模/数转换器核由一个差分开关电容 0-E 调节器和一个数字滤波器组成,调节器测量正模拟输入和负模拟输入的压差,并将其与基准点压相比较,在 ADS 1100 中,基准电压即电源电压。数字滤波器从调节器收高速位流,并输出一个代码,该代码是一个与输入电压成比例的数字。

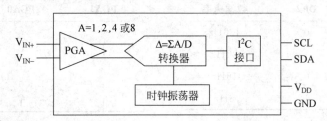

图 8.23 ADS 1100 内部结构功能框图

ADS 1100 集成了自校准电路,对调节器的增益和偏移误差进行补偿,具体数据见电特性表,ADS 1100 采用开关电容器输入级。对外部电路而言类似电阻,电阻值取决于电容器的值和电容的开关频率,对于 PGA 的增益而言,差分输入阻抗的典型值为 2.4MΩ/PGA。共模阻抗的典型值为 8MΩ。输入阻抗的典型值不能忽视,除非输入源为低阻抗,否则会影响测量精度。

ADS 1100 的 SCL、SDA 引脚通过上拉电阻与时钟芯片及智能电池接口复用连接到单片机的 P6.3、P6.4 口上。

ADS 1100 内有两个寄存器:输出寄存器和匹配寄存器,它们均可通过 I^2C 端口访问。输出寄存器内含上一次 A/D 转换的结果;配置寄存器允许用户改变 ADS 1100 的工作方式并查询电路的状态。

输出寄存器:16 位输出寄存器中含有上一次 A/D 转换的结果,该结果采取二进制的补码格式。在复位或上电之后,输出寄存器被清零,并保持为 0 直到第一次 A/D 转换完成。

配置寄存器:8 位配置寄存器用来控制 ADS 1100 的工作方式、数据速率和可编程增益放大器设置。配置寄存器的默认设置是 8CH,具体模式如表 8.2 所示。

表 8.2 配置寄存器

BIT	7	6	5	4
NAME	ST/BSY	0	0	SC
BIT	3	2	1	0
NAME	DR1	DR0	PGA1	PGA0

其中,ST/BSY 位表示它是被写入还是被读出。在单周期转换方式中,写 1 到 ST/BSY 位则导致转换的开始,写 0 则无影响。在连续方式中,ADS 1100 将忽略 ST/BSY 的值。

在单周期转换方式中,ST/BSY 表明模/数转换器是否忙于进行一次转换。如果 ST/BSY 读作 1,则表明目前模/数转换器忙,转换正在进行;如果读作 0,则表明目前没有进行转换,且上一次的转换结果存于输出寄存器中。在连续方式中,ST/BSY 总是被读作 1。位 6 和位 5 为保留位,必须被置为 0。

SC 位用于控制 ADS 1100 的工作方式。当 SC 为 1 时,ADS 1100 以单周期转换方式工作;当 SC 为 0 时,ADS 1100 以连续转换方式工作。该位的默认设置为 0。

位 3 和位 2（DR 位)用于控制 ADS 1100 的数据速率,其控制方式如表 8.3 所示。位 1 和 0（PGA 位)用于控制 ADS 1100 的增益设置,控制方式如表 8.4 所示。

表 8.3　DR 位

DR1	DR2	数据速率
0	0	128 Hz
0	1	32 Hz
1	0	16 Hz
1	1	8 Hz

表 8.4　PGA 位

PGA1	PGA0	GAIN
0	0	1
1	0	1
0	1	2
1	0	4
1	1	8

ADS 1100 的读操作:用户可从 ADS 1100 中读出输出寄存器和配置寄存器的内容。为此要对 ADS 1100 寻址,并从器件中读出 3B。前面的 2B 是输出寄存器的内容,后面 1B 是配置寄存器的内容。

从 ADS 1100 中读取多于 3B 的值是无效的。从第 4 个字节开始的所有字节将为 FFH。

ADS 1100 的写操作:用户可写新的内容至配置寄存器(但不能更改输出寄存器的内容)。为了做到这一点,要对 ADS 1100 寻址以进行写操作,并对 ADS 1100 配置寄存器写入 1B。

4) 电源处理部分

采用 3V/100mA 输出转换芯片 NCP500SN30T1。从成本、效率、性能方面看,采用 NCP500 为系统提供 3V 是比较不错的选择。NCP500 的应用电路十分简单,工作时仅需要两个输入、输出电压退耦降噪的陶瓷电容器或担电容,见图 8.24。Vin 和 Vout 的输入和输出滤波电容器应当选用宽范围、低等效串联电阻(ESR)的担电容,使 LDO 在零到满负荷的全部量程范围内具有良好的稳压效果。

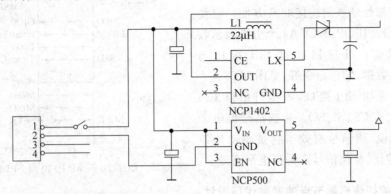

图 8.24 无线传感器网络的供电处理部分

5）ZigBee 无线数据通信模块

（1）2.4GHz 无线收发芯片 CC2420。

CC2420 是 Chipcon 公司推出的一款符合 IEEE 802.15.4 规范的 2.4GHz 射频芯片，用来开发工业无线传感及家庭组网等 PAN 网络的 ZigBee 设备和产品。该器件包括众多额外功能，是第一款适用于 ZigBee 产品的 RF 器件。它基于 Chipcon 公司的 SmartRF03 技术，以 $0.18\mu m$ CBIOS 工艺制成，只需极少外部元器件，性能稳定且功耗极低。CC2420 的选择性和敏感性指数超过了 IEEE 802.15.4 标准的要求，可确保短距离通信的有效性和可靠性。利用此芯片开发的无线通信设备支持数据传输率高达 250kbps，可以实现多点对多点的快速组网。

（2）CC2420 芯片内部结构。

CC2420 芯片内部天线接收的射频信号经过低噪声放大器和 I/Q 下变频处理后，中频信号只有 2MHz，此混合 I/Q 信号经过滤波、放大、AD 变换、自动增益控制、数字解调和解扩，最终恢复传输的正确数据。

射机部分基于直接上变频。要发送的数据先被送入 128B 的发送缓存器中，头帧和起始帧是通过硬件自动产生的。根据 IEEE 802.15.4 标准，所要发送的数据流的每 4 位被 32 码片的扩频序列扩频后送到 DA 变换器。然后，经过低通滤波和上变频的混频后的射频信号最终被调制到 2.4GHz，并经放大后送到天线发射出去。

（3）配置 IEEE 802.15.4 工作模式。

CC2420 先将要传输的数据流进行变换，每个字节被分组为两个符号，每个符号包括 4 位 LSB 优先传输。每个被分组的符号用 32 码片的伪随机序列表示，共有 16 个不同的 32 码片伪随机序列。经过 DSSS 扩频变换后，码片速率达到 2M片/s，此码片序列再经过 O-QPSK 调制，每个码片被调制为半个周期的正弦波。码片流通过 I/Q 通道交替传输，两通道延时为半个码片周期。

CC2420 为 IEEE 802.15.4 的数据帧格式提供硬件支持。其 MAC 层的帧格式为"头帧＋数据帧＋校验帧"；PHY 层的帧格式为"同步帧＋PHY 头帧＋MAC 帧"，帧头序列的长度可以通过寄存器的设置来改变。可以采用 16 位 CRC 校验来提高数据传输的可靠性。发送或接收的数据帧被送入 RAM 中的 128B 的缓存区进行相应的帧打包和拆包操作。

（4）CC2420 与 MSP430 单片机的连接。

CC2420 与处理器的连接非常方便。它使用 SFD、FIFO、FIFOP 和 CCA4 个引脚表示收发数据的状态；处理器通过 SPI 接口与 CC2420 交换数据，发送命令等，见图 8.25。

CC2420 采用 SPI 接口，该接口由以下 4 线组成：SCLK、CS、SI、SO。片选信号低电平有效，也就是说，该信号有效当它被驱动成逻辑低电平；相反，复位信号则是高电平有效。

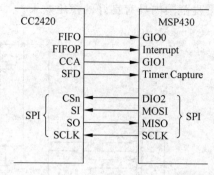

图 8.25　CC2420 与 MSP430 间 SPI 接口示意图

3. 无线监护传感器节点的底层代码设计

1）底层软件整体构架

本系统占用资源和安排如下：

（1）测频率及计数。

占用单片机 16 位定时器 Timer_A，采用捕获触发系统来计算频率，TSL230B、测频通道 1、2 连接到单片机的 P1.1～P1.3 用来作为 Timer_A 的 CCI0～2A 捕获输入端，测量时采用主频率为 fhigh，以满足系统高频率测量。测量方式可以是被动的 I/O 口外部中断或是系统按一定的时间间隔进行相关测量。

（2）12 位 A/D 转换。

外部 8 通道的模拟输入通道占用系统 12 位 A/D 转换的一个输入引脚，电池电压和 16 按键各占用一个 I/O 口（A0、A1、A2），系统主频采用 fhigh，以提高系统速度。采用内部 2.5V 参考电压。

（3）SPI 接口。

MSP430F149 具有两个硬件 SPI 接口，同时由于引脚的复用，也可以用软件模拟的方法处理。存储器 FM25C256、MCP6S28 共用一个 SPIO 接口，无线模块及以太网芯片 ENC28J60（预留本系统未用）占用另一个 SPI1 接口。使用 SPI 接口时，主系统频率采用 fDCO。

（4）1-Wire 接口。

设计中 DS2401 连接到单片机引脚中，采用软件模拟时序的方法进行通信，主系统频率采用 fDCO。

（5）I^2C 接口。

SD2003、ADS 1100 共用一个 I^2C 接口；SHT 11 由于要保护数据，将数据线分开；液晶 LCM 12832ZK 采用类似于 I^2C 的接口，由于时序及通信协议不太一样，所以另外占用 3 个引脚，其中一个为使能端。FG439 单片机没有硬 I^2C 接口，所有的程序采用软件模拟进行通信，主系统频率采用 fDCO。

（6）USART 接口。

单片机的两个串口分别为无线模块和 RS232 电平转换芯片所用，其他通用 I/O 用于器件的设置及电源的管理。MSP430F149 内部除了比较器之外，所有的资源都在设计中得到应用。

主程序设计思路为系统在初始化以后（所有器件处于休眠模式）打开全局中断_EINT，

进入超低功耗模式 LPM3,系统按照初始设计的内容进行操作,通过中断的方式唤醒系统来执行相关任务。

2）底层代码设计

IAR 的 Enbedded Workbench 为开发不同的 MSP430 目标处理项目提供了强有力的开发环境,并为每一种目标处理器提供工具选择。为开发和管理 MSP430 嵌入式应用提供了极大的便利。在程序设计中,采用模块化设计,低功耗软件设计为整个程序设计的主要思想。在程序中系统不工作时处于低功耗状态,采用时钟和其他中断来唤醒系统进行测量工作降低能量损耗。

（1）时钟系统的设置。

单片机系统的基础时钟模块有 3 个时钟源,目前系统中都运用到。flow、fDCO、fhigh 都可以用作系统的主系统时钟(MCLK),用于 CPU 和系统。flow、fDCO 可通过选择应用于辅助时钟(ACLK),fDCO、fhigh 可用作子系统时钟(SMCLK),ACLK、SMCLK 都可由软件选择应用于各外围模块。所有的信号都可以经过 1、2、4、8 分频,在整个软件设计中可以根据需要做合适的设置。主系统工作主要是用内部振荡器产生的频率(DCO),在低功耗模式中采用的是低频晶振,其他的频率的安排在上节中已经说明。以下程序为 DCO 的设置,并对当前频率进行检测补偿,弥补 DCO 输出频率不准的缺点。

单片机时钟系统 DCO 的设置程序:

```
void Set_DCO (void)                        //设置 DCO 为 1MHz,并作频率补偿,提高精度
{
    unsigned int Compare, Oldcapture = 0;
    CCTL2 = CM_1 + CCIS_1 + CAP;           //计时器为捕获模式
    TACTL = TASSEL_2 + MC_2 + TACLR;
    while (1)                              //采用计数器计算当前时钟频率
    {
        while (!(CCIFG & CCTL2));          //等待捕捉模式
        CCTL2& = ~CCIFG;                   //清除捕捉中断标记
        Compare = CCR2;
        Compare = Compare – Oldcapture;
        Oldcapture = CCR2;
        if (DELTA == Compare)break;
        else if (DELTA < Compare)
        {
            DCOCTL – – ;
            if (DCOCTL == 0xFF)            //频率过高
            {
            if (!(BCSCTLI == (XT2OFF + DIVA_3)))
            BCSCTLI – – ;
            }
        }
        Else
        {
        DCOCTL ++ ; ;                      //频率过低
        if (DCOCTL = 0x00)
        {
        if (!(BCSCTLI = (XT2OFF + DIVA_3 + 0x07)))
```

```
            BCSCTLI ++ ; ;
          }
        }
      }
      CCTL2 = 0;                                    //清除 CCR2
      TACTL = 0;                                    //关闭 Timer_A
}
```

（2）通用软件包的设计及应用。

在本系统中有很多器件采用相同的接口，具有相同的通信时序。在程序设计中，建立了不同的头文件和驱动程序，相同接口的器件可以调用相关的头文件和驱动程序，能够减少系统的代码量，简化程序设计。

SPI 通用程序：

```c
//SPI0Hardware.c
void Init_SPI0()
{
  P3SEL = 0x0E;                                  //设置 P3 为 SPI 模式
  P3OUT == 0x20;
  U0CTL = CHAR + SYNC + MM + SWRST;              //8 位数据模式,主机方式
  U0TCTL = CKPL + SSEL1 + STC;                   //3 线方式
      U0BR0 = 0x002;                             // SPICLK = SMCLK/2,波特率设置
  U0BR1 = 0x000;
  U0MCTL = 0x000;
  ME 1 = USPIE0;
  U0CTL& = ~SWRST;                               //允许 SPI 通信
  IE1 | = URXIE0;
}
VoidSendByteSPI0(unsigned char n, unsigned char * p)//n 为数据个数
    {
    for (; n! = 0; n -- )
    {
        TXBUF0 = * p;
        P ++ ; ;
    }
    }
    # pragma vector = USARTORX_VECTOR              //中断接收数据程序
    __nterrupt void SPI0 - RX(void)
    {
     ⋮
    }
```

（3）模拟量、开关量测量的代码设计。

在模拟量采集时，采用 1 路 12 位 A/D 转换，1 路 SPI 接口（采用三线制）构成 12 位 A/D。在数据采集时，需要先设置 MCP6S28，然后进行转换。

设置 MCP6S28 的指令寄存器为 000x xxx0，增益寄存器为 xxxx x000，通道寄存器为 xxxx x000。直接调用 SPI0Hardware.c 中的函数，发送 16 位数据进行设置。系统内部需要 12 位 A/D 转换的 A0（按键读数、中断方式读数）、A1（电池电压读数）、A2（传感器模拟量

数据测量）。其中，A0、A2 需要对单通道重复测量，以多次测量求平均。A1 只需单通道单次测量即可。A2 测量初始化函数如下，所测量的数据在中断函数中的 ADC 12MEM0 中读取：

```
void A2ADC 12Iintal (void )
{
    P6SEL| = BIT2;                              //选取复用 I/O 口第二功能
    ADCI2CTL0 = ADC 12ON + SHT0_ 8 + MSC;       //打开 A/D 转换
    ADCI2CTL1 = SHP + CONSEQ_ 2;                //采样时间设置
    ADC12IE = 0x01;                             //允许中断 ADC 12IFG.0
    ADC12CTL0| = ENC;                           //允许转换
    ADC12CTL0| = ADC12SC;                       //开始转换
}
```

（4）串口通信程序设计。

串口通信程序主要是 MSP430 与 PC 之间的通信。串口通信时，MCLK 选用 XT2，ACLK 选用 LFXT 1，串行通信模块使用 USART0，波特率时钟采用 ACLK，波特率为 9600b/s，串行通信模式为 1 位起始位，8 位数据位，1 位奇校验位，1 位停止位，将串行通信接收中断打开，在中断函数中将收到的数据放入缓冲区。发送不要中断，每发送 1B 后通过查询标志位的方式判断是否发送完毕。串口通信程序流程图见图 8.26。

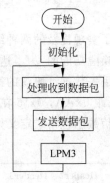

图 8.26　串口通信程序流程图

初始化程序如下：

```
voidUartInit()                                  //串口初始化程序
{
    USART_SEL | = UTXD0 + URXD0;                //选择引脚的第二功能
    UCTL0 = CHAR + PENA + SWRST;
    UTCTL0 = SSEL0;
    UBR00 = 0X03;                               //设置波特率为 9600bit/s
    UBR 10 = 0;
    UMCTL0 = 0X4A;
    UCTL0& = ~SWRST;
    ME1| = UTXE0 + URXE0;
    IE1| = URXIE0;                              //打开接收中断
}
voidUSART0_Sendbyte(unsigned char * pbuff, unsigned char n)    //发送数据
{
    unsigned char i;
    for (i = 0; i < n, i ++ ; )
    {
        while ((IFG1&UTIFG0) == 0);             //判断是否发送完毕
        TXBUF0 = * pbuff;
        pbuff ++ ; ;
    }
}
```

4．无线传感器网络通信协议

本设计采用 ZigBee 实现如图 8.27 和图 8.28 所示的两种网络，对 ZigBee 编程时要注意接收、发送、休眠模式之间需要一定的稳定时间。通过串口 2 进行数据收发。

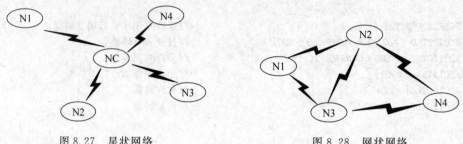

图 8.27　星状网络　　　　　　　　　　图 8.28　网状网络

为了实现提及的两种结构，需要专门定制通信协议；同时由于无线部分硬件上是不具备自动唤醒功能的，为了达到节能目的，必须通过软件方式采用合理的通信协议以保证节能同时不丢失数据。协议的第一件事就是能够识别噪声和有效数据，通过测试和实验发现，0xFF 后跟 0xAA，0x55 在噪声中不容易发生，通信协议应该在数据包之前加开始字节，于是将通信数据包格式定义如表 8.5 所示。

表 8.5　无线传感器数据包格式

Header1	Header2	Header3	Length	Mode	HostID	LocalID	DestID	Data n	CheckSum
0xFF	0xAA	0x55	1B	1B	1B	1B	1B	nB	1B

Length 为数据包的长度；Mode 是传输模式的确定：数据、命令、应答、星形传输或点到点转发；HostID 为主机地址；LocalID 为本机地址；DestID 为目标地址；Data n 为传输的数据或指令（n＜20）；Checksum 为数据校验和防止数据出错。该数据包可以作出修改以适应不同的应用。

1）星状网络拓扑的实现

在星状网络中 NC 负责维护网络，N1～N4 所有数据必须通过 NC 节点进行通信，所有节点必须在 NC 的覆盖范围内，对 NC 节点的要求比较高。在 NC 向 N1～N4 通信时只需要知道 HostID 和 DestID 地址即可，在 N1～N4 向 NC 同时发数据时，会出现同频干扰现象，系统采用时分 TDMA（Time Division Multiple Access）技术，把 NC 与任意 N 节点的通信采用时分的方式分开，NC 通过扫描的方式与各台节点进行单个通信，这样系统中 NC 与子节点的通信方式就成为点对点的通信方式。这种网络方式实现比较简单，也是目前比较常用的拓扑结构，其主程序流程图见图 8.29。

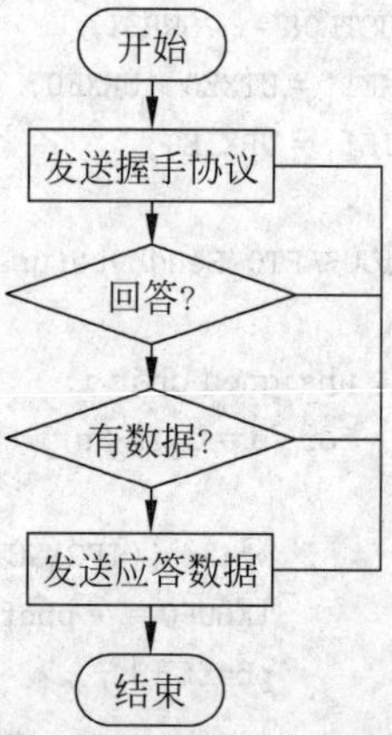

协议主要把数据分割成一定格式的数据，并增加一些额外的信息形成打包过程，同时在接受端要去掉额外信息，

图 8.29　星状网络拓扑程序流程图

完成解包过程。下面是请求握手函数：

```
void Handshake (unsigned char uint)
{
    unsigned char buff[8];
    buff [0] = 0xFF;
    buff[1] = 0xAA;
    buff[2] = 0x55;
    buff[3] = 0x05;                              //长度为5
    buff[4] = 0x01;                              //模式设置定义为请求握手包
    buff[5] = 0x00;                              //主机地址
    buff[6] = uint;                              //目标地址
    buff[7] = (buff[3] + buff[4] + buff[5] + buff[6]);
    USART1_ Sendbyte(buff,8);                    //发送数据包子程序
}
```

其他的数据包或应答包的组成与上程序类似。其解包的过程将所获的数据进行分析比较，并发送应答，由于代码比较长这里不再列出。

2）自组织网状网络通信协议

目前关于无线传感器网络的通信协议研究比较多，已经取得一定的成果，但很多通信协议在资源受限的无线传感器网络节点中很难实现，只局限于 NS2/OPNET 等仿真平台的实现。这里针对网状网络提出了一套用于实现节点自组织和数据多点跳传的通信协议。网状网络是真正意义上的无线传感器网络的通信协议之一，虽然有一定的缺点，但比较适合本平台应用的拓扑结构。

数据包还是采用上表的定义，在模式中高 3 位表示级别，低 5 位是模式位，Data n 高 4 位为中转次数，低 4 位为有效数据长度。数据校验采用数据和校验方式。数据包中转数据次数有限，最多为 16 次，当超过这个次数而且没有达到最终地址时，该数据包会被自动丢弃。

在节点自组织前，它们的路由表都是空白的，自组织过程中，只能用广播的方式联系其他节点。广播的数据包格式见表 8.6。

表 8.6 广播的数据包格式

0xFF	0xAA	0x55	0xFF	DestID	HostID	0x00

由于目的和最终地址未知，所以用 FFH 表示更新路由命令，HostID 表示本次广播的地址。OOH 表示数据包无中转，无有效数据。收到该广播的节点可以根据广播者的地址更新自己的路由表。应答广播时的应答数据包格式见表 8.7。

表 8.7 应答数据包格式

0xFF	0xAA	0x55	0xFF	HostID	0x00

其中，DestID 表示应答对象的地址；FF 表示更新路由命令；HostID 表示应答者的地址。收到应答的节点可以根据应答者的地址更新自己的路由表。

节点的自组织式，先打开各个传感器节点的电源，使它们均处于帧听状态。然后，将这

些节点随机地分布在待监测区域,但必须保证至少有一个节点处在基站节点的信息范围内,随机分布如图8.31所示,大圆表示对节点的通信范围,N4为基站,N1处于基站节点的信号范围内。

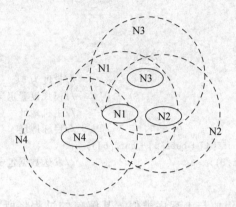

图8.30　传感器节点和基站节点随机分布图

节点布置以后,由基站N4发起自组织开始命令,基站节点广播(默认基站节点级别为0),N1收到该广播后作出应答,并定义自己的级别为1,基站节点根据收到的应答更新其路由表。N1节点收到基站节点的应答信号后,开始广播,N2、N3收到广播信号应答,并将自己定义为2级节点,这样每个传感器节点会得到一张路由表。这张表把能与自己直接通信的节点按类别保存,如表8.8所示。

表8.8　基站节点的路由表

节点	地址编号	地址级别	上级节点	同级节点	下级节点
N4	4	0	…	…	N1
N1	1	1	N4	…	N2,N3
N2	2	2	N1	N3	…
B3	3	2	N1		…

在自组织过程中,某些节点可能会收到来自不同级别的其他节点的广播,根据上面的规则定义自己为几个不同的级别,程序取其最小的作为自己的级别。为了避免多个应答信号造成链路堵塞,节点发出应答信号前要有一段延时。延时应答的时间是根据广播者编号和本机编号的乘积决定的。

第9章

智能物流

作为我国现代服务业基础性产业,物流业已发展成为国民经济新的增长点。目前,我国物流总成本占 GDP 的比重约为 18.4%,社会物流总费用占 GDP 比例逐步下降,代表物流行业的进步,但比发达国家平均水平的 8.9% 仍然高出一倍。

当前,我国物流行业正处于起步阶段,并逐步进入快速发展期。1991—2009 年社会物流总额、物流增加值年均复合增速分别达到 20% 和 14%。物流行业正逐步受到各级政府的高度重视,行业分析师预计,2011 年社会物流总额、物流业增加值增速约 15%。资料显示,2009 年全国社会物流总额达 96.2 万亿元,比 2000 年增长近 5 倍,实现增加值 2.6 万亿元,占 GDP 的比重为 6.6%。

目前,我国物流基地建设发展势头强劲,全国现已拥有各类型物流园区 200 多个。在此带动下,一批经济效益明显的信息化物流基地已经涌现。2009 年度,我国物流供应链信息化解决方案市场整体规模达到了 8.12 亿元,2009—2011 年,我国物流供应链软件市场将以平均 45% 的速度增长,2010 年国内市场整体规模将突破 10 亿元。

值得关注的是,铁路提速、高速公路网的建成、高铁建设的提速等,均意味着物流产业链的发展已到了一个新的层次,物流产业有望出现提速的态势,面临着加速成长的趋势。

9.1 智能物流概述

物联网是以电子产品码 EPC 和基于射频技术的电子标签为核心,建立在计算机互联网基础上的实物互联网络。其宗旨是实现全球物品信息的实时共享和互通。物联网技术的发展给智能物流(Intelligent Logistics System,ILS)赋予了新的内涵,使智能物流系统的信息采集和共享更为方便和快捷。

9.1.1 什么是智能物流

1. 智能物流的定义

智能物流是以物联网广泛应用为基础,利用先进的信息采集、信息传递、信息处理和信息管理技术,通过信息集成、技术集成和物流业务管理系统的集成,实现物流全过程优化以及资源优化,完成包括运输、仓储、配送、包装、装卸等多项物流活动,并使各项物流活动优化、高效运行,为供方提供最大化利润,为需方提供最佳服务,同时消耗最少的自然资源和社会资源,最大限度地保护好生态环境的整体智能社会物流管理体系。

随着技术的日趋进步与日益成熟,智能标签、无线射频识别、电子数据交换技术、全球定位系统、地理信息系统、智能交通系统等纷纷进入应用领域。现代物流系统已经具备了信息化、数字化、网络化、集成化、智能化、柔性化、敏捷化、可视化、自动化等先进技术特征。很多大型国际物流企业也采用了红外、激光、无线、编码、认址、自动识别、定位、无接触供电、光纤、数据库、传感器、RFID、卫星定位等高新技术。因此,市场需求和技术革新催生了智能物流。

2．智能物流的"智能性"

智能物流,又被称作智慧物流,源于 IBM 公司提出的"智慧地球",现在有专家又进一步提出了"智慧城市"的概念。智能物流的智能性体现在以下 4 个方面。

(1) 实现监控的智能化,主动监控车辆与货物,主动分析、获取信息,实现物流过程的全监控。

(2) 实现企业内、外部数据传递的智能化,通过 EDI 等技术实现整个供应链的一体化、柔性化。

(3) 实现企业物流决策的智能化,通过实时的数据监控、对比分析,对物流过程与调度的不断优化,对客户个性化需求的及时响应。

(4) 在大量基础数据和智能分析的基础上,实现物流战略规划的建模、仿真、预测,确保未来物流战略的准确性和科学性。

3．智能物流的应用

智能物流涉及多方面的技术,目前在电子商务、零售业方面有物流实时跟踪技术、库存优化、运输系统的智能调度等。

1) 零售物品的实时跟踪

识别系统是实现智能配送的重要手段,被用来监控物流作业流程中的各阶段,借助电子识别系统,使配送中的物资可被跟踪、监控,国外的综合物流公司已建立全程跟踪查询系统,为用户提供货物的全程实时跟踪查询。例如,美国联邦快递公司所提供准时送达服务(Just In Time Delivery,JIT-D),每天要处理全球 211 个国家的近 250 万件包裹,利用基于 Internet 的 InterNetShip 物流实时跟踪系统,准时送达率达到了 99％。美国 UPS 公司通过条形码和扫描仪、数控笔、全国无线通信网络等技术,能够实时地跟踪、监控货物在全国各地的行进状况,并提供给顾客进行实时查询。全球领先的通信服务商英国电信公司与 Omnitrol Networks 公司合作,部署基于 RFID(射频识别)的零售库存解决方案,该系统能够跟踪实际库存移动情况,并根据最小存货单位(SKU)跟踪单品周转率,同时可提前向零售店面经理发出实时补货提醒,实现供应链的可视化,帮助零售商大幅提高员工生产力,实现实时库存管理与追溯,创造更加智能化、协作更紧密的供应链。

2) 库存管理的不断优化

有数据显示,全球零售订货时间为 6～10 个月,在供应链上的商品库存积压价值为 1.2 万亿美元,零售商每年因错失交易遭受的损失高达 930 亿美元,关键原因在于没有合适的库存产品来满足消费者的需求。这个方面,美国沃尔玛公司走在了前面,早在 1969 年就开始使用计算机管理跟踪库存,1979 年在全球率先第一个实现内部 24 小时物流网络化监控,使采购\库存、订货、配送和销售一体化,1985年沃尔玛最早使用EDI与供应商建立自动订货系统,进行更好的供应链协调。1987年沃尔玛建立了自有的全球卫星通信网络,顾客在沃尔玛任意一个分店购物付款,顾客的购物信息就马上传到了配送中心、沃尔玛总部、供应商。因此,供应商可以查询到自己的每类产品、每天、在每个商店的销售情况,及时补货。RFID在货品补充上要比传统条形码技术快3倍,据统计,使用RFID标签后,沃尔玛商场里面的货品脱销现象减少16%。

3)运输系统的智能调度

大型物流配送中心的工作复杂程度,要求对物流配送必须进行科学管理,配送车辆的集货、货物配装和送货过程的都需要不断地优化。智能物流的优化调度系统是一套非常复杂的系统,需要以运筹学优化算法理论为核心,以GIS技术、GPS技术和无线网络通信技术为基础,对车辆调度、仓储、装载与配送进行决策支持。在具体调度优化方面,很多专家都提出了很多不同的数学方法,如启发式算法、Tabu搜索算法、遗传算法、蚂蚁算法等。沃尔玛这样的大型零售企业,拥有全美最大的送货车队,有近3万多个大型集装箱挂车、6000多辆大型货运卡车,24小时昼夜不停地工作。车辆全部安装了GPS卫星定位系统,调度中心可实时掌握车辆及货物的情况,车辆在什么地方,离商店还有多远,还有多长时间能运到商店。沃尔玛通常为每家分店的送货频率是每天一次,做到始终能够及时补货,所以领先竞争对手。一般来说,物流成本占整个销售额的10%左右,有些食品行业甚至达到20%或30%。但是,采用智能物流系统调度后,沃尔玛公司的配送成本仅占它销售额的2%。如此灵活高效的物流调度,使得沃尔玛公司在激烈的零售业竞争中能够始终保持领先优势。

4)智能物流的延伸发展

采用智能物流系统以后,物流服务可以向上延伸到电子商务、市场调查、行业预测,向下可以延伸到物流咨询、物流方案规划、库存控制决策、货款回收与结算、教育与培训、物流系统设计等。

9.1.2 智能物流的特征

根据智能物流的概念和内涵,智能物流系统具有以下特征:

1. 物流信息化

物流信息化表现在物流商品本身的信息化、物流信息收集的数据库化和代码化、物流信息处理的电子化、物流信息传递的网络化、标准化和实时化以及物流信息存储的数字化等方面。物流领域中应用的任何先进技术设备都是依靠物流信息这个纽带来进行相互协作,进而实现各种物流业务。

2. 物流智能化

智能化是ILS的核心特征,是区别于其他物流系统的主要标志。ILS的智能化主要体现在物流作业的智能化和物流管理的智能化两个方面。在物流作业活动中,通过采用智能化技术,有效提高物流作业的效率和安全性,减少物流作业的差错。物流管理的智能化主要体现在智能化地获取、传递、处理与利用信息和知识,为物流决策服务。

3. 物流自动化

物流自动化是指物流作业过程中的设备和设施自动化,包括运输、包装、分拣、识别等作业过程的自动化,其基础是物流信息化,核心是机电一体化。物流自动化借助于自动识别系统、自动检测系统、自动分拣系统、自动存取系统、货物自动跟踪系统以及信息引导系统等技术来实现对物流信息的实时采集和追踪,进而提高整个物流系统的管理和监控水平,扩大物流作业能力,提高物流生产效率和减少物流作业的差错等。

4. 物流集成化

ILS 的集成化主要体现在技术的集成、物流环节的集成和物流管理系统的集成三个方面。通过技术集成将先进的信息技术、智能技术和物流管理技术等集成在一起;通过依托信息共享和集成,将物流管理过程中的运输、存储、包装、装卸、配送等诸环节集合成一体化系统;通过将物流的各种业务系统如运输管理系统、仓储管理系统、物流配送系统等集成在一起,构建一体化的集成管理系统。ILS 的集成化能有效实现物流各环节的信息共享和物流资源的整合,有效缩短交货期、降低成本,提高企业乃至整个供应链的竞争能力。

5. 物流网络化

物流网络化包括物流设施、业务网络化和物流信息网络化两方面的内容,物流信息网络化是根据物流设施、业务网络的发展需要利用计算机通信网络和物联网建立起来的物流信息网。现代物流网络化强调的是物流信息的网络化,其基础是物流信息化。一方面,现代物流配送系统通过计算机网络通信、物联网、EOS、EDI 等技术把物流配送中心与其上游的供应商和下游的顾客之间建立起了有机的联系,保证了物流信息的畅通;另一方面,企业内部各部门通过局域网完成其组织的网络化以实现公司内部的信息交换。

9.1.3　智能物流系统的组成及其关键技术

智能物流系统(Intelligent Logistics System)的目标是综合运用现代物流技术、信息技术、自动化技术、系统集成技术,特别是人工智能技术,更好地解决物流问题,提高物流服务水平和物流效率。为了构建一个集物流作业管理和物流智能决策于一体的综合性智能决策服务体系,智能物流系统应包括多个智能子系统。一般来说,一个智能物流系统应包括 9 个子系统:智能物流信息子系统、智能运输子系统、智能产品追溯子系统、智能仓储管理子系统、智能物流配送子系统、智能流通加工子系统、智能包装子系统、智能装卸搬运子系统等。智能物流系统的组成及其关键技术技术如图 9.1 所示。

1. 智能物流信息子系统

物流信息子系统的任务包括信息采集、信息发布、电子商务和物流信息管理等方面。其中,信息采集主要依靠射频识别技术、条码技术以及其他先进的信息采集技术获得产品信息以及物流各作业环节中的信息,如数据、图像、文件以及语音等信息;信息发布主要是通过计算机网络对外对内提供物流信息服务;电子商务主要提供网上报价、网上下单、网上交易、网上配载、网上信息外包和网上项目招标等多方面服务;物流信息管理平台主要完成订

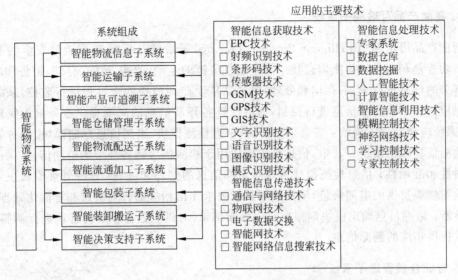

图 9.1　智能物流系统的组成及其关键技术

购计划、配送计划、运载工具的实时监控等任务。根据智能物流信息子系统的功能要求,系统应包括信息采集模块、信息发布平台、电子商务平台和物流信息管理平台等部分。

2. 智能运输子系统

物流运输是改变物品空间状态的主要手段,主要任务是将物品在物流节点间进行长距离的空间移动,从而为物流创造场所效用,通常有铁路运输、公路运输、航空运输、水路运输和管道运输等 5 种运输服务方式。智能运输子系统(Intelligent Transportation Systems)的目标是降低货物运输成本,缩短货物送达时间。其核心是集成各种运输方式,应用移动信息技术、车辆定位技术、车辆识别技术以及通信与网络技术等高新技术,建立一个高效运输系统。根据智能运输子系统的功能要求,系统可划分为以下几个模块:先进的交通信息服务子系统、先进的交通管理子系统、先进的车辆控制子系统、营运货车管理子系统、电子收费子系统、紧急救援子系统等。

3. 智能物流配送子系统

物流配送(Logistics Distribution)是按照用户的订货要求和时间计划,在物流节点进行理货、配货工作,并将配备好的货物送交收货人的物流服务活动。它可以看作是运输服务的延伸,但又和运输服务不同。它是短距离、小批量、多品种、高频率的货物运输服务,是物流活动的最末端。通常有定时配送、定量配送、定时定量配送、定时定线配送、及时应急配送、共同配送和加工配送等多种配送服务方式。智能物流配送是指采用网络化的信息技术、智能化的作业设备及现代化的管理手段,按客户要求,进行一系列自动的分拣、配货等工作,高效地将货物输送给客户的过程。根据物流配送系统的功能要求,系统可划分为以下几个模块:货物信息自动识别系统、基于 GSM/GPS 技术的运载工具调度监控系统、基于 GIS 技术的物流网络和配送优化模型与系统、基于 WebGIS 的货物实时信息查询与发布系统等。

4. 智能产品可追溯子系统

智能产品可追溯(Intelligent Product Tracing)子系统是保障产品质量安全的有效手段。其功能是利用各种智能信息技术对产品供应链的生产、收购、运输、存储、销售和配送等各个环节的信息进行采集、存储和处理,对产品从生产到消费的全过程进行监控,从源头开始对供应链各个节点的信息进行控制,为供应链各环节信息的溯源提供服务。为实现系统功能,系统应包括以下模块:信息采集模块、信息检测模块、追溯信息存储模块、任务管理模块和追溯信息输出模块。其中,信息采集模块用于检测供应链各环节的追溯信息,保证信息的及时性和准确性;信息检测模块实现对追溯信息的整理和过滤;任务管理模块主要根据信息检测模块提供的追溯信息,依照追溯目标要求作出相应的行为决策和智能化处理,实现自主诊断;追溯信息输出模块则根据自主诊断结果,对供应链各环节的管理进行调整,并根据需求提供相应的溯源信息。

5. 智能仓储管理子系统

仓储服务在物流系统中对产品的生产和消费起着调节、平衡的作用。智能仓储管理(Intelligent Warehousing Management)子系统通过现代化的技术手段和库存理论来实现合理的仓储服务,以解决生产和消费节奏不一致、资源浪费等问题,保证物流活动的连续性和及时性。

在物联网背景下,智能仓储管理系统应具有以下功能:自动精确地获得产品信息和仓储信息;自动形成并打印入库清单和出库清单;动态分配货位,实现随机存储;产品库存数量、库存位置、库存时间和货位信息查询、随机抽查盘点和综合盘点;汇总和统计各类库存信息,输出各类统计报表。

根据系统功能要求,系统可划分为以下模块:信息采集系统、物理标识语言(Physical Markup Language,PML)服务器、产品命名服务器、仓储管理功能模块和本地数据中心等组成。其中,仓储管理功能模块包括入库管理、出库管理、库存控制、货位管理和查询统计等模块。

6. 智能流通加工子系统

流通加工(Distribution Processing)服务是在物品流通过程中,为了有效地利用资源,方便用户,提高物流效率和促进销售,对某些原材料或制成品进行辅助性的加工生产服务,其主要作用是直接地为流通、特别是销售服务,同时也能为提高物品的附加价值和物流操作的便利性服务。通常包括零部件的组合、形体上的分割、各种标识的制作与标示、物品的定量化组合包装等服务。

7. 智能包装子系统

包装服务是物品在装卸搬运、运输、配送以及仓储等服务活动过程中,为保持一定的价值及状态而采用合适的材料或容器来保护物品所进行的工作总称。通常包括商业包装服务(销售包装、小包装)和工业包装服务(运输包装、大包装)两种。智能包装(Intelligent Packing)是指以反映包装内容物及其内在品质和运输、销售过程信息为主的包装过程。它包括,在其包装上加贴标签,如条形码、电子标签等;在仓储、运输、销售期间,利用化学、微生物和动力学的方法,记录包装商品在生命周期内商品质量的改变;利用化学、微生物、动力学和电子技术等收集、管理被包装物的生产信息和销售分布信息,从而使用户能够掌握商品的使用性能及其流向,最终完成对运输包装系统的优化管理。

8. 智能装卸搬运子系统

装卸搬运服务是指在同一地域范围内进行的、以改变物品的存放状态和空间位置为主要内容和目的的活动,是一种立体的、动态的过程,具体包括装上、卸下、移送、拣选、分类、堆垛、入库、出库等服务。根据系统功能要求,智能装卸搬运(Intelligent Loading And Unloading)子系统主要由输送机、智能穿梭车、控制系统、通信系统和计算机管理监控系统等部分组成。

9. 智能决策支持子系统

决策支持子系统是帮助物流管理人员制定决策方案的有效手段。物流系统中存在着多种复杂物流问题需要进行决策,如采购决策、库存决策、配送决策、营销决策和设施选址问题等。智能决策支持(Intelligent Decision Making Support)子系统的任务是运用专家系统、商务智能、人工智能和计算智能等方面的理论和方法建立数学模型和求解模型,给出最佳实施方案,为物流管理人员提供决策支持。根据现有研究成果,智能决策支持系统可分为基于数据的决策支持系统、基于知识的决策支持系统和基于模型的决策支持系统三种类型。

随着经济全球化以及供应链的纵深化发展,现代物流的智能化和集成化趋势日显突出,而智能物流系统是现代物流沿着智能化和集成化方向发展的必然结果。ILS通过信息集成、技术集成和物流业务管理系统的集成,能实现物流全过程优化以及资源优化,为供方提供最大化利润,为需方提供最佳服务,从而有效提高企业的市场应变能力和竞争能力。因此,智能物流系统将是现代物流的未来发展方向。

9.2 EAN·UCC 与食品追溯

食品是维系人类生存发展最重要的物质。不论是在发展中国家,还是在发达国家,食源性疾病一直是人类健康的重要威胁。近年来,我国的食品安全屡屡出现问题,不仅影响了正常的百姓消费生活,危及消费者生命,而且导致同类商品整体市场销售量的锐减,严重破坏了市场的正常运转和竞争秩序。同时,在出口贸易方面,安全指标不合格的食品对我国产品的国际信誉也造成了影响。食品安全逐渐成为广大食品企业和社会日益关注的问题。

国际方面,自从英国发现全球首例疯牛病以来,各国政府相继采取措施,出台了相应的法律和政策法规以保证食品安全。以欧盟为例,欧盟相继出台了(EC)No. 1760/2000 号、(EC)No. 1825/2000 号以及(EC)No. 178/2002 号等法规,对在市场销售,包括进口的食品提出了可追溯性要求。美国、澳大利亚和日本等国也都出台了相应的法律、法规。据了解,国际食品法典委员会也在制定食品可追溯性/产品跟踪的相关标准。

针对上述情况,国际物品编码协会开发了食品及农副产品的跟踪与追溯解决方案。采用 EAN·UCC 全球统一标识系统(以下简称"EAN·UCC 系统"),实现食品"从农场到餐桌"的供应链管理。目前，全世界已有100多个国家使用EAN·UCC系统的商品条码对物品进行标识，20多个国家和地区采用EAN·UCC系统的食品追溯解决方案对食品的生产过程进行跟踪与追溯，获得了良好的效果。联合国欧洲经济委员会（UN/ECE）已经正式推荐EAN·UCC系统用于食品的跟踪与追溯。欧盟将采用EAN·UCC系统进行食品跟踪与追溯，称为UN/ECE追溯标准。

9.2.1　EAN·UCC全球统一标识系统

　　EAN·UCC全球统一标识系统是以对贸易项目、物流单元、位置、资产、服务关系等的编码为核心，集条码和射频等自动数据采集、电子数据交换、全球产品分类、全球数据同步、产品电子代码等技术系统为一体的，服务于物流供应链的开放的标准体系。其中，EAN·UCC系统的编码体系包括以下6个部分：全球贸易项目代码（GTIN）、系列货运包装箱代码（SSCC）、全球位置码（GLN）、全球可回收资产标识代码（GRAI）、全球单个资产标识代码（GIAI）、全球服务关系代码（GSRN）。

　　EAN·UCC系统的条码符号主要包括EAN/UPC条码、ITF-14条码及UCC/EAN-128条码。这套系统由国际物品编码协会制定并统一管理，已在世界100多个国家和地区广泛应用于贸易、物流、电子商务、电子政务等领域，尤其是日用品、食品、医疗、纺织、建材等行业的应用更为普及，已成为全球通用的商务语言。

　　国际物品编码协会成立于1977年，是一个在比利时注册的非营利性的国际机构，致力于建立和推广EAN·UCC系统，通过向供应链参与方及相关用户提供增值服务来优化整个供应链的管理效率。EAN·UCC系统作为全球的标准体系，具有系统性、科学性、全球统一性和可扩展性。

1. 系统性

　　EAN·UCC系统拥有一套完整的编码体系，见图9.2。采用该系统对供应链各参与方、贸易项目、物流单元、资产、服务关系等进行编码，解决了供应链上信息编码不唯一的难题。这些标识代码是计算机系统信息查询的关键字，是信息共享的重要手段。同时，也为采用高效、可靠、低成本的自动识别和数据采集技术奠定了基础。

　　EAN·UCC系统以条码、EPC标签等为信息载体。条码技术由于其信息采集速度快、可靠性高、灵活、实用等特点，在供应链管理中得到了广泛的应用，成为供应链管理现代化的关键的信息技术。而EPC标签由于其识别速度快、保密性强、容量大等特点，有着广阔的应用前景，尤其是结合了网络技术，其发展和应用将带来供应链管理的革命。

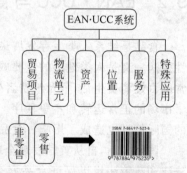

图 9.2　EAN·UCC系统编码体系

　　此外，其系统性还体现在，通过流通领域电子数据交换规范（EANCOM）进行信息交换。EANCOM以EAN·UCC系统代码（GTIN、SSCC、GLN等）为基础，是联合国EDIFACT的子集。这些代码及其他相关信息以EDI报文形式传输。EANCOM在全球零售业有广泛的影响,并已扩展到金融和运输领域。

2. 科学性

EAN·UCC 系统对不同的编码对象采用不同的编码结构,并且这些编码结构间存在内在联系,因而具有整合性。

3. 全球统一性

EAN·UCC 系统广泛应用于全球流通领域,已经成为事实上的国际标准。

4. 可扩展性

EAN·UCC 系统是可持续发展的。随着信息技术的发展和应用,该系统也在不断的发展和完善。产品电子代码就是该系统的新发展。

9.2.2 基于 EAN·UCC 的食品追溯系统

1. 什么是追溯

目前关于"追溯"有多种定义。《国际食物法典》中采用"追溯/产品追查"的说法,在美国则简单地称为"记录保存",还有一种则称为"跟踪与追溯"。国际标准 ISO 9001—2000 中提及了追溯问题,认为追溯是质量管理系统中的一个重要组成部分,并定义为"回溯目标对象的历史、应用或位置的能力"。

在食品安全领域,"追溯"被定义为"通过记录的标识对具体实体的历史、应用或位置进行回溯的能力"。食品追溯包含了所有类型的食品,并对从供应商到零售商的所有供应链环节都有影响。在欧盟、美国和日本,食品供应链中的所有企业都有实施追溯系统的法定义务。除了这项法规之外,目前还存在其他一些关于追溯的要求,特别是一些同产品质量和/或食品安全相关的标准。目前,实现追溯的首要工作是要定义能使食品行业达成共识的,即统一的具体信息要素,然后才能对信息进行整合、共享,从而在整个供应链中实现追溯能力。

2. 追溯系统的开发与实施

1) 追溯范围

追溯系统包含了整个食品供应链中的所有类型的食品及相关产品,对从供应商到零售商的所有食品企业都有影响,甚至包括涉及的饲料及其他牧场供应品,还有包装等与食品接触的产品。

2) 追溯的全球性

由于美国、欧洲和日本都提出了关于追溯系统的法定要求,所以食品安全追溯具有全球性意义。CIES 全球食品安全计划颁发了一份指导性文件,成为食品安全标准的基准工具,并针对食品安全标准提出了要求。这份指导性文件中包含下列同追溯有关的条款:

(1) 追溯标准应要求供应商开发适当的程序和系统来确保。

(2) 在任何情况下,都能通过包装或者产品上的代码标记,确认任何产品及其成分和服务的来源。

（3）记录所有供应产品的购买者和运送目的地。

3）追溯的作用

许多客户对基于 ISO 9001 系列或其他食品安全标准的认证都有要求,这就要求相关的企业必须要部署追溯系统。实施追溯系统,除了满足发达国家在法律上的要求外,在商业运行过程中也已成为必需。

追溯系统可以发挥很多作用,最重要的功能是在整个供应链内,作为沟通工具和提供信息的工具。这些信息具有非常广泛的用途。在追溯系统中,企业可以通过对信息的追溯来找到问题的根源和起因,阻止问题并防止其再次发生。在有必要对产品进行撤回或召回时,也可以通过这个系统找到已经发售的产品。

在实施追溯系统时,需要考虑到系统的增值问题。追溯系统可以实现很多用途,带来很多效益。例如:

- 确保产品撤回和召回的高效性,保护消费者。
- 通过控制受影响产品的范围和提供追溯工具,最大限度地降低某部分产品召回对其他相关产品的不良影响。召回整个商品系列或品牌对财务的影响,与仅召回一部分具体的产品(例如某个批次)相比,存在巨大的差别。
- 通过对产品进行正确的分离和明确的标识,在进行产品召回的过程中,保证无关产品不受影响。
- 解决在食品供应链各个环节中对食品投毒的问题。
- 使食品行业有能力及时确定和召回可能存在安全隐患的产品,增强消费者的信心。
- 提供企业内部物流和质量的相关信息,提高效率。
- 创建信息的反馈循环,提高产品质量、生产条件和运输效率。
- 提高物流过程中的透明度、提高供应链效率、加强交易合作伙伴之间的协作。
- 提供以下可靠的信息:企业对企业、对消费者、对政府检查部门、对财务和技术审计部门。
- 建立针对具体问题的负责机制。
- 实现对公司和/或品牌的保护。

4）企业实施

追溯系统的开发和实施,要求企业的多个部门都要参与其中,除了质量(或食品安全)部门之外,至少还要有物流和 IT 等部门参与。营销和审计部门也可以从追溯系统中获得效益。从这个意义上来说,追溯是一个多领域、多层次的问题。在开始这个流程时,需要首先决定由谁来承担内部责任。

实施产品追溯系统可能会需要一笔不菲的投资,具体要视公司实施范围和选择的基础设施而定。流程能够带来的效益和节约能力最初并不明显,所以这个开销应被视为长期的战略投资,因为它是与消费者满意度、公司形象以及消费者在购买产品时对产品的信任度相联系的。企业在部署追溯系统时应全面考虑能够获得多少效益,应该对具体的效益以及追溯系统能够控制的风险进行分析,还应该进行成本/效益分析。

实施产品追溯至关重要的是,确定详细的产品规格和批次(或批量)规模。批次规模可以按照生产/运行时间、量或有效期来确定。一般情况下,追溯某个产品或小批量产品的详细信息会增加追溯系统的成本。针对大批量产品进行追溯可以降低成本,但是会增加风险,因为如果发生了问题,将会有更多的产品受到牵连。正确的做法是根据成本/效益分析,在当前和未来成本之间找到理想的平衡点。在设计追溯系统时,应该将这些分析考虑在内。

为零售商和食品生产商推荐最合适的通用的追溯模型是非常困难的,因为各家企业的具体情况各不相同,即使是目前成本利用效率最高、关联可靠性最强的追溯系统也不具备广泛的适用能力。以撤回为例,零售商没必要只将尽可能少的一部分产品撤离货架,而是采取撤回所有类似产品的方式。这种方式对零售商来讲是一种效率更高的方法,可以避免在店铺内发生错误,使消费者能够确信一切都在控制之下。而对食品生产商而言则不然。

在部署了内部追溯系统之后,下一步是实现供应链追溯能力。在整个供应链中有效处理撤回和召回事宜需要可靠的数据,进行数据交换的能力以及优化的业务流程。优秀的企业内部追溯系统是实施供应链追溯系统的先决条件。在内部追溯系统中投入的资金,对实现供应链追溯具有重大的作用。所有优秀的供应链追溯软件,都应该能够同任何内部系统实现无缝集成。

条码通常是用于信息传递的主要手段。射频识别技术是一项应用范围不断扩大的技术,使用无线电频率在整个供应链中识别产品(贸易单元)、包装箱(物流单元)和/或可回收资产。集合网络及全球统一物品编码体系的产品电子代码是 RFID 领域最新的发展。

3. EAN·UCC 标准在追溯系统中的应用

自从英国发现全球首例疯牛病以来,各国政府相继采取了不同的措施,出台了相应的法律法规和政策以保证食品安全。以欧盟为例,2000 年,出台了(EC)No. 1760/2000 和(EC)No. 1825/2000 号法规,其中(EC)No. 1760/2000 号法规又称新牛肉标签法规,要求自 2002 年 1 月 1 日起,所有在欧盟国家上市销售的牛肉产品必须具备可追溯性,在牛肉产品的标签上必须标明牛的出生地、饲养地、屠宰场和加工厂;否则不允许上市销售。2002 年,欧盟又出台了(EC)No. 178/2002 号法规,要求从 2005 年 1 月 1 日起,凡是在欧盟国家销售的食品必须具备可追溯性,否则不允许上市销售,不具备可追溯性的食品禁止进口。在欧盟出台的法规基础上,欧盟中的一些国家还出台了一些更为具体和详细的法令。例如,比利时出台了关于食品供应链安全方面的比利时联邦皇家法令(已于 2003 年 6 月生效)。澳大利亚和日本也都出台了相应的法律、法规,对食品的可追溯性做出了规定。日本还在法规中要求建立食品的生产履历中心,以便对食品进行追溯。美国在其法规中也做了相应的规定,特别是在HACCP(危害分析和关键点控制)相关的法规中,明确要求企业应具备食品的可追溯性和对产品的跟踪能力。据了解,最近国际食品法典委员会也正在制定食品可追溯性/产品跟踪的标准。

针对上述情况,国际物品编码协会(GS1)开发了食品及农副产品的跟踪与追溯解决方案。采用 EAN·UCC 系统,通过全球通用的商品编码与条码标识体系,实现食品"从农场到餐桌"的供应链管理。

采用 EAN·UCC 系统对食品原料的生长、加工、储藏及零售等供应链环节的管理对象进行标识,并相互链接,然后将这些标识用条码与人工可识读方式表示出来。一旦食品出现安全问题,可以通过这些标识进行追溯,直至食品的源头,准确地缩小食品安全问题的范围,查出问题出现的环节。例如,如果牛肉产品出现了问题,可以追溯到牛的出生地、饲养地,直至个体牛；如果蔬菜出现了问题，可以追溯到蔬菜生长的田地。这样就可以阻断这些地方的货源流入市场，然后进行有效的治理。

采用这套系统对食品进行跟踪与追溯的优点，在于它利用了现有的已广泛普及的全球统一标识系统。目前，全世界已有 100 多个国家和地区的超过 100 万家公司和企业，使用 EAN·UCC 系统的商品条码对物品进行标识，20 多个国家和地区采用这套系统的食品追溯解决方案，对食品的生产过程进行跟踪与追溯。采用全球统一的标识系统，即大家采用一个共同的数据语言，可以实现信息流和实物流快速、准确地无缝链接。因此，避免了诸多互不兼容的系统所带来的时间和资源的浪费，降低系统的运行成本，避免造成供应链的迟缓和不确定性。这些企业中不乏食品企业，他们可以将已经获得的厂商识别代码应用于其产品的追溯，而不必再开发另外的可追溯系统。目前，在法国上市销售的牛肉产品均采用这套追溯系统，在澳大利亚和日本也是如此。联合国欧洲经济委员会（UN/ECE）已经正式推荐 EAN·UCC 系统用于食品的跟踪与追溯。欧盟将采用 EAN·UCC 系统进行食品跟踪与追溯，称为 UN/ECE 追溯标准。

从信息管理的角度讲，在供应链内实施追溯系统需要所有相关参与方的积极参与，将材料、半成品和成品的物流与信息流系统地结合起来。EAN·UCC 系统是全球通用的商业语言，应用它可以获得最佳的效果。它具有全球性的覆盖面，为消费者、企业和政府广泛接受，在满足追溯系统的要求方面，占据着独一无二的地位。而且，因为 EAN·UCC 系统能够为贸易项目、物流单元、资产及供应链中的各个参与方提供全球唯一的标识，所以非常适合用来实施追溯。EAN·UCC 系统提供全球统一的商业语言，能够在供应商、制造商和零售商所适用的各种内部追溯系统之间实现快速准确的信息交换。

国际物品编码协会制定了主要的追溯原则和实施框架，将追溯同实现技术以及相关 EAN·UCC 系统工具联结起来（如表 9.1 所示）。所有需要跟踪和追溯的产品都必须进行唯一性标识，EAN·UCC 系统是获得关于产品的历史、应用或位置等所有可用数据的关键。

表 9.1　EAN·UCC 系统的追溯原则和实施框架

追溯原则	实现技术	EAN·UCC 系统工具
唯一性标识	自动化标识	全球贸易项目代码（GTIN）、系列货运包装箱代码（SSCC）、全球位置码（GLN）、应用标识符（AI）
数据采集和记录	自动数据采集	EAN/UPC 条码、ITF-14 条码、UCC/EAN-128 条码
关联管理	电子数据处理	软件应用
数据通信	电子数据交换	EANCOM、可扩展标记语言（XML）

1）唯一性标识

- 位置标识：通过向每个物理位置、法律实体和功能实体分配 GLN，进行唯一性标识。
- 贸易项目标识：通过为贸易项目分配 GTIN，实现唯一性标识。为实现追溯目的，GTIN 必须能够同序列号或者批号相结合，以识别出具体的单元（产品）。

对批量/批次的追溯，是通过 GTIN 和每个产品的批号来实现的。

- 序列标识：对序列的追溯，是通过分配给产品的 GTIN 和序列号来实现的。

- 在各个产品层次上的标识：GTIN 的分配需要面向产品的三个等级分别进行分配。这三个等级是，零售贸易单元、非零售贸易单元和物流单元。对于后者，通常只有在供应链中的任一节点上被标价、订购或开具发票的情况下，才被包括在内，即当物流单元也被视为贸易项目时。
- 物流单元的标识：物流单元（如托盘）的标识和追溯是通过分配 SSCC 实现的。任何物流单元，无论何种类型（混合的或者统一的），都须要携带在出发点分配的 SSCC。每个新的物流单元都必须分配一个新的 SSCC。

2) 数据采集与记录

采用 EAN·UCC 系统（GTIN、SSCC、应用标识符）进行标识的产品、标准贸易项目分组和托盘，都必须采用相关的 EAN·UCC 条码符号（如图 9.3 和图 9.4 所示）。

图 9.3　EAN/UPC 条码图例　　图 9.4　UCC/EAN-128 条码图例

3) 追溯关联管理

在供应链的大部分环节中，产品都可以根据生产批次（生产流程）和运输/存储路线（物流流程）进行跟踪与追溯。

4) EAN·UCC 系统在生产环境追溯的应用

接收：对接收到的托盘的 SSCC 进行记录并同供应商的 GLN 建立关联，托盘的每一次移动，其 SSCC 都将记录和关联到新位置的 GLN 中（如进入存储或生产阶段）。

生产：在理想条件下，将在生产流程中使用的托盘 SSCC 和/或 GTIN＋材料批号，记录并关联到相应产品的 GTIN 中。在生产流程结束时，将对各个产品进行贸易单元分组，分配新的 GTIN，并同生产批号建立关联。

包装、存储和派发：标准贸易单元分组的 GTIN，是同其托盘的 SSCC 相关联的。托盘上的 SSCC 通过扫描同其目的地的 GLN 建立关联。目的地的 GLN 可以不必在标签上显示。

图 9.5 显示了使用 EAN·UCC 系统在生产环境中对位置（GLN）、物流单元（SSCC）、生产批号（AI 10）和贸易单元（GTIN）进行标识的流程。

图 9.5 生产环境中的标识管理具有如下特点：

- 若干供应商（GLN 1-3）发送材料的托盘（SSCC 1-4）。
- 材料被接收后，将针对生产流程进行储存和/或定购。
- 在生产场所（GLN 4）对零售贸易单元进行生产（GTIN1 及其批号）。
- 在包装阶段，零售贸易单元（GTIN 1 及其批号）打包到标准分组单元中（GTIN 2）。

在最后的两个步骤中，即存储和发售准备阶段，创建托盘（SSCC 5-7）并将其发送到客户目的地（GLN 5-6）。

5) EAN·UCC 系统在配送环境追溯的应用

- 接收：对接收到的托盘的 SSCC 进行记录并同供应商的 GLN 建立关联，托盘的每一

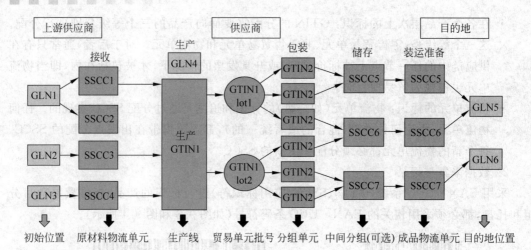

图 9.5　生产中的追溯数据管理

次移动,其 SSCC 都将被记录和关联到新位置的 GLN 中(如进入存储、订单提取或物流阶段)。

• 订单提取和配送:从存储区域提取出来准备进行物流运输的托盘的 SSCC,或没有进行存储的未修改的交接运输托盘的 SSCC 都将被记录下来,并同运输目的地的 GLN 建立关联。

新创建的托盘包含来自不同托盘的标准贸易单元分组。在这种情况下,需要为托盘分配新的 SSCC,并将此代码与该托盘创建过程中使用的所有其他托盘的 SSCC 关联起来。在可能的情况下,还应包含每个标准贸易单元分组的 GTIN 和批号。完成这样的操作需要很大的工作量,通过应用"时间窗口"可以有效地解决这个问题,具体措施由各个公司在包装产品时制定。SSCC 将被记录和关联到其目的地的 GLN。

图 9.6 显示了在物流环境中使用 EAN·UCC 标准来标识位置和物流单元的流程。

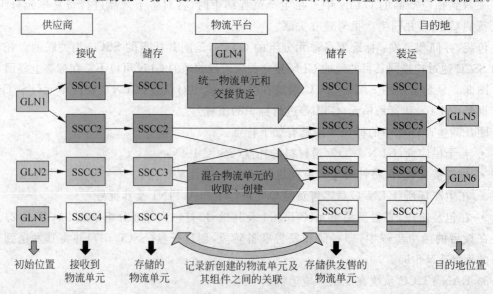

图 9.6　物流中的追溯数据管理

使用 EAN·UCC 系统来标识位置(GLN)和物流单元(SSCC)的具体特点如下:

- 若干供应商(使用 GLN 1-3 标识),发送最终产品的托盘(使用 SSCC 1-4 标识)。
- 在物流中心(GLN 4)接收后,托盘将被存储和发送到订单提取流程。
- 在订单提取阶段,将通过运输同一托盘、交接运输或创建混合托盘的方式完成订单。托盘上的产品在不进行变动的情况下,依然使用 SSCC 1 标识的原托盘进行运输。托盘上产品变化的情况下,使用新创建的 SSCC 5-7 标识的混装托盘(来自托盘 SSCC 2-4 的产品)进行运输。

在最后两个步骤,即存储和准备发售的过程中,原托盘(SSCC 1)和混装托盘(SSCC 5-7)将发送到客户/销售点目的地(使用 GLN 5-6 进行标识)。

在供应链中,以精确、快速的方式检索追溯数据具有至关重要的意义,需要在整个供应链中对接收、生产、包装、存储、运输等各个环节建立无缝的链接,并进行有效的管理才能够实现。

如果供应链中有一个合作伙伴未能对关联进行有效的管理,则会造成信息链中断,导致追溯能力丢失。要实现完的产品追溯功能,必须在供应链中的各个环节上对产品进行完善的标识。

6) 产品撤回实例

- 消费者:消费者在交易中发现异常情况。
- 分销商:分销商将消费者投诉转发给供应商,即产品的制造商,说明具体情况(产品的 GTIN),如果可能的话提供批号。
- 制造工厂:制造商对与异常情况相关的原材料进行识别,并确定相关的上游供应商。
- 上游供应商:上游供应商对导致异常情况的原因进行分析,并确定相关的生产批次;确认从这些生产批次中发售出去的所有产品单位;向客户通知问题的性质以及有问题的原材料的批号。
- 制造工厂:制造工厂决定撤回存在问题的成品;通过追溯系统,制造商搜索使用了问题原材料的成品的批次记录信息;确定需要召回的成品的包装箱和托盘的 SSCC (这些产品可能已经处于运输过程中、外部存储中和/或已经提供给客户);对还在库存中的包装箱和托盘进行清点;确认客户,并向他们提供关于需要清点和返回的产品的信息(SSCC、GTIN、批号)。
- 零售物流中心:零售物流中心在库存和出货区域,确认需要清点和返回的包装箱和托盘,以及已经发送到零售店的包装箱和托盘;清理和退回手中的受影响产品;向零售店铺提供待清理产品的 SSCC、GTIN 和批号。
- 销售点:零售店铺清点可疑产品(GTIN 和批号)。

9.3　EPC/RFID 与食品追溯

从物联网的定义可以看出,互联网是物联网的基础。要实现万物相连,统一的物品编码是物联网实现的前提,就像互联网中电脑入网需要分配 IP 地址一样。

产品电子编码 EPC 旨在为每一件单品建立全球的、开放的标识标准,实现全球范围内对单件产品的跟踪与追溯,从而有效提高供应链管理水平、降低物流成本。EPC 的载体是

RFID 电子标签,并借助互联网来实现信息的传递。EPC 是一个完整的、复杂的、综合的系统。

国际电联报告中,RFID 排在了物联网 4 大关键应用技术之首,而以 RFID 技术为依托的产品电子编码 EPC 在全球得到了广泛的关注和积极推进。

9.3.1 EPC 概述

1. EPC 产生的背景

20 世纪 70 年代开始在全球推广应用的以商品条码为核心的全球统一标识系统,现已深入到日常生活的每个角落。随着全球经济一体化和信息技术的发展,顾客个性化需求日益增长,不确定性也大大增加,在贸易物流、生产制造等领域对供应链效率提出了越来越高的要求。由于物品标识和识别技术的落后,造成信息不对称,严重地影响到社会物流效率。

随着全球经济一体化的发展,物品单品标识和信息精细管理需求日益增长,基于 RFID 和互联网的一项物流信息管理新技术产品——EPC 应运而生。

1998 年麻省理工学院的两位教授提出,以射频识别技术为基础,对所有的货品或物品赋予其唯一的编号方案,来进行唯一的标识。这一标识方案采用数字编码,并且通过实物互联网来实现对物品信息的进一步查询。这一技术设想催生了 EPC(产品电子代码)和物联网概念的提出。即利用数字编码,通过一个开放的、全球性的标准体系,借助于低价位的电子标签,经由互联网来实现物品信息的追踪和即时交换处理,在此基础上进一步加强信息的收集、整合和互换,并用于生产和物流决策。

1999 年麻省理工学院成立 Auto-ID Center,致力于自动识别技术的开发和研究。Auto-ID Center 在美国统一代码委员会的支持下,将 RFID 技术与 Internet 网结合,提出了EPC 的概念。国际物品编码协会与美国统一代码委员会将全球统一标识编码体系植入EPC 概念当中,使 EPC 纳入全球统一标识系统,从而确立了 EPC 在全球统一标识体系中的战略地位,使 EPC 成为一项真正具有革命性意义的新技术,受到了世界众多国家的高度重视,被誉为全球物品编码工作的未来,将给人类社会生活带来巨大的变革。

随后,英国剑桥大学、澳大利亚的阿德雷德大学、日本 Keio 大学、瑞士的圣加仑大学、上海复旦大学、韩国信息通迅大学相继加入并参与 EPC 的研发工作。该项工作还得到了可口可乐、吉利、强生、辉瑞、宝洁、联合利华、UPS、沃尔玛等 100 多家国际大公司的支持,其研究成果已在宝洁公司、TESCO 等公司中试用。

2003 年 11 月 1 日,国际物品编码协会正式接管了 EPC 在全球的推广应用工作,成立了EPCglobal,负责管理和实施全球的 EPC 工作。EPCglobal 授权国际物品编码协会在各国的编码组织成员负责本国的 EPC 工作,其主要职责是管理 EPC 注册和标准化工作,在当地推广 EPC 系统和提供技术支持以及培训 EPC 系统用户。2004 年 1 月 EPCglobal 授权中国物品编码中心作为唯一代表负责我国 EPC 系统的注册管理、维护及推广应用工作。

EPCglobal 的成立为 EPC 系统在全球的推广应用提供了有力的组织保障。EPCglobal 旨在搭建一个可以自动识别任何地方、任何事物的开放性的全球网络。EPC 系统,可以形象地称为狭义的"物联网"。在物联网构想中,RFID 标签中存储的 EPC 代码,通过无线数据通信网络自动采集到中央信息系统,实现对物品的识别,进而通过开放的计算机网络实现信息交换和共享,实现对物品的透明化管理。

2. EPC 系统的构成和特点

1) EPC 系统的构成

EPC 系统之所以能够在物联网建设中占据如此重要的地位,主要在于它的系统构成以及一系列不可取代的优点。EPC 系统是一个先进的、综合的、复杂的系统,其最终目标是为每一单品建立全球的、开放的标识标准。它由 EPC 编码体系、射频识别系统及信息网络系统三部分组成。

EPC 的编码体系即 EPC 的编码标准,是识别目标的特定代码。射频识别系统包括 EPC 标签和识读器,前者贴在物品之上或内嵌在物品之中;后者用于识读 EPC 标签。信息网络系统包括 EPC 中间件、对象名称解析服务(Object Naming Service,ONS)和 EPC 信息服务(EPCIS)。EPC 中间件是 EPC 系统的软件支持系统;ONS 对物品进行解析;EPCIS 采用可扩展标记语言进行信息描述,提供产品相关信息接口。

2) EPC 系统的优点

(1) 开放性。

EPC 系统采用全球最大的公用互联网,避免了系统的复杂性,大大降低了系统的成本,并有利于系统的增值。梅特卡夫(Metealfe)定律表明,一个网络开放的结构体系远比复杂的多重结构更有价值。

(2) 通用性。

EPC 系统可以识别十分广泛的实体对象。EPC 系统网络是建立在互联网上,并且可以与互联网所有可能的组成部分协同工作,具有独立平台,且在不同地区、不同国家的射频识别技术标准不同的情况下具有通用性。

(3) 扩展性。

EPC 系统是一个灵活、开放、可持续发展的体系,可在不替换原有体系的情况下做到系统升级。由此可以毫不夸张地说,EPC 的产生使得物联网真正从思想走向实践。有专家预言,"未来 10 年内,物联网一定会像现在互联网一样高度普及",届时,带有 EPC 编码的标签一定会比现在的条码更加随处可见,物品能够"开口说话",整个世界都将会更加智能。

9.3.2 EPC/RFID 物品识别的基本模型

RFID 能够更加容易和灵活地把"物"改变成为智能物件,它的主要应用是把移动和非移动的"物体"贴上标签,实现各种跟踪和管理。按瑞士 ETH Fleisch 教授的划分,RFID 是穿孔卡、键盘和条码等应用技术的延伸,比条形码等技术有更多的优点,但它们都属于提高"输入"效率的技术,也都应该属于物联网应用技术范畴。Auto-ID 中心的 EPCGlobal 体系就是针对所有可电子化的编码方式的,而不只是针对 RFID。RFID 只是编码的一种载体,此外还有其他基于物理、化学过程的载体,如同方试金石公司的防伪技术。

EPCglobal 提出了 Auto-ID 系统的 5 大技术组成,分别是 EPC、RFID、ALE 中间件、EPCIS 以及信息发现服务(包括 ONS 和 PML)。

应用层事件(Application Level Event,ALE)规范,于 2005 年 9 月,由 EPCglobal 组织正式对外发布,其目的是实现信息的过滤和采集。它定义出 RFID 中间件对上层应用系统应该提供的一组标准接口,以及 RFID 中间件最基本的功能。

EPC/RFID 物品识别功能的实现主要由 EPC 编码标准、RFID 电子标签、识读器、Savant 网络、对象名解析服务以及 EPC 信息服务系统等六方面组成。

1. EPC 编码

EPC 提供对物理对象的唯一标识。储存在 EPC 编码中的信息包括嵌入信息(Embedded Information)和参考信息(Information Reference)。嵌入信息可以包括货品重量、尺寸、有效期、目的地等。其基本思想是利用现有的计算机网络和当前的信息资源来存储数据,这样 EPC 就成了一个网络指针,拥有最小的信息量。参考信息其实是有关物品属性的网络信息。

2. RFID 电子标签

由天线、集成电路、连接集成电路与天线的部分、天线所在的底层 4 部分构成。RFID 电子标签中存储 EPC 码。RFID 电子标签有主动型、被动型和半主动型三种类型。主动和半主动标签在追踪高价值商品时非常有用,它们可以远距离的扫描,但这种标签每个成本也较高。被动标签相对便宜,正在被积极地研究和推广。

3. 识读器

使用多种方式与标签交互信息,近距离读取被动标签中的信息最常用的方法就是电感式耦合。标签利用这个磁场发送电磁波给识读器。这些返回的电磁波被转换为数据信息,即标签的 EPC 编码。识读器读取信息的距离取决于识读器的能量和使用的频率。通常来讲,高频率的标签有更大的读取距离。一个典型的低频标签必须在一英尺内读取,而一个UHF 标签可以在 3.05~6.10 米的距离内被读取。

4. Savant 系统

每件产品都加上 RFID 电子标签之后,在产品的生产、运输和销售过程中,识读器将不断收到一连串的 EPC 码。为了在网上传送和管理这些数据,Auto-ID 中心开发了一种名叫Savant 的软件系统,它是一个树状结构,这种结构可以简化管理,提高系统运行效率。它可以安装在商店、本地配送中心、区域甚至全国数据中心中,它的主要任务是数据校对、识读器协调、数据传送、数据存储和任务管理。

5. 对象名解析服务系统

通过将 EPC 码与相应物品信息进行匹配来查找有关实物的参考信息。例如,当一个识读器读取到 EPC 标签的信息时,EPC 码就传递给 Savant 系统,然后再在局域网或因特网上利用 ONS 找到这个产品信息所存储的位置。由 ONS 给 Savant 系统指明了存储这个产品的有关信息的服务器,并将这个文件中的关于这个产品的信息传递过来。

6. EPCIS(EPC 信息服务)

在物联网中,有关产品信息的文件存储在 EPC 信息服务器中。这些服务器往往由生产厂家来维护。所有产品信息将用一种新型的标准计算机语言——物理标记语言(PML)书写,PML 是基于为人们广为接受的可扩展标识语言发展而来的。PML 文件将被存储在 EPC 信息服务器上,为其他计算机提供他们需要的文件。

7. PML

正如互联网中 HTML 语言已成为 WWW 的描述语言标准一样,物联网中所有的产品信息也都是在以可扩展标示语言(eXtensible Markup Language,XML)基础上发展的物体标记语言(Physical Markup Language,PML)来描述。PML 被设计成用于人及机器都可使用的自然物体的描述标准,是物联网网络信息存储、交换的标准格式。

8. EPC 码的识读流程

解读器读取一个 EPC 码,将信息传送给 Savant 系统,并通过 ONS 获取与当前所探测到的远程 EPC 信息服务器的地址,此后 Savant 向远程的 EPC 信息服务器发送读取 PML 数据的请求,EPC 信息服务器返回给 Savant 它所请求的 PML 数据,再由 Savant 处理新读取的 EPC 码的内容,其识读流程如图 9.7 所示。

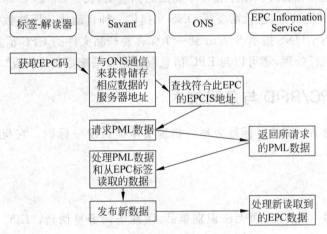

图 9.7 EPC 码的识读流程

9. 基于 EPC/RFID 的物联网概念

EPC 网络使用射频技术实现供应链中贸易项信息的真实可见性。它由 5 个基本要素组成:产品电子代码、识别系统(EPC 标签和识读器)、对象名解析服务、物理标记语言以及 Savant 软件。EPC 本质上是一个编号,此编号用来唯一的确定供应链中某个特定的贸易项。EPC 编号位于由一片硅芯片和一个天线组成的标签中,标签附着在商品上。使用射频技术,标签将数字发送到识读器,然后识读器将数字传作作为对象名解析服务的一台计算机或本地应用系统中。ONS 告诉计算机系统在网络中到哪里查找携带 EPC 的物理对象的信息,如该信息可以是商品的生产日期。物理标记语言是 EPC 网络中的通用语言,用来定义物理对象的数据。Savant 是一种软件技术,在 EPC 网络中扮演中枢神经的角色并负责信息的管理和流动,确保现有的网络不超负荷运作。

EPC/RFID 技术是以网络为支撑的大系统,一方面利用现有的 Internet 网络资源;另一方面可在世界范围内构建出实物互联网,基于 EPC/RFID 的物联网系统如图 9.8 所示。

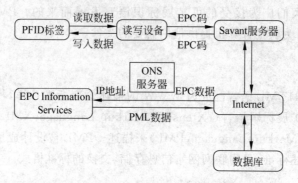

图 9.8　基于 EPC/RFID 的物联网系统

在这个由 RFID 电子标签、识别设备、Savant 服务器、Internet、ONS 服务器、EPC 信息服务系统以及众多数据库组成的实物互联网中,识别设备读出的 EPC 码只是一个指针,由这个指针从 Internet 找到相应的 IP 地址,并获取该地址中存放的相关物品信息,交给 Savant 软件系统处理和管理。由于在每个物品的标签上只有一个 EPC 码,计算机需要知道与该 EPC 匹配的其他信息,这就需要用 ONS 来提供一种自动化的网络数据库服务,Savant 将 EPC 码传给 ONS,ONS 指示 Savant 到一个保存着产品文件的 EPC 信息服务器中查找,Savant 可以对其进行处理,还可以与 EPC 信息服务器和系统数据库交互。

9.3.3　EPC/RFID 与条码技术

EPC/RFID 物品识别的目标是为每一物理实体提供唯一标识。它与传统条码技术相比有以下优点。

1. 唯一标识

条码只能识别一类产品,而无法识别单品,因此条码容易伪造。EPC 却可以为单品提供唯一标识。

2. 读取方便

条码是可视传播技术。扫描仪必须"看见"条码才能读取它,这表明人们通常必须将条码对准扫描仪才有效。相反,无线电识别并不需要可视传输技术,射频标签只要在识读器的读取范围内就可以了。无线电识别可以穿过外包装进行识别,即 RFID 芯片可以嵌入到物体内部,如第二代身份证等。这大大减少了人的参与,方便而高效、防伪且安全。

3. 长寿耐用

纸型条码容易破损和受到污染。RFID 电子标签可以应用于粉尘、油污等高污染环境和放射性环境。

4. 动态更改

条码信息一旦需要更改就必须重贴,而 RFID 电子标签中的信息可以编辑,便于更新。

5. 可扩展性

RFID 电子标签存储的是电子数据。在需要的时候可以改变其中的编码结构,便于升级。

6. 保密性强

RFID 电子标签可以设置密码,保密性大大增强。

条码技术是为自动结算设计的,虽然现在已经在产品生产和流通的其他环节有一定的应用并取得一定的收益,但是其自身存在的一些问题限制了其在物流领域中发挥更大的作用。虽然 EPC/RFID 与条码技术相比有巨大的优势,但是条码技术作为一项十分成熟的技术在物联网中仍然可以起到一定的作用。EPC 代码实际上是一种编码手段,EPC 并没有对其信息载体进行任何限制,现在有飞速发展起来的射频识别技术,也有成熟的条码技术,EPC 码可以储存在 RFID 芯片中,同样可以储存在条码中。

电子标签广泛采用后的隐私问题和环保问题一直有争论。EPC 在某些产品上采用条码技术,可以有效地解决目前普遍关注的射频标签如何避免隐私的问题、磁污染问题和废弃标签中芯片的处理问题。

9.3.4　物联网与 EPC/RFID 技术应用展望

物联网技术的应用可以使电子商务变得更强大,使消费者可以在网上查到任何一家商店的任何一件商品,选择起来得心应手。在物流领域,RFID 电子标签可以应用于自动仓储库存管理、产品物流跟踪、供应链自动管理、产品装配和生产管理、产品防伪等多个方面。生产组织大量使用 RFID 电子标签可以提高整个供应链和生产作业管理水平。

1. 零售业

今后人们到商场去购物,可能只要将货架上的商品放进购物车,然后推车出门就可以了。因为商店使用了 EPC/RFID 技术,在商店的出口装有 RFID 识读器,当有人把商品带出去的时候,识读器自动列出所购商品清单并通过结算系统自动在该人的账户上扣取相应的货款。这一技术还使得人们可以带着自己的物品进入超级市场,因为这些物品上的标签显示它们不属于这家商店,因此出门时也不会带来不必要的麻烦。

2. 物流业

货物的清点、查询、发货将变得非常简单和准确。仓库的管理效率更高,用人更少。车辆管理安装了相应系统之后,将有效降低空驶率,并为“智能交通”提供信息管理的平台。

3. 制造业

通过将 EPC/RFID 技术引入企业生产管理,可实现企业生产信息的自动实时录入,准确记录每一产品形成的全部过程和成本发生的因果信息,实现对物品在加工环节及以后的信息追踪和管理。

4. 有效防伪

由于消费者可以通过商品标签在网上查到有关商品的几乎全部信息,因此假冒产品将变得更加困难。这一技术对高值物品尤其有利。

5. 军事领域

一些国家已经开始在军需物资上使用 RFID 技术,以加强物资的管理、盘点和查询工作。美国军方早在 20 世纪 90 年代就开始采用 RFID 技术用于海湾战争中士兵个人信息识别,美国国防部要求 2005 年 1 月 1 日以后,所有军需物资都要使用 RFID 电子标签。

物联网与 EPC/RFID 技术的应用推广具有它的必然性、必要性和系统性,国际上已经开始了一些重要的实验性的应用。中国有关部门也已经看到了应用推广物联网与 EPC/RFID 技术的紧迫性和战略性,正在抓紧制定相关标准并在一些企业中进行试点。这一过程需要全社会各行各业的支持,尤其是大企业大公司的支持。

9.3.5　肉类流通追溯系统(南京高通)

建设一套符合社会需求、业务需求,并且标准化、自动化、简单易行的生猪追溯系统,已成为一个紧迫的课题放在了我们的面前。屠宰场电子标签轨道衡系统是为生猪屠宰场、肉类批发市场实现信息化改造而特制的专用单轨衡。用于白条猪的电子计量及肉类产品的可追溯系统和信息化交易系统。

按照信息可靠、运行高效、责任明确、操作简便的总体要求,在"屠宰场电子标签轨道衡系统"。系统实现总体目标:猪肉屠宰、批发全过程跟踪、信息清晰、追溯快捷。系统建设的主要内容:围绕猪肉流通中的肉品及肉品经营者,以猪肉及其产品的生产经营企业信息采集系统为基础,整合企业现有信息资源,利用智能卡技术、编码和加密技术、网络和数据库技术,对基础数据进行采集、整合、处理、存储,建立"＊＊肉类流通追溯 RFID 标签轨道衡系统",在屠宰场、肉类批发市场的每一个关键的工艺环节上,能够快速、准确、实时地录入有关生猪溯源所需基础信息,形成本市猪肉流通从生猪屠宰、肉品批发全过程、全方位的肉品安全监管信息网络,在本市建立信息追溯系统的零售终端内购买的猪肉能追溯到源头,为国家和市政府职能部门决策提供信息支持。

1. 绿星肉类流通追溯 RFID 标签轨道衡系统组成

肉类流通追溯 RFID 标签轨道衡系统由轨道衡、称重数模转换器、LED 数码显示屏(选购)、进货理货机、挂钩(含 RFID 电子标签、卡座)、挂钩 RFID 电子标签读写卡器、出货理货机组成。在商务部"放心肉"服务体系建设试点工作中,解决了屠宰场、批发市场的肉类可追溯管理。

屠宰场生猪屠宰的工艺流程图见图9.9。

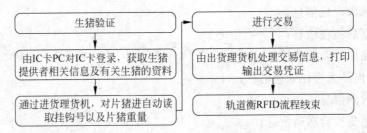

图9.9 生猪交易流程示意图

根据上述屠宰场生猪屠宰的工艺流程,RFID 轨道衡系统则主要是以采集供应商信息及生猪进货验证、过磅出货与交易这三个环节进行工作。具体的工作流程见图9.10。

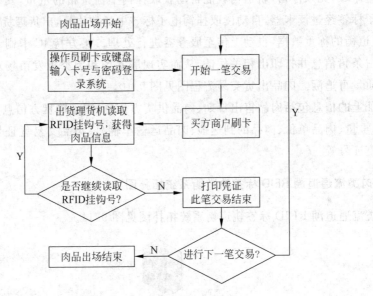

图9.10 肉品出货交易流程图

2. 生猪屠宰溯源信息采集

1) 信息采集点一(基础信息)

- 使用时系统,首先操作员通过 PC,用 IC 卡进行上岗工号登记,可以对操作人员进行管理。
- 生猪供货商进场时须登记领取 IC 卡,在卡内输入供货商的身份或单位等信息资料、生猪的检验检疫等证明和基本信息资料。
- 进货时,读取供货商户的 IC 卡,获取商户的基本信息,及其所供应的猪是否具备完整的生猪进货检疫验证手续。

2) 信息采集点二(进货信息)

生猪进货屠宰后,在屠宰过程中经过对猪内脏及酮体检验,通过进货理货机读取该头猪

所对应的挂钩号及并将这头猪的检验信息上传至交易中心的服务器,同时记录在供货商户的 IC 卡中。相关的信息如下:

- 屠宰场企业档案信息;
- 生猪来源产地信息;
- 生猪宰后检疫信息;
- 肉品品质检验病猪信息;
- 生猪、肉品无害化处理信息;
- 宰后检测信息;
- 肉品品质检验病猪信息;
- 生猪、肉品无害化处理便信息。

3) 信息采集点三(出货信息)

出货(交易)时,出货理货机在称重时不必把白条肉卸下来过磅,只要挂着白条肉的挂钩滑过称重区域,无须停留,轨道衡就能自动获取挂钩上白条猪的重量,安装在轨道挂钩上的挂钩电子标签经过读卡器,自动读取挂钩电子标签中的挂钩号,出货理货机可以将对应的挂钩号、轨道衡的称重数据,自动上传至服务器进行处理。买方持 IC 卡刷卡并写入所买该挂钩号的白条猪信息并打印出相关凭证,从而实现屠宰场和肉类批发市场对每一头猪的电子结算和质量可追溯。肉品出货交易流程图见图 9.10。

凭证上的信息包括肉品售出日期、肉品供货方信息、肉品购货方信息、肉品品名、肉品数量、肉品重量、肉品单价、肉品的到达地、肉品运输车辆号、肉品交易凭证号、生猪检疫证号、肉品检疫证号等。

3. 肉类流通追溯 RFID 标签轨道衡系统拓扑图

肉类流通追溯 RFID 标签轨道衡系统拓扑图见图 9.11。

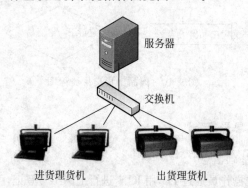

图 9.11　肉类流通追溯 RFID 标签轨道衡系统拓扑图

4. 肉类流通追溯 RFID 标签轨道衡系统架构图

肉类流通追溯 RFID 标签轨道衡系统架构图见图 9.12。

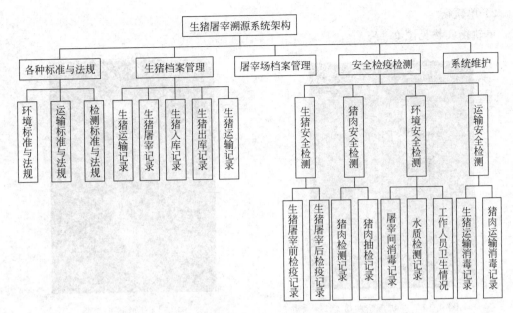

图 9.12 肉类流通追溯 RFID 标签轨道衡系统架构图

数据中心操作、屠宰场、批发市场系统选用 Windows Server 2008 企业版。所有客户商选用主流 Windows 操作系统。Windows Server 2008 包含了基于 Windows Server 2003 优势而构建的核心技术,从而提供了具成本效益的优质服务器操作系统。

数据中心、屠宰场、批发市场数据平台选用 SQL Server 2008,是一个全面、集成、端到端的数据解决方案,它为组织中的用户提供了一个更安全可靠和更高效的平台用于企业数据和 BI 应用。SQL Server 为 IT 专家和信息工作者带来了强大的、熟悉的工具,同时降低了在从移动设备到企业数据系统的多平台上创建、部署、管理和使用企业数据和分析应用程序的复杂性。通过全面的功能集、与现有系统的互操作性以及对日常任务的自动化管理能力,SQL Server 为不同规模的企业提供了一个完整的数据解决方案。

5. 肉类流通追溯 RFID 标签轨道衡系统系统专用设备

1) 进货理货机

进货理货机实物见图 9.13。

进货理货机需要完成进货信息录入和检疫信息录入的作用,包含工业级触摸屏专用电脑、IC 卡读卡器、防水键盘、漏电断路器和悬挂式机箱、安装支架等。

进货理货机功能如下:

- 具有防水、防触电、耐高温功能,适应低温工作环境(-20~+40℃);
- 具有读取电子标签功能及读取单轨衡数据的功能,可提供给最终用户对端口溯源的基本数据;
- 具有手工输入商户基本信息的功能,对于新的商户或需补充信息的商户,可以通过进货理货机,录入相关信息,从而形成完整的商户信息;
- 具有联网功能,所有信息都通过网络,在数据中心获取或保存相关信息;
- 具有读取 IC 卡的功能,通过读卡,获取商户的基本信息;通过刷卡,获取信息打印交易凭证。

2）单轨衡

单轨衡实物见图 9.14。

图 9.13　进货理货机实物

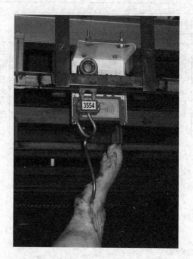

图 9.14　单轨衡实物

屠宰轨道衡直接安装在屠宰车间的滑行轨道上，达到Ⅲ级秤的标准。

- 执行标准：GB/T7722-2005Ⅲ级秤标准。
- 称重量程：150～200kg。
- 分度值：3/10000。
- 专用数码显示屏：3 英寸高亮度 LED。
- 去皮范围：99999。
- 传感器负载能力：可驱动 700Ω。
- 电源电压：12V（＋10％～－15％）。
- 储藏湿度：≤70％RH 无结露。
- 工作湿度：≤90％RH 元结露。
- 储藏环境温度：10～＋50℃。
- 工作环境温度：0～＋50℃。

图 9.15　出货理货机实物

3）出货理货机

出货理货机实物见图 9.15。

出货理货机功能如下：

- 具有联网功能，所有信息都通过网络，在数据中心获取或保存相关信息；
- 具有读取 ID 卡电子标签的功能，可以读取 IC 卡，通过读卡获取商户的基本信息；
- 具有打印凭证的功能，通过刷卡获取信息，打印交易凭证；
- 具有防水、防触电、防撞击、耐高温耐低温功能（－20～＋40℃）；
- 具有读取 IC 卡的功能，通过读卡，获取商户的基本信息；通过刷卡，获取信息打印交易凭证。

根据用户需求，选配计算机型或嵌入式单片机型。计算机型含工业级触摸屏专用计算机、IC 卡读卡器、打印机、漏电断路器和悬挂式机箱、安装支架；嵌入式单片机型含嵌入式计算机主控板、IC卡读写器、打印机、网络通信模块、悬挂式机箱、安装支架。

4）肉类流通追溯挂钩RFID电子标签

肉类流通追溯挂钩RFID电子标签含ID卡和安装装置。

在推行"放心肉追溯体系"建设中，绝大多数屠宰场均采用在原有轨道衡上进行改造的方案。屠宰场的电子标签轨道衡系统，有别于批发市场，主要是在屠宰过程中，在套脚提升、刮毛修理提升、劈半（见图9.9，屠宰场生猪屠宰的工艺流程图）这几个环节，挂钩随着轨道在提升的过程中，由于轨道倾斜，挂钩受到轨道夹角的挤压撞击，导致电子标签卡座破损。为此，一要选用大功率电子标签，二要采用高抗冲工程塑料制作专用卡座将ID卡安装在挂钩之中，方能读取挂钩的ID卡号。

由于肉类流通追溯RFID标签轨道衡系统需要在屠宰场、批发市场轨道衡上装ID卡，而项目涉及屠宰场、批发市场的新建和改造两种状况。据此，就新旧轨道衡上不同形式的挂钩，设计了A型、B型、C型、D型"ID卡标签卡座"，选用高抗冲工程塑料，制作专用高强度注塑卡座，可以在新装轨道衡和旧的轨道衡上装ID卡电子标签，满足了肉类可追溯系统的要求，现已成功地应用于河北、江苏、江西、山东等地的屠宰场和肉类批发市场。A型、B型、C型、D型"ID卡标签卡座"实物见图9.16。

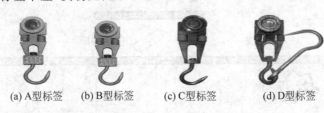

(a) A型标签　　(b) B型标签　　(c) C型标签　　(d) D型标签

图9.16　A型、B型、C型、D型"ID卡标签卡座"实物

各个屠宰场、批发市场使用的轨道衡不统一，制定方案前，要对轨道衡进行现场考察，根据轨道及挂钩实际情况，方能定制确实可行的安装装置，选用合适的标签卡座，方能确保ID卡电子标签正常工作。

挂钩电子标签的ID卡，使用125kHz频率，经热合封装，具有耐高低温、防水（可以长时间浸泡在水中）的功能。

6. 绿星肉类IC卡流通追溯子母秤

GS50/150型绿星肉类IC卡流通追溯子母秤，由控制主机、50kg和150kg电子秤组成，适用于批零兼营的小型批发商使用。零售时使用50kg电子秤，批发时使用150kg电子秤，尤其适合于肉类批发市场对分割肉的批零兼营及对肉类产品的可追溯。GS50/150型绿星肉类IC卡流通追溯子母秤见图9.17。

控制主机包含专用主控计算机板、以太网通信接口、操作汉字液晶显示屏、秤数模转换板、内置式高速打印机、内置式非接触IC卡读写器、操作键盘、客户显示屏等。

7. 绿星肉类蔬菜IC卡流通追溯一体机

1）系统功能

"肉类蔬菜IC卡流通追溯一体机"采用IC卡作为市场准入的载体，实行持卡者信息（姓名、身份证号、住址、电话、摊位号)、农残安全检测、车辆管理、无币化交易、资金转账、客户余额查询一卡通。客户通过持卡交易,可实现交易双方货款自动划拨,自动扣取交易双方交易管理费的等功能,交易同时将相关信息存入数据库,系统可查询、统计、打印各类报表,对市场交易情况实行实时化、数据化的全面管理。节约了人力资源,减小了劳动强度,杜绝了交易漏洞,强化了市场管理,方便了各个环节的信息查询及农产品质量安全的责任追溯。

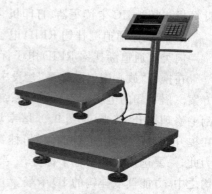

图 9.17　GS50/150 型绿星肉类 IC 卡
流通追溯子母秤

2) 系统组成

系统由局域网络系统、管理系统和多个交易终端子系统组成。肉类蔬菜 IC 卡流通追溯一体机组成见图 9.18。

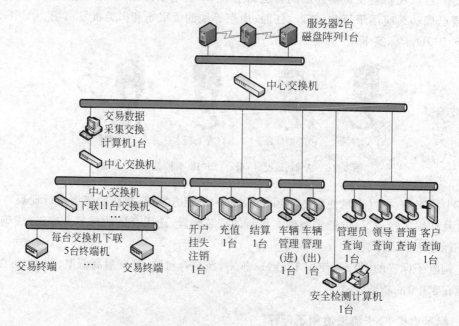

图 9.18　肉类蔬菜 IC 卡流通追溯一体机组成

- 系统采用 SQL server 数据库可查询、统计、存储、打印大量上传的交易数据。上位机也可下传时间及新增品种的数据给终端机;
- 由于系统涉及资金结算,对系统的稳定性、可靠性提出了更高的要求。网络系统采用标准 RJ45 网络接口的连接方式,以实现大量数据远距离高速、可靠传输;
- 产品批发市场的温差大、灰尘多,一体机采用专用微处理机,控制电子磅秤、IC 卡读、写、录入、打印等功能,提高了一体机的适应性;
- 避免计算机操作系统和汉字录入等操作方式,实现智能化友善界面,使文化程度很低的司磅员或经营户经短时间培训即可上岗工作;
- IC 卡管理流程见图 9.19。

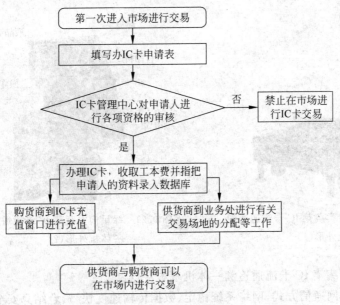

图 9.19 IC 卡管理流程

3）子系统功能

* 车辆进场管理窗口，进入市场进行交易的运输车辆，要进行登记，并按不同的车辆吨位收取管理费。
* IC 卡开户窗口，进入市场进行交易的客户，要先到 IC 卡开户窗口进行申领。
* IC 卡充值窗口，客户取得 IC 交易卡后。须去 IC 卡充值窗口进行现金充值。
* IC 卡农产品安全检测窗口，进入市场进行交易的农产品，须进行安全检测，农产品检测是否合格均记录在 IC 卡中。交易终端在交易过程中能自动识别出合格与否，卡内记录的不合格产品禁止在市场内进行交易，杜绝了不合格农产品流入农贸市场。
* IC 卡结算窗口，需要提取自己 IC 交易卡账户内现金的客户，凭 IC 交易卡和自己的密码，在 IC 卡结算窗口提取现金。
* IC 卡信息查询子系统，客户如需了解自己交易情况及卡内余额情况，可到客户查询机上进行自助式查询。市场各个管理部门，可根据相应权限，在查询系统中查询相关资料。并打印输出各类报表（如财务日报、财务月报、财务年报等）。
* 车辆出场管理窗口，进入市场交易完离场的车辆，必须进行出场登记。
* 系统管理员窗口，使用该系统的所有工作人员，都可通过系统管理员分配工作卡号，如果在使用的过程中发生工作卡遗失、注销的，可由管理员进行挂失注销处理。另外，在交易的过程中，如果出现突发情况而导致交易中途中断，有可能造成交易数据不清楚时，可以由管理员进行检查。管理员在本系统中具有最高的使用权限。

8. 绿星肉类蔬菜 IC 卡流通追溯一体机（国家专利产品）

1）绿星肉类蔬菜 IC 卡流通追溯一体机外形

绿星肉类蔬菜 IC 卡流通追溯一体机外形分别见图 9.20 和图 9.21。

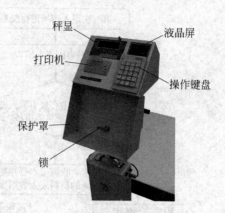

图 9.20　绿星肉类蔬菜 IC 卡流通追溯
一体机外形(1)

图 9.21　绿星肉类蔬菜 IC 卡流通追溯
一体机外形(2)

2）绿星肉类蔬菜 IC 卡流通追溯一体机基本特点

- 千兆以太网通信方式,网络系统稳定、数据传输速度快、资金结算安全。
- 设计上采用客户机/服务器层次构架的国际标准 TCP/IP 通信协议,只需调用开放式接口程序,交易一体机所有采集的数据均以文本格式与网络后台服务器的 SQL Server、Oracle 等数据库进行无缝对接,接口程序符合国家发改委颁布的《农产品批发市场数据传输接口规范(试行)》要求,保证了交易一体机与服务器的无障碍通信。
- 接口具有可扩展性强,无须投入多台前置处理计算机,免去了 Nport Servet 协议转换,保证了大量数据传高速、稳定。
- 整机结构紧凑,占地面积小,移动方便。
- 简单易学,无须进入计算机操作系统、无须输入汉字。交易时,操作者只需输入品种代码、单价,软件自动计算管理费、打印交易凭证,上传汇总,无须进入计算机操作系统录入汉字。除数字键外,仅有 6 个功能键,司磅员或经营户经半小时培训即可上机操作。
- 采用工控机控制,可靠性高、稳定性好、适应性强、维修成本低。IC 卡交易一体机采用工控机控制,避免了普通计算机易损坏、维修量大的缺陷。
- 采用标准计算机小键盘,具有可靠耐用、维修成本低,对环境要求低。
- 实用性强,杜绝了交易漏洞,强化了市场管理。在交易现场能进行交易撤单操作、补单打印、按重量过磅或按件数核准、自动识别优惠卡和普通卡的管理费率等功能。自动扣除管理,并将交易双方的成交金额自动从买方 IC 卡转入卖方 IC 卡中。
- 方便信息查询,确保农产品质量安全的责任追溯。
- 采用无线低压供电,确保人身安全。
- 可以按照用户需求,选配专用读卡器,使用公交 IC 卡或银行卡。

绿星肉类蔬菜 IC 卡流通追溯一体机现已成功地用于国内十多个大型批发市场,可用于肉类批发市场的电子结算和可追溯系统。

3) 绿星无线网络系统

根据国家发改委的要求,为积极做好农产品批发市场信息化建设国债项目,需对原有的 IC 卡交易一体机的实用性、适应性、可靠性、稳定性、可维护性及外观等方面做了进一步的完善,并就农产品批发市场的使用环境、使用者素质,研制了大功率无线基站和无线传输肉类蔬菜 IC 卡流通追溯一体机。选用企业级的无线网络设备,其可靠性高,传输速度快,可用于可靠性要求较高的系统,现已成功地应用于江苏、安徽、山东、河北的蔬菜、水产批发市场。

- 绿星无线网络系统由光缆、电源、光纤收发器、交换机、大功率无线基站(企业级)等组成。可实现大量数据远距离无线传输,每个 GS-WXJZ200 型大功率无线基站可传输来自全向直径 200 米范围内的无线 IC 卡交易一体机的数据,超出控制范围可设置多个大功率无线基站,各基站之间具有无线漫游功能。该系统抗干扰性强,传递速度快,安全可靠,适合于工作环境较差的农产品批发市场应用。

- 绿星 GS-WXJZ200 型大功率无线基站。

由于农产品批发市场内有大量卡车、农用车出入,给网络环境设置了很多不确定的屏蔽障碍,因此,绿星 GS-WXJZ200 型大功率无线基站有别于普通无线基站的是,增加了专用抗干扰收发装置、功率增强模块,以满足农产品批发市场这一特定环境的使用。

- 绿星 GS-WXJZ200 型无线基站含企业级无线发射接收装置、专用抗干扰收发装置、功率增强模块、天线、POE 电源模块,具有抗干扰性强,传递速度快,安全可靠、并有无线漫游的功能,可实现大量数据远距离无线传输。

无线基站可以发射、接受来自全向直径,200 米范围内的无线信号。

4) 绿星肉类蔬菜 IC 卡流通追溯无线一体机

在无线网络系统环境下,绿星无线肉类蔬菜 IC 卡流通追溯无线一体机在全向 200 米范围内可以无线接收发射交易数据,进行无币化电子结算。绿星移动式无线 IC 卡交易一体机具有安全性好、可靠性高、稳定性强、维修成本低、对环境要求低的特点。

9. 绿星农贸市场肉类蔬菜流通追溯系统

绿星农贸市场肉类蔬菜流通追溯系统结构图见图 9.22。

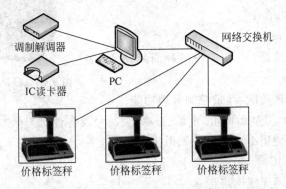

图 9.22 绿星农贸市场肉类蔬菜流通追溯系统结构图

绿星农贸市场肉类蔬菜流通追溯系统由局域网络、管理软件和肉类蔬菜追溯秤子系统组成,可以使用"公交市民卡"、IC卡(会员卡)或在现金交易状况下,实现电子秤联网,使农贸市场、生鲜超市交易实现电子结算。

系统杜绝了交易漏洞,方便了消费者信息查询,市场管理部门可以根据数据库信息,及时掌握市场的经营状况,强化了市场管理,政府职能部门可以对农产品流通环节的交易情况进行网上监控,实现有害农产品的可追溯。交易、质量追溯流程图见图9.23。

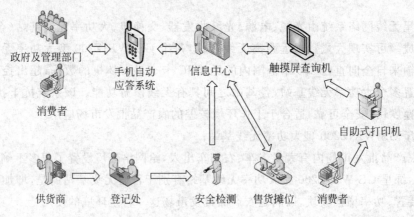

图 9.23　交易、质量追溯流程图

10. 绿星肉类蔬菜流通追溯秤(追溯计价秤、价格标签秤)

绿星农贸市场肉类蔬菜流通追溯秤可以实现自动结算、自动将交易信息上传至管理中心数据库。含有计算机标准网络接口,具有品质好,稳定性高、易操作的优点,实现销售、折扣、取消等各种收银管理等功能。

1) 外观

绿星肉类蔬菜流通追溯秤见图9.24。

2) 技术参数和功能

- 执行标准:GB/T7722-2005 Ⅲ 级秤标准。
- 称重量程:15kg/30kg。
- 分度值:5g/10g。
- 刷卡距离>50 mm。
- 大容量内置存储器,可存储4096种商品,8000多条打印记录。

图 9.24　绿星肉类蔬菜流通追溯秤

- 具有多批次管理功能、存量控制管理功能。
- LCD 双面显示,可显示单价、重量、金额、商品号及各种状态标志。
- 买卖双方均可使用 IC 卡,实现无币化交易。
- 可以选择使用 IC 卡、市民公交卡、银行卡交易。
- 可以实现局域网无线网络传输。
- 可以实现远程无线 GPRS 网络传输。
- 单品打印、累计打印及补单打印。

- 打印头寿命＞50公里,可打印条形码等多种格式。
- 高触感60键键盘,含36个商品快捷键,可翻页扩展品种键。
- 全新设计外观,大台面不锈钢秤盘,秤盘尺寸为350mm×245mm。
- 可连接收银箱,具备POS机功能。
- 可根据用户需求定制非标改制产品。

本肉类蔬菜流通追溯秤采用高性能工业级GPRS模块,GPRS采用与GSM同样的无线调制标准、频带、突发结构、跳频规则以及同样的TDMA帧结构,这种新的分组数据信道与当前的电路交换的话音业务信道极其相似。因此,现有的基站子系统从一开始就可提供全面的GPRS覆盖。GPRS允许用户在端到端分组转移模式下发送和接收数据,而不需要利用电路交换模式的网络资源。从而提供了一种高效、低成本的无线分组数据业务。GPRS理论带宽可达171.2Kbps,实际应用带宽大约在40～100Kbps,在此信道上提供TCP/IP连接,可以用于Internet连接、数据传输等应用。由于采用GPRS/CDMA 1X技术实现数据分组发送和接收,用户永远在线且按流量计费,降低了运营成本。

远程传输肉类蔬菜流通追溯秤内含有内置式读卡器,可以自动识别买卖双方的IC卡,使用M1卡进行刷卡交易。交易时读卡器自动读取买卖双方的IC卡中的信息,实现电子结算和食品安全的可追溯。它具有品质好,稳定性高、易操作的优点,可以实现销售、折扣、取消等各种收银管理等功能。

9.4 创羿科技智能仓库管理系统

仓储管理在物流管理中占据着核心的地位。传统的仓储业是以收保管费为商业模式的,希望自己的仓库总是满满的,这种模式与物流的宗旨背道而驰。现代物流以整合流程、协调上下游为己任,静态库存越少越好,其商业模式也建立在物流总成本的考核之上。由于这两类仓储管理在商业模式上有着本质区别,但是在具体操作上如入库、出库、分拣、理货等又很难区别,所以在分析研究必须注意它们的异同之处,这些异同也会体现在信息系统的结构上。

随着制造环境的改变,产品周期越来越短,多样少量的生产方式,对库存限制的要求越来越高,因而必须建立及执行供应链管理系统,借助电脑化、信息化将供应商、制造商、客户三者紧密联合,共担库存风险。仓储管理可以简单概括为8个关键管理模式:追→收→查→储→拣→发→盘→退。

库存的最优控制部分是确定仓库的商业模式的,即要(根据上一层设计的要求)确定本仓库的管理目标和管理模式,如果是供应链上的一个执行环节,是成本中心,多以服务质量、运营成本为控制目标,追求合理库存甚至零库存。因此,精确了解仓库的物品信息对系统来说至关重要,所以要解决精确的仓储管理。

仓储管理及精确定位在企业的整个管理流程中起着非常重要的作用,如果不能保证及时准确的进货、库存控制和发货,将会给企业带来巨大损失,这不仅表现为企业各项管理费用的增加,而且会导致客户服务质量难以得到保证,最终影响企业的市场竞争力。所以我们提出了全新基于射频识别的仓库系统方案来解决精确仓储管理问题。下面来分析采用射频识别技术后给企业带来的经济效益。

9.4.1　系统简介

1. 系统功能

1）定位查询功能

- 对仓库中的货物精准定位；
- 对仓库中的货物查询功能。

2）报警系统功能

- 产品过保质期；
- 产品低于库存下限或者高于库存上限；
- 库龄超过半年；
- 订单超过 24 小时未处理；
- 补货任务 1 小时内未执行；
- 收货 12 小时内未上架。

3）报警方式

- E-mail；
- SMS；
- FAX；
- 系统监控界面。

2. 系统特点

（1）读取方便快捷：数据的读取无需光源，甚至可以透过外包装来进行。有效识别距离更长，采用自带电池的主动标签时，有效识别距离可达到 30 米以上。

（2）识别速度快：标签一进入磁场，阅读器就可以即时读取其中的信息，而且能够同时处理多个标签，实现批量识别。

（3）穿透性和无屏碍阅读：条形码扫描机必须在近距离而且没有物体阻挡的情况下，才可以辨读条形码。RFID 能够穿透纸张、木材和塑料等非金属和非透明的材质，进行穿透性通信，不需要光源，读取距离更远。

（4）数据容量大：维条形码的容量是 50B，二维条形码最大容量可储存 2～3000 字符，RFID 最大的容量则有数兆字节。随着记忆载体的发展，数据容量也有不断扩大的趋势。未来物品所需携带的资料量会越来越大，对标签所能扩充容量的需求也相应增加。

（5）使用寿命长、应用范围广：其无线电通信方式，使其可以应用于粉尘、油污等高污染环境和放射性环境，而且其封闭式包装使得其寿命大大超过印刷的条形码。

（6）标签数据可动态更改：利用编程器可以向电子标签里写入数据，从而赋予 RFID 标签交互式便携数据文件的功能，而且写入时间比打印条形码更短。

（7）更好的安全性：RFID 电子标签不仅可以嵌入或附着在不同形状、类型的产品上，而且可以为标签数据的读写设置密码保护，从而具有更高的安全性。

（8）动态实时通信：标签以每秒 50～100 次的频率与阅读器进行通信，所以只要 RFID 标签所附着的物体出现在解读器的有效识别范围内，就可以对其位置进行动态的追踪和监控。

（9）体积小型化、形状多样化：RFID 不需要为读取精确度而配合纸张的固定尺寸和印刷品质，更适合往小型化与多样形态发展，以方便嵌入或附着在不同形状、类型的产品上。

3. 系统工作流程

精准仓库过程一般包括收货、上架、捡货、补货、发货、盘点等流程，下面从这 6 个过程来说明 RFID 仓库管理系统的具体实施过程。仓库管理流程见图 9.25。

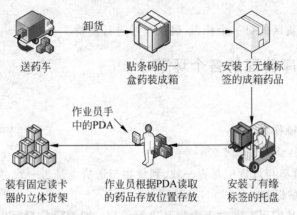

图 9.25　仓库管理流程示意图

（1）数据准备。
- 所有送达的货物需要提前以 EDI、Excel 或手工录入的方式导入 WMS。
- 所有客户的订单需要提前以 EDI、Excel 或手工录入的方式导入 WMS。

（2）为了支持 RFID 或电子标签、输送分拣线等现代化物流设备在物流中心内部的使用，需要在如下环节进行条码化规划与设计。
- 仓库内所有作业单元的条码化，包括托盘、周转箱。直接在作业容器上粘贴固定的流水号标签。
- 仓库内存货库位的条码化。按照库→排→位→层的顺序对货位进行编码并粘贴条形码标签。
- 作业单据和作业指令的条码化。
- 在入库清单上打印单据编号和产品编码的条码，辅助收货人员使用 RFID 进行收货作业。
- 通过打印拣货标签，指导拣货人员获取拣货任务，并方便货物在输送线上的识别。

（3）收货。
- 在收货区使用 RFID 进行码盘（如果需要）和收货作业，要求堆放在收货区的所有货物都必须有一个唯一的托盘号，托盘号以条形码标签的方式粘贴在托盘上。
- 如果 SO 尚未送达，则系统指示将货物送入暂存区。

（4）理货。
- 系统根据每个订单的车辆信息和体积信息，为订单指定一个相应的发货区。
- 系统自动将收到的货物与 SO 进行匹配，生成针对收货区每一个托盘货物的分货任务。

- 理货人员扫描收货区的每一个托盘的标签,根据指示将货物搬运至暂存区或者相应订单的待发货区。如果需要分货到多个订单,则需要分别确认每一个发货区和数量。分货时使用新的托盘,确认新的托盘号。
- 当需要从暂存区进行分货时,RFID指示理货人员从暂存区进行拣货然后进行分货。

(5) 复核。

订单分货完毕,系统提示复核人员对产品和数量进行复核。

(6) 发货。

依次扫描待发区的每一个托盘,确认车号进行发货。

9.4.2　仓库管理的各个环节

1. 收货

具体收货入库操作如下。

(1) 收货检验。

重点检查、送货单与订货单是否一致、到货物与送货单是否一致、如果不符拒绝接收。

(2) 制作和粘贴标签。

采用选定的物品编码方案对入库物品进行编码;把编码信息写入电子标签,同时打印纸质标签(方便人工校核),再把纸质标签和电子黏合在一起就成为货物标签;在库存品上固定标签,考虑到目前标签成本较高,为了方便电子标签的回收,一般采用悬挂的方式把标签固定到物品上;如果不回收则可以采用粘贴方式固定。

(3) 现场计算机自动分配库位,并逐步把每次操作的库位号和对应物品编号下载到无线数据终端(手持终端或叉车终端)上。

(4) 作业人员运送货物到指定库位,核对位置无误后把货物送入库位(如有必要,修改库位标签中记录的货物编号和数量信息)。

(5) 无线数据终端把入库实况发送给现场计算机,及时更新库存数据库。

2. 上架(入库)

每盒货物贴上条码,装好箱后在箱上安上无源标签,将安好无源标签的成箱的货物,按照工作人员手中的PDA读取的入库地点进行托盘,在每个托盘上安一个有源的电子标签。将每个托盘上的货物分别放在相应的货架上。

(1) 按照不同的库区寻找库位、按照不同的包装(托盘、箱、件)分配不同的库位。

(2) 根据产品的属性(正常品、残损品)分配上架库位。

(3) 体积限定、重量限定、数量限定、长宽高限定。

(4) 混批号、混产品限定。

(5) 同批号产品合并。

(6) 同类产品相邻选择。

(7) 不同的订单类型可以上架到不同的库位,如正常的采购订单和退货订单。

(8) 根据产品的ABC动性分配上架库位。

3. 拣货

（1）拣货方式。

小车在 WMS 系统任一终端下载批量订单，系统根据最优路径，自动指示小车按 SKU 排序拣货；确认拣货位信息，小车按系统自动指示"边拣边分"数量，分货后确认；小车自动接收系统指示，并实时指引操作者作业，直至全部完成批量订单。

（2）拣货位管理模式。

固定拣货。拣货库位需要设定库存下限和库存上限，当库存余量低于下限时，发出警报，提示需要进行补货；有时为了满足特殊的拣货需求，可以分设箱拣货库位或者件拣货库位，当箱拣货库存余量低于下限时，申请从存储区进行补货，当件拣货库存余量低于下限时，申请从箱拣货库位或者存储区进行补货；拣货库位的设定基于对库存流量的分析，在提高存取效率的同时必将牺牲一部分的存储空间。

动态拣货。由于产品销售的季节性变化，产品的 ABC 动性会周期性地发生变化；采用固定拣货位的方法会大量增加系统管理人员的工作量，FLUX WMS 支持动态拣货位的设置，根据产品的 ABC 动性动态地为产品分配拣货库位；在仓库内设定整箱拣货区、拆零拣货区。

（3）不同的拣货作业模式。

拣货任务的派发可以通过 RFID 自动获取、打印拣货标签、打印拣货任务清单三种方式。

（4）不同的拣货作业方法。有订单拣货、波次拣货两种方式。

（5）摘果式：边拣边分。

（6）播种式：先拣后分。

4. 补货（移货）

需要移库时，计算系统发出指令给作业员手中的 PDA，作业员看到指令后，定位相应的货物，对应数量，将货物移到相应的目标库中，完成后修改相应标签的信息，并向系统计算机发回相应数据。

（1）系统支持 2 类不同的补货模式。

- 定时补货：物流中心的常规补货模式。
- 订单驱动补货：紧急情况下根据订单需求触发补货任务。

（2）拣货位库存设定。

设定最低库存、最高库存、最小补货单位，当拣货位库存低于最低库存时生成补货任务。

（3）补货任务可以按照如下三种获取。

- RFID 直接获取；
- 打印补货标签；
- 打印补货清单。

（4）补货作业步骤。

- 单步作业；
- 补货下架和补货上架。

5. 发货(出库)

需要出库时,系统计算机发出出库指令到作业员手中的 PDA 中,作业员定位相应药品和数量,取出成箱药品上的无源标签,修改相应的数据,并将数据发送到系统计算机中。

(1) 支持销售订单出库、采购退货、库间调拨等不同类型的出库订单。

(2) 对发货进度的全程跟踪。

- 订单创建;
- 部分分配、完全分配;
- 部分拣货、完全拣货;
- 部分装箱、完全装箱;
- 部分发运、完全发运;
- 订单关闭;
- 订单取消。

(3) 不同级别的发货控制。

- 按波次发货;
- 按订单发货;
- 按跟踪号发货;
- 按拣货明细发货;
- 按装车单发货。

(4) 支持基于 RFID 或者单据的出库流程。

6. 盘点

智能货架上安装了固定式读写器,固定读写器对固定区域内的无源标签进行扫描,并将扫描的数据传输到系统计算机中。还可以用作业员手中的 PDA 对库存药品进行扫描,并且发送到终端计算机中。

(1) 基于流程管理的盘点模式。

- 申请盘点;
- 批准盘点;
- 释放盘点;
- 打印盘点标签或清单;
- 执行盘点;
- 盘点结果确认;
- 盘点过账。

(2) 不同的循环盘点机制。

- ABC 循环盘点;
- 指定条件盘点;
- 动碰盘点;
- 异常盘点;

- 随机盘点；
- 差异盘点。

9.4.3　系统硬件

本套系统的是一个综合的解决方案,硬件涉及条码、无源标签、有源标签、PDA 和固定式读卡器。其中条码因其标准统一,技术含量较低,直接选择条码厂商采购即可,创羿公司主要推出技术含量较高的有源标签与 PDA 等。

1．无源标签

创羿科技公司无源电子标签不需要外界电源有效使用寿命可达 10 年以上,最高时速 200 千米/小时以上,是一款性价比较高的产品。该无源电子标签采用多种不同封装方式,可以加工成为任何形状,如钱币式标签、钱币式卡、钥匙扣等,以适应不同应用场合,一次加工成形,外表无压缝,坚固耐用,防水,防污染。低、高频工作频段选择专业化的 RFID 异型标签。

2．有源标签

有源标签因其具有防冲撞性、封装任意性、使用寿命长、可重复利用等特点,适合应用于现在科学的库存管理系统中。另一重要设备是创羿科技军用 CY-JY-205 固定式读写器,这款产品是创羿公司生产的高性能读写器,读写设备的识别距离远,使用寿命长,是一款性价比较高的产品。软件系统配备的是创羿科技仓库智能管理系统,该系统能够在任何时间、任何地点操作和检索资料,配置了友好的中文交互式界面,使用方便快捷。

3．产品性能介绍

创羿科技军用 CY-JY-201 电子铭牌结合世界先进的生产设备和大规模生产的工艺艺术,是一款性价比高的电子标签产品,该产品具备高功率性能,识别距离可达 500～600 米,融合了射频领域和数字技术中的多种领先科技,采用独特的软件无线电技术、微功耗技术、防碰撞技术、应答协议、局域激活的空间访问技术等专利组合。其稳定的性能和广泛的应用得到了大多数用户的赞赏。

1）固定式读写器

创羿科技军用 CY-JY-205 固定式读写器,可联网使用,并且支持单机操作。其完善、可靠的接口函数,支持访问射频卡的全部功能。有效识别距离可达 1500 米,同时识别 200 张标签。该设备已广泛应用于军事、仓储、物流、门禁、及高速公路、危险品管理、车辆管理等系统。

2）PDA 设备

创羿科技 CY-JY-208 军用手持读写器是一款集 RFID、GPRS 技术相结合的手持终端设备,属于军用级 PDA。该产品集语音、视频、数据传输于一体,定位于专业的工业级手持终端,具有抗震抗摔,耐高低温等特点,适用于各种复杂恶劣的作业环境。该产品采用为终端的应急通信系统可以应用到军队、公安、建筑、采矿、监狱、消防、地震救灾、武警防爆、港口作业、国土勘察、海关缉私、电力、铁路、高速公路、精准农业、畜牧业管理、食品安全、易燃易爆品溯源等行业。

智能仓库管理系统的应用,保证了货物仓库管理各个环节数据输入的速度和准确性,确保企业及时准确地掌握库存的真实数据,合理保持和控制企业库存。通过科学的编码,还可方便地对库存货物的批次、保质期等进行管理。利用系统的库位管理功能,更可以及时掌握所有库存货物当前所在位置,有利于提高仓库管理的工作效率。

9.5　智能棉花仓储物流系统解决方案

市场竞争日益激烈,提高生产效率、降低运营成本,对于企业来说至关重要。仓储管理广泛应用于各个行业,设计及建立整套的仓储管理流程,提高仓储周转率,减少运营资金的占用,使冻结的资产变成现金,减少由于仓储淘汰所造成的成本,是为企业提高生产效率的重要环节。

9.5.1　智能棉花仓储简介

1. 智能棉花仓储系统的意义

目前,仓储管理系统通常使用条码标签或人工仓储管理单据等方式支持自有的仓储管理。但是,条码的易复制、不防污、不防潮等特点,和人工书写单据的繁琐性,容易造成人为损失,使得现在国内的仓储管理始终存在着缺陷。

随着无线射频电子标签这一最新科技产品的投入应用,可以从根本上解决上述的问题。本系统基于射频识别技术,根据仓储管理中的实际情况和需求,将电子标签封成卡状,贴在每个货物的包装上或托盘上,在标签中写入货物的具体资料、存放位置等信息。同时在货物进出仓库时可写入送达方的详细资料,在仓库和各经销管道设置固定式或手提式卡片阅读机,以辨识、侦测货物流通。

2. 智能棉花仓储系统的特点

(1) 将整个仓库管理与射频识别技术相结合,能够高效地完成各种业务操作,改进仓储管理,提升效率及价值。

(2) 提高物品出入库过程中的识别率,可不开箱检查,并同时识别多个物品,提高出入库效率。

(3) 缩减盘点周期,提高数据实时性,实时动态掌握库存情况,实现对库存物品的可视化管理。

(4) 采用射频技术能大大提高拣选与分发过程的效率与准确率,并加快配送的速度,减少人工、降低配送成本。

(5) 精确掌握物资情况,优化合理库存。

9.5.2　系统总体设计方案

1. 系统设计原则

此方案严格遵循该项目中所涉及的各项技术规范,最大限度地利用现有计算机的最先进技术,遵循实时性、整体性、稳定性、先进性和可扩充性的原则,建立经济合理、资源优化的系统设计方案。

(1) 实时性:此系统采用目前最先进的高速无线网络技术,使得仓库的所有计划、操作、调度、控制和管理全部具有实时性,大大提高仓库现有设备和人员的效率,实现物流管理的最大效益。

(2) 整体性:此系统涉及无线手持设备、无线接收设备、数据库前台以及后台的数据库服务器。虽然它们之间在物理上是相互分离的,但均有各自的系统支持。为了使各个部分能够统一协调的工作,在设计时必须确保它们之间整体的一致性。

(3) 稳定性:此系统是为仓库管理、现场作业服务的生产信息系统。为此在系统设计时,加入错误分析模块,对所有可能出现的错误进行校验。另外,在设计中对系统的效率和稳定性进行了优化处理,使系统在保证速度的同时确保了稳定性。通过以上措施,当出现人为的错误或系统一些随机错误时,并不影响其运行。

(4) 先进性:此系统是集计算机软硬件技术、无线网络技术、互联网络技术、条码自动识别技术和数据库技术为一体的智能化的系统。该系统的电子商务子系统采用业界最流行的计算机三层结构体系,采用 Java 语言,提供 XML 接口。

(5) 可扩充性和可维护性:根据软件工程原理,系统维护在整个软件的生命周期中所占比重是最大的。因此,提高系统的可扩充性和可维护性是提高此系统性能的必备手段。此系统采用结构化、模块化结构,可根据需要修改某个模块、增加新的功能,使其具有良好的可维护性。系统还预留有与其他子系统的接口,使此系统具有较好的可扩充性。

2. 系统设计基本思路

(1) 在物品入库时,将其按照规格进行分类,放入相对应种类的仓储地,并为每个仓储地安装一个标识牌,给每一标识牌上贴上电子标签,该标签称为标识标签。并且给每个标识牌编号,标签中存储能够唯一标识此货架的 ID 号,通过工作人员手持 PDA 进行读取标签上的 ID 号码,可调用后台系统数据库,获取其中的存储信息,信息包括物品的种类、名称、型号、单位、单价、生产日期、保质期、性能等。

(2) 需要货物移库时,登录系统软件终端,系统发移库指令到 PDA,移库人员找到指定的货位,从库位上取出指定数量的货物,并把货物运到目的库位,货物送入库位,修改货架标签内容;向现场系统发回移库作业信息。

(3) 作业员手中的 PDA 对库存标识牌进行扫描,并且将扫描数据实时发送到终端计算机中,监控人员进行盘点统计,做出统计报表。

(4) 在进行库房管理作业时,读取该标签编号,就可判定当前作业的位置是否正确。此外,只要输入某一货架的 ID 号即可从网上数据库调取该 ID 的相关信息,从而实现物资保管功能,并能实现网上浏览查询。

3. 系统需求分析

系统利用电子标签对每一个需要管理的对象在其管理周期内进行标记管理。管理人员利用本系统可以实时了解掌控每个被管理对象(物品)的性质、状态、位置、历史变化等信息,并根据这些信息采取相应的管理对策和措施,达到提高使用单位的运营水平和管理质量的目的。根据需求,系统包含了若干模块:系统管理、标签制作、入库管理、出库管理、盘点管理、调拨管理、退换管理、终端数据采集程序。

1)系统管理

系统设置以及系统用户信息和权限。

2)标签制作

依据入库单及标签制作申请单录入的货物信息生成每个物品的电子标签,在标签表面上打印标签序号及产品名称、型号规格,在芯片内记录产品的详细信息。

3)入库管理

入库时,仓库管理员根据订货清单清点检查每一件货品,检查合格后交给仓库保管员送入库房。仓库保管员持手持机扫描货架库位标签和入库物品上的标签并输入物品数量进行入库登记,数据记入手持机内的入库操作数据表,然后将物品放置到指定库位上。如果需要将物品装入包装箱内存放,还需要扫描箱标签以更新手持机内箱明细表。全部物品入库完毕后,将手持机交给管理员,由管理员将入库数据导入后台管理数据库内,完成入库操作。经过这一流程后,仓库中每一种物品的位置、数量、规格型号等都可以在仓储管理软件中一目了然的查找出来,实现了仓储状态的可视化。

4)出库管理

出库时,仓库管理员根据根据领料申请查询仓储状态,然后做出预出库单;保管员根据预出库单将指定库位的物品取出,使用手持机扫描库位标签和物品标签将出库信息进行登记,数据记入手持机出库数据表;全部出库物品取出后将出库信息上传到主机,与预出库单作比较,并根据实出数量进行登账。

5)库存管理(预警)

为了即时获取库存数量,公式为"库存量=原始库存量+入库量-出库量"。对入库表、出库表添加触发器,一旦有插入操作,并且入库量不为 0,即不为空托时,会启动一个触发器,对产品的库存量进行修改,并给出一定警示。

6)盘点管理

使用手持数据采集终端进行数据的采集,如物品标签、摆放货架、物品数量等。系统可根据事先设定的产品分类,自动产生或人工选择产生盘点任务表,进行盘点作业,盘点作业主要扫描产品标签和相应的库位信息。数据上传后,系统会自动列出已盘产品与未盘产品,并根据需求进行盘盈、盘亏等操作。

7)调拨管理

出现调拨情况时,根据调拨情况选择不同的调拨流程。

8）退换货管理

客户退货的时候，通过读取产品标签可以查询的该产品是否属于此客户、销售时间等信息，并且方便查询当时的销售信息，进行有效的监督和管理。对于确认需要退货的产品，手持机在读取标签时会将当前时间写入标签中的退货时间字段。

4. 系统构成

智能棉花仓储管理系统如图9.26所示。

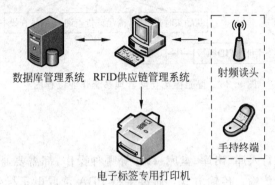

图 9.26 智能棉花仓储管理系统构成图

5. 网络架构

系统部署架构如图9.27所示。

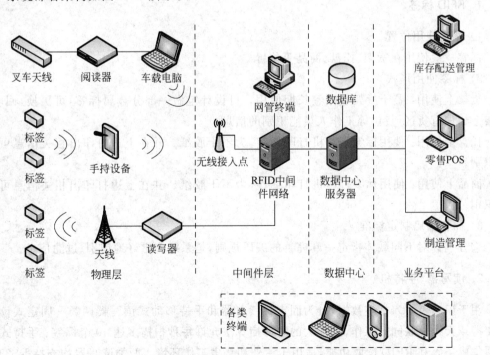

图 9.27 智能棉花仓储管理系统网络架构图

6. 作业流程

智能棉花仓储管理系统作业流程如图 9.28 所示。

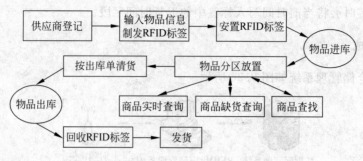

图 9.28 智能棉花仓储管理系统作业流程图

7. 数据传输方式

仓库管理员无论进行入库、出库、盘库、移库等哪种操作,都需要通过手持 PDA 与系统数据库后台进行数据的传输。传输方式:通过手持 PDA 读取电子标签数据,PDA 接收信号后通过 GPRS 将数据发送到数据接收器,此接收器通过 485/232 接口与系统终端连接,并将接收信号传送给数据库,完成数据的相应更新操作。

9.5.3 RFID 设备

1. RFID 标签

1) 标签使用位置

标签一般使用在货架、托盘、商品等位置。

2) 标签使用形式

货架上使用:鉴于货架上标签长期使用。可设计定做一部分金属标签,可更换,回收。货架上标识有货区、货位等工作人员能识别的信息。

托盘上使用:使用标签打印机打印标签,为不干胶纸。并在上边打印出相关信息可人工识别。

商品上使用:使用标签打印机打印标签,为不干胶纸。并在上边打印出相关信息可人工识别。

3) 标签编码制定标准

它分别针对不同载体指定一套完善的编码规则,是系统能更好地识别、过滤信息。

2. 读写器(手持机)

用于识读及写入标签数据,分为固定式读写器和手持移动式读写器两类。固定式读写器支持 4 天线并联同时工作,其强大的防冲撞算法允许每秒扫描多达 40 个标签;手持式读写器集成条码和 RFID 读取功能,适用于室外和恶劣工作环境。两类读写器均支持 RS232、以太网和无线局域网等多种通信方式。其主要功能是,查阅 RFID 电子标签中当前存储的数据信息；向空白 RFID 电子标签中写入欲贮存的数据信息；修改(重新写入)RFID 电子标签中的数据信息；与后台管理计算机进行信息交互。

3. 固定式天线

天线是标签与阅读器之间传输数据的发射、接收装置。在实际应用中，除了系统功率，天线的形状和相对位置也会影响数据的发射和接收，需要专业人员对系统的天线进行设计、安装。分为超高频全向平板、垂直平板和水平平板天线，能够适应多路径高散射的复杂环境，能够增强接收信号；尺寸较小，构造出无盲区的局域网络。

4. RFID 中间件系统（通信方式）

RFID 中间件系统是整个系统的运营支撑平台，具有数据采集、过滤、排序、封装和转发等功能，并提供数据流、文件和 XML 等多种数据交换方式，可以实现与管理信息系统和仿真系统等的平滑连接。使各不同功能包或流程包的数据在整个平台上平滑流动。它既可以作为单独实施的功能包的数据采集支持平台，也可以作为多个功能包同时运转的支撑平台，也是与仿真系统、信息管理系统和 ERP 系统等外界系统连接和数据交换的平台。

RFID 中间件是消息中间件的一种，它的消息传递模式支持点对点模式和发布/订阅模式。代理和设备之间多用点对点模式，如启动和关闭一个读写器时，使用套接字来处理点对点操作。

第10章

智能安防

随着人们生活水平的不断提高,人们已经不能满足于传统的居住环境,越来越重视人身安全和财产安全,对人、家庭、公共场所以及住宅小区的安全方面提出了更高的要求。传统人防的保安方式难以适应现实的要求,智能安防已成为当前的发展趋势和必然选择。

近年来,中国安防市场受平安城市建设、北京奥运会、上海世博会、广州亚运会、深圳大运会等一系列安保项目以及各行业视频监控需求快速增长等因素的刺激与拉动,取得了超常规的快速发展,整体市场规模迅速扩大。根据相关数据显示,2008年中国安防市场行业规模达到1620亿元,2009年中国安防行业市场规模达到1900亿元,年均增速超过20%,按照《安防产业“十二五”规划》所确定的目标,到“十二五”末期,安防产业规模将翻一番,2015年的总产值达到5000亿元。综合以上数据分析,专家预计,2011—2013年中国安防产业规模将达到2696亿元、3235亿元和3911亿元,年均复合增长率约为20.24%。

10.1　安全防范系统概述

安全防范系统是技防和人防结合的系统,利用先进的技防系统弥补人防本身的缺陷,用科学技术手段提高人们生活和工作环境安全度。除了技防系统,还必须有严格训练和培训的高素质安保人员,只有通过人防和技防的结合防范才能提供一个真正的安防系统。强大的接警中心和高效的公安机关是安防系统的核心。

10.1.1　安全防范系统的定义和功能

1. 定义

安全防范是以安全防范技术为先导、人力防范为基础、技术防范和实体防范为手段,为建立具有探测、延迟、反应基本功能并使其有效结合的综合安全防范服务保障体系而进行的活动。它是预防损失和预防犯罪为目的的一项公安业务和社会经济产业。预防损失和预防犯罪的具体内容主要包括预防入侵、盗窃、抢劫、破坏、爆炸违法犯罪活动和重大治安事故。

为了达到防入侵、防盗防破坏等目的,采用电子技术、传感器技术、通信技术、自动控制技术、计算机技术等和相应器材与设备,由此应运而生的安全防范技术逐步发展成为一项专门的公安技术学科——安全防范技术,相应系统称为安全防范技术系统。

安全防范系统(Security System)简称安防系统,就是利用音视频、红外、探测、微波、控制、通信等多种科学技术,采用各种安防产品和设备,给人们提供一个安全的生活和工作环境的系统。达到事先预警、事后控制和处理的效果,保护建筑(大厦、小区、工厂)内外人身及生命财产安全。

狭义的安全防范系统就是防盗报警系统(Intruder Alarm System),分为三部分:前端报警探头(包括红外探测器、微波探测器、震动电缆、围栏、对射、紧急按钮、窗门磁、烟感、温感等)、传输部分(包括电源线和信号线、传输设备)和报警主机组成。广义的安全防范系统包括闭路电视监控系统(CCTV System)、门禁系统(Access Control System)和防盗报警系统(Intruder Alarm System),这是国际上主流的应用。在国内,还要包括防盗门、保险柜、金属探测系统、安检系统等系统。

2. 功能

智能安防应能实行安全防范系统自动化监控管理,对住宅的火灾、有害气体的泄露实行自动报警;火灾报警系统应以烟、温度及可燃气体等探测器为主;防盗报警系统应安装红外或微波等各种类型报警探测器。从产品的角度讲,智能安防系统应具备防盗报警系统、视频监控报警系统、出入口控制报警系统、保安人员巡更报警系统、GPS车辆报警管理系统和110报警联网传输系统等。这些子系统可以是单独设置、独立运行,也可以由中央控制室集中进行监控,还可以与其他综合系统进行集成和集中监控。

防盗报警系统分为周界防卫、建筑物区域内防卫、单位企业空旷区域内防卫、单位企业内实物设备器材防卫等。系统的前端设备为各种类别的报警传感器或探测器;系统的终端是显示/控制/通信设备,可应用独立的报警控制器,也可采用采用报警中心控制台控制。不论采用什么方式控制,均必须对设防区域的非法入侵进行实时、可靠和正确无误的复核和报警。漏报警是绝对不允许发生的,误报警应该降低到可以接受的限度。考虑到值勤人员容易受到作案者的武力威胁与抢劫,系统应设置紧急报警按钮并留有与110报警中心联网的接口。

视频监控报警系统常规应用于建筑物内的主要公共场所和重要部位进行实时监控、录像和报警时的图像复核。视频监控报警系统的前端是各种摄像机、视频检测报警器和相关附属设备;系统的终端设备是显示/记录/控制设备,常规采用独立的视频监控中心控制台或监控报警中心控制台。安全防范用的视频监控报警系统常规应与防盗报警系统、出入口控制系统联动,由中央控制室进行集中管理和监控。独立运行的视频监控报警系统,画面显示能任意编程、自动或手动切换,画面上必须具备摄像机的编号、地址、时间、日期等信息显示,并能自动将现场画面切换到指定的监视器上显示,对重要的监控画面应能长时间录像。这类系统应具备紧急报警按钮和留有110报警中心联网的通信接口。

出入口控制报警系统是采用现代电子信息技术,在建筑物的出入口对人(或物)的进出实施放行、拒绝、记录和报警等操作的一种自动化系统。这种系统一般由出入口目标识别系统、出入口信息管理系统、出入口控制执行机构等三个部分组成。系统的前端设备为各类出入口目标识别装置和门锁开启闭合执行机构;传输方式采用专线或网络传输;系统的终端设备是显示/控制/通信设备,常规采用独立的门禁控制器,也可通过计算机网络对各门禁控制器实施集中监控。出入口控制报警系统常规要与防盗报警系统、闭路视频监控报警系统和消防系统联动,才能有效地实现安全防范。出入口目标识别系统可分为对人的识别和对物的识别。

一个完整的智能化视频监控安全防范系统,一般还包括安保人员巡更报警系统、访客报警系统以及其他智能化安全防范系统。巡更报警系统通过预先编制的保安巡逻软件,应用通行卡读出器对保安人员巡逻的运动状态(是否准时,遵守顺序等)进行监督,作出记录,并对意外情况及时报警。访客报警系统是使居住在大楼内的人员与访客能双向通话或可视通话,大楼内居住的人员可对大楼内的入口门或单元门实施遥控开启或关闭,当发生意外情况时能及时向保安中心报警。

其他智能化安全防范系统是根据特殊的安全防范管理工作的需要而设置的,如 GPS 车辆报警管理系统和110报警联网传输系统,还必须对车库(或停车场等)内车辆通行道路口实施出入控制、监视、行车信号指示以及停车计费等综合管理;另外,重要仓库的安全防范系统,必须对建筑物内的重要仓储库,进行有效的出入口控制、防盗、监视控制和管理等。

安全防范系统的功能如下:

(1) 图像监控:视频图像监控、图像识别、影像验证。

(2) 探测报警:楼内探测、周边红外报警、报警点监控。

(3) 控制功能:图像控制、出入口控制、报警响应与联动。

(4) 辅助功能:内部通信、电子巡更、员工考勤。

10.1.2　安防系统分类

安防系统主要由视频监控系统、防盗报警系统、楼宇对讲系统、停车场管理系统、小区一卡通系统、红外周界报警系统、电子围栏、巡更系统、考勤门禁系统、安防机房系统、电子考场系统等子系统构成。各个子系统的基本配置包括前端、传输、信息处理和控制三大单元。不同的子系统,其三大单元的具体内容有所不同。

1. 入侵报警系统

入侵报警系统是利用传感器技术和电子信息技术探测并指示非法进入或试图非法进入设防区域的行为、处理报警信息、发出报警信息的电子系统或网络。

入侵报警系统的构成一般由周界防护、建筑物内(外)区域/空间防护和实物目标防护等部分单独或组合构成。系统的前端设备为各种类型的入侵探测器(传感器)。传输方式可以采用有限传输或无线传输,有限传输又可采用专线传输、电话线传输等方式;系统的终端显示、控制、设备通信可采用报警控制器,也可设置报警中心控制台。系统设计时,入侵探测器的配置应使其探测范围有足够的覆盖面,应考虑使用各种不同探测原理的探测器。

2. 视频监控系统

视频监控系统是利用视频技术探测、监视设防区域并实时显示、记录现场图像的电子系统或网络。

本系统的前端设备是各种类型的摄像机(或视频报警器)监视器及其附属设备,传输方式可采用同轴电缆传输或光纤传输;系统的终端设备是显示、记录、控制、通信设备(包括多媒体技术设备),一般采用独立的视频中心控制台或监控-报警中心控制台。

3. 出入口控制系统

出入口控制系统是利用自定义符识别或/和模式识别技术对出入口目标进行识别并控制出入口执行机构启闭的电子系统或网络。

出入口控制系统一般由出入口对象（人、物）识别装置、出入口信息处理、控制、通信装置和出入口控制执行机构三部分组成。出入口控制系统应有防止一卡进多人或一卡出多人的防范措施，应有防止同类设备非法复制有效证件卡的密码系统，密码系统应能授权修改。

4. 停车场管理系统

停车库（场）管理系统是对进、出停车库（场）的车辆进行自动登录、监控和管理的电子系统或网络。

5. 电子巡查系统

电子巡查系统是对保安巡查人员的巡查路线、方式及过程进行管理和控制的电子系统。

6. 防爆安全检查系统

防爆安全检查系统是检查有关人员、行李、货物是否携带爆炸物、武器和/或其他违禁品的电子设备系统或网络。

7. 可视对讲系统

越来越多的小区建设上都采用了可视对讲系统，它的便利性和可扩展性，不仅能有效保护投资方的一期投资，更能在以后的物业管理中给住户和管理公司带来极大的便利之处。可以这样说，可视对讲系统是小区步入智能化的一个重要标志。

8. 其他系统

其他系统如远程抄表系统、火灾报警系统以及公共广播系统。火灾报警和灭火系统是建筑的必备系统，其中火灾自动报警控制系统是系统的感测部分；灭火和联动控制系统则是系统的执行部分。

10.1.3 视频监控系统发展历史

1. 第一代视频监控

第一代视频监控是传统模拟闭路视频监控系统（CCTV）。依赖摄像机、缆、录像机和监视器等专用设备。例如，摄像机通过专用同轴缆输出视频信号。缆连接到专用模拟视频设备，如视频画面分割器、矩阵、切换器、卡带式录像机及视频监视器等。模拟 CCTV 存在大量局限性：

（1）有限监控能力只支持本地监控，受到模拟视频缆传输长度和缆放大器限制。

（2）有限可扩展性系统通常受到视频画面分割器、矩阵和切换器输入容量限制。

（3）录像负载重用户必须从录像机中取出或更换新录像带保存，且录像带易于丢失、被盗或无意中被擦除。

（4）录像质量不高录像是主要限制因素。录像质量随拷贝数量增加而降低。

2. 第二代视频监控

第二代视频监控是当前"模拟-数字"监控系统（DVR）。"模拟-数字"监控系统是以数字硬盘录像机 DVR 为核心半模拟-半数字方案，从摄像机到 DVR 仍采用同轴缆输出视频信号，通过 DVR 同时支持录像和回放，并可支持有限 IP 网络访问，由于 DVR 产品五花八门，没有标准，所以这一代系统是非标准封闭系统，DVR 系统仍存在大量局限：

（1）复杂布线"模拟-数字"方案仍需要在每个摄像机上安装单独视频电缆，导致布线复杂性。

（2）有限可扩展性 DVR 典型限制是一次最多只能扩展 16 台摄像机。

（3）有限可管理性您需要外部服务器和管理软件来控制多个 DVR 或监控点。

（4）有限远程监视/控制能力您不能从任意客户机访问任意摄像机。您只能通过 DVR 间接访问摄像机。

（5）磁盘发生故障风险与 RAID 冗余和磁带相比，"模拟-数字"方案录像没有保护，易于丢失。

3. 第三代视频监控

第三代视频监控是未来完全 IP 视频监控系统 IPVS。全 IP 视频监控系统与前面两种方案相比存在显著区别。该系统优势是摄像机内置 Web 服务器，并直接提供以太网端口。这些摄像机生成 JPEG 或 MPEG4 数据文件，可供任何经授权客户机从网络中任何位置访问、监视、记录并打印，而不是生成连续模拟视频信号形式图像。全 IP 视频监控系统它巨大优势如下：

（1）简便性。所有摄像机都通过经济高效有线或者无线以太网简单连接到网络，使用户能够利用现有局域网基础设施。用户可使用 5 类网络缆或无线网络方式传输摄像机输出图像以及水平、垂直、变倍（PTZ）控制命令（甚至可以直接通过以太网供）。

（2）强大中心控制。一台工业标准服务器和一套控制管理应用软件就可运行整个监控系统。

（3）易于升级与全面可扩展性。轻松添加更多摄像机。中心服务器将来能够方便升级到更快速处理器、更大容量磁盘驱动器以及更大带宽等。

（4）全面远程监视。任何经授权客户机都可直接访问任意摄像机。您也可通过中央服务器访问监视图像。

（5）坚固冗余存储器。可同时利用 SCSI、RAID 以及磁带备份存储技术永久保护监视图像不受硬盘驱动器故障影响。

4. 第四代视频监控

第四代视频监控系统是智能监控系统（IVS）。智能监控系统是采用图像处理、模式识别和计算机视觉技术，通过在监控系统中增加智能视频分析模块，借助计算机强大的数据处理能力过滤掉视频画面无用的或干扰信息、自动识别不同物体，分析抽取视频源中关键有用信息,快速准确的定位事故现场,判断监控画面中的异常情况,并以最快和最佳的方式发出警报或触发其他动作,有效进行事前预警,事中处理,事后及时取证的全自动、全天候、实时监控的智能系统。

智能监控系统的"智能"体现在以下方面。

1) 对人、物的识别(目标身份信息、图像特征信息)

对人、物的识别主要就是识别监控系统关心的内容,包括人脸识别、车牌号识别、车辆类型识别、船只识别、红绿灯识别等。识别类的智能监控系统技术应用,最关键的要求就是识别的准确率。例如,目前市场上做得好的车牌号识别,识别率在 95% 甚至 98% 以上,这样就能够较好地满足道路监控类客户的需求。如果识别率低于 90%,就会对管理人员带来很大的麻烦。识别类技术,常常应用于道路监控、金融银行、航道管理等行业,主要是为客户提供识别记录和分级管理的依据。

2) 对人、物运动轨迹的识别和处理(事件语义信息、视频统计信息)

对人、物运动轨迹的识别和处理目前细分的很多,主要包括虚拟警戒线、虚拟警戒区域、自动 PTZ 跟踪、人数统计、车流统计、物体出现和消失、人员突然奔跑、人员突然聚集等。此类技术,除了数量统计外,一般是对某个过程进行判断,一旦发现了异常情况,如有人进入警戒区域、广场东北角有人迅速聚集等情况,就发出报警信息,提醒值班监控人员关注相应热点区域。对于数量统计类技术,关键的技术点是发现异常情况,并对异常情况进行数量统计。所以,要求统计数据的准确率,尽量降低误差。运动轨迹识别处理类的技术,受实际监控应用场景影响非常大。此类技术的关键是能够尽快发现异常,需要尽量避免遗漏,提高预报的准确率。目前此类功能主要应用于平安城市建设、商业监控等行业。

3) 对视频环境影响的判断和补偿(视频质量信息)

环境的影响主要包括雨、雪、大雾等恶劣天气、夜间低照度情况、摄像头遮挡或偏移、摄像头抖动等。智能监控系统技术应用能够在恶劣视频环境情况下实现较正常的监控功能。当受环境影响视频不清楚时,系统尽早发现画面中的人,或判断摄像头偏移的情况后发出报警。此类功能关键技术点是在各种应用场合下,均能够较稳定地输出智能分析的信息,尽量减少环境对视频监控的影响。此类功能具备普遍的适应性,80% 以上的监控点,都有增添此类功能的潜在需求。

10.1.4 安防行业发展趋势

安防行业视频监控产业经过了第一代传统模拟 CCTV 系统、第二代数模混合阶段以后,第三代智能网络视频监控迅速崛起。网络化视频监视系统从开始就是针对在网络环境下使用而设计的,因此它克服了 DVR 无法通过网络获取视频信息的缺点,用户可以通过网络中的任何一台计算机来监看、录制和管理实时的视频信息。网络视频监控包括"模拟摄像机＋网络视频服务器"和"网络摄像机＋NVR"两种基本解决方案。由于利用了 TCP/IP 网络,网络视频监控的优势在于可以实现远程监控和低成本扩展监控范围。网络视频监控的这些优势使其大大扩展了视频监控的应用场所。

目前,智能网络视频监控市场需求旺盛,IP 摄像机、NVR、网络视频切换设备供应商纷纷瞄准这一商机,人脸识别、车牌识别的大面积成功应用,国内外知名电信运营商和通信设备制造商等也强势进入该领域,进一步推动安防行业在 IP 智能监控方向的迅速发展。第三代网络视频监控发展朝着智能化、高清化、移动化方向迈进。

随着安防技术的发展和市场的成熟，以及政策法规的完善，安防行业的发展趋势可以概括为以下方面：

1. 高清化

原国际无线电咨询委员会(CCIR)对高清晰度电视的定义："高清晰度电视应是一个透明系统，一个正常视力的观众在距该系统显示屏高度的三倍距离上所看到的图像质量应具有观看原始景物或表演时所得到的印象"。这样看来观看 DVR 记录的监控画面时，视觉感觉上至少应相当在现场看到的实景那样清楚。目前，MPEG4 和 H.264 是主流的视频压缩技术，视频监控设备对视频处理芯片的要求主要集中在压缩格式、分辨率和 ASIC/DSP 上，越来越多的设备厂商需要支持 MPEG4/H.264 的双模芯片。在分辨率上，目前 CIF/D1 是主流的分辨率，由于视频压缩技术、存储容量和传输带宽的进一步发展，高清监控应用已经进入银行和公安等高端领域。

2. 智能化

智能化视频监控是在数字化网络化基础上发展起来的具有强大处理能力的高端监控技术，利用模式识别算法识别对象类别、分析对象活动、去除无用信息，在无需人工干预的情况下将信息路由到正确节点，甚至能够发现监控画面中的异常情况并及时发出警报。除了强大的处理能力和视频处理算法(如压缩、连网和其他控制功能)，处理器必须能实时处理智能算法，而这需要特殊的处理器架构。

智能化典型应用包括遗弃物物报警、人脸识别、自动巡更、出入口统计等。例如，在银行等领域，ATM 人脸抓拍，人脸识别和报警功能显得尤为重要；在高速公路、收费站卡口，可以对车辆进行车牌识别、车流量统计、超速抓拍等；在机场、车站，人脸识别配合中心数据库对可疑人脸进行分析和处理，支持人脸图片录像检索功能，禁区管理等；在森林中，通过烟火分析，进行火灾预警。这一系列的智能化的行业应用将会提高用户的安全防范系数和防范效率，并为人们的生活、安全带来更多的便利。

3. 移动化

移动安防是移动通信软件和传统安防结合的专业级监控产品，将移动通信、安全防范和互联网融为一体，把系统集成技术转化成潜在的产品应用。物流网和手机视频监控系统作为该领域的一种新型技术和产品，凭借着技术上和 IP 网络的无缝兼容以及所提供的远程实时视频处理能力，在中国市场每年 20% 的增长速度，迅速成为市场增长最快的产品之一，与经营多年的模拟监控系统并驾齐驱。

3G 网络的普及将会加快移动安防业务推向一个全新的时代，一个用手机实现远程视频监控的新时代，一个将监控观念导入家庭的时代。例如，手机电视业务，手机视频电话，手机远程监控，手机车载导航等。移动安防在公安、武警、消防、人防、防洪抗灾、森林防火等公共部门的应用潜力巨大，可以把大量的现场情况实时传送至管理中心的各个部门，无须使用卫星通信的高额成本。这不仅为打造平安城市、和谐社会添砖加瓦，同时也能提供就业岗位，带动经济的发展。

按照《中国安全防范产品行业"十五"发展规划》要求,我国的安防企业要以市场为导向,实行管理和技术创新,要企业自主,内外结合。将现有产品与高科技联姻,促其实现升级换代,重点开发数字化、智能化和系统集成技术以及产品规模化生产的关键技术,实施名牌战略,扩大企业知名度,提高售后服务水平,增强我国工业产品的国际竞争力。

4. 产业的市场化

安全防范的商品性决定了安防行业的市场化。安全防范的主要内容分为两大类:一为物质类,包括利用安防产品、系统及工程等直接防范;另一类为服务类,包括保安、安防咨询、培训和运用安防系统和工程等对社会提供服务防范。在人们与社会对安全需求的基础上,前者形成了安全防范的物质商品;后者形成了安全防范的服务商品。作为商品,它还有一个市场化需求的问题,有需求便有竞争,这不仅因为商品本身存在竞争,还因为市场化对于竞争性商品不仅是一种催化剂,而且还会不断去改造供销关系以此适应产业发展的需求。

5. 产业的社会化

安全防范的资本投入方式决定了安防行业的社会化建设。目前,我国安防行业的资本投入方式逐步形成了用户投资为主,国家投资为辅的格局,在发达国家,政府有意识地引导大经济组织参与资本投入,并以此为手段带动民间力量促进社会发展。另外,投资商为了获取长远利益和开发新的项目,他们会加强与安防业的合作,这些资本投入方式的改变,会打破安防行业的封闭性而形成一个完全开放的市场。传统的安全防范行业不断满足社会发展与人们生活的需求,是一种社会化安全防范的需求。它包括小区物业提供的小区安全防范服务,报警网络公司提供的网络服务;还有各地基层政府组织实施的社区防范体系等,这些因素决定了安防产业管理的社会化。因为,随着市场经济的发展,行业管理社会化必将得到推动和发展。

6. 安防产业的网络化

安防产业的网络化可以分两个层面,一是采用网络技术的系统设计;二是网络构成系统。前者的主要表现是安防系统的结构由集总式向分布式过渡,分布式的设计有利于合理的设备配置和充分的资源共享,是安防系统的一个发展方向。它的基础是网络技术,将导致安防系统实现各种子系统真正意义上的集成。同时也可促进安防技术与其他技术之间的融合,系统间的融合和集成。例如,安防产品与家电产品、通信和信息产品的融合,安防系统与楼宇自控、与三表管理,与有线电视等技术系统的融合和集成。

7. 安防产业的数字化

数字化,是以信息技术为核心的电子技术发展的必然。安防产品主要是以电子设备为主流的,数字设备在安防产品中大量采用。例如,视频监控系统中广为应用的画面合成、帧切换、DVR 和远程监控等设备,报警探测器、电视摄像机选用 DSP 进行视频信号处理以降低设备的误报率,提高图像质量和完成各种功能设置。这些设备和技术在很大程度上改变了安防系统的面貌和其功能,但安防系统数字化的真正标志应是系统中的信息流,包括数据、音频、视频、控制从模拟转为数字,这将从本质上改变安防系统的信息采集、通信、数据处理和系统控制的方式和形态,改变安防系统的模式和应用,实现安防系统中各种技术设备和子系统间的无缝连接,并在统一的操作平台上实现管理和控制。

8. 安防产业的智能化

智能化是一个与时俱进的概念,在不同的时期和不同的技术条件下有不同的含义。在安防系统的智能化中,可以理解为"实现真实的探测,实现图像信息和各种特征的自动识别"。

智能化的系统不是孤立地反映各种物理量和状态的变化,而是全面地从它们之间的相关性和变化过程的特征去分析和判定,从而得出真实的探测结果。这就要求安防系统和设备采用人性化的设计,具有模仿人思维行为的分析和判断功能,如模拟报警系统就是以分析各种探测数据之间的关系做出是否报警的判定。

9. 安防产业的规模化

从安防产业的发展时期来看,安防市场发展的程度决定了安防行业的规模化。安全防范资本投入和实施的社会化,是其规模化的条件,安全防范行业管理社会化是其规模化的保障。随着安全防范的社会化,它已由单位、个人,向小区社区转为区域化。因此,安防的社会化亦是其规模化发展的过程。

另一个因素是安防的网络化拉动了其规模化。网络技术的支持,使安防行业的综合服务功能得以实现。

10.2　安防系统的硬件和软件

智能安防系统的开发主要包括后端信息数据库的建立维护、通信端口的运行以及前端应用程序的开发。智能安防系统建立的信息数据库具有数据一致、完整和安全的特点。智能安防最大的优点就是硬件简单,信息传送及时,集布防、报警、检测、记录于一体,结构简单、适用面广,可以面向任何单位和个人使用。

10.2.1　安防系统的硬件

1. 摄像机

1) 按质量档级分类

(1) 广播级摄像机:一般用于电视台和节目制作中心,其质量要求较高,清晰度700~800线,信噪比60dB以上,从镜头到摄像器件,电路等都是优等的。

(2) 业务级摄像机:业务级摄像机一般常用于教育部门的电化教育及工业监视等系统中。其性能指标也比较优良,开始采用单管(如DXC-1640),双管(DXC-1800),现在多为三管(DXC-M3A)或三片CCD。

(3) 家用级摄像机:这个档级的摄像机种类繁多,主要特点是体积小,重量轻,功能多,使用操作简便,价格低廉,一般在1万元左右。其质量等级比不上广播级或业务级,多为单片CCD摄录一体机。

2）按使用分类

（1）演播室/现场座机型摄像机。

座机型摄像机体积较大，较笨重，一般安装于底座或三角架上才能操作。镜头的体积、焦距范围、相对孔径也大。常用于演播室或其他位置相对固定的场所，这类摄像机一般为广播级。

（2）便携式摄像机。

便携式摄像机体积小，重量轻，携带方便，用三脚架或人体支撑拍摄均可。一般采用直流电池供电，也可通过交流结合器交流供电。可用于多种场合，如电子新闻采访和电子现场制作。

3）按光电转换器件分类

（1）光电导摄像管：氧化铅管、硒砷碲管。

（2）固体光电传感器 CCD：发展的趋势不论广播级或业务级，均为 CCD 取代摄像管。

（3）互补金属氧化物半导体 CMOS：目前技术不成熟，价格和耗电较 CCD 低，但噪声大，图像效果较 CCD 低。现在高技术的 CMOS 不比 CCD 图像效果差。

4）按拍摄的光谱范围分类

（1）黑白摄像机：用作监控字幕或工业监视用。

（2）彩色摄像机：用途最为广泛。

（3）红外线摄像机：夜间监控。

（4）X 光摄像机：医疗、安检。

5）按摄像机的工作场合分类

（1）社会治安监控摄像机：市场大、需求广。

（2）不适合暴露的场合：记者暗访摄像机、纽扣看字摄像机（也叫无线影音传输系统）。

2．视频分配器

视频分配器是一种把一个视频信号源平均分配成多路视频信号的设备。实现一路视频输入，多路视频输出的功能，使之可在无扭曲或无清晰度损失情况下观察视频输出。通常视频分配器除提供多路独立视频输出外，兼具视频信号放大功能，故也成为视频分配放大器。

（1）按照运用领域不同可分为会议视频分配器和安防视频分配器。

（2）按照输入输出通道可分为单路视频分配器和多路视频分配器。

3．视频矩阵

视频矩阵是指通过阵列切换的方法将 m 路视频信号任意输出至 n 路监看设备上的电子装置，一般情况下矩阵的输入大于输出即 $m>n$。有一些视频矩阵也带有音频切换功能，能将视频和音频信号进行同步切换，这种矩阵也叫做视音频矩阵。目前的视频矩阵就其实现方法来说有模拟矩阵和数字矩阵两大类。视频矩阵一般用于各类监控场合。

一个矩阵系统通常还应该包括以下基本功能：字符信号叠加；解码器接口以控制云台和摄像机；报警器接口；控制主机，以及音频控制箱、报警接口箱、控制键盘等附件。矩阵系统的发展方向是多功能、大容量、可联网以及可进行远程切换。

按实现视频切换的不同方式，视频矩阵分为模拟矩阵和数字矩阵。

（1）模拟矩阵。

视频切换在模拟视频层完成。信号切换主要是采用单片机或更复杂的芯片控制模拟开关实现。

（2）数字矩阵。

视频切换在数字视频层完成，这个过程可以是同步的也可以是异步的。数字矩阵的核心是对数字视频的处理，需要在视频输入端增加 AD 转换，将模拟信号变为数字信号，在视频输出端增加 DA 转换，将数字信号转换为模拟信号输出。视频切换的核心部分由模拟矩阵的模拟开关，变换成了对数字视频的处理和传输。

4．DVR（硬盘录像机）

它是一套进行图像存储处理的计算机系统，具有对图像/语音进行长时间录像、录音、远程监视和控制的功能。硬盘录像机的主要功能包括监视功能、录像功能、回放功能、报警功能、控制功能、网络功能、密码授权功能和工作时间表功能等，可以分为数字视频录像机、PC式硬盘录像机和嵌入式硬盘录像机。

（1）硬盘录像机：即数字视频录像机，相对于传统的模拟视频录像机，采用硬盘录像，故常常被称为硬盘录像机，也被称为 DVR。

（2）PC 式硬盘录像机：这种架构的 DVR 以传统的 PC 为基本硬件，以 Windows 98、Windows 2000、Windows XP、Vista、Linux 为基本软件，配备图像采集或图像采集压缩卡、编制软件等成为一套完整的系统。

（3）嵌入式硬盘录像机：嵌入式系统一般指非 PC 系统，有计算机功能但又不称为计算机的设备或器材。它是以应用为中心，软硬件可裁减的，对功能、可靠性、成本、体积、功耗等严格要求的微型专用计算机系统。

5．NVR（级联式硬盘录像机）

NVR 最主要的功能是通过网络接收网络摄像机（IPC）、视频编码器（DVS）等设备传输的数字视频码流，并进行存储、管理，其核心价值在于视频中间件，通过视频中间件的方式广泛兼容各厂家不同数字设备的编码格式，从而实现网络化带来的分布式架构、组件化接入的优势。

1）分类

（1）嵌入式 NVR：嵌入式 NVR 由于 IP 摄像机的非标准性，再加上嵌入式软件开发的难度，一般的嵌入式 NVR 只支持某一厂家的 IP 摄像机。

（2）PC Based NVR：PC Based NVR 可以理解为一套视频监控软件，安装在 X86 架构的 PC 或服务器、工控机上。

2）NVR 与 DVR 比较

（1）部署与扩容：传统 DVR 为模拟前端，监控点与中心 DVR 之间采用模拟方式互联，因受到传输距离以及模拟信号损失的影响，监控点的位置也存在很大的局限性，无法实现远程部署。而 NVR 作为全网络化架构的视频监控系统，监控点设备与 NVR 之间可以通过任意 IP 网络互联，因此，监控点可以位于网络的任意位置，不会受到地域的限制。

（2）布线：因 DVR 采用模拟前端，中心到每个监控点都需要布设视频线、音频线、报警线、控制线等诸多线路,稍不留神,哪条线出了问题还需一条一条进行人工排查,因此布线的工作量相当繁琐,并且工程规模越大则工作量越大,布线成本也越高。对比 NVR,在 NVR 系统中,中心点与监控点都只需一条网线即可进行连接,免去了上述包括视频线、音频线等在内的所有繁琐线路,成本的降低也就自然而然了。

(3) 即插即用:NVR 只需接上网线、打开电源,系统会自动搜索 IP 前端、自动分配 IP 地址、自动显示多画面,在安装设置上不说优于 DVR,但至少是旗鼓相当了。

(4) 录像存储:DVR 受到用户欢迎的一个重要因素就是它拥有强大的录像、存储功能,但是这一性能的发挥仍旧受制于其模拟前端,即 DVR 无法实现前端存储,一旦中心设备或线路出现故障,录像资料就无从获取了;而目前,市面上的 NVR 产品及系统可以支持中心存储、前端存储以及客户端存储三种存储方式,并能实现中心与前端互为备份,一旦因故导致中心不能录像时,系统会自动转由前端录像并存储;在存储的容量上,NVR 也装置了大容量硬盘,并设硬盘接口、网络接口、USB 接口,可满足海量的存储需求。

(5) 安全性:网络产品长期以来被认为有安全隐患,的确,在没有安全可靠的机制条件下,网络确实是一个多事之地,然而,在网络监控系统中,一旦通过使用 AES 码流加密、用户认证和授权等这些手段来确保安全,网络监控产品源于网络的安全隐忧就完全消除了,目前,NVR 产品及系统已经可以实现这些保障;而相比之下,DVR 模拟前端传输的音频、视频裸信号,没有任何加密机制,很容易被非法截获,而一旦被截获则很轻易就被显示出来。

(6) 管理:NVR 监控系统的全网管理是其一大亮点,能实现传输线路、传输网络以及所有 IP 前端的全程监测和集中管理,包括设备状态的监测和参数的浏览;DVR 因其中心到前端为模拟传输,从而无法实现传输线路以及前端设备的实时监测和集中管理,前端或线路有故障时,要查实具体原因非常不便。

6. 解码器

解码器是一种将信息从编码的形式恢复到其原来形式的器件,是一个重要前端控制设备。在主机的控制下,可使前端设备产生相应的动作。解码器,国外称其为接收器/驱动器(Receiver/Driver)或遥控设备(Telemetry),是为带有云台、变焦镜头等可控设备提供驱动电源并与控制设备如矩阵进行通信的前端设备。通常,解码器可以控制云台的上、下、左、右旋转,变焦镜头的变焦、聚焦、光圈以及对防护罩雨刷器、摄像机电源、灯光等设备的控制,还可以提供若干个辅助功能开关,以满足不同用户的实际需要。高档次的解码器还带有预置位和巡游功能。

1) 软件解码器

计算机中所说的解码器是软解码器,即通过软件方法解出音频视频数据。通常,计算机所要播放某种格式视频,即需要支持该视频编码的解码器,视频解码器就应运而生。

2) 硬件解码器

解码器的存在是因为音频视频数据存储要先通过压缩,否则数据量太庞大,而压缩需要通过一定的编码,才能用最小的容量来存储质量最高的音频视频数据。因此,在需要对数据进行播放时要先通过解码器进行解码。可以解码的数字编码格式有 AC-3、HDCD、DTS 等。这些都是多声道音视频编码格式。如果要达到高保真的水平,有双声道的 PCM 数字编码的。所以在选择硬件解码器的时候应该注意是否支持这些格式的软件。

3) 无线解码器

频率范围:是指无线解码器在规定的失真度和额定输出功率条件下的工作频带宽度,即无线解码器的最低工作 频率至最高工作频率之间的范围。

频率稳定度:标识了无线解码器工作频率的稳定程度,单位为 ppm。

信道间隔:相邻信道之间的频率差值称为信道间隔。

数据接口:无线解码器常见接口为 RS-232 端口,是目前最常用的一种串行通信接口。

接口速率:无线解码器常见的接口速率有 1200、2400、4800、9600、19200、38400(位/秒)。

接口校验:无线解码器接口的常见校验形式有奇校验和偶校验。

天线阻抗:指含有电阻、电感和电容的天线电路里,对交流电所起的阻碍,单位 Ω(欧姆)。常见的天线阻抗为 50Ω 或 75Ω。

7. 云台

云台是安装、固定摄像机的支撑设备,分为固定和电动云台两种。固定云台适用于监视范围不大的情况,在固定云台上安装好摄像机后可调整摄像机的水平和俯仰的角度,达到最好的工作姿态后只要锁定调整机构就可以了。电动云台适用于对大范围进行扫描监视,可以扩大摄像机的监视范围。电动云台高速姿态由两台执行电动机实现,电动机接受来自控制器的信号精确地运行定位。在控制信号的作用下,云台上的摄像机既可自动扫描监视区域,也可在监控中心值班人员的操纵下跟踪监视对象。

(1) 按使用环境分为室内型和室外型,主要区别是室外型密封性能好,防水、防尘,负载大。

(2) 按安装方式分为侧装和吊装,就是把云台是安装在天花板上还是安装在墙壁上。

(3) 按外形分为普通型和球型,球型云台是把云台安置在一个半球形、球形防护罩中,除了防止灰尘干扰图像外,还隐蔽、美观、快速。

(4) 按照可以运动功能分为水平云台和全方位(全向)云台。

(5) 按照工作电压分为交流定速云台和直流高变速云台。

(6) 按照承载重量分为轻载云台、中载云台和重载云台。

(7) 按照负载安装方式分为顶装云台和侧装云台。

(8) 根据使用环境分为通用型和特殊型。通用型是指使用在无可燃、无腐蚀性气体或粉尘的大气环境中,又可分为室内型和室外型。最典型的特殊型应用是防爆云台。

10.2.2 安防系统的软件

在组建智能化安防系统时,必须采用国际上通用的总线和接口,软件、硬件也必须采用开放式模块化结构,使得整个智能化安防系统互换性和互操作性好,系统的的标准化程度高,以方便与诸多类别的虚拟仪器相关部件兼容,并且方便修改、更新和升级换代。软件的设计必须达到如下要求:

1. 安防系统软件设计要求

(1) 软件的设计应具有高质量的可靠性。

(2) 软件的设计应具有高质量的效率。

（3）软件应保持不同平台和不同操作系统之间的可移植性,不同测试接口之间最大兼容及互换性和不同测试系统之间的通用性。

2．安防系统软件设计规范

在设计时必须应用如下关键技术:

（1）为保证不同平台和不同操作系统之间的可移植性,必须采用符合 VXIplug&play 规范软件的开发环境。

（2）采用虚拟仪器软件 VISA 软件的结构技术,保证不同测试接口之间最大的兼容性及互换性。

（3）采用 VXIplug&play 规范软件的驱动程序结构,保证仪器驱动程序具有良好的兼容性及通用性。

（4）应用开放数据库 ODBC 互联技术及 SQL 数据库查询语言,保证软件的通用性。

（5）应用模块软件结构的设计方法,提高系统软件的灵活性、移植性和可维护性能,以降低系统的复杂性能。

10.3　某监狱数字化系统设计方案（海康威视）

10.3.1　系统设计需求

1．系统现状

目前建设成的各个子系统,存在如下一些问题:

（1）视频监控系统、报警系统、门禁巡更系统、语音对讲系统各自均独立存在,没有任何交互。

（2）各个子系统相互分离管理不便,存在安防隐患。

（3）与信息系统完全隔离,监控视频数据处于孤立状态,利用率低下,应用灵活性也较差。

（4）日常工作不能有效利用安防设备,工作效率低。

（5）不同厂家的多个系统,缺乏统一维护机制。

（6）上级主管部门不能实时准确掌握现场情况。

2．系统设计需求

根据系统现状及从未来发展方面考虑,设计系统需满足如下需求要求:

1）多级联网的安防管理系统要求

系统设计方案需要与监狱组织管理体系相适应,将科技手段与警力管理有机结合,最大限度地节约警力,降低民警的劳动强度,从而达到向科技要警力实现科技强警的目的。要求安防系统具备多级联网功能,从监狱局到监狱再到监区。系统做到前端信息的共享,便于领导的远程管理,和出现事件时的统筹。为了安防系统管理的高效性,同时避免司法腐败,监狱要求安防系统实行严格的权限管理。系统包括网络终端对视频图像的浏览和控制权限、监狱各种报警信息的处理权限。

2）各个子系统的统一管理要求

目前大多数监狱安防系统中的监控、门禁、报警、对讲等各个子系统，都是相互独立的，没有统一管理和相互联动。这样，在一些特殊情况下，整个系统不能相互呼应，也给安防管理留下了一些漏洞。因此，监狱要求各个子系统能够实现"一体化、集成化"的管理。同时要求各个子系统相互联动，使整个安防系统形成一个整体，更好的发挥各个子系统的作用，堵塞安防漏洞。

3）干警的交接班管理要求

传统的监狱安防系统只是对监狱的监控、门禁、报警等方面进行设计，并没有涉及干警的交接班信息管理。传统的监狱干警交接班管理也只是手动签到，在纸面上记录值班情况，缺乏数字化信息管理。因此，要求数字化管理系统要对干警的值班记录、交接班进行管理，真正将"人防"和"技防"有机结合。

4）犯人活动区域的监管

监狱内部一般分为"生活区"和"生产区"两个部分，"生活区"和"生产区"隔离开。在生活区和各个生产车间的门口都有值班室，犯人平时在干警的监管下出入生活区和生产车间时都要在值班室的记录本上登记。这种方式很落后，无法实现犯人出入信息的共享，监狱管理部门无法实时统计出各个区域内现有犯人的数量，不利于监管工作。因此监狱数字化管理系统要求将犯人的"监管功能"纳入系统中来。

10.3.2 系统总体设计

根据以上的需求，将围绕整体解决方案、模数任意结合、智能分析、省级平台等方面进行有机设计。

1．设计原则

为了满足监狱对智能化管理的要求，整个系统应采用了"一体化"、"集成化"、"数字化"、"网络化"设计原则。

（1）一体化。系统采用一体化的管理平台，将监控、门禁、报警等功能模块实现了"嵌入式集成"，由统一的管理平台软件来管理，同时实现各个功能模块之间的联动。

（2）集成化。系统除了将监控、门禁、报警、巡更等统一管理实现联动功能之外，还为监舍对讲等系统提供接口，实现和对讲的联动。

（3）数字化。系统中的所有主控设备全部采用数字化管理设备，实现对整个系统中各个功能模块的数字化管理。

（4）网络化。本系统支持从前端监区值班室到监狱指挥中心，再到省局指挥中心的多级网络结构，使所有信息的传输畅通无阻。

2．系统构成

1）一级指挥中心

一级指挥中心是监狱的中枢指挥机构，承担着对所有监区和值班室的音视频信息、门禁控制、周界报警、巡更、监舍对讲等功能模块的统一管理。监狱指挥中心使用解码器，将前端各个监区的视频信号输出给屏幕墙进行监视，可以设置所有视频信号的切换计划。监狱一级指挥中心值班人员，可以通过中心管理软件实时查询各个监区值班干警的值班记录和交接班情况，同时可以实时查询各个生产车间现有犯人的人数等数据信息。

指挥中心安装通过网络，对下属各个监区的视频图像、门禁控制、周界报警、监狱对讲等信息，同时以逆向解码的方式，将前端的视频图像输出到屏幕墙上进行监控。监狱局指挥中心数字中心服务器，可以设置群组切换的方式，将前端各个监狱的视频图像分组显示。

当前端有报警信号上传时，系统自动弹出报警点所在的电子地图图层，同时报警点图标闪烁，提醒值班管理人员。报警信号可以触发本地录像。同时数字中心服务器可以和前端各个监区之间实现"双向对讲"功能，出现任何情况，中心可以很方便的和前端进行通信，便于指挥和事故处理。

一级指挥中心功能结构见图10.1，一级指挥中心网络拓扑图见图10.2。

图 10.1 一级指挥中心功能结构图

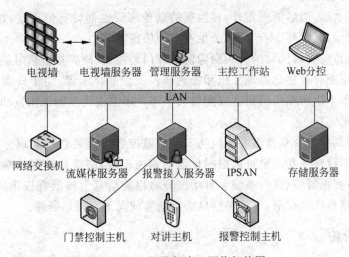

图 10.2 一级指挥中心网络拓扑图

中心主要用来实现以下功能：
- 对所有值班室的监管主机实现集中管理；
- 对监狱的监控、门禁、报警、对讲等集中管理；
- 实时掌握所有监区情况、便于狱情分析和应急指挥；
- 实时掌握各监区值班记录等重要数据；
- 电子地图双屏显示、便于管理、一目了然；
- 通过网络连接各个监区DVR图像输出到电视墙；
- 显示控制主机显示输出图像内容及切换由中心管理主机集中管理。

2）二级监控中心

监区值班室是系统的最前端一级管理部门，负责前端视频、门禁控制、报警控制等信息的采集和控制，同时负责和监舍对讲的联动。

同时，在监区值班室安装"监所安防集成平台"。"监所安防集成平台"负责视频图像的录像和监区门禁控制、周界报警、巡更管理以及监舍对讲等设备的统一管理，构建"安防一体化"管理平台。

监区内的所有门禁控制信号，通过通信总线，连接到监区值班室的"数字化监狱指挥管理主机"，由"安防一体化"管理平台统一管理。监区内所有的报警信号，也都集中在监区值班室，由报警控制主机集中管理，并接入"安防一体化"管理平台统一管理。

监区内的监舍对讲系统，为"数字化监狱指挥管理主机"提供开放式协议接口，由安防一体化管理平台设置，和视频监控信号联动。为了满足监舍呼叫时联动该监舍视频切换到屏幕墙的要求，需要增加"解码设备"，以开关量的方式接入数字监管主机，实现联动。

二级中心智能管理系统客户端采用多级电子地图管理，在地图上单击各个子图层的图标，就可以直接进入各个子图层。当前端有报警信号上传时，系统自动弹出报警点所在的电子地图图层，同时报警点图标闪烁，提醒值班管理人员。同时，可以和前端各个监区之间实现"双向对讲"功能，出现任何情况，可以很方便的和中心或前端进行通信，便于指挥和事故处理。

3）监舍及其他值班室

除了各个监舍、入监队值班室外，在监狱的其他部分也都设有值班室，这些值班室包括医院、禁闭室、食堂、教学楼、生产区各个生产车间值班室等。

这些值班室负责管辖区域的视频图像监控和门禁控制、周界报警信号的管理。医院、禁闭室、食堂值班室配有智能化管理主机和管理软件及液晶显示器，用于日常监视和管理用；教学楼、生产区各个生产车间值班室仅配置数字客户端主机用于图像浏览功能。

4）分控终端

在监狱中的领导办公室及重要部门均安装有监控客户端终软件实现分布式的分控点，在客户终端上，监狱领导和武警可以根据自己的相关权限，浏览和控制前端的设备。同时，前端各个值班室有报警信息时，系统会自动区分将报警信息上传给有权限的客户端。各个客户端，可以根据自己的权限，对报警信息进行消警或向下发布等处理。

3. 系统拓扑图

监所安防系统架构图见图 10.3。

具体监所安防系统主要由前端系统、传输系统、后端记录控制系统、集中管理控制系统 4 大部分组成。

前端系统包括了摄像机、网络摄像机、拾音器、报警探测器、报警按钮、对讲终端、读卡器、电网、电话等各种信号采集设备，负责获取各类运行状态并传输给后台负责处理；同时也包括广播、警灯、警铃等输出终端设备，用于向各类场所发送不同的信号。

后端记录控制系统主要是各类记录控制主机，具体包括各类嵌入式编码器、报警控制主机、对讲主机、门禁主机、巡更主机、电网主机、会见主机、广播电教主机、会见录音主机、讯问主机、控制矩阵等。通常每个功能完整的子系统会有自己的记录控制主机。

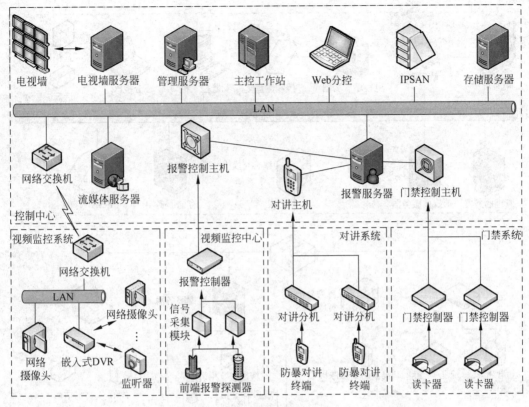

图 10.3　监所安防系统架构图

　　传输系统由于子系统众多,而且很多子系统是独立运行,因此传输系统也比较复杂,这是布线子系统主要要负责的内容,包括视频监控、报警、门禁、对讲、电教等都需要自己的传输线路,远不止以太网。海康威视的视频监控系统,可以支持在前端进行硬盘录像本地保存并在中心集中管理,也可以支持通过网络直接集中存储到 IPSAN 中,方式灵活,存储可靠,降低了对传输系统的建设难度。

　　集中管理控制系统主要通过"监所安防集成平台"实现,具体由报警服务器、电视墙服务器、流媒体服务器、管理服务服务器、存储服务器、IPSAN 和各主控、分控中心工作站模块构成。通常每个监所会设置一个中央控制中心和若干个分控中心来负责不同区域的安防管理控制工作。

10.3.3　系统详细设计

　　为了更好地对每个系统做详细的设计,下面对各个子系统进行拆分做详细的设计说明。所有的子系统跟总体系统设计是有机的统一体。

1. 视频监控系统设计

　　根据用户的使用场所及不同的使用用途,做如下详细设计。
　　1) 监狱大门出入口视频监控
　　视频监控系统拓扑图见图 10.4。

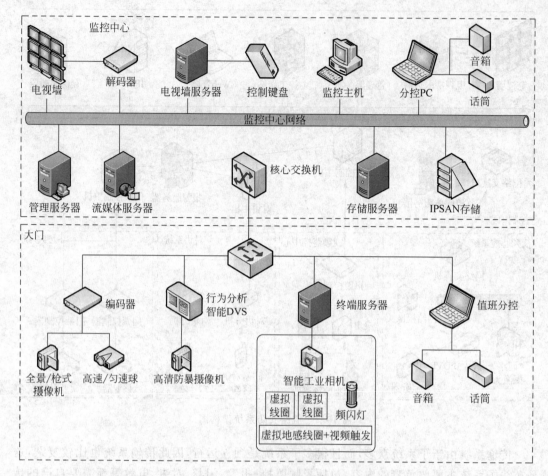

图 10.4 视频监控系统拓扑图

在监狱大门出入口部署智能工业相机和终端服务器,可以实现对进出车辆的车牌识别及抓拍,车辆通过时,智能工业相机能准确拍摄包含车辆全貌、驾驶室内司乘人员面部特征的图像,并将图像和车辆通行信息传输给智能工业相机终端服务器,并可选择在图像中叠加车辆通行信息(如时间、地点、车速、方向等)。在环境无雾包括雨雪天情况下,对监控区域内的规范行驶的车辆图像包含车辆牌照等特征,能够看清楚车辆牌照和车辆全貌,图像能分辨车辆类型、车身颜色和所载货物,系统拍摄的图像可全天候清晰辨别驾驶室内司乘人员面部特征。可以实现如下功能:

(1) 反馈控制的全天候高清晰成像。

整个成像系统是一个由智能工业相机、智能闪光灯和成像控制软件组成的精密系统,它们之间的有序配合和反馈控制使得白天和晚上抓拍的车辆图像清晰度高,确保车身、车牌和车辆前排司乘人员面部特征都清晰可辨。

(2) 技术应用效果。

系统综合了车辆前挡风玻璃对光线的反射特性、贴膜情况、环境光线照射情况,采用了特殊的镜头、专门的成像控制策略和补光方式,同时安排了合理的设备布设方式,使得系统全天候对各类车型都能有效解决前挡风玻璃反光和强光直射等问题,确保车身、车牌和车辆前排司乘人员面部特征都清晰可辨。

在大门口部署行为分析智能 DVS,可以实现大门口人员徘徊检测,徘徊的时间超过用户设定的时间,在值班室或指挥中心会出现报警。同时,设定一定的人群密度,如果检测区域内人群的密度超过用户设定值,则出现报警。具体功能如下:

监狱门口人员聚集检测:在监狱门口全天候实现聚众检测,发现有人群聚集现象,实时提醒关注并采取相关措施,以免突发事件的产生。

监狱门口人员徘徊检测:在监狱门口全天候实现徘徊检测,发现有可疑人员逗留时间超过预设值时,实时向前端告警以提醒关注。对可疑人员滞留和徘徊的时间可以自定义设置。

监狱门口非法停车检测:在监狱门口禁止停车的区域实现非法停车检测,车辆穿越该区域不触发报警当有车辆非常停车超过预设值时,将触发报警并上传监控中心,引起监控人员注意。

2)围墙及周界视频监控设计

围墙及周界视频监控拓扑图见图 10.5。

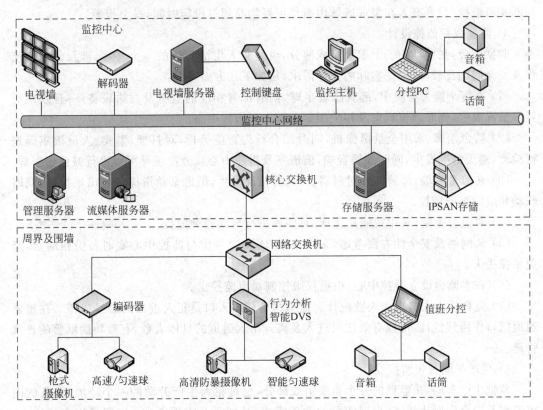

图 10.5 围墙及周界视频监控拓扑图

围墙及周界设计说明:

(1)在周界及围墙部署球机及枪式摄像机,同时在周界敏感位置部署行为智能分析,实现跨线检测,避免人员跨墙。

(2)周界及围墙定点监控。根据围墙及周界自身的特点,主要结合目前在监狱应用的电网。同时,考虑到围墙的重要性,在围墙内侧,我司建议部署防爆摄像机,配合电网一起使用,一旦发现可疑信息,则联动报警及指挥中心。

(3) 周界智能分析。对于围墙外侧及电网上方和敏感重要位置,建议采用智能分析,对于可疑人员的行为进行分析,同时可以实现如下功能:

监狱周边监控。监狱的周边及门口是监狱与外界连接的部分,往往是在押人员越狱逃跑的地方,通过监控、报警系统,可以有效地保证这些地方及在此进行看管的人员安全,并且可以有效地配合监狱看管人员联动,防止在押人员越狱行为的发生,并且可以防止外界人员的进入。

监狱围墙跨线报警。在围墙四周设置警戒线,有人翻越围墙,马上报警,可及时阻止在押人员逃脱或外部侵入。

监狱围墙内外侧区域入侵检测。在监狱围墙的内侧或(和)外侧设定警戒区域,24 小时不间断实时监控,只要有人进入警戒区域,马上报警并上传监控中心,提醒监控人员注意。

监狱围墙周围物品遗留检测。在监狱围墙的内侧或(和)外侧设定警戒区域,24 小时不间断实时监控,只要有人在警戒区域内遗留可疑物品超过设定时间,马上报警。

3) 监舍视频监控设计

监狱监舍,是监狱的一个重要组成部分,也是犯人生活起居的一个环境,涉及的内容流程及安全问题比较多,根据实际的业务需求,从如下几方面考虑:

(1) 在每个监舍房间中,部署防爆半球,同时部署相应的监听及对讲设备,一旦发现有异常情况发生,则联动值班室及相关领导负责人和指挥中心。

(2) 监舍走廊,采用全景摄像机,同时结合行为智能分析,对打架、攀爬、人员聚集等进行检测,避免情况发生,同时部署音响,值班室及指挥中心或分控领导可以进行喊话警告等。

(3) 在监舍外墙,部署红外对射器,一旦有情况发生,值班室及指挥中心出现报警,同时联动相应的视频监控。

(4) 对监舍上空,采用智能高速球,对四周进行自动轮询监控。

(5) 从网络及安全性方面考虑,采用本地 24 小时录像与监控中心实时备份相结合,避免录像丢失。

(6) 在本监舍设立分控中心,根据权限控制对应监控点。

(7) 监舍楼出入口出入人数统计。监狱宿舍楼出入口是犯人进出的必经通道。在重要通道门口作跨线统计,可以有效比对进入及离开出入通道的具体人数,有效辅助狱警的日常管理。

4) 生产车间视频监控设计

监狱生产车间,是监犯的一个重要组成部分,也是犯人生产劳动的一个环境,涉及的内容流程及安全问题比较多,根据实际的业务需求,从如下几方面考虑:车间是生产的地方,覆盖的面比较广,楼层高度比较高,在楼顶部署智能高速球,设置一定的预置位进行轮询;车间仓库,部署防爆摄像头。

5) 广场视频监控设计

监狱广场,是监狱的一个重要组成部分,也是犯人活动及人员集中的一个环境,面积广、需要监控覆盖率大,建议部署室外智能高速球覆盖。对于一些警戒线及广场规划设施等位置,建议采用智能分析,一旦发生犯人跨越该警戒线,则联动报警及联动指挥中心等。

6) 监控中心

（1）存储部分。

其一,软件平台借助抽象层概念将前端接入设备虚拟化,利用协议转换接入非海康威视的前端产品,保证了原有监控采集设备的使用;其二,利用国际标准的 iSCSI 协议管理通用磁盘阵列,借助 SNMP 简单网管协议监视通用磁盘阵列的运行状态;其三,任何具备 iSCSI 直写模块的网络摄像机都可直接将视频数据写入通用的磁盘阵列;不具备 iSCSI 直写模块的网络摄像机则将视频数据送给海康威视的 NVR 服务器,由 NVR 将视频数据按 iSCSI 方式写入磁盘阵列;其四,由视频存储管理服务器(VRM)来全面统一地管理存储系统,进而构建一套完备、可靠、易用的存储系统服务于视频监控。这套存储架构如图 10.6 所示。

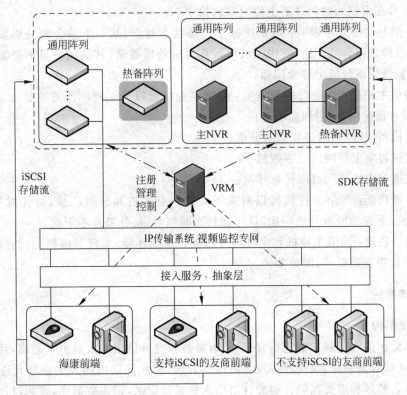

图 10.6　开放式的存储架构

（2）显示部分。

本项目显示部分由高清解码器和电视墙组成。高清解码器用于解码视音频流,包括实时预览流和录像回放流,解码输出至电视墙显示。

在监控中心采用多台数字高清解码器组成高清数字矩阵取代了传统的模拟视频矩阵来管理电视墙。它的主要功能与模拟视频矩阵基本相同,都是基于交换的原理来管理前端视频源切换上电视墙。

控制中心向数字矩阵发送相关预览指令,高清数字矩阵从指定前端获取高清数据流,并解码由高清接口输出到高清电视墙;由此能进一步实现切换、轮巡等操作。

控制中心还能向存储系统发送检索指令,存储系统将相关的历史码流推给高清数字矩阵,解码上墙。

2. 监仓对讲系统

1）系统概述

每个监仓内配置1部对讲分机，监仓内的对讲报警信号、声控报警信号通过RS485总线传给对讲分机，分机信息在汇聚到对讲主机主机，然后传给网络主控机最后到传给软件平台，最终由软件平台来做出处理。

2）系统功能

（1）分机呼叫和报警：分机设有呼叫报警按钮，当监仓有呼叫要求时，可以按分机呼叫按钮呼叫分控中心（值班室）。在无人处警的情况下，用户也可以设定时间（1～999秒），使监仓呼叫信号在设定的时间过后上传至总监控中心。

（2）广播与对讲互不影响：当系统处于广播状态时，当某一个监舍的分机发出呼叫报警后，只会断掉该监舍的广播，对讲主机可与其对讲处理警情，其他监舍可不受影响仍正常广播，处理警情后该分机仍继续广播。

（3）网络主控机可向下呼叫及监听：网络主控机可以分别呼叫所有主机和分机；网络主控机可以直接呼叫、对讲和监听分机。

（4）主机可以呼叫、对讲和监听分机。

（5）主机可向上呼叫网络主控机。

（6）主机与主机之间可以任意呼叫。

（7）广播功能：网络主控机可以对其下面的所有主机和分机广播，可任意选址广播。主机可以对其下面的所有分机广播，且广播状态时与对讲、处警互不干扰。

（8）视频联动：网络主控机和主机均可与视频系统连接，实现对讲监听时音视频同步，并且主机有自带视频联动、浏览功能。

3. 门禁系统

1）系统架构

对进出监区的人员和车辆进行管理，只有被授权允许进出的人员方可进出，且实现不同等级、不同区域管理制度，及同时实现了时间的管理、即允许进出的人员在非允许进出的时间也不能进入监区和重要区域。对允许进出人员进行记录，记入数据库，可通过计算机随时调出进出人员的名单和进出时间。安装于出入处的摄像机，及时将进入人员的图像信息传送到控制中心，并记录在视频管理服务器中，对于非法出入，能够及时的抓拍现场的图像。

本系统由人员的出入监区的管理、监舍通道门禁管理系统、干警管理一卡通系统、生产厂区大门违禁品探测系统4部分组成。监狱门禁、巡更系统架构如图10.7所示。

2）监舍通道门禁管理系统功能

（1）实时监控和脱机运行双模式运行。

管理员通过计算机对所有门的刷卡和开关状态进行实时监控，可以实时地显示所有门的开关状态，进出记录（包含卡号 姓名 地点 所属部门），是否允许通过等信息。系统可以脱机运行，即计算机关闭的时候门禁系统的所有功能均可以正常运行。

（2）IC卡＋密码管理。

进出监区大门门禁设置为IC卡认证模式，对安全级别要求高的门（出监区三辊扎门禁）

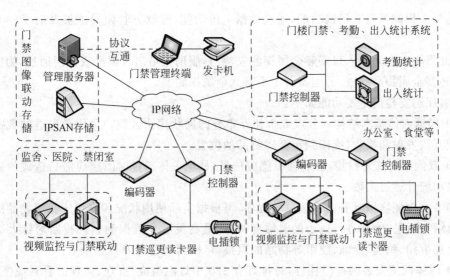

图 10.7 监狱门禁、巡更系统架构

可以设置为卡+密码模式,每张卡都有自己独立的密码。

(3) 丰富实用的报警模式。

报警模式分为非法闯入报警、门长时间未关闭报警、非法卡刷卡报警、胁迫报警。

非法闯入报警:门被人非法强行破坏打开。

门长时间未关闭:人员进入后,门没有关好,超过一定时间予以报警提醒进入的人员或控制室的管理员安排关好该门。该时间可以自定义设置。

胁迫报警:干警被人胁迫要求打开某些门,干警可以输入特定的反胁迫密码,此时门被自然打开,系统可以不动声色地将被胁迫的报警信息发送给值班人员的计算机,并同时保障了被胁迫人员的人身安全。

所有的报警都会在总控制计算机上实时显示红色闪动记录,并驱动计算机音箱提醒管理者注意,并支持网络功能。

(4) 强制关门功能。

如果值班人员发现某个犯罪分子在某个区域活动,管理员可以通过紧急闭门按钮,强行关闭该区域的所有门,使得犯罪分子无法通过偷来的卡刷卡或按门按钮逃离该区域。

3) 干警管理一卡通系统

干警管理一卡通系统用于对干警的考勤、干警在监内的通行和干警在监内的巡更工作进行管理。干警还可根据卡的不同权限查询内网信息。

干警管理一卡通系统主要功能如下:

(1) 干警在进出监区大门的时,验证卡的 ID 和指纹予以放行,并实时记录出入监时间。

(2) 在监区内,依据卡的权限,干警可以凭卡的 ID 配合密码通行于重要通道。

(3) 管理系统可以实时记录,并向中心控制室报告干警的到位情况和干警分布情况。

(4) 干警可以根据卡的不同权限查询内网系统。

4) 生产厂房大门违禁品探测系统

通过违禁品探测系统,服刑人员在出收工时,可以防止服刑人员把生产工具带出车间。

另外,违禁品探测器具有记数功能,通过数据上传功能,监狱分管领导能够及时了解车间生产状况。

因此需要在车间出入口安装金属探测安检门,服刑人员出入需经安检门通过,为方便移动性对违禁金属物品检查,另配备若干手持式金属探测器。

金属探测安检门主要功能如下:

(1) 根据人体基本结构划分成 6 个相互重叠的网状探测区域。采用最先进的数字脉冲技术,交互式发射和接收,准确判定金属物品的位置。

(2) 双侧对射红外扫描,迅速捕捉感应信号,杜绝人体通过时因感应滞后造成的探测失误,并自动统计通过人数。

(3) 6 个探测区域具备 100 级灵敏程序,可根据实际使用状况预先设定金属物品的可能部位及体积、重量、大小进行适当的灵敏度调节,最高灵敏度可探测到一枚回形针大小的金属,排除皮带扣、钥匙、首饰、硬币等物品的误报,可探测到管制刀具和枪支。

(4) 门体两侧安装两排门柱灯,每排灯有 120 个灯泡组成,直观、美观的看到报警区位。

(5) 高亮度数码指示板和报警板,分别显示通过人数、报警次数、报警区域及警示强弱。

(6) 根据安装环境周边的干扰程度不同,采用当今世界最先进的磁电兼容技术,通过 100 级 DSP 进行数字过滤,形成超强的抗电磁干扰能力。

(7) 自行设定工作信号频率,并网安装多台探测门共同工作且相互不干扰。

(8) 可通过预留的通信接口与计算机相连,监控、统计探测情况。

(9) 拥有多种选择的声光报警方式,便于识别。

(10) 使用人可修改参数,增设密码保护。也可用遥控器对门体控制。

(11) 采用符合当前适用环境的所有国际安全标准。

4. 报警系统

1) 报警系统拓扑图

报警系统是安防系统的重要组成部分,是实现安防自动化、智能化的关键系统。只有报警与电视监控、监听等系统形成一个整体并实现联动,这个安防系统从技术层面来说才是比较完善的。监区属于高危场所,必须确保险情的早发现和有警报得出。报警系统拓扑图见图 10.8。

2) 报警系统功能

报警系统能根据前端的不同探测装置,进行相关设置,如布/撤防等,并按照报警类别进行相应处置。

(1) 一般警示性报警。

当入侵报警、图像侦测报警等发生时,报警主机发出声光告警,安防系统能立即自动调出报警区域或附近的监控图像、声音,弹出电子地图指示报警发生位置,以便值班人员及时查清情况并按处警预案进行处置。报警情况(状态、时间等)以及报警发生时调出的图解、声音能自动进行记录。

(2) 人工手动报警。

为最高级别报警。报警时,系统除具有上述处理一般警示性报警功能外,还应具有一定的自动处警功能:立即通知各级领导,自动接通武警或特勤队值班室电话,通知赶赴武警现

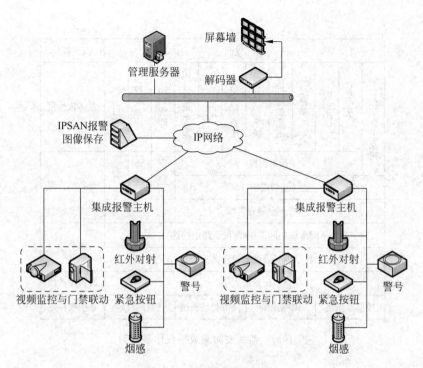

图 10.8 报警系统拓扑图

场增援。

报警系统能实现分区布防、撤防,自动检测系统状态,报警时自动启动联动装置、自动通信报警等。报警主机可联动现场灯光,在监控中心通过报警接口装置与数字硬盘录像主机联动,自动调用图像和预置位。

在要害部位的室内空间安装适量的、适合空间防范的报警器,全面控制室内空间,通过不同的方位的空间报警器发出的报警信号,就可确定罪犯的活动范围及奔向的目标,并通过现场的图像复核、录像设备实时地将罪犯在现场的活动及其作案手段记录在案,获取罪证。

10.3.4 监所安防集成平台

1. 体系结构概述

监所安防集成平台体系结构分为三个层次,最底层是设备接入层,目的是给不同的DVR、报警设备、门禁设备等设备提供相应设备类的统一接口,为系统整体管理、配置、检索提供统一的标准。中间层是平台,平台包括两部分,一部分是基本的服务;另一部分是基于这些服务的业务综合层。最高层是构架在平台之上的应用,这些应用使平台的基本服务一致、可靠、高效、灵活地完成功能。

平台提供的主要功能通过 Web Service 的国际标准提供对外接口,支持在异种操作系统、异种语言之间进行交互,是和其他 IT 和业务应用程序集成的好方法。监所安防集成平台体系结构见图 10.9,监所安防集成平台功能结构见图 10.10。

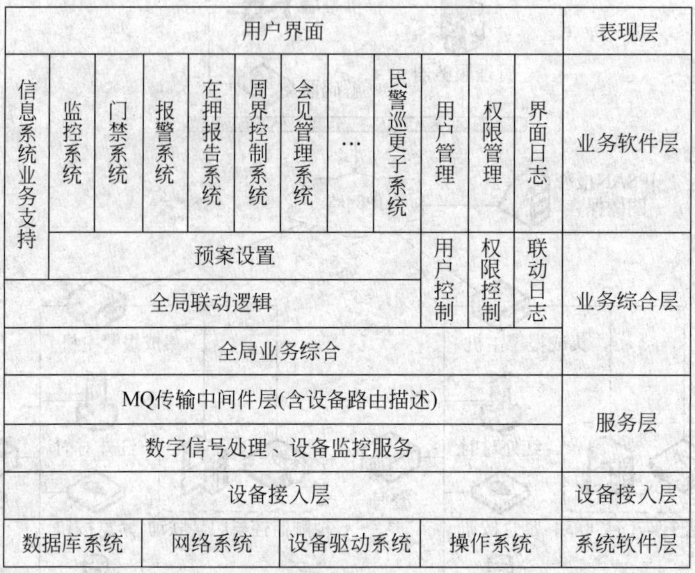

用户界面
表现层
信息系统业务支持
监控系统
门禁系统
报警系统
在押报告系统
周界控制系统
会见管理系统
…
民警巡更子系统
用户管理
权限管理
界面日志
业务软件层
预案设置
全局联动逻辑
用户控制
权限控制
联动日志
业务综合层
全局业务综合
MQ传输中间件层(含设备路由描述)
数字信号处理、设备监控服务
服务层
设备接入层
设备接入层
数据库系统
网络系统
设备驱动系统
操作系统
系统软件层

图 10.9 监所安防集成平台体系结构

用户界面层
监区安防门户
监区安防门户
省局安防门户
应用业务层
安防综合应用层:应急指挥、应急预案、报警联动、资料共享查询、重要信息迁移、语音对讲、GIS/GPS应用、数据统计报表、安防综合管理
安防基础应用层:视频监控系统、围墙周界报警系统、紧急报警系统、高压电网报警系统、门禁系统、巡防系统、外来人员和车辆管理系统……
应用支撑层
服务器
网络服务器
流媒体服务器
应用服务器
电视墙服务器
数据采集
视频信息采集
报警数据采集
业务数据接口
身份认证
权限认证
角色管理
单点登录
决策支持
数据加工
关联分析
参考决策
数据资源层
监狱管理信息库
罪犯信息库
警察职工信息库
物理支撑层
操作系统
安防设备及网络设施层

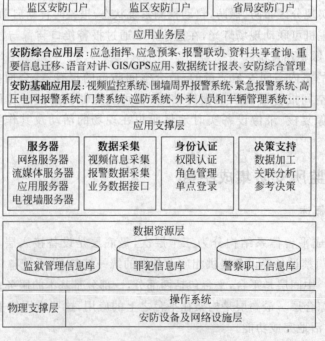

图 10.10 监所安防集成平台功能结构

2. 模块组成

监所安防集成平台包括中心基本应用软件、后台服务软件两大类,具体组成见图10.11。

每个软件模块基本描述如下:

1) 后台服务软件

(1) 流媒体转发:用于监控中心多客户端复用相同现场图像的流媒体转发管理和现场流媒体带宽限制管理。在网络带宽紧张的时候,可减少视频的带宽占用。

(2) 集中存储:用于分散加集中存储的环境下按照管理中心软件设定的计划、策略执行高可靠性的图像集中存储、备份、检索和回放管理。实现所有的报警录像、关键点图像的实时录像和事后检索查询。

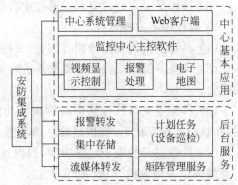

图 10.11 监所安防集成平台软件架构图

(3) 报警转发:用于管理各种报警信号,报警处理规则管理、联网报警主机的报警信号获取与分发管理。为所有系统管理的监控设备提供报警接收转发服务和短消息报警、邮件报警等远程报警服务。

(4) 计划任务(设备巡检):实现 7×24 小时各种安防设备巡检、设备时间校对、定时布防/撤防等定时功能。

(5) 矩阵管理:实现对电视墙的配置和控制功能。

2) 中心基本应用软件

(1) 中心系统管理软件:可以对整个系统的人员、远程数字图像设备、远程门禁设备、远程报警设备、远程接入服务器的各种采样参数、联动策略设置、电子地图进行集中配置管理,同时实现对所有客户端实时访问的权限控制和管理。

(2) Web 客户端软件:基于.NET 体系和 Web Service 标准,实现按照组织和分组模式的图像预览切换、云镜控制、图像检索查询回放、报警信息检索接收、电子地图等功能。

(3) 监控中心主控软件:可以实现对网络内所有数字图像设备的网络监视、控制、查询、浏览、刻录、电子地图报警等功能,支持对报警系统的远程布撤防操作和实时监控,支持对报警系统当前布撤防状态和自身工作状态的监视和轮巡,可以外接对讲耳麦实现和现场的对讲指挥功能。支持双屏显示。

3. 软件功能

1) 中心系统管理软件

(1) 系统提供对联网监控设备(主要是硬盘录像机和报警设备)的信息录入、信息修改、信息删除功能。

(2) 支持多级电子地图功能,包括在地图上标注视频点、报警点、门禁等信息。

(3) 新增加、修改、注销操作员功能。以及操作员的角色设置功能。

(4) 角色的维护和权限设置功能;默认至少包括系统管理员、监所领导、指挥中心值班人员、分控中心值班人员、普通人员等角色。用户信息和用户角色关联,用户包括用户姓名,登录名,密码,级别,职称如队长、指导员、科员等。

(5) 系统组织机构的设置,支持树形结构,每个操作员都归属于某一个部门。只有拥有特定权限的人才可以修改操作员的归属部门。

(6) 操作员必须经过登录并通过中心数据库验证之后才能够使用系统。

2) 监控中心主控软件

(1) 具备多个视频图像同时浏览,支持按照 1/4/9/16 画面分割。

(2) 具备将摄像机按照逻辑关系进行分组,并按需要浏览视频画面功能,可以控制球机的云台。

(3) 具备定义与执行值班巡检预案功能,根据不同的警员分区情况,定义不同巡检预案,在执行巡检完成后,提供巡检总结功能。

(4) 具备完善的电子地图功能,提供地图导航树,地图支持多级自由链接,可以在地图上直接操作各摄像机、门禁、报警点。

(5) 具备任意监控点的历史录像文件回放功能。

(6) 具备查询历史报警信息及相关录像文件的功能。

(7) 系统可以与门禁系统、AB 门系统、巡更系统、周界电网系统、对讲系统、报警系统进行对接,以上系统产生各种事件与报警信号时,在控制客户端程序上进行声光报警,同时具备报警与对应视频联动功能,具备自动/手动启动对讲功能;同时也可以支持联动对应地点的电子地图。

(8) 系统提供报警的处警记录功能,每次处警结果都记录到后台永久保存。

(9) 主控中心采用一机双屏的方式进行信息显示,一屏用于显示电子地图;另一屏则是显示视频轮巡信息。

3) Web 客户端软件

Web 客户端软件支持远程客户直接使用 IE 浏览器访问系统,方便地实现客户端软件基本功能,基于.NET 技术构建,支持 Web Service 行业标准。

(1) 具备多个视频图像同时浏览,支持按照 1/4/9 画面分割。

(2) 具备将摄像机按照逻辑关系进行分组,并按需要浏览视频画面功能。可以控制球机的云台。

(3) 具备任意监控点的历史录像文件回放功能。

(4) 具备查询历史报警信息及相关录像文件的功能。

(5) 查询历史巡检记录功能。

(6) 查询操作员日志功能。

4) 报警转发服务

本模块是系统的核心模块之一,系统可以与门禁系统、AB 门系统、巡更系统、对讲系统、报警系统、周界电网系统等安防子系统进行对接,获取其报警/事件信息,并管理各种报警、事件信号,报警处理规则、联网报警主机的报警信号获取与分发管理。本软件也支持与门禁系统的对接。可通过串口、IP 虚拟串口等方式采集门禁控制器卡号(指纹信息)和设备自检等状态数据,将数据转发给中心主控软件显示处理。

报警转发服务内容如下:

(1) 报警的获取和分发。

（2）报警设置维护。

（3）报警关联规则管理。

（4）报警动作管理。

（5）报警日志。

报警发生后的本地录像文件、中心录像文件、中心主控分控工作站显示、中心电视墙显示中心短消息报警、中心电子地图区域显示、中心语音告警；报警发生后的现场设备（灯光、门）开关联动控制，如警戒状态下自动关门；报警发生后中心主控分控工作站显示不同的报警信息。当设备发生报警时，管理中心记录报警的详细信息，包括报警源、报警所属组织、报警级别、报警类型、通道号、开始时间、结束时间、报警结果、报警盒端口等一系列信息。

5）网络存储服务

网络存储服务通过网络获取系统中所有视频源的信息，存储到大容量的存储设备中。采用的模型是前端分布式录像和后端集中录像的综合方法。每一个录像组可以具有自己的录像计划，在每次录像过程中，系统都会记录录像的执行时间与执行情况，计算需要补录的时间段。补录系统将自动从合适的 DVR 下载缺少的录像信息。报警录像可以单独存储，自动追加存储报警前后若干秒钟的录像信息。

6）流媒体转发服务

流媒体转发服务是专门针对带宽较窄的网络环境下的音视频传输而开发的网络视频代理软件，目的在于缓解网络带宽紧张，对该区域内的视频服务器的访问全部通过流媒体转发服务来进行转发，使得该视频服务器的视频服务只占一个通道。流媒体转发服务的合理配置可提高响应访问的效率。流媒体服务器同时提供实时流转发、DVR/IPC 录像文件转发、存储服务器录像文件转发。

7）计划任务（设备巡检）服务

（1）具备硬盘录像机/视频服务器/网络摄像机巡检功能。

（2）具备各类门禁、报警主机巡检功能。

（3）具备每日定时对硬盘录像机进行自动时间校对的功能。

（4）具备定时布防、撤防功能。

（5）系统保留所有巡检的日志信息，可以按不同的时段查询与分析历史的系统/设备运行情况，大大增加了系统的有效性。

8）矩阵管理服务

实现以下具体功能：

（1）远程修改显示参数，包括分辨率、画面分割等。

（2）远程切换上墙输出，包括 PTZ 控制。

（3）按照轮巡计划进行轮巡解码输出，支持多画面多分割轮巡。

（4）支持录像文件回放上墙显示。

10.3.5　系统特点

本系统采用海康威视的监所安防集成平台，结合监所的环境和需求，针对"系统集成和视频联动"、"数字监管指挥"和"网络互联互通"等方面做了独特设计，同时，采用海康威视的高清摄像机及智能分析产品作为接入设备，满足了未来数字监狱的发展要求，本系统具备如下功能：

1．集成管理与视频联动

系统将监所需要集成管理和联动的"视频监控系统"、"门禁控制系统"、"民警巡视系统"、"周界控制系统"、"应急报警系统"、"语音对讲系统"、"监所信息管理系统"集成到一个管理平台，并尽可能通过底层互联的方式，实现了各个子系统之间的相互联动与"无缝集成"。集成联动不受网络条件制约，系统稳定性高，维护方便。

（1）门禁、巡更和视频监控的联动：门禁点和巡更点可以和视频图像绑定，可设置刷卡联动抓拍图片和录像。抓拍的图片和录像文件与门禁和巡更记录绑定，双击记录即可回放与之绑定的录像文件，避免了传统安防系统"认卡不认人"的安防隐患。

（2）周界控制、紧急报警和视频监控的联动：有周界报警或应急报警时，系统管理平台自动切换到报警点所在图层，并弹出报警点关联的监控点视频图像，便于值班干警第一时间掌握报警点情况，准确处理警情。

（3）监舍对讲和视频监控的联动：各个对讲分机和该监舍的视频图像绑定，对讲呼叫时系统自动切换该监舍视频图像，便于值班干警掌握呼叫监舍的真实情况。

（4）报警区域人员信息联动：在产生报警的时候，系统自动弹出报警区域的相关人员信息，如监房的所有在押人员、监区值班民警等。

2．监所人员信息与视频联动

通过与相关软件提供商的合作，"监所安防集成平台"成功实现了与监所管理信息系统的有机结合，在产生和查询报警的时候，除了能联动相关的视频信息之外，还可以联动出监房的在押人员数目、姓名、关押时间、关押原因、值班民警等相关重要信息，为管理人员处理紧急情况处理提供了重要依据。

3．网络互联互通

针对监所安防集成平台中网络结构复杂，客户端众多的情况，系统专门设计了"监管中心服务器"，实现"警员 PKI 身份认证服务"、"集中存储服务"和"流媒体转发服务"，使得上级主管领导在通过 IP 地址验证和用户密码验证之后，可以任意调阅监控图像、报警信息等，并且在重要的时候也可实现对现场的语音、文字指挥。

4．数字监管指挥

监所安防集成平台是监所安全的技术保障，更是监所紧急情况处理的重要依据和手段。因此系统针对"监管指挥"方面做了特别的设计。

（1）完善的监区管理：监所指挥中心在掌握各个监区的视频图像、门禁数据等基本安防信息的基础上，还实时显示各个监区"现有犯人数量和姓名"和"当前值班民警姓名"等信息，为紧急情况下的应急处理提供重要依据。

（2）启动紧急预案：紧急情况下，监所指挥中心可以启动紧急预案，对发生骚乱等恶性事件的区域进行控制。紧急预案的内容包括"启动骚乱监区门禁自动锁死"等功能，紧急预案可以预置在系统中，紧急情况下自动调用。

（3）警情发布指挥：紧急情况下指挥中心需要对各个监区和武警等职能部门进行指挥。系统设计"警情发布指挥"功能，可以在"警情发布"框中自定义输入各种警情通知和指令，向指定监区发布。警情发布指挥记录保存在系统中，以备查询调用。具体功能包括控制骚乱门区"一键戒严"等紧急预案处理功能，确保犯人骚乱等紧急情况下门区的安全；和紧急情况下对武警、警卫队等职能部门的警情发布指挥、警力调度等功能。

（4）民警值班管理：系统设计民警值班管理功能，民警在系统平台上进行交接班登记，值班民警姓名在指挥中心实时更新。同时，民警在系统平台上填写值班记录，指挥中心可以实时查询各个监区民警值班记录，提高监所安防管理智能化程度。各个监区的录像文件和操作日志、报警日志和值班民警姓名关联，便于出现事故的责任落实，同时也有效增强了值班民警的责任心。

5. 模拟与数字任意组合应用

根据监狱实际情况，本方案采用模拟与数字任意组合。

6. 高清网络摄像机与 IP SAN 存储有机组合

采用网络摄像机，系统架构稳定简单，可扩展性强。IP 摄像头与传统模拟摄像头相比具有两种优势，首先它们具有数字化性质，使算法的执行变得简单直接，其次 IP 摄像头还可以利用现有的 IP 网络，从而无需安全技术专用的基础局端。

7. 强大的系统整合功能

本系统提供的监所安防集成平台，满足未来的发展，可以满足省监狱管理局统一管理、集中监控等要求。

（1）集成平台放眼全省监狱安防工作的一体化集成，打造"省局→监狱（分监）→监区"的多级统一集成平台。

（2）集成平台容纳全省各监狱的所有已建或将建安防集成系统，兼容未来新建的设备和系统，建立"向前兼容、向后扩展"的动态集成平台。

（3）集成平台以已建的统一身份认证、权限分配等电子政务平台为基础，即本平台应与电子政务平台无缝连接。

集成平台体系结构纵向可分为物理资源层、数据资源层、应用支撑层、应用层和用户界面层，下层通过数据和接口为上层提供服务。

10.4 纽贝尔门禁管理系统

深圳市纽贝尔电子有限公司是专业的门禁系统的生产厂家和研发机构，集智能卡管理系统的研发、生产及销售于一体的高新技术企业，所有的产品均拥有独立的知识产权，多项产品和技术获国家专利。该公司主要产品包括智能门禁系统、考勤系统、消费系统、巡更系统、停车场管理系统、指纹识别系统、周界安防系统及传感器系列产品。这些产品通过军用安全技术防范产品安全认证，其门禁及衍生产品广泛应用于金融、电信、电力、军工、监狱、民用等领域。纽贝尔公司在巩固和扩大国内市场的同时不断开拓国际市场，寻求战略合作伙伴融合多技术、多系统,力求打造一流安防系统,为客户创造最大价值。

10.4.1　系统概述

1．系统概述

纽贝尔公司感应式物业小区出入管理控制系统(简称门禁系统),具有对物业小区大门、单元门、地下室等出入控制、通道管理、实时监控、保安防盗报警等多种功能,即方便内部业主及物业人员出入,杜绝外来人员随意进出,又增强了内部安保,从而为业主提供一个安全高效的生活环境。

门禁系统作为一项先进的高科技技术防范和管理手段,在一些经济发达的国家和地区已经广泛应用于科研、工业、博物馆、酒店、商场、小区、医疗监护、银行、监狱等,特别是由于系统本身具有隐蔽性、及时性等特点,在许多领域的应用越来越广泛。

2．设计原则

由于安全性和高效率管理的需要,门禁系统的设计应遵循"设计及实施应按照国家和地方的有关标准进行,做到系统的稳定、先进、合理、经济、结构化和可扩展性,实现系统的实用和管理的便捷"。

10.4.2　系统的具体设计

1．推荐品牌的产品特点

性能稳定、设计灵活、操作便捷、使用安全可靠是 CHD 品牌的最大特点。

为保证系统的稳定性,CHD 系列产品硬件采用了国际先进的高速 CPU 技术,非易失性存储技术,精准时钟技术;芯片防雷设计、防浪涌设计、抗干扰设计、防静电设计等,并耐心细致倾听来自不同角度的客户的要求、需求、反馈的声音,使得 CHD 品牌得到不断的更新换代。

采用国际安全认可的通信格式和协议,并融入密码技术和指纹等生物识别技术,使得 CHD 产品应用更广泛,兼容性更好,通信数据更安全可靠。同时,为了满足不同客户的个性需求,对每个客户都做了认真详细的需求分析,设计客户想要的产品。

基于先进的 Access 和 SQL 数据库的 C/S 结构的 Windows 的智能管理软件。在保障先进性的同时,非常重视客户的兼容性应用,保证客户能非常方便顺利地安装到 Windows 系列操作系统上。

2．系统组成

1) 软件管理系统

中心总控系统:对各个子系统进行统一管理和监控,体现"统一管理、集中授权"的原则。中心总控系统负责管理应用程序提供给其访问者和使用者的权限,对所有系统的授权进行统一管理。

中心总控系统是整个系统的管理中心,包含资源管理、卡管理、系统管理、密钥管理 4 个子模块,主要由计算机、发卡器及打印机等设备组成,可实现存储、查询/检索、打印报表、监控等各操作。中心总控系统功能示意图见图10.12。

2) 资源管理

资源管理子模块是系统中住户资料、权限管理和设备管理的资源总控,分为资料管理、设备管理、权限管理三个部分。资源管理功能示意图见图10.13。

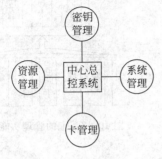

图10.12 中心总控系统功能示意图

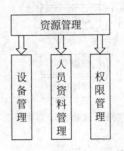

10.13 资源管理功能示意图

(1) 资料管理:包括业主姓名、持卡记录、挂失记录等相应业主基本信息。资料管理功能示意图见图10.14。

(2) 设备数据管理:包括系统中涉及的所有设备,包括考勤设备、消费设备、圈存设备、前置通信设备和读卡设备等的相关管理信息。设备数据管理功能示意图见图10.15。

图10.14 资料管理功能示意图

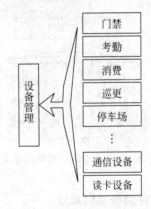

图10.15 设备数据管理功能示意图

(3) 权限管理:针对不同级别和不同部门的管理人员和技术人员赋予不同类型的权限,并配以相应的登录密码,使每个人的管理权利和责任都明确区分,操作有据可查。权限管理功能示意图见图10.16。

3) 卡的管理

卡管理子模块对系统中用户卡、临时卡、操作员卡所有应用从发行到回收整个生命流程进行统一管理,包括预发卡(印刷、分配卡号等预处理)、发卡(发行卡的应用类型,包括电子钱包)、挂失、解挂、回收卡、补发卡操作员卡管理。卡的管理功能示意图见图10.17。

4) 系统管理

系统管理子模块提供系统初始化、系统参数设置、机具密码设置、卡密码设置、操作日志、数据库设置等功能,完成对全系统的维护工作。系统管理功能示意图见图10.18。

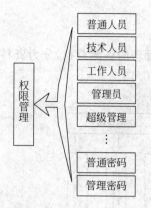

图 10.16　权限管理功能示意图

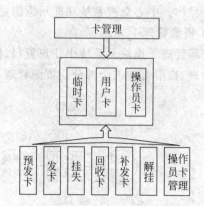

图 10.17　卡的管理功能示意图

5）密钥管理

密钥管理子模块管理系统中的根密钥、机具设备密钥、用户卡密钥的生成、发放、更新、存储、应用和销毁工作。密钥管理功能示意图见图 10.19。

图 10.18　系统管理功能示意图

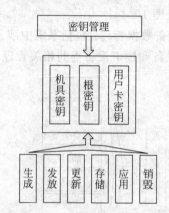

图 10.19　密钥管理功能示意图

3．硬件网络结构规划

1）设计描述

本门禁系统根据客户实际需求及工程建设施工的实际技术要求，拟定了本工程实施技术方案参考资料。

项目方案设计，管理区内共需门禁点××个。独立的门安装单门控制器 CHD802AT-E 共计××个，两门相近的安装双门控制器 CHD806D2-E 共计××个，四门相近的安装四门控制器 CHD806D4-E 共计××个；每门外接××个 CHD602P/PM 键盘读卡器；门内出门方向侧，安装××个出门按钮。

整个系统前置设备与管理计算机的连接，采用 TCP/IP 通信协议方式联网，联网线材为五类双绞网线（UTP/STP 可选），可通过网络设备（网络交换机）直接连入管理区内局域网或直接接到管理工作计算机上。

现场可根据实际情况，安装门禁系统配套设备，如门磁、电锁、红外对射探测器、电源、出门按钮、声光报警器、联动摄像机等。

结合硬件配套设备的组合及软件系统的设置,外来无卡人员将无法通行受控门;当发现有小偷时,可实现将各门锁死使之无法逃脱;联动消防报警输出主机,当有火灾等消防警情时,系统自动报警并自动打开所有受控门,使各受控门内人员可以安全逃离火灾现场。

2)推荐门禁设备型号

本门禁控制系统是以智能卡技术、计算机技术为核心,加上可靠的门、通道控制设备,从而实现进出门方便、安全、实时的现代化管理。该系统可实现人员出入权限及信息监督管理功能。本着从客户角度出发,推荐以下设备及解决方案:

(1) 系统主设备:门禁控制器(CHD802AT-E、CHD806D2-E、CHD806D4-E)、读卡器(CHD602P/PM)。

(2) 系统配套设备:非接触式 IC 卡、ID 卡;发卡器(CHD603B/BM-U)、电锁(电插锁、单/双门磁力锁、电机锁可选)、电源(CHD-PS212)、出门按钮、管理软件(单机版、网络版)。

3)系统结构图

(1) 单门控制器系统拓扑图。

单门控制器系统拓扑图见图 10.20。

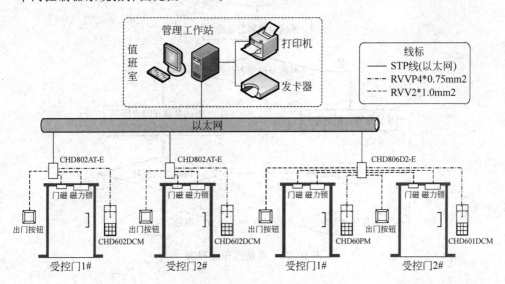

图 10.20 单门控制器系统拓扑图

(2) 多门控制器系统拓扑图见图 10.21。

(3) 系统工作流程图见图 10.22。

10.4.3 功能解析

根据门禁管理的需求,本着严格、高效、安全、人性化及人防、技防、物防相结合的管理模式,本系统主要实现的功能如下:

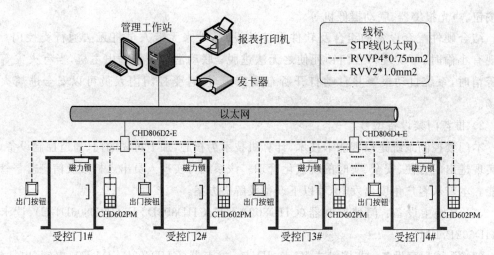

图 10.21　多门控制器系统拓扑图

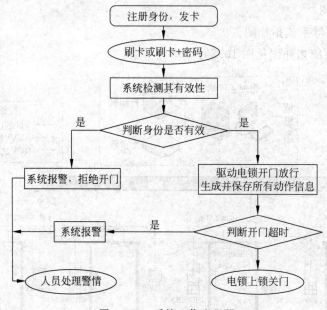

图 10.22　系统工作流程图

1. 身份识别模式

1) 模式一：单向感应式(进刷卡出按钮)

模式一即为"读卡器＋控制器＋出门按钮＋电锁"模式,使用者在门外出示经过授权的感应卡,经读卡器识别确认合法身份后,控制器驱动打开电锁放行,并记录进门时间。按开门按钮,打开电锁,直接外出。适用于安全级别一般的环境,可以有效地防止外来人员的非法进入,是最常用的管理模式。

2) 模式二：双向感应式(进出都要刷卡)

模式二即为"读卡器＋控制器＋读卡器(电锁)"模式,使用者在进、出门时需出示经过授权的感应卡,经读卡器识别确认身份后,控制器驱动打开电锁放行,并记录进门时间。适用于安全级别较高的环境,不但可以有效地防止外来人员的非法进入,而且可以查询最后一个离开的人和时间,便于特定时期(如失窃时)落实责任提供证据。

3) 模式三:卡+密码式(备选不作推荐)

刷卡后,必须输入正确的密码,才能开门。密码是个性化的密码,即一人一密码。这样做的优点在于,用于安全性更高的场合,即使该卡片被他人拣到也无法进入,还需要输入正确的密码。并且可以方便地进行模式的设置。例如,对于同一个门,有些人必须卡+密码才允许进入,有些人可以刷卡,无需密码就可以进入,最高权限的人输入超级通行密码也可以放行。

2. 系统工作步骤

(1) 联网:所有控制设备通过 RS485 或 TCP/IP 联网到系统管理中心值班室或中心管理数据库。

(2) 参数设置:对各受控门控制器进行各项功能参数设置,所有需进出人员必须在管理中心进行身份信息注册、发卡并授权到对应门的控制器上。

(3) 通行使用:人员欲通过受控门,进入时需在受控门外侧读卡器上刷卡(刷卡+密码、指纹、人脸识别、虹膜、掌纹),控制器、系统判断是否为有效合法卡,有效则驱动电锁打开,开门放行;无效则拒绝开门并报警,人员无法通过。出门时需在受控门内侧读卡器上刷卡(刷卡+密码、指纹、人脸识别、虹膜、掌纹)或按出门按钮,控制器、系统判断是否为有效合法卡,有效则驱动电锁打开,开门放行;无效则拒绝开门并报警,人员无法通过。

(4) 记录存储:控制器、系统存储所有操作记录,以备检索。

3. 系统具备的功能特性

1) 权限管理功能

系统权限管理分类清晰明确,用户权限设置灵活。可设置某人能过哪几个门,或某人能过所有的门,也可设置某些人能过哪些门。

2) 时间段管理功能

可以灵活设置某个人对某个门,星期几可以进门,具体到每天几点到几点可以进门。

3) 实时提取功能

用户可以边实时监控,边自动提取控制器内的记录,刷一条就上传一条到计算机数据库中。

4) 联机/脱机运行功能

系统可以在网络正常情况下,联网运行,实时监控管理。数据自动采集/上传,自动监测联网状态。通过软件设置上传后,控制器会记住所有权限和记录所有信息,即使计算机软件和计算机关闭,系统依然可以正常脱机正常运行,即使停电信息也永不丢失。

5) 远程开门功能

管理员可以在接到指示后,单击软件界面上的"远程开门"按钮远程地打开发送请求的门。

6) 强制关门和强制开门功能

如果某些门需要长时间打开的话,可以通过软件设置其为常开,某些门需要长时间关闭不希望任何人进入的话,可以设置为常闭。

7) 卡＋密码功能

如果使用带密码键盘的读卡器,系统将具备卡＋密码功能。即该门可以设置为,需要用户刷卡后输入正确的密码,卡和密码都正确后才予以开门。可以一卡一密码,即每个人都拥有自己的密码。该功能可以防止卡被人捡到来开门,或偷用别人的卡来开门。对于同一个门,可以设置某些人要求卡＋密码,某些人只需刷卡就可以进入。密码可以为 1～6 位数。手动输入“卡号＋密码”开门功能,如果用户启用该功能,则无需带卡,只需输入卡号和密码,就可以进行开门,并且存储该出入记录。

8) 实时监控,照片显示,门状态显示功能

可以实时监控所有门刷卡情况和进出情况,可以实时显示刷卡人预先存储在计算机中的照片,以便保安人员和本人核对。如果接上了门磁信号线,用户可了解到哪些门开、哪些门关。报警记录以红色的方式显示,若加装视频门禁设备,还可以在客户刷卡的时候进行实时的抓拍和录像。

9) 门长时间未关闭报警

门被长时间打开(超时时间可设置)忘记关门,系统软件监控界面会用红色的提示该报警信息的时间和位置,并驱动计算机音箱提醒值班人员注意(可本地或远端报警)。该功能需要加装门磁或选用带门磁反馈信号输出的电锁并连线到控制器。

10) 非法卡刷卡报警

当有人用未授权的卡试图刷卡,系统会在监控软件界面予以红色提示报警,并驱动计算机音箱,以提醒值班人员注意,本地控制器蜂鸣报警或外接声光报警器。

11) 紧急开门及消防报警

如果控制器接了报警输出及消防联动,控制器接到消防开关信号时,控制器所辖的门全部自动打开,便于人员逃生,并启动消防警笛和存储记录消防报警记录的时间。

12) 非法闯入报警或强行开门报警

没有通过合法方式(刷卡、按钮等)强行开门或破门而入。系统软件监控界面会用红色的提示该报警信息的时间和位置,并驱动计算机音箱提醒值班人员注意(可本地或远端报警)。该功能需要加装门磁、红外对射器或选用带门磁反馈信号输出的电锁并连线到控制器。

10.4.4　系统软件及功能介绍

1. 机构管理

本功能用以增加、修改物业、公司结构、基本信息资料,包括部门、分支机构等。

2. 用户管理

本功能按物业机构归类用户群,登录管理界面,对人员基本信息资料进行编辑管理。

3. 卡证管理

本功能指对人员持卡进行管理:正式卡和临时卡;注册、发卡、注销等。

4．设备管理

本功能是指对门禁设备的管理：设备型号、安装位置、设备通信的 RS485 地址等。

5．设备授权

启用设备、为设备读取参数、为用户授权到具体的门禁控制器上等。

6．门禁监控功能

打开门禁监控，可以对门进行设防、撤防，监控时间的设定、监控的开启和关闭、实时显示门状态信息等。

7．查询报表功能

（1）人事报表查询：查询员工资料、打印等。

（2）门禁报表查询：有门禁事件查询、监控台操作记录查询、设备异常事件查询、打印报表等。

8．电子地图实时监控

设备实时联网，可通过软件实现实时监控功能，如发生异常情况，中心会发生实时报警。

第11章

智能电网

随着市场化改革推进,数字经济发展,气候变化加剧,环境监管要求日趋严格以及各国能源政策的调整,电网与电力市场、客户之间的关系越来越紧密。客户对电能质量的要求逐步提高,可再生能源等分散式发电资源数量不断增加,传统的电力网络已经难以满足这些发展要求。为此人们提出了智能电网的设想,以实现传统电网的升级换代。

智能电网就是把最新的信息化、通信、计算机控制技术和原有的输配电基础设施高度结合,形成一个新型电网,实现电力系统的智能化。智能电网可以提高能源效率,减少对环境的影响,提高供电的安全性和可靠性,减少输电网的电能损耗。智能电网是对电网未来发展的一种愿景,即以包括发电、输电、配电、储能和用电的电力系统为对象,应用数字信息技术和自动控制技术,实现从发电到用电所有环节信息的双向交流,系统地优化电力的生产、输送和使用。

电力是我国能源发展战略布局的重要组成部分。电网是能源产业链和国家综合运输体系的重要环节。电网发展方向已不仅仅是本行业、本领域的需求反映,更是各行各业共同作用的结果。建设可靠高效的电网是保障经济社会全面、协调、可持续发展和国家能源安全的必然要求。构建国际领先、自主创新、中国特色的坚强智能电网,是适应中国国情,满足未来各方面发展需求的战略性选择。

11.1 智能电网概述

国内外经济社会发展对我国未来电网建设提出了"量"与"质"两方面的高标准要求。一方面,需要电网加快外延式发展,强化输配电能力,为满足持续大幅度增长的电力需求提供坚强的输配平台;另一方面,要求电网运行要具有更高的综合能源效率、环境效益和经济效益,能够进一步提升供电的安全可靠性、经济性,促进节能减排、实现清洁环保,且具有灵活互动、友好开放等特性,具备更强的服务经济社会发展的能力。

因此,我国未来的电网发展,必须以科学发展观为指导,借鉴国外发展经验,结合我国的现实情况,走一条适合中国国情的发展道路,以适应现实国情和未来各方面的综合发展需求。

11.1.1 智能电网的概念

智能电网的本质就是能源替代和兼容利用,需要在创建开放的系统和建立共享的信息模式的基础上,整合系统中的数据,优化电网的运行和管理。它主要是通过终端传感器将用户之间、用户和电网公司之间形成即时连接的网络互动,从而实现数据读取的实时、高速、双向的效果,整体性地提高电网的综合效率。它可以利用传感器对发电、输电、配电、供电等关键设备的运行状况进行实时监控和数据整合,遇到电力供应的高峰期时,能够在不同区域间进行及时调度,平衡电力供应缺口,从而达到对整个电力系统运行的优化管理。同时,智能电表也可以作为互联网路由器,推动电力部门以其终端用户为基础,进行通信、运行宽带业务或传播电视信号,IT 产业的深度革命和能源革命将成为孪生兄弟,智能电网改革将推动世界能源革命的深度裂变。

1. 智能电网定义

智能电网是以物理电网为基础,将现代先进的传感测量技术、通信技术、信息技术、计算机技术和控制技术与物理电网高度集成而形成的新型电网。它以充分满足用户对电力的需求和优化资源配置,确保电力供应的安全性、可靠性和经济性,满足环保约束、保证电能质量、适应电力市场化发展等为目的,实现对用户提供可靠、经济、清洁、互动的电力供应和增值服务。

面向智能电网的物联网解决方案见图 11.1。

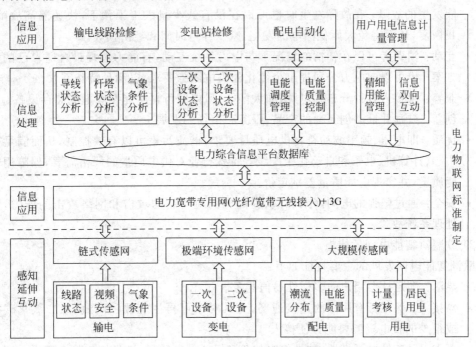

图 11.1　面向智能电网的物联网解决方案

1) 美国对智能电网的构想

美国电力化建设开展较早,但对电网建设投入不足,电力系统从业人员年龄结构逐渐老化,电网设备陈旧,存在稳定性问题,急需提高电网运营的可靠性。因此,其智能电网建设关注于加快电力网络基础架构的升级更新,最大限度地利用信息技术,提高系统自动化水平。

美国将智能电网的概念描述为,智能电网是一种新的电网发展理念,通过利用数字技术提高电力系统的可靠性、安全性和效率,利用信息技术实现对电力系统运行、维护和规划方案的动态优化,对各类资源和服务进行整合重组。

2008 年,美国的埃克西尔能源公司(Xcel Energy)将智能电网技术引入到科罗拉多州的小城博尔德市(Boulder),使得博尔德市成为第一个智能电网城市。埃克西尔能源公司还进行了风能储存的研究,该项目对美国明尼苏达州西南部的风场的风力涡轮机 1MW 电能储存系统进行了测试。该储能系统旨在储存风能,并且在必要的时候将风能反送至电网。

为了验证需求侧响应的作用,美国能源部西北太平洋国家实验室(PNNL)通过英维思控制器家庭网关设备连接到 IBM 公司软件的新型高级仪表和可编程恒温器上,将 112 个家庭与实时电力价格联系起来。最终结果表明,参与者节约了 10% 的能源,并且需求响应良好。此外,美国多个州已经开始设计智能电网系统,加州完成第一阶段试验性 200 万户小区 AMI 的安装。

由此可见,美国智能电网的实践和应用主要还是集中在配电网络的智能仪表领域,美国智能电网的建设和发展还处于刚刚起步阶段。

智能电网的范畴不仅涵盖配电和用电,还包括输电、运行、调度等方面。美国提出智能电网要具备如下 6 大特征,以引导发展方向:

- 自愈:通过安装的自动化监测装置可以及时发现电网运行的异常情况,及时预见可能发生的故障;在故障发生时也可以在没有或少量人工干预下,快速隔离故障、自我恢复,从而避免大面积停电的发生,减少停电时间和经济损失。
- 互动:消费者可以在知情的情况下与电力系统互动,有能力选择最合适自己的供电方案;也可以向电力公司提出个性化的供电服务要求,以满足特殊需求。
- 兼容:可接入各种分布式电源,如太阳能、风能等可再生能源和电能储存设备。
- 创新:鼓励并推动创新性的产品、服务和市场的发展。
- 优质:即电压、频率波动符合供电质量要求,谐波污染可以有效控制,从而满足数据中心、计算机、电子和自动化生产线等特殊行业对供电质量的严格需要,保障用户电能质量,并实现电能质量差别定价。
- 安全:通过坚强的电网网架,可以提高电网应对物理攻击和网络攻击的能力,可靠处理系统故障。

2) 欧盟对智能电网的构想

欧洲智能电网发展的主要特征如下:

- 灵活:满足社会用户的多样性增值服务。
- 易接入:保证所有用户的连接通畅,尤其对于可再生能源和高效、无二氧化碳排放或很少的发电资源要能方便接入。
- 可靠:保证供电可靠性,减少停电故障;保证供电质量,满足用户供电要求。
- 经济:实现有效的资产管理,提高设备利用率。

研究重点在于研发可再生能源和分布式电源并网技术、储能技术、电动汽车与电网协调运行技术以及电网与用户的双向互动技术,以便带动欧洲整个电力行业发展模式的转变。

欧洲国家非常重视对可再生能源的利用与开发,如风能。丹麦在 2005 年的风力发电已经占到全国总电量的 20.8%,预期今后风电所占比重将达到 50%。

西门子公司已经开发出一种储存能量达到 21MJ/5.7Wh,最大功率 1MW 的超级电容器储能系统,并成功应用于德国科隆市的直流地铁配电网中。另外,法国电力公司与美国诺福克试验一种动态能源储存系统,有助于协调电网与风电的间歇性发电问题。ABB 称该系统将储存风电多余的电力供电网在负荷高丰期时使用。

3)欧美智能电网的区别和联系

欧洲和美国对智能电网的定义基本是相同的,但各自突出的重点不同。

欧洲本身人口较多,化石能源少,并且电力需求日趋饱和,因此欧洲电网更加强调对可再生能源的利用,要求各种可再生能源都能够易于接入现有电网。欧洲也是最早利用可再生能源的地区,像上文所说的丹麦以及德国和西班牙等都是风能、太阳能等可再生能源应用的积极推动者。整个欧洲也在加大可再生能源技术的研究,先后在"能源、环境与可持续发展"主题下支持了一系列与可再生能源和分布式发电有关的研究项目。积累了丰富的分布式能源开发与接入电网的经验。

在 2003 年美加大停电事故后,美国下定决心利用先进的通信和信息技术对陈旧老化的电力设施进行彻底改造。正是在该背景下,美国政府主导的智能电网研究始终把电网的安全性和可靠性作为现代电网的首要要素。利用信息技术和新能源技术对传统电网进行改造见图 11.2。

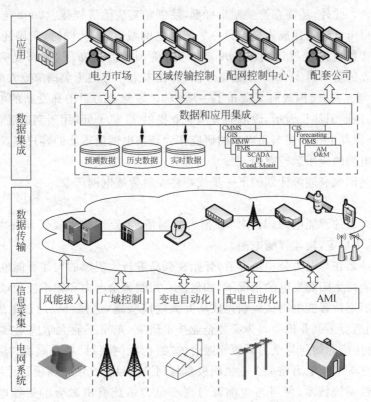

图 11.2 利用信息技术和新能源技术对传统电网进行改造

其实美国早在 1999 年就推出了电力基础设施战略防护系统(SPID)的研发,SPID 是由美国国防部牵头,由 EPRI 和华盛顿大学等多家单位参与。SPID 中的重要理念就是电网的自愈战略。因此电网的安全性和稳定性在美国智能电网的发展目标中始终占有决定性地位。

2. 国外智能电网发展现状

1）美国

2006年，美国IBM公司曾与全球电力专业研究机构、电力企业合作开发了"智能电网"解决方案。这一方案被形象地比喻为电力系统的"中枢神经系统"，电力公司可以通过使用传感器、计量表、数字控件和分析工具，自动监控电网，优化电网性能，防止断电、更快地恢复供电，消费者对电力使用的管理也可细化到每个联网的装置。

近年来，为振兴经济，美国从节能减排、降低污染角度提出绿色能源环境气候一体化振兴经济计划，智能电网是其中的重要组成部分。在经济刺激计划中，有大约45亿美元贷款用于智能电网投资和地区示范项目。智能电网采用数字技术收集、交流、处理数据，提高电网系统的效率和可靠性。智能电网的倡导者要让客户相信，智能电网将帮助客户减少电费支出。经济刺激方案规定，奖励高效率的电力公司。但是，地方电力监管委员会必须改变规则，因为监管委员会对仍然被看作风险投资的智能电网可能还心有余悸。伊利诺斯电力监管委员会批准在2009年安装20万只智能电表，更大规模的投资则有待于未来两年的成本一收益研究报告。此外，还需在全美制定标准，使创新实现无缝连接。2008年4月，美国科罗拉多州波尔得市已经营建成为全美第一个智能电网城市，与此同时，美国还有10多个州正在开始推进智能电网发展计划。2009年1月，美国政府发布了《经济复兴计划进度报告》，宣布将铺设或更新约4800千米输电线路，并在未来三年内为美国家庭安装4万多个智能电表。2009年4月，美国政府又宣布了一项约40亿美元的用于开发新的电力传输技术计划。此后，美国能源部长表示，政府向美国企业提供24亿美元，用于制造混合动力车和车用电池，美国能源部也在加强车用电池的研究作为新型电网最重要的客户工具，电池可以更大地创造智能电网的应用运转空间。

这意味着美国政府能源计划的下一步战略将发展智能电网产业。

2）日本

针对美国提出的智能电网，日本将根据自身国情，主要围绕大规模开发太阳能等新能源，确保电网系统稳定，构建智能电网。

日本政府计划在与电力公司协商后，开始在孤岛进行大规模的构建智能电网试验，主要验证在大规模利用太阳能发电的情况下，如何统一控制剩余电力和频率波动，以及蓄电池等课题。日本政府期待智能电网试验获得成功并大规模实施，这样可以通过增加电力设备投资拉动内需，创造更多就业机会。为配合企业技术研究，东京工业大学成立"综合研究院"，其中，关于可再生能源如何与电力系统相融合的"智能电网项目"备受瞩目。除东京电力公司外，东芝、日立等8家电力相关企业也积极参与到该项目研究中。该项目计划用3年时间开发出高可靠性系统技术，使可再生能源与现有电力系统有机融合的智能电网模式得以实现。

3）欧盟

由于石油价格的不稳定、石油资源的有限性、能源需求的爆炸性和欧盟减少温室气体排放的计划，可再生能源有限的欧洲必须建立跨区能源交易和输送体系以解决其战略生存，也就是通过超级智能电网计划，充分利用潜力巨大的北非沙漠太阳能和风能等可再生能源发展满足欧洲的能源需要，完善未来的欧洲能源系统。

目前,英、法、意等国都在加快推动智能电网的应用和变革,意大利的局部电网已经率先实现了智能化。2009 年初,欧盟有关圆桌会议进一步明确要依靠智能电网技术将北海和大西洋的海上风电、欧洲南部和北非的太阳能融入欧洲电网,以实现可再生能源大规模集成的跳跃式发展。

欧盟为应对气候变化、对能源进口依赖日益严重等挑战,向客户提供可靠便利的能源服务,正在着手制定一整套能源政策。这些政策将覆盖资源侧、输送侧以及需求侧等方面,从而推动整个产业领域深刻变革,为客户提供可持续发展的能源,形成低能耗的经济发展模式。欧洲智能电网技术研究主要包括网络资产、电网运行、需求侧和计量、发电和电能存储4 个方面。

在欧洲,智能电网建设的驱动因素可以归结为市场、安全与电能质量、环境等三方面。欧洲电力企业受到来自开放的电力市场的竞争压力,亟须提高用户满意度,争取更多用户。因此提高运营效率、降低电力价格、加强与客户互动就成为欧洲智能电网建设的重点之一。与美国用户一样,欧洲电力用户也对电力供应和电能质量提出了更高的要求。而对环境保护的极度重视,则造成欧洲智能电网建设比美国更为关注可再生能源的接入,以及对野生动物的影响。

在欧洲已经有大量的电力企业在如火如荼地开展智能电网建设实践,内容覆盖发电、输电、配电和售电等环节。这些电力企业通过促成技术与具体业务的有效结合,使智能电网建设在企业生产经营过程中切实发挥作用,从而最终达到提高运营绩效的目的。

智能电网技术可以帮助欧洲在未来 12 年内减少排放 15%,将成为欧盟完成 2020 年减排目标的关键。

3. 我国智能电网发展现状

我国电力工业面临着类似于欧美国家的情况:在宏观政策层面,电力行业需要满足建设资源节约型和环境友好型社会的要求,适应气候变化;在市场化改革层面,交易手段与定价方式正在改变,市场供需双方的互动将会越来越频繁。这说明智能电网建设也将成为我国电网发展的一个新方向。目前,中国发展智能电网的条件已经具备,通过智能电网建设,电力各领域都将发生飞跃和提升,电网的发展也将随之深刻变化。

我国发展智能电网与其他国家有所差别。外国智能电网更多地关注配电领域。目前,我国需要更加关注智能输电网领域,把特高压电网的发展融入其中,保证电网的安全可靠和稳定,提升驾驭大电网安全运行的能力。

另外,我国电网企业正在转变电网发展方式,用户的用电行为也在发生变化。以建设智能电网为抓手,能够比较方便地建成满足未来需要的下一代电力网络。

要实现电网智能化目标,有许多技术需要进行研究。其中,输电网中基于相量测量单元的广域测量系统、柔性交流输电和配电网中分布式发电、自动抄表、需求侧管理等很多技术,在智能电网概念提出前就已经在研究,并且取得了不错的成绩。智能电网的发展,会让这些技术提高到新的层次,并使研发工作更有用武之地。此外,还要开发诸如储能技术、先进的双向式自动计量表计设施、风能和太阳能等可再生能源的接入技术、微电网等一系列新的技术。

智能电网也需要不断整合和集成企业资产管理和电网生产运行管理平台,从而为电网规划、建设、运行管理提供全方位的信息服务。国家电网公司建设的 SG186 工程,为构建智能电网打下了基础。各项工作的推进,让智能电网正从设想进入现实,这是一项艰难的任务,也是一个诱人的挑战。

1) 智能电网对我国电网发展的现实意义

我国电网企业已树立了追求卓越的发展战略,电网规模正在快速扩张,用户的用电行为也在发生变化。以建设智能电网为抓手,借助电网扩张的机遇,能够比较方便地建成满足未来需要的下一代电力网络,直接占领电网技术的最高点。

我国电网企业还面临着一些特殊问题,如国家电网尚未建成坚强骨干网架,电网抵御多重故障的能力较弱;各区域电网主干网架较为薄弱,电网稳定水平偏低,电网运行灵活性不强;现有高压、超高压输电线路输送能力偏低,线路走廊利用率不高;企业信息化建设相对滞后,还没有形成一体化的生产经营管理系统,信息孤岛普遍存在,信息技术在重大决策和现代化管理中的作用还没有得到充分发挥等。对于上述问题,建设智能电网无疑是一个理想的解决方案。

2) 我国电网具有实现智能化的物质基础

我国的电网智能化与美国相比,我国电力行业的基础建设要先进得多,美国有的变电器用了 40 年,我国的变电器不仅有而且很新。我国电网起点高,实现智能化更容易。我国电力行业的变电器等基础建设和装备制造能力要比美国先进得多或实力相当,具有实现智能化的物质基础。

我国实施智能电网改造初期投资只需要 3000 亿元至 5000 亿元,但是其对变压器、智能终端、网络管理技术等行业拉动巨大,每年至少可拉升国民经济一到两个百分点。十一五期间,我国电力信息化每年约有超过 100 亿元的投资,如果从现在开始就着眼于互动电网的建设,其效益也是非常巨大的,如果扩大投资规模,我国将可能成为主导全球互动电网变革的领先国家。

3) 我国建设智能电网的难点

我国首条特高压交流"试验示范"线路刚刚建成投运,淮南—上海、锡盟—上海、陕北—长沙特高压线路已经上马。毫无疑问,以国家电网公司为主要推动力的我国电网建设,正在向"特高压电网"建设快马加鞭。但是,我国关于智能电网方面的研究进展缓慢,甚至是刚刚起步。2007 年 10 月,华东电网公司启动智能电网可行性研究项目,目前还处于前瞻性研究。华北电网公司今年计划开展智能电网发展规划和实施方案的研究,另外还有一些地方公司对电网安全稳定、实时预警及协调防御系统方面进行研究。这与美国 IBM、通用电气等公司在智能电网方面的研发仍有很大差距。

业内人士建议,我国在输电部分做智能电网会有一些困难,但可以先从配电系统开始,投资小,见效快。IBM 公司则建议,在考虑智能电网建设与改造时,要首先对电网企业的业务流程进行梳理,业务变革和管理变革要先行,从条件比较成熟的地域和业务着手。对于输电网的智能化,应有条件地选择试点,并与新建和改造紧密结合。智能电网不是一个固定的、一成不变的方案,电网企业要根据自己的业务目标和要解决的关键问题,对智能电网进行调整,以适合自己的情况。

11.1.2　我国的坚强智能电网

我国正处于经济建设高速发展时期,电力系统基础设施建设面临巨大压力;同时,地区能源分布和经济发展情况极不平衡,负荷中心在中东部地区,能源中心则在西部和北部地区,其中蕴藏量极大的风能主要分布于东北、西北、华北以及沿海地区,太阳能资源主要分布在西藏、新疆和内蒙古等北部和西部地区。

我国的智能电网必须以特高压骨干输电网为基础,建立坚强的输电系统,以便于实现能源的大范围合理配置,为电力系统更高层次的智能化提供坚实的基础。

国家电网公司提出的坚强智能电网概念:坚强智能电网是以特高压电网为骨干网架、各级电网协调发展的坚强网架为基础,以通信信息平台为支撑,具有信息化、自动化、互动化特征,包含电力系统的发电、输电、变电、配电、用电和调度各个环节,覆盖所有电压等级,实现"电力流、信息流、业务流"的高度一体化融合的现代电网。

坚强智能化电网体系架构见图 11.3。

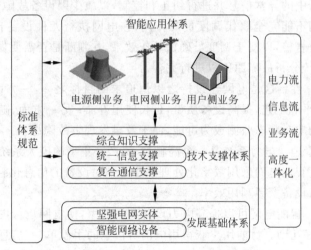

图 11.3　坚强智能化电网体系架构

1. 坚强智能电网的内涵

(1)坚强可靠:是指拥有坚强的网架、强大的电力输送能力和安全可靠的电力供应,从而实现资源的优化调配、减小大范围停电事故的发生概率。在故障发生时,能够快速检测、定位和隔离故障,并指导作业人员快速确定停电原因恢复供电,缩短停电时间。坚强可靠是中国坚强智能电网发展的物理基础。

(2)经济高效:是指提高电网运行和输送效率,降低运营成本,促进能源资源的高效利用,是对中国坚强智能电网发展的基本要求。

(3)清洁环保:在于促进可再生能源发展与利用,提高清洁电能在终端能源消费中的比重,降低能源消耗和污染物排放;是对中国坚强智能电网的基本诉求。

(4)透明开放:意指为电力市场化建设提供透明、开放的实施平台,提供高品质的附加增值服务,是中国坚强智能电网的基本理念。

(5)友好互动:即灵活调整电网运行方式,友好兼容各类电源和用户的接入与退出,激励电源和用户主动参与电网调节,是中国坚强智能电网的主要运行特性。

2. 坚强智能电网的基本特征

(1)信息化:能采用数字化的方式清晰表述电网对象、结构、特性及状态,实现各类信息的精确高效采集与传输,从而实现电网信息的高度集成、分析和利用。

(2)自动化:提高电网自动运行控制与管理水平提升。

(3)互动化:通过信息的实时沟通及分析,使整个系统可以良性互动与高效协调。

3. 坚强智能电网的实质

各国对智能电网的根本要求是一致的,即电网应该"更坚强、更智能"。坚强是智能电网的基础,智能是坚强电网充分发挥作用的关键,两者相辅相成、协调统一。

(1)需要具有自愈能力。可以在故障发生后的短时间内及时发现并自动隔离故障,防止电网大规模崩溃,这是智能电网最重要的特征。自愈电网不断对电网设备运行状态进行监控,及时发现运行中的异常信号并进行纠正和控制,以减少因设备故障导致供电中断的现象。当然,智能电网不能完全取代调度员的作用,在电网执行元件设备自动做出处理动作后,会及时向调度员告警,以便于调度员确认动作效果,并判断是否需要做出进一步处理,随后根据事故追忆系统分析故障原因以进行完善。

(2)具有高可靠性。这是电网建设持之以恒追求的目标之一,一方面需要提高电网内关键设备的制造水平和工艺,提高设备质量,延长使用寿命;另一方面,随着通信、计算机技术的发展,对设备的实时状态监测成为可能,便于及早发现事故隐患。

(3)资产优化管理。电力系统是一个高科技、资产密集型的庞大系统,电网运行设备种类繁多,数量巨大。智能电网采用数字化处理手段达到对设备的信息化管理,从而延长设备正常运行时间,提高设备资源利用效率。

(4)经济高效。智能电网可以提高电力设备利用效率,使电网运行更加经济和高效。

(5)与用户友好互动。目前用户获得用电消费信息的手段单一,信息量有限,借助于通信技术的发展,用户可以实时了解电价状况和计划停电信息,以合理安排电器使用;电力公司可以获取用户的详细用电信息,以提供更多的增值服务供用户选择。

(6)兼容大量分布式电源的接入。储能设备、太阳能电池板等小型发电设备广泛分布于用户侧,储能设备可以在用电低谷时接纳电网富余电能,并可以与小型发电装置一起在用电高峰时向电网输送电能,以达到削峰填谷,减小发电装机的效果。这要求电网必须具备双向测量和能量管理系统,以便电能计量计费及可靠接入。

11.1.3　智能电网的构成与作用

智能电网的构成与作用见图11.4。

1. 优化能源结构,保障能源安全供应

我国一次能源结构不均衡,煤炭资源丰富而石油、天然气等资源相对匮乏。能源发展的供不应求、结构失衡、效率偏低、污染严重等突出问题和矛盾,推动了风力、太阳能等清洁能源的开发利用。这在客观上要求电网必须适应能源结构的调整,满足国家能源发展战略。

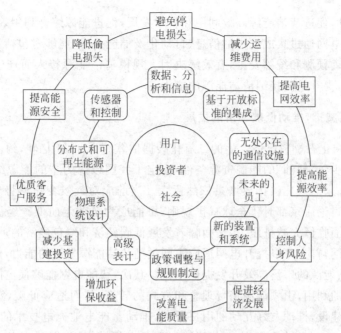

图 11.4　智能电网的构成与作用

建设智能电网,将为集中与分散并存的清洁能源发展提供更好的平台,促进清洁能源较快发展,进而有效增加我国能源供应总量;智能电网可促进电动汽车的规模化快速发展,优化我国能源供应和消费结构,降低对传统化石能源特别是石油的依赖,为经济社会可持续发展提供更加安全、更加优质的能源供应,保障国家能源安全。

2.提升电网的大范围资源优化配置能力

我国能源资源与能源需求呈逆向分布,80%以上的煤炭、水电和风能资源分布在西部、北部地区,而 75%以上的能源需求集中在东部、中部地区。未来能源生产中心不断西移和北移,跨区能源调运规模和距离不断加大,能源运输形势更为严峻。

一次能源资源与生产力布局不平衡的基本国情,客观上决定了我国能源供应的长期发展格局,促使我国必须在全国范围内实行资源优化配置。电网是科学合理能源资源利用体系的重要载体,为在更大范围内实现能源资源优化配置提供了平台。现有电网在跨区输电能力、安全稳定运行水平、抵御自然灾害能力等方面亟待提高。从中国国情出发,加快建设具有坚强骨干网架的智能电网,能够有效解决电力的大规模、远距离、低损耗传输问题,促进大型水电、煤电、核电、可再生能源基地的集约化开发,推动国际能源合作和跨国输电,实现全国乃至更大范围内能源资源优化配置。

3.提升系统的清洁能源接纳能力

电网是实现电力输送的载体,是促进清洁能源发展的重要组成部分,清洁能源电力转换、传输和使用都要通过电网瞬时完成。加强智能电网建设,可以提升电网适应不同类型清洁能源发展的能力,促进清洁能源开发和消纳,为清洁能源的广泛高效利用提供平台。通过智能电网平台,为风电、太阳能等清洁能源并网提供辅助服务,实现不同能源间的互补与均衡,提升其可用性,促进清洁能源高效利用和科学发展,促进能源综合利用效率的提高,促进节能减排。智能电网通过集成先进的信息、自动化及储能技术,能够对包括清洁能源在内的所有资源进行准确预测和统筹安排,有效解决因大规模清洁能源接入而产生的电网安全稳定运行技术问题,提升电网接纳清洁能源的能力。

4．促进节能减排,推动低碳经济的发展

2007年,我国化石燃料燃烧产生的二氧化碳据估算约为61.6亿吨,约占世界总量的五分之一。"富煤、少气、缺油"的能源资源条件,决定了我国以煤为主的能源结构在短期难以发生根本改变,未来二氧化碳排放增量依然巨大。当前应对气候变化形势严峻,2009年底的哥本哈根会议讨论后京都时代全球减排规则,可能成为全球走向低碳经济的标志。我国经济社会发展既面临巨大减排压力,又面临着发展低碳经济和绿色经济的重大机遇。

建设智能电网,首先可以提升电网适应不同类型清洁能源发展的能力,促进清洁能源开发和消纳,为清洁能源的广泛高效开发提供平台。其次,智能电网能够使电能在终端用户得到更加高效合理的利用,引领能源消费理念和方式的转变,从而适应低碳经济的发展要求。通过电网智能化建设,推动友好互动的用户服务,推动蓄能电池充电技术的发展,促进和加速低耗节能设备、电动汽车和智能家电等智能设备大规模应用,有效改变终端用户用能方式,提高电能在终端能源消费中的比重,减少石化燃料的使用,降低能耗并减少排放。通过加强用户与电网之间的信息集成共享,电动汽车接入、双向电能交换等应用将进一步改善电网运营方式和用户电能的利用模式,推动低碳经济和节能环保的长足发展。

5．实现电网的可持续发展

我国仍处在工业化、城镇化快速发展时期,在今后相当长一段时期内电力需求将保持较快增长的态势,电网正处于快速增长的发展阶段。由于长期的"重发轻供",加上近年来发电装机持续大规模投产,目前我国电网发展严重滞后的矛盾没有根本缓解,电网发展的任务还相当艰巨。如何在电网向智能化方向发展的世界趋势下,既保证电网发展的技术先进性,又兼顾电网的发展速度、发展效率与可持续发展能力,成为我国电网发展亟待破解的战略问题。

建设智能电网,在电网规模快速发展的同时,依靠现代信息、通信和控制技术,实现技术、设备、运行、管理各个方面的提升,可以促进电网发展方式转变,推动电网的跨越式发展,甚至引领世界电网向智能化方向发展。

6．提升电工行业核心竞争力,促进技术进步及装备升级

近年来,我国电工行业迅速发展,培养出一批大型企业和集团公司,具备了先进电工设备的大规模生产制造能力和一定的设备研制、设计能力,整体技术水平有了长足的进步,设备国产化率不断提高,直流输电和特高压设备水平国际领先。然而,我国电工设备制造业的核心竞争力仍有待提高。电工行业的整体研发水平较低,科研投入不足,自主创新能力弱,部分核心技术来源依靠国外,高科技含量产品与国际先进技术差距较大,在自主知识产权、设计技术、关键设备制造等方面有待进一步提升。

智能电网将融合网络通信、传感器、电力电子和化学储能等高新技术,对于推动通信信息、能源、新材料等高科技产业,推动新技术革命具有直接的综合效果。建设智能电网,一方

面将带动其上下游和周边衍生产业链,推动电力和其他产业结构调整,促进技术和装备升级;另一方面,将为国内电动汽车和智能家电等相关行业提供友好、公平的竞争平台,促进关联产业良性发展和新产业的涌现。加快建设智能电网还将为我国占据世界智能电网技术、相关标准的制高点提供战略机遇。

7. 满足用户多元化需求,提升和丰富电网的服务质量及内涵

电网作为连接电源与用户的重要载体,其未来发展需要更加注重与用户间的沟通和互动。随着生活水平的提高,居民对供电可靠性、电能质量、用电服务水平更加关注,对电力供应的开放性和互动性提出更高要求。电动汽车、储能装置和分布式电源的推广应用,也要求电网能够兼容各类电源和用户的接入与退出。

建设智能电网,有利于提高电能质量和供电可靠性,创新商业服务模式,提升电网与用户双向互动能力和用电增值服务水平。智能电网将为用户管理与互动服务提供实时、准确的基础数据,从而实现电网与用户的双向互动,加大用户参与力度,提升用户服务质量,满足用户多元化需求。智能电网还能够友好兼容各类电源和用户的接入与退出,为电动汽车、用户侧分散式储能的应用推广提供广阔的发展空间,实现终端客户分布式电源的"即插即用"。

未来的中国电网必须足够坚强,满足安全、可靠的供电要求,而且要更加智能,满足运行灵活、方便、开放的服务要求。其基本发展思路和技术路线,应是以特高压电网为骨干网架、各级电网协调发展的坚强电网为基础,通过传统电力技术与先进的信息、通信和控制技术的融合,通过电网资源与社会资源的融合,进一步拓展电网功能及其资源优化配置能力,大幅提升电网的服务能力,实现多元化电源和不同特征电力用户的灵活接入和方便使用,实现更加经济、高效的发展。通过科技创新和管理创新,带动电力行业及其他相关产业的技术升级,满足我国经济社会全面、协调、可持续发展要求。

构建以信息化、自动化、互动化为特征的国际领先、自主创新、中国特色的坚强智能电网,是适应中国国情,满足未来各方面发展需求的战略性选择。

11.1.4　智能电网的关键特征

1. 自愈性

对电网的运行状态进行连续的在线自我评估,并采取预防性的控制手段,及时发现、快速诊断和消除故障隐患;故障发生时,在没有或少量人工干预下,能够快速隔离故障、自我恢复,避免大面积停电的发生。

2. 互动性

系统运行与批发、零售电力市场实现无缝衔接,支持电力交易的有效开展,实现资源优化配置;同时通过市场交易更好地激励电力市场主体(用电客户)参与电网安全管理,从而提升电力系统的安全运行水平。

3. 优化性

实现资产规划、建设、运行维护等全寿命周期环节的优化,合理地安排设备的运行与检修,提高资产的利用效率,有效地降低运行维护成本和投资成本,减少电网损耗。

4. 兼容性

电网能够同时适应集中发电与分散发电模式,实现与负荷侧(用户)的交互,支持风电、光伏电池等可再生能源实现"无缝隙"式的接入,扩大系统运行调节的可选资源范围。

5. 集成性

通过不断的流程优化,信息整合,实现企业管理、生产管理、调度自动化与电力市场管理业务的集成,形成全面的辅助决策支持体系,支撑企业管理的规范化和精细化,不断提升电力企业的管理效率。

11.1.5　智能电网的特点

1. 安全

更好地对人为或自然发生的扰动做出辨识与反应。在遭遇自然灾害、人为破坏等不同情况下保证人身、设备和电网的安全。

2. 经济

支持电力市场竞争的要求,优化资源配置;提高设备传输容量和利用率,有效控制成本,实现电网经济运行。

3. 清洁

既能适应大电源的集中接入,也能对分布式发电方式友好接入,做到"即插即用"。支持风电、太阳能等可再生能源的大规模应用。

4. 优质

实现与客户的智能互动,以友好的方式、最佳的电能质量和供电可靠性满足客户的需求,向客户提供优质服务。

11.1.6　智能电网关键技术

1. 通信技术

建立高速、双向、实时、集成的通信系统是实现智能电网的基础,没有这样的通信系统,任何智能电网的特征都无法实现,因为智能电网的数据获取、保护和控制都需要这样的通信系统的支持,所以建立这样的通信系统是迈向智能电网的第一步。同时,通信系统要和电网一样深入到千家万户,这样就形成了两张紧密联系的网络——电网和通信网络,只有这样才能实现智能电网的目标和主要特征。高速、双向、实时、集成的通信系统使智能电网成为一个动态的、实时信息和电力交换互动的大型的基础设施。当这样的通信系统建成后,可以提高电网的供电可靠性和资产的利用率,繁荣电力市场,抵御电网受到的攻击,从而提高电网价值。

高速双向通信系统的建成,智能电网通过连续不断地自我监测和校正,应用先进的信息技术,实现其最重要的特征——自愈特征。它还可以监测各种扰动,进行补偿,重新分配潮流,避免事故的扩大。高速双向通信系统使得各种不同的智能电子设备、智能表计、控制中心、电力电子控制器、保护系统以及用户进行网络化的通信,提高对电网的驾驭能力和优质服务的水平。传感器在这一技术领域主要有两个方面的技术需要重点关注,一就是开放的通信架构,形成一个"即插即用"的环境,使电网元件之间能够进行网络化的通信;二是统一的技术标准,使所有的传感器、智能电子设备以及应用系统之间实现无缝的通信,也就是信息在所有这些设备和系统之间能够得到完全的理解,实现设备和设备之间、设备和系统之间、系统和系统之间的互操作功能。这就需要电力公司、设备制造企业以及标准制定机构进行通力的合作,才能实现通信系统的互联互通。

2．量测技术

参数量测技术是智能电网基本的组成部件,先进的参数量测技术获得数据并将其转换成数据信息,以供智能电网的各个方面使用。它们评估电网设备的健康状况和电网的完整性,进行表计的读取、消除电费估计以及防止窃电、缓减电网阻塞以及与用户的沟通。

未来的智能电网将取消所有的电磁式电表及其读取系统,取而代之的是可以使电力公司与用户进行双向通信的智能固态式电表。基于微处理器的智能表计将有更多的功能,除了可以计量每天不同时段电力的使用和电费外,还有储存电力公司下达的高峰电力价格信号及电费费率,并通知用户实施什么样的费率政策。更高级的功能有用户自行根据费率政策,编制时间表,自动控制用户内部电力使用的策略。

对于电力公司来说,参数量测技术给电力系统运行人员和规划人员提供更多的数据支持,包括功率因数、电能质量、相位关系、设备健康状况和能力、表计的损坏、故障定位、变压器和线路负荷、关键元件的温度、停电确认、电能消费和预测等数据。新的软件系统将收集、储存、分析和处理这些数据,为电力公司的其他业务所用。

未来的数字保护将嵌入计算机代理程序,极大地提高可靠性。计算机代理程序是一个自治和交互的自适应的软件模块。广域监测系统、保护和控制方案将集成数字保护、先进的通信技术以及计算机代理程序。在这样一个集成的分布式的保护系统中,保护元件能够自适应地相互通信,这样的灵活性和自适应能力将极大地提高可靠性,因为即使部分系统出现了故障,其他的带有计算机代理程序的保护元件仍然能够保护系统。

3．设备技术

智能电网要广泛应用先进的设备技术,极大地提高输配电系统的性能。未来的智能电网中的设备将充分应用在材料、超导、储能、电力电子和微电子技术方面的最新研究成果,从而提高功率密度、供电可靠性和电能质量以及电力生产的效率。

未来智能电网将主要应用三个方面的先进技术:电力电子技术、超导技术以及大容量储能技术。通过采用新技术和在电网与负荷特性之间寻求最佳的平衡点来提高电能质量。通过应用和改造各种各样的先进设备,如基于电力电子技术和新型导体技术的设备,来提高电网输送容量和可靠性。配电系统中要引进许多新的储能设备和电源,同时要利用新的网络结构,如微电网。

经济的 FACTS 装置将利用比现有半导体器件更能控制的低成本的电力半导体器件,使得这些先进的设备可以广泛的推广应用。分布式发电将被广泛地应用,多台机组间通过通信系统连接起来形成一个可调度的虚拟电厂。超导技术将用于短路电流限制器、储能、低损耗的旋转设备以及低损耗电缆中。先进的计量和通信技术将使得需求响应的应用成为可能。

新型的储能技术将被应用为分布式能源或大型的集中式电厂。大型发电厂和分布式电源都有其不同的特性,必须协调有机地结合,以优化成本,提高效率和可靠性,减少环境影响。

4. 控制技术

先进的控制技术是指智能电网中分析、诊断和预测状态并确定和采取适当的措施以消除、减轻和防止供电中断和电能质量扰动的装置和算法。这些技术将提供对输电、配电和用户侧的控制方法并且可以管理整个电网的有功和无功。从某种程度上说,先进控制技术紧密依靠并服务于其他 4 个关键技术领域,如先进控制技术监测基本的元件(参数量测技术),提供及时和适当的响应(集成通信技术;先进设备技术)并且对任何事件进行快速的诊断(先进决策技术)。另外,先进控制技术支持市场报价技术以及提高资产的管理水平。

未来先进控制技术的分析和诊断功能将引进预设的专家系统,在专家系统允许的范围内,采取自动的控制行动。这样所执行的行动将在秒一级水平上,这一自愈电网的特性将极大地提高电网的可靠性。当然先进控制技术需要一个集成的高速通信系统以及对应的通信标准,以处理大量的数据。先进控制技术将支持分布式智能代理软件、分析工具以及其他应用软件。

(1) 收集数据和监测电网元件。先进控制技术将使用智能传感器、智能电子设备以及其他分析工具测量的系统和用户参数以及电网元件的状态情况,对整个系统的状态进行评估。这些数据都是准实时数据,对掌握电网整体的运行状况具有重要的意义,同时还要利用向量测量单元以及全球卫星定位系统的时间信号,来实现电网早期的预警。

(2) 分析数据。准实时数据以及强大的计算机处理能力为软件分析工具提供了快速扩展和进步的能力。状态估计和应急分析将在秒级而不是分钟级水平上完成分析,给先进控制技术和系统运行人员足够的时间来响应紧急问题;专家系统将数据转化成信息用于快速决策;负荷预测将应用这些准实时数据以及改进的天气预报技术来准确预测负荷;概率风险分析将成为例行工作,确定电网在设备检修期间、系统压力较大期间以及不希望的供电中断时的风险的水平;电网建模和仿真使运行人员准确认识电网可能的场景。

(3) 诊断和解决问题。由高速计算机处理的准实时数据使得专家诊断确定现有、正在发展的和潜在的问题的解决方案,并提交给系统运行人员进行判断。

(4) 执行自动控制的行动。智能电网通过实时通信系统和高级分析技术的结合使得执行问题检测和响应的自动控制行动成为可能,还可以降低已经存在问题的扩展,防止紧急问题的发生,修改系统设置、状态和潮流以防止预测问题的发生。

(5) 为运行人员提供信息和选择。先进控制技术不仅给控制装置提供动作信号,而且也为运行人员提供信息。控制系统收集的大量数据不仅对自身有用,而且对系统运行人员也有很大的应用价值,而且这些数据辅助运行人员进行决策。

5. 支持技术

决策支持技术将复杂的电力系统数据转化为系统运行人员一目了然的可理解的信息，因此动画技术、动态着色技术、虚拟现实技术以及其他数据展示技术用来帮助系统运行人员认识、分析和处理紧急问题。在许多情况下，系统运行人员做出决策的时间从小时缩短到分钟，甚至到秒，这样智能电网需要一个广阔、无缝、实时的应用系统、工具和培训，以使电网运行人员和管理者能够快速的做出决策。

（1）可视化。决策支持技术利用大量的数据并将其裁剪成格式化的、时间段和按技术分类的最关键的数据给电网运行人员，可视化技术将这些数据展示为运行人员可以迅速掌握的可视的格式，以便运行人员分析和决策。

（2）决策支持。决策支持技术确定了现有的、正在发展的以及预测的问题，提供决策支持的分析，并展示系统运行人员需要的各种情况、多种的选择以及每一种选择成功和失败的可能性。

（3）调度员培训。利用决策支持技术工具以及行业内认证的软件的动态仿真器将显著的提高系统调度员的技能和水平。

（4）用户决策。需求响应系统以很容易理解的方式为用户提供信息，使他们能够决定如何以及何时购买、储存或生产电力。

（5）提高运行效率。当决策支持技术与现有的资产管理过程集成后，管理者和用户就能够提高电网运行、维修和规划的效率和有效性。

6. 微型电网技术

由于能源和环境的双重压力，欧美国家都在积极研究可再生能源和分布式发电（DG）技术，以便解决能源供需之间的矛盾。但是，分布式发电本身还存在很多的问题，如容易造成对电网的冲击，发电机接入电网成本较高以及分布式电源的发电机调节能力较弱等问题，都会造成电网电能质量的下降。另外，当大电网发生冲击故障时，往往会采取限制和隔离分布式电源的策略，来减少分布式电源对系统的冲击。这样带来的一个直接问题就是降低了对新能源的利用，同时也降低了分布式电源对重要负荷的供电保障能力。

因此，研究者提出将 DG 和负荷组合在一起，形成一个配电子系统，这个配电子系统就被称为微型电网，这样当大电网发生故障时，可以由微网的控制系统将微网同主网分裂开来，形成孤网独立运行，在微网内由 DG 对临近的重要负荷进行供电，可以有效保证供电可靠性。

美国北部电力系统承建了 Mad River 微网是一个微网示范性工程，微网的仿真建模，保护和控制策略以及经济效益在此得到验证。Mad River 微网也成为美国微网建设的一个成功范例。另外，欧洲一些国家、日本和中国也在积极进行这方面的研究工作。

微型电网技术的难点在于微网的控制和保护系统的设计。微网的控制系统主要有下面三种方法：

（1）基于电力电子设备的"即插即用"控制。

（2）基于功率管理系统的控制。

（3）基于多代理技术的控制。

微网的保护与传统的保护有着很大的不同,首先是潮流的双向流动,其次是在孤网运行状态下,微网内部的短路电流很小,传统的保护是很难作出正确判断。因此,如何设计灵活智能的控制和保护系统将是一个很值得深入探讨的课题。

7. 储能技术

大规模的电力储能技术是保证大电网电能质量、消除电力负荷的峰谷差值、满足重要供电用户的供电可靠性的重要手段。储能技术根据具体方式可以分为物理、电磁、电化学和相变储能4种。物理储能主要包括飞轮储能、抽水蓄能等;电磁储能主要包括超级电容储能、超导储能等;电化学储能主要是指各种电池储能;相变储能主要包括冰蓄冷储能等。

我国目前电网结构比较薄弱,系统中储能容量仅占总装机容量的1.7%,还没有建立用于瞬态电能质量管理的快速大容量储能系统,只能依靠保护和安稳装置来切机和切负荷来保证电网的安全稳定性,而如果采用了快速的大容量存储技术则可以实现对电力系统稳定性的快速主动支撑,最大程度提高电网的电能质量和稳定性。

另一方面,分布式电源经常会对电网造成持续的冲击,严重时完全有可能引起电网的安全和稳定性问题。因此,利用大容量存储技术可以在有效吸收分布式电源多余的能量,在系统电能不足时使用能技术(相当于大型 UPS)供给重要用户用电。由于现有电网的设计都是根据电网可能供给的最大负荷来设计电网的网架结构,因此使用储能技术可以降低用户的最大负荷值,有效提高电网的利用效率。

目前,我国大规模电力储能技术的研究和建设重点主要集中在 100kW 级全钒液流和MW 级钠流电池储能系统和超导储能系统(SMES)的研制,以及 GW 级抽水蓄能电站的建设。

11.2　三星自动抄表系统

随着计算机技术的飞速发展,通信技术的不断提高,计算机在电力行业各个领域得到了广泛的应用,并越来越普及。在我国,几乎每个地区的电力部门都已实现了用电收费管理自动化。但是,用户用电数据的抄录及数据的计算机录入,却依然只能依靠大量的手工操作来完成。传统的手工抄表方式暴露出日益严重的质量和效率问题,抄表环节已成为电力营销的严重瓶颈,解决这一问题的根本途径是采用先进的抄表技术和抄表手段,即实现远程自动抄表。因此,我公司开发了一套基于低压用户的电力线载波自动抄表系统。不仅从根本上解决了人工抄表,额外电损等问题,还可以实现准确的线损分析,最大用电负荷统计、用电异动分析、可疑用户远程监控等功能。

三星自动抄表系统是,面向低压用户,以先进的电力线载波通信(PLC)技术为基础,以系统工程思想为指导,采用了软件自动中继、模式识别和模糊处理等技术,以软件扩频技术为核心而研制成功的,通信能力达到国际先进水平的新一代自动抄表系统。系统具有记数准确、抄表成功率高、通信可靠性高、综合成本低、系统构建灵活方便、施工量小、运行费用低、适应能力强等特点。

11.2.1 系统结构

三星自动抄表系统结构见图 11.5。三星自动抄表系统由以下 6 个部分组成。

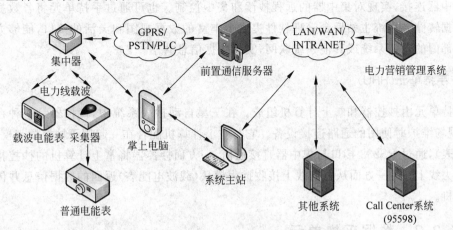

图 11.5 三星自动抄表系统结构

1. 数据采集单元（MIU）

数据采集单元可分为全电子载波表、RS485 采集终端以及脉冲采集终端三类。其中全电子载波表内置载波通信模块，采用一体化结构设计，可以直接接入三星低压电力线载波自动抄表系统，并且由于电能计量数据的（指示数据与抄收数据）同源特点，确保了在源头上不产生误差，保证了数据的精确性。

2. 下行信道（PLC）

下行信道采用低压电力线载波通信技术。经过多年的技术攻关，三星自动抄表系统彻底解决了电力线载波通信中存在的信号衰减大、负载阻抗变化大、干扰信号强、信号失真大等特点，保证了通信的可靠性。并且使用现成低压电力线作为通信载体，避免了工程的安装维护费用，极大地降低了系统的综合成本。

3. 数据集中器（DataCon）

数据集中器是三星自动抄表系统中的关键设备，具备自我学习、自我感知电网拓扑结构的能力，自动按系统主站设置的时间集中抄读本台区电表数据，并且保存相关数据。同时能够与系统主站和手持单元进行数据交换。

4. 上行信道（PSTN/GSM/GPRS）

三星自动抄表系统可灵活选择不同的上行信道，包括 PSTN 公共电话网、GSM 移动数据业务、GPRS 通用分组无线业务等，另外还可采用高中压电力载波、电力专用无线电通信以及包括通信电缆和光纤在内的专用通信网络。综合分析各种通信信道的优缺点以及费用，系统推荐采用 PSTN 和 GPRS 两种上行信道。

5. 系统主站(SMS)

系统主站由计算机系统、通信设备、后台管理软件等构成。主站通过通信设备经上行信道与集中器连接,实现对集中器的远程抄读和集中控制。也可通过手持单元将各数据集中器的数据转储。系统主站后台管理软件提供了丰富的数据视图和灵活的接口,能够方便的与电力部门的营销系统或其他系统联网,实现数据信息共享。

6. 手持单元(HHU)

手持单元由抄控器和掌上计算机组成。在三星自动抄表系统中,抄控器是一种在生产安装、现场维护时使用的通路连接设备。它与掌上计算机配合在一起用于抄控抄表模块(载波电能表),通过 RS232 接口与集中器直接通信,一方面抄控器将掌上计算机的抄控指令发送到电力线上;另一方面从电力线上接收抄表模块(载波电能表)返回的数据信息并传给掌上计算机。

11.2.2　数据采集单元

1. DDSI188 型单相电子式载波电能表

DDSI188 型单相电子式载波电能表(液晶显示)采用最新单片微处理器及其外围芯片技术设计、制造,采用美国 AD 公司的专用单相电能计量芯片,通过对电流、电压信号采样,能计量双向有功电能;可利用低压电力线进行编程、抄表和控制拉闸,实现对低压居民用户的电力线载波自动抄表。

(1) 电能表的线路设计和元器件的选择以较大的环境允差为依据,因此可保证整机长期稳定工作,精度基本不受频率、温度、电压变化影响。

(2) 计量芯片采用美国 AD 公司的专用单相电能计量芯片 ADE7755,误差曲线动态范围宽,可方便地制作高倍程表,抗干扰能力强,性能稳定,失效率低。

(3) 电能表尾端有光电隔离脉冲输出接口,以便于进行误差测试和数据采集。

(4) 通过电力线进行载波通信,实现远程自动抄表和远程控制拉闸(可选)。

(5) 采用软件扩频方式进行低压电力线载波通信,准确、可靠、抄读能力强。

(6) 可由抄表器(掌上计算机)配合抄控器对电表进行预置参数和抄表等操作,预设参数受编程开关限制,编程开关带铅封保护。

(7) 采用阻燃 ABS 塑料壳体,宽温度液晶显示。

(8) 具有脉冲指示和断电指示灯(带拉闸功能时)。

2. DDSF2000 单相电子式多费率载波电能表

DDSF2000 型单相电子式多费率载波电能表,采用最新单片微处理器及其外围芯片技术设计、制造,采用美国 AD 公司的专用单相电能计量芯片,通过对电流、电压信号采样,能计量双向有功电能,多费率分时计量,最多可选 4 费率 8 时段,可利用低压电力线进行编程、抄表和控制拉闸,也可用红外进行编程和抄表,实现对低压居民用户的电力线载波自动抄表。

（1）电能表的线路设计和元器件的选择以较大的环境允差为依据，因此可保证整机长期稳定工作，精度基本不受频率、温度、电压变化影响。

（2）计量芯片采用美国 AD 公司的专用单相电能计量芯片 ADE7755，误差曲线动态范围宽，可方便地制作高倍程表，抗干扰能力强，性能稳定，失效率低。

（3）多费率分时计量，4 费率 8 时段可设置。

（4）电能表尾端有光电隔离脉冲输出接口，以便于进行误差测试和数据采集。

（5）通过电力线进行载波通信，实现远程自动抄表和远程控制拉闸（可选）。

（6）采用软件扩频方式进行低压电力线载波通信，准确、可靠、抄读能力强。

（7）可由抄表器（掌上计算机）配合抄控器对电表进行预置参数和抄表等操作。

（8）具有红外通信接口，可进行现场编程、抄表操作。

（9）采用阻燃 ABS 塑料壳体，宽温度液晶显示。

（10）具有脉冲指示和断电指示灯（带拉闸功能时）。

（11）电源失电后，重要数据写入 EEPROM 存储器，锂电池为时钟提供后备电源。

3. CZL129-1c 采集终端（RS-485 采集）

CZL129-1c 型采集终端（RS-485 采集）采用先进微电子技术及 SMT 生产工艺制造，应用于三星低压电力线载波自动抄表系统，作为系统的终端设备之一，实现 32 路（或 16 路）用户电表的电量等数据采集，适合与带 RS485 接口的电能表进行配合实现远程自动抄表。CZL129-1c 型采集终端（RS-485）各项性能指标符合中华人民共和国电力行业标准 DL/T 698—1999《低压电力用户集中抄表系统技术条件》。

（1）三相四线电源供电：$3 \times 220/380V$。

（2）作为低压电力线载波自动抄表系统的一个终端设备。

（3）上行通过低压电力线与集中器通信，下行与带 RS-485 接口的电能表通信。

（4）一个采集器最多可以抄读 32 只或 16 只电能表。

（5）可以抄读不同厂家生产的电能表（协议符合 DL/T 645 规约）。

（6）可抄读的信息包括当前有功总（平、谷、峰、尖）电量、上月有功总（平、谷、峰、尖）电量、电表运行状态字。

4. DDS188 单相电子式电能表（液晶显示、带拉闸）

DDS188 型单相电子式电能表是采用先进的超低功耗固态集成电路技术和 SMT 工艺制造的新产品，其用途是计量额定频率为 50Hz 的交流单相有功电能。

（1）符合 GB/T 17215—2002《1 级和 2 级静止式交流有功电能表》。

（2）静止式仪表，电路设计和元器件选择以允许较大环境允差为依据，能可靠保证电能表长期稳定工作。

（3）电能表壳体采用高性能工程塑料，表内具有逻辑防潜动功能。

（4）采用 6+2 液晶显示，显示内容（当前有功总电量、日期、时间）可根据要求进行通信设置。停电后 LCD 显示当前总电量 6 秒，停显 3 秒。

（5）具有继电器拉闸、合闸功能，控制电表的通断电（可选）。

（6）电表出厂后具有 5 次电量清零次数，但要求当前有功总电量值<10kWh。

（7）表内带有时钟（软时钟），并可进行广播对时，时钟在停电时能维持运行。日时钟准确度不大于 5 秒/天。

11.2.3　数据集中器

CGZ129-1j 型集中器是低压电力线载波自动抄表系统中的关键设备。能够自动抄收并存储各种具有载波通信功能的智能仪表、采集终端或采集模块以及各类载波通信终端的电量数据，同时能与主站或手持设备进行数据交换。符合中华人民共和国电力行业标准 DL/T 698-1999（《低压电力用户集中抄表系统技术条件》）。

1．功能描述

- 设置参数：可由系统主站远程或直接设置。包括数据库、时钟、时段、中继参数以及启动抄读、停止抄读等一系列相关参数。
- 抄读数据：集中器在抄表时段内集中抄读台区电表数据。
- 存储数据：集中器将抄读的数据存储起来，最多可以存储 31 次数据。
- 中继功能：集中器能够依据学习结果，自动启用中继功能，实现中继抄表。
- 冻结功能：集中器能够依据后台设置，对台区电表进行冻结抄表。
- 远程监控：支持后台系统远程实时监控电表运行实况，对电表情况进行分析。
- 漫游功能：在人为干预下，能够进行表号漫游处理，找到表号的准确台变。
- 校时功能：可实现系统校时。
- 自诊断功能：可自动进行系统检测，发现异常有记录和报警。
- 交互命令：支持后台系统进行命令级交互命令操作。
- 自我学习：具有高智能，能够自我学习，通过对抄读数据分析，感知电网拓扑结构，自动建立中继路径。随着学习过程的进行，集中器具有"越用越好用"的特点。

2．性能指标

- 通信速率：9600bps。
- 抗干扰能力强：集中器在软件和硬件两方面进行抗干扰处理，有强大的抗干扰能力。
- 掉电保护：数据停电保存期为 30 年，复电后程序从断点处开始运行。
- 抗雷击：集中器采用多种抗雷击措施。
- MODEM 保护：具备 Modem 保护电路，对 Modem 进行保护。
- 通信方式：集中器与抄表模块之间通过电力线双向通信，集中器与后台系统之间通过 Modem 进行电话线通信（其他信道通信方式可选）。
- 抄表数量：理论上无限制，标准配置 1024 只。
- 多种接口：设 RS-232、RS-485、RJ-11 和红外等接口。RS-232 接口与计算机连接，RJ-11 接口与电话网连接。RS-485 接口用于其他电力设备交换数据，提供标准的工业接口。

3．技术参数

CGZ129-1j 型数据集中器技术参数见表 11.1。

表 11.1 CGZ129-1j 型数据集中器技术参数

项 目	技 术 指 标
工作电压范围	$3 \times 220/380V \pm 20\%$
正常工作频率	$50Hz \pm 5\%$
功耗	$<10W/15VA$
通信方式	双向低压电力线载波通信、红外通信
时钟误差	$\leqslant 0.5s/d$（23℃）
时钟后备电池	$\geqslant 10$ 年,连续工作时间不小于 2 年
正常工作温度范围	$(-25 \sim +55)$℃
极限工作温度范围	$(-30 \sim +60)$℃
年平均湿度	$\leqslant 75\%$
产品设计寿命	$\geqslant 10$ 年
红外通信距离	不少于 4m
载波通信距离	电力主干线 3km
自动中继深度	3 级
载波频率	$270kHz \pm 15kHz$
外形尺寸	长×宽×厚：280mm×160mm×90mm(不含铁箱)

11.2.4 系统主站

1. 基本功能

(1) 抄收功能。具有自动抄收、随机抄收和手持抄表器转储三种抄收功能。对于自动抄收,按设定的抄表日期及时间自动连通集中器、抄收集中器内储存的电能量数据及其他信息。对于随机抄收,根据需要,可随时连通指定区域的远方终端或集中器并抄收数据。对于手持抄表器转储,可通过 RS-232 接口接收来自手持抄表器内储存的抄表数据。

(2) 数据处理与储存。对抄收到的各类数据自动进行分类处理并储存在本地或网络数据库中。

(3) 设置功能。可远方设置各集中器的运行参数。

(4) 系统校时。可对远方集中器进行校时。

(5) 自诊断功能。自动进行系统自检,发现设备(包括通信)异常有记录和报警。

(6) 分析统计功能。用户用电量存储、统计和查询。可分时段(峰、谷、平)进行电能量累计和处理,能提供所有设备运行历史数据的查询、统计。

(7) 报表功能。报表具备编辑功能,可定时、召唤打印。报表类型有基本电能量统计报表、特殊报表。特殊报表：零电量用户报表、台区用户电量月报表、异常电量用户月报表。

(8) 历史数据存储。具备历史数据存储功能；历史数据应定期转储、并可恢复、保证数据安全。

(9) 系统管理功能。该功能包括系统密钥管理,系统重抄,与抄表器通信,数据库管理功能；提供多级口令和多级授权,以保证系统的安全性,对所有的操作进行记录,以备查询。

2. 扩展功能

(1) 远端停送电功能。配合带拉闸载波表,系统可实现远端停送电功能。

（2）联网功能。可实现与其他系统联网，实现数据共享。

3. 软件功能结构图

软件功能结构图见图 11.6。

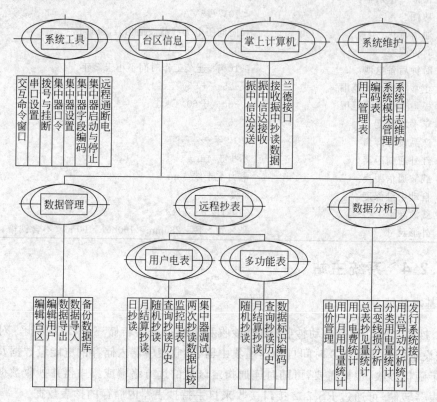

图 11.6 软件功能结构图

参 考 文 献

[1] 薛燕红.物联网技术及应用[M].北京：清华大学出版社,2012.

[2] 王志良.物联网工程实训教程[M].北京：机械工业出版社,2011.

[3] 刘化君.物联网技术[M].北京：电子工业出版社,2010.

[4] 吴功宜.智慧的物联网[M].北京：机械工业出版社,2010.

[5] 张飞舟.物联网技术导论[M].北京：电子工业出版社,2010.

[6] 刘云浩.物联网导论[M].北京：科学出版社,2010.

[7] 刘强,崔莉,陈海明.物联网关键技术与应用[J].计算机科学.2010年6月,第37卷,第6期.

[8] 韩敏.智能温室远程监控系统的研究与实现[J]. TROPICAL AGRICULTURAL ENGINEERING Vol. 34,No. 3.热带农业工程第34卷 第3期,June. 2010.

[9] 桑媛,王博文,黄世超,姬雨初.物联网在煤矿井下的应用与实现.http://www.paper.edu.cn.中国科技论文在线,2010.

[10] 连耀华,刘甜甜.数字家庭的3c融合平台标准现状与发展[J].电子技术,2007年3月.

[11] 韦波.智能家居相关技术及比较.中国公共安全(市场版),2007年第5期.

[12] 芦宁.ZigBee无线技术在智能家居中的应用[工学硕士学位论文].哈尔滨工业大学,2006.

[13] 周鲜成,贺彩虹,刘利枚.2010 3rd International Conference on Computational Intelligence and Industrial Application (PACIIA) 基于物联网的智能物流系统研究.

[14] 胡昌玮,周光涛,唐雄燕.物联网业务运营支撑平台的方案研究[J].业务与运营,2010.2,P55.

[15] 沈强.物联网关键技术介绍.http://winet.ece.ufl.edu/qshen/,2010年4月27日.

[16] 吴巍,吴明光.国内三种智能家居网络协议综述[J].智能家居,2007(7)：24-27.

[17] 雷春艳.数字家庭网络及未来展望[J].通信与信息技术. 2008(04)：62-64.

[18] 张晖.物联网技术架构与标准体系.PDF文档,物联网标准联合工作组秘书处,2010年12月30日.

[19] 诸瑾文,王艺.从电信运营商角度看物联网的总体架构和发展.http://www.cww.net.cn,2010年5月24日,电信科学.

[20] 彭巍,肖青.物联网业务体系架构演进研究.移动通信.2010,第15期.

[21] 刘强,崔莉,陈海明.物联网关键技术与应用.计算机科学,2010年6月,第37卷,第6期.

[22] 周洪波.基于RFID等三大物联网应用架构.计算机世界,2010-3-9.

[23] 沈苏彬,毛燕琴,范曲立,宗平,黄维. 物联网概念模型与体系结构.南京邮电大学学报(自然科学版),2010年8月,第30卷,第4期.

[24] 李慧芳.面向多业务运营的物联网业务平台研究.移动通信.2010,第15期.

图书资源支持

感谢您一直以来对清华版图书的支持和爱护。为了配合本书的使用,本书提供配套的资源,有需求的读者请扫描下方的"书圈"微信公众号二维码,在图书专区下载,也可以拨打电话或发送电子邮件咨询。

如果您在使用本书的过程中遇到了什么问题,或者有相关图书出版计划,也请您发邮件告诉我们,以便我们更好地为您服务。

我们的联系方式:

地　　址:北京海淀区双清路学研大厦 A 座 707

邮　　编:100084

电　　话:010－62770175－4604

资源下载:http://www.tup.com.cn

电子邮件:weijj@tup.tsinghua.edu.cn

QQ:883604(请写明您的单位和姓名)

用微信扫一扫右边的二维码,即可关注清华大学出版社公众号"书圈"。

资源下载、样书申请

书圈